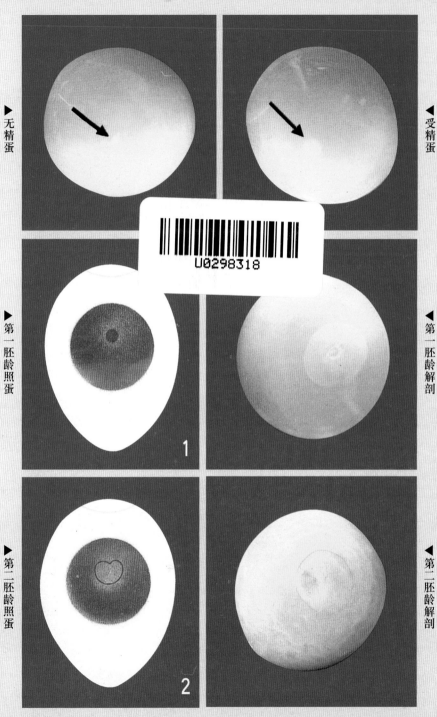

▶ 无精蛋

◀ 受精蛋

▶ 第一胚龄照蛋

◀ 第一胚龄解剖

1

▶ 第二胚龄照蛋

◀ 第二胚龄解剖

2

1

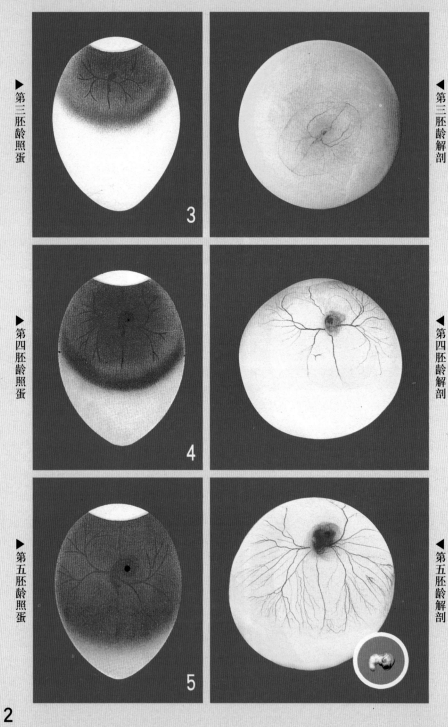

▶ 第三胚龄照蛋

◀ 第三胚龄解剖

3

▶ 第四胚龄照蛋

◀ 第四胚龄解剖

4

▶ 第五胚龄照蛋

◀ 第五胚龄解剖

5

2

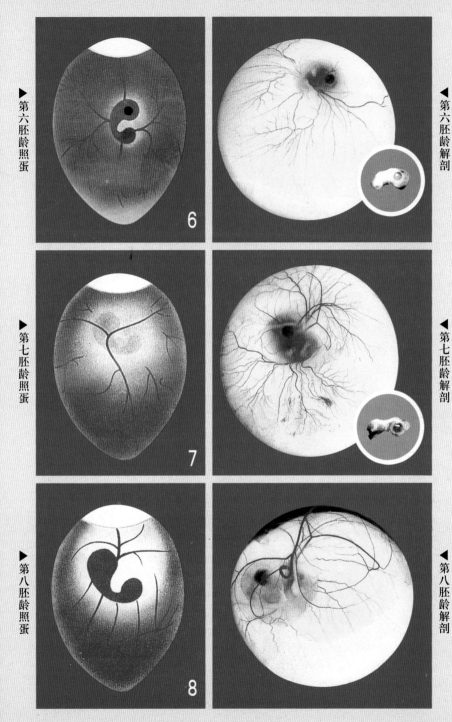

▶第六胚龄照蛋

◀第六胚龄解剖

▶第七胚龄照蛋

◀第七胚龄解剖

▶第八胚龄照蛋

◀第八胚龄解剖

6

7

8

3

▶ 第八胚龄照蛋

8(背面)

◀ 第八胚龄解剖

▶ 第九胚龄照蛋

9(背面)

◀ 第九胚龄解剖

▶ 第十胚龄照蛋

10(背面)

◀ 第十胚龄解剖

4

▶ 第十一胚齢照蛋

◀ 第十一胚齢解剖

11（背面）

▶ 第十二胚齢照蛋

◀ 第十二胚齢解剖

12（背面）

▶ 第十三胚齢照蛋

◀ 第十三胚齢解剖

13（背面）

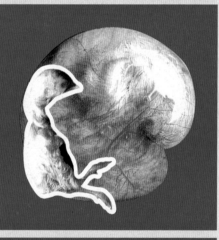

▶ 第十四胚龄照蛋　14（背面）

◀ 第十四胚龄解剖

▶ 第十五胚龄照蛋　15（背面）

◀ 第十五胚龄解剖

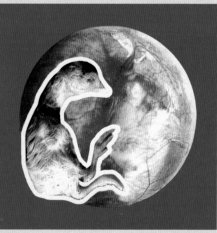

▶ 第十六胚龄照蛋　16（背面）

◀ 第十六胚龄解剖

6

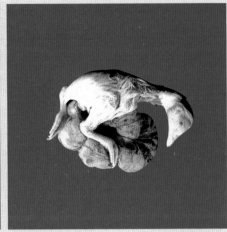

▶ 第十七胚齢照蛋

17(背面)

◀ 第十七胚齢解剖

▶ 第十八胚齢照蛋

18(背面)

◀ 第十八胚齢解剖

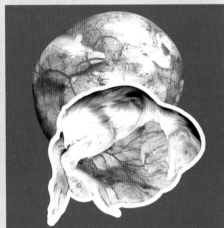

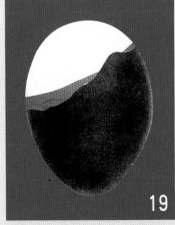

▶ 第十九胚齢照蛋

19

◀ 第十九胚齢解剖

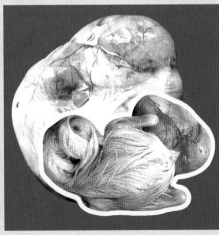

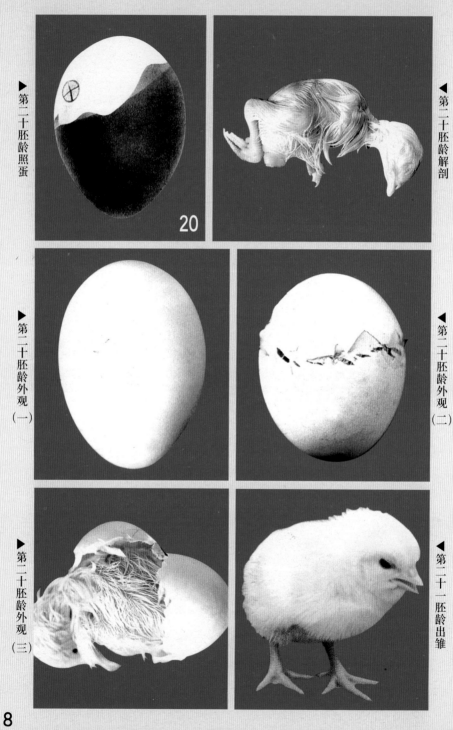

▶第二十胚龄照蛋

20

◀第二十胚龄解剖

▶第二十胚龄外观（一）

◀第二十胚龄外观（二）

▶第二十胚龄外观（三）

◀第二十一胚龄出雏

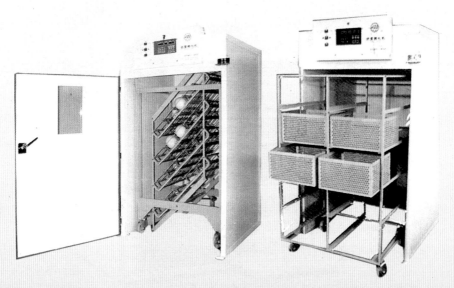

鸵鸟孵化出雏两用机（"依爱"）

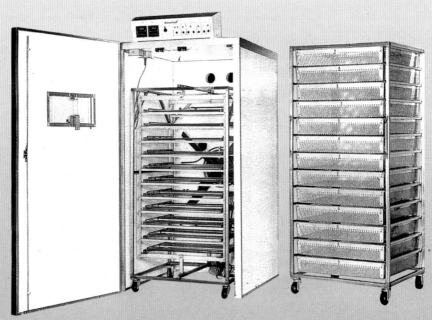

鹌鹑、雉鸡孵化出雏两用机

下出雏孵化器

旁出雏孵化器（"京农"）

入 孵 器

出 雏 器

入孵器和出雏器分开（"依爱"）

孵化出雏一体机（"海孵"）

大液晶智能控温巷道式孵化器（"依爱"）

水加热电脑孵化器（"海孵"）

新型钢化玻璃门下出雏孵化器
（"海孵"）

清洗机（"云峰"）

孵化厅空气调节系统("依爱")

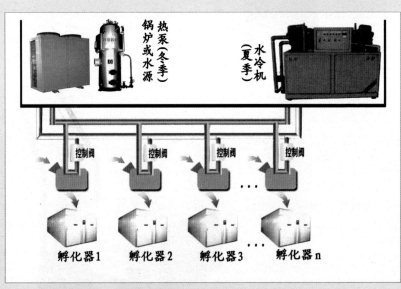

进孵化器的空气降温（加温）水冷（暖）系统示意图（"云峰"）

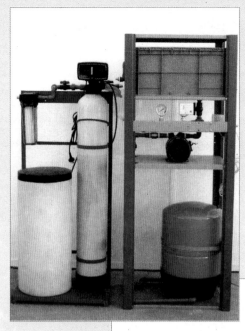

巷道式孵化器水处理加湿系统
("依爱")

（控制柜）

立式自动洗蛋机
("依爱")

（箱体外景）　　　　（内景）

EI-30 型移动式
吸蛋器（"依爱"）

EI-150 型固定式
吸蛋器（"依爱"）

16

蛋形指数测定仪
（"FHK"）

QCR 蛋壳颜色测定仪

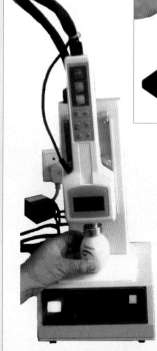

MODEL－Ⅱ型蛋壳强度测定仪

蛋壳强度测定仪（"FHK"）

蛋壳强度测定仪（弹性变形）

蛋白高度测定仪（"FHK"）

罗氏比色扇（"FHK"）

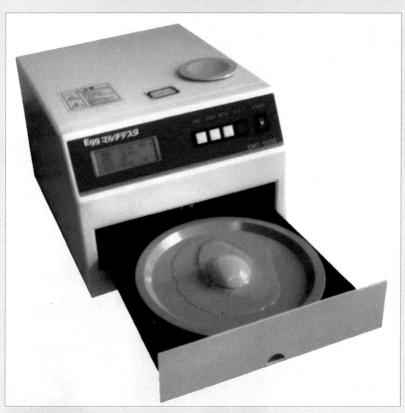

EMT−5200 型多功能蛋品质测定仪

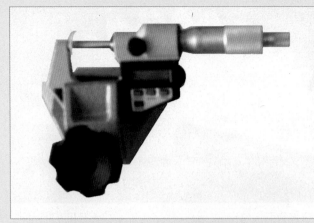

BMB-DM
蛋壳厚度测定仪

蛋黄蛋白分离器

蛋壳厚度测定仪
("FHK")

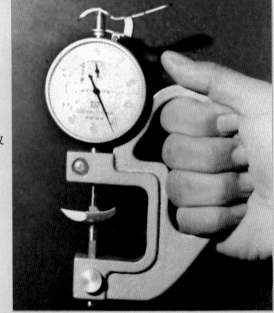

20

家禽孵化与雏禽雌雄鉴别

（第二次修订版）

王庆民　宁中华　编著

单崇浩　审校

金盾出版社

内 容 提 要

本书由中国农业大学动物科技学院畜牧专家编著。本书自 1990 年出版以来,受到读者的普遍欢迎,曾先后重印 21 次,印数达 30.8 万册。修订版依据国内外孵化科技的发展,对原书稿进行全面修订,并且收载了 87 幅彩色照片,使之更适应生产需要。全书分四章。第一章家禽人工孵化,详细介绍了现代孵化场(坊)的建设,孵化设备,孵化管理技术,胚胎发育,孵化条件,提高孵化效果的途径与措施及孵化技术新进展。第二章孵化器,介绍了各型孵化器的构造、安装调试、故障排除、维修保养和使用方法。第三章初生雏禽的雌雄鉴别,详细介绍了用伴性遗传鉴别法和肛门鉴别法对雏禽(以鸡为主,鸭、鹅、火鸡、鹌鹑兼顾)的雌雄鉴别。第四章孵化场的经营管理,介绍了孵化场人员管理,孵化的计划管理,雏鸡生产成本及孵化场管理记录。本书 1~3 章由王庆民教授编写,4 章由宁中华教授编写。本书图文并茂,内容丰富,技术实用,适于孵化场工作人员阅读,也可供有关院校和培训班用作教材。

图书在版编目(CIP)数据

家禽孵化与雏禽雌雄鉴别/王庆民,宁中华编著.—第二次修订版.—北京:金盾出版社,2008.12
ISBN 978-7-5082-5420-3

Ⅰ.家… Ⅱ.①王…②宁… Ⅲ.①家禽育种—孵化②家禽—雌雄鉴别 Ⅳ.S814.5

中国版本图书馆 CIP 数据核字(2008)第 153548 号

金盾出版社出版、总发行

北京太平路 5 号(地铁万寿路站往南)
邮政编码:100036 电话:68214039 83219215
传真:68276683 网址:www.jdcbs.cn
北京金盾印刷厂印刷
永胜装订厂装订
各地新华书店经销

开本:850×1168 1/32 印张:15.625 彩页:20 字数:385 千字
2010 年 2 月第 2 次修订版第 23 次印刷
印数:321 001~329 000 册 定价:30.00 元

(凡购买金盾出版社的图书,如有缺页、
倒页、脱页者,本社发行部负责调换)

目　录

第一章　家禽人工孵化

家禽人工孵化,是高效率生产家禽产品、推广家禽良种的重要途径。本书将系统介绍家禽孵化的有关知识,供从事孵化的同行参考。

第一节　孵化场建设原则

一、孵化场工程建设程序和工程设计工序

(一)孵化场工程建设程序　孵化场工程建设程序是:立项,可行性论证,方案设计,工程设计,工程招标,组织施工和工程验收等。工程设计是项目的技术保障。为保证设计质量,土建工程设计包括初步设计(初步设计和技术设计)、施工图设计。每一段程序都有图表、图纸和文字说明,并上报审批。审批通过才可进行下段程序。

(二)孵化场工程设计工序　包括孵化生产工艺、孵化工程工艺、场区与孵化厅环境工程和孵化厅的建筑设计。

1. **孵化生产工艺**　包括孵化方式(机器孵化、机孵与上摊相结合或传统人工孵化),工艺阶段划分和流程,孵化的禽类及代次、系别,人员配置,管理定额和经济指标等。

2. **孵化工程工艺**　即与生产工艺配套的工程技术选择和配套工程设施。包括孵化器的选择,孵化厅的建筑选型配套及分区,各室的面积和体积(长×宽×高),孵化厅的环境参数和建筑设计参数的确定,孵化配套设备的选择。

3. **场区与孵化厅环境工程**　包括场区的总平面布局设计和

环境规划,道路规划设计和绿化布置,给、排水走向,卫生防护、工程防疫设施。孵化厅环境工程设计,如保温降温、通风换气、防潮隔热、照明和湿度控制等。

4. 孵化厅的建筑设计　根据孵化场的工程工艺和环境工程的功能保证,从建筑、结构、采暖、通风、给排水、电气电路的配电工程等方面设计。

二、孵化场场址的选择

(一)自然环境和社会经济条件的调查和了解

1. 自然环境的调查和了解　自然环境调查包括对地形地势、水质水源、地质土壤、气候因素等方面资料进行勘测与收集。

(1)地形地势　地形指场地形状、道路、河流、树林、居民点以及厂矿企业、养殖场等的位置。地势是指场地的高低起伏状况。场址的地下水位要低,以低于建筑物地基深度 0.5 米以下为宜。场地应比当地最高水位高 1~2 米,以免受淹。建筑区的坡度应在 2.5% 以内,以减少挖填土方量。还应避开断层、滑坡、塌方,避开坡底、河滩、谷地及风口,以免受山洪和暴风雪的袭击。

(2)水质水源　水质水源关系生活、生产和施工用水。要了解供水量能否满足需要以及水质的酸碱度、硬度,有无污染源和有害化学物质。应取样化验水质,达到人用饮用水标准。

(3)地质土壤　了解当地地质的勘察资料。土壤对基础的耐压力,回填土的土质松紧要均匀。

(4)气候因素　包括平均气温,绝对最高、最低温度,降水量,降雪深度;最大风力,常年主导风向。在孵化厅建筑的热工计算时,参照使用当地建筑热工舍外温度最高与最低的设计标准。

2. 社会经济条件的调查

(1)"三通"条件　即通电、通水、交通。了解供电源离孵化场的距离,最大供电量,有无两路供电。否则,需自备发电设备,以保证孵化场供电的稳定可靠。水源要稳定,水质良好,交通方便。

(2)环境与疫情 拟建场地的环境和兽医防疫是孵化场经营成败的关键因素。要高度重视周边环境有无污染源。

(二)地理位置的确定

1. **慎重选址** 孵化场是家禽安全生产的第一道天然屏障,它是最容易被污染,又最怕污染的地方。孵化场一经建立,就很难更动,尤其是大型孵化场。选址不慎,会给以后生产带来无穷无尽的麻烦。所以,选址需要慎重,以免造成不必要的经济损失。还要考虑到拟建场的周边地区可预见的将来可能发展,以免若干年后,孵化场被发展的周边地区所包围。国内已有类似的情况发生,要引以为戒。

2. **勿与农争地** 尽量利用荒地、山区岗地,少用农田,不占良田,确实解决好勿与农争地问题。

3. **地形地势** 孵化场应尽可能建在地势高燥,向阳背风,水源、电力充足,交通便利,排水、排污方便的地方。高原地区应尽可能选择在低海拔处建场。

4. **防孵化场被污染** ①孵化场周围3千米无大型化工厂、矿场等有害气体污染源。②离铁路、公路主干线,至少1千米以上(图1-1-1)。③离其他孵化场、养禽场、动物饲养场、屠宰场、垃圾和污水处理场,至少2千米以上。④周围3千米以内无木材厂、木材加工厂,以免霉菌等污染孵化场。⑤远离飞机场,以避开振动和噪声。⑥有可能的话,应与周围村庄签订在孵化场周围2千米范围内不准建设孵化场、畜禽饲养场、屠宰厂、动物医院和集贸市场的协议书,避免以后在防疫问题上发生争议。

有的孵化厅与种禽场仅一墙之隔,有的甚至建在禽场生产区的中心。虽然种蛋和雏禽运输方便,但易造成疫病传播,后患无穷。据了解,这些单位的孵化厅均已废弃。

5. **切断疫病的传播途径** 因为孵化场的废气、废水、废弃物

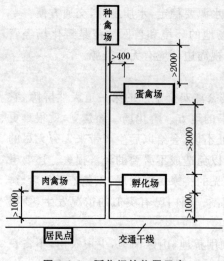

图 1-1-1 孵化场的位置示意
（单位：米）

又是病原微生物的传播源，因此选址要慎重。

第一，切勿在饮水源和食品厂河流上游附近建场，以免污染水源、食品。

第二，孵化场位置应远离饲料加工场和饲料贮存车间，避免饲料受到污染。

第三，5 千米以内无种禽场，应在其下风向设场，以免感染种禽场，造成疫病的"接力传播"。

第四，离动物产品加工厂，至少 2 千米以上，以免导致交叉感染。

第五，离居民点、学校、幼儿园和敬老院等，至少 1 千米以上。以免污染环境，影响人的身体健康。笔者曾否决某专业户要求在离当地小学近在咫尺（30～40 米）的地方建孵化场。

三、孵化场的环境规划

（一）孵化场建筑物种类　大型独立商品化孵化场，按房间用途，可分为四大类。

1. 行政管理用房　包括办公室、会议室、财会室、管理人员房间、技术资料档案室。

2. 职工生活用房　包括宿舍、食堂、医务室、浴室和卫生间等。

3. 生产性用房　孵化室、出雏室以及孵化厅内其他配套用房。

4.生产辅助用房　包括门卫值班室、接待室、孵化场入口处的消毒更衣室、洗衣房,兽医、剖检和化验室,水塔、仓库以及配电、锅炉、车库、机修等用房。

小型孵化场或附属于种禽场的孵化场,仅设生产性用房和生产辅助用房两类建筑,而行政管理用房和职工生活用房,由种禽场统一规划。

(二)分区规划　大型独立商品化的孵化场各种用房的分区规划,首先应考虑员工的工作、生活环境,其次注意孵化厅的卫生防疫。应按主导风向和地势坡向安排。其先后顺序为:职工生活区→行政管理区→生产区(孵化场)→废弃物、污水处理区(图1-1-2)。其中,废弃物处理或利用车间,应远离孵化场。若主导风向和地势坡向不是同一方向时,以主导风向为主;主导风向与地势坡向有矛盾时可采取诸如挖沟设障或利用偏角(与主导风向线垂直的两个偏角)等方法。孵化厅的种蛋入口应在主导风向的上风向,雏禽出口(尤其是废弃物出口)应在下风向。

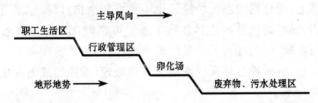

图 1-1-2　按主导风向和地势坡向孵化场分区规划先后顺序

(三)严格隔离与消毒

第一,不同代次的孵化场分别建场。

第二,行政区、生活区、生产区(孵化厅)严格分开。

第三,孵化场应是一个独立的隔离场所,有围墙与外界隔离,周围设防疫沟渠,将孵化场与外界环境明确分开,也限制人、动物、车辆穿行。有可能的话,应在孵化场外建防护林带,以防风防沙、净化空气。

第四，种蛋入口、人员入口、雏禽出口、废弃物出口严格分开，各有专用道路与孵化厅连接，各行其道，并设隔离的绿化设施，防止交叉污染。人员经孵化场入口处的消毒通道、孵化厅入口处的前后两个消毒通道共3次消毒，才能进入孵化厅。运蛋及运雏车辆经两个消毒通道的两次消毒，才能到达孵化厅。

第五，孵化厅内公共设施与净区和污区之间的通道应分开，两通道与公共设施连接处应设鞋底消毒池，净区和污区之间的连接处也应有鞋底消毒池，以便截断厅内通过鞋底传播微生物的途径。这种鞋底消毒池应做成能存贮消毒液且四壁呈斜坡状的浅凹的地面，以免影响厅内车辆通行。

第六，孵化厅内要杜绝野鸟、鼠类、苍蝇和其他昆虫。所有窗口都应用孔径为2厘米的镀塑铁丝网封闭，出入口设大门，平时锁闭。孵化场内可用沙砾或其他合适的材料铺设一条5～10米空地，并广布诱饵，以尽量控制、消灭飞鸟、苍蝇和鼠类等。

第七，孵化场内不设垃圾场也不要堆放杂物，以根除鼠类和苍蝇生活、繁殖的栖息地及其食物来源。可在孵化厅外放置若干带盖的垃圾桶，以贮存当天少量的废弃物，与出雏后的废弃物一起运离孵化场，并做符合环保标准的无害化处理（或掩埋或无害化处理后利用）。

第八，孵化场应配备种蛋运输车和运雏车，专车专用，且每次运输后彻底冲洗消毒。并配备专用车库。

第九，所有物品必须经过彻底清洗和消毒后方可带入孵化厅。因此，孵化厅入口处应有消毒场所和相应设备。进"净区"的物品在种蛋接收室清洗、消毒；进"污区"的物品在雏禽接收室清洗、消毒。

第十，作为雏鸡盒垫料的木刨花或稻壳装袋经熏蒸消毒后，存放于孵化厅的仓库内。

第十一,孵化场谢绝参观,原则上以观看录像代替进厅参观。建立来访登记制度并定期检查。为来访客人提供干净的服装和雨靴,更衣后才可进入生产区。

(四)保护环境　建场不能破坏生态环境。新建孵化场的立项、可行性论证、方案设计和工程设计等程序,均必须有对孵化场产生的"三废"(即废气、废水、废物)进行无害化处理的相应措施和设备,并要达到有关标准。否则,一票否决。配备畜牧、兽医技术人员及相应的兽医化验设备,以监控孵化场的消毒效果是否达标以及超标的对策。尽量降低孵化场对环境的污染程度。

(五)道路与绿化

1. 孵化场内道路　孵化场总平面布局中的场内道路,供电线路,上、下水管道的铺设,也是孵化场的重要建筑设计,应尽量缩短距离,以节约建材和资金。如果资金较充裕,供电线路和上、下水管道均走地下。供人员通行、种蛋运人、雏禽和废弃物运出的道路,要合理地布置和设计。从卫生防疫角度考虑,应分道布置,孵化场分种蛋通道、人员通道、雏禽通道和废弃物通道,要互不交叉并通过草坪、果木林相隔。其中,种蛋运入、雏禽和废弃物运出的道路尽头(靠近孵化厅一端)需设回车场,以便运输车辆调头。

2. 孵化场内绿化与美化　孵化场内绿化既美化环境,又改善环境小气候。道路两旁可多植树,如种植龙爪槐、塔松,尤其是到了冬季,独特的龙爪槐造型和翠绿的塔松,相映成趣。道路之间,铺草坪,种花卉,还可以建凉亭、假山、小桥和池塘、喷泉,池塘中养锦鲤、金鱼等,建造园林式孵化场。此外,场区内应无杂草,不得随意堆放杂物和垃圾,以减少鼠类和野生动物的藏身之地。建筑物周围 15 米范围内都要铲除杂草,为鼠类或野生动物设置空地障碍。

四、孵化场建筑的动物安全设施

广义的孵化场动物安全,一方面是保证种蛋胚胎健康、正常发育,孵化场获得高的孵化效果和经济效益,其提供的雏禽无严重的传染病,尤其是无经蛋垂直传染的疾病;另一方面是使孵化生产过程所产生的"三废"(废气、废弃物、污水)不致污染环境,影响人类的健康。广义的孵化场动物安全,不仅仅是孵化场本身,而是贯穿从种禽生产、孵化雏禽及雏禽饲养乃至屠宰加工的整个家禽的生产全过程的监测和反馈,所以有人称它为"系统工程"。狭义的孵化场动物安全,仅涉及孵化场本身的安全生产。必须实行精细管理,建立种蛋、雏禽安全追溯系统,制订各项指标。我国家禽生产水平与先进国家相比,还有一定差距,正是在生产某个环节没有做好或某些环节做得不够好造成的。

孵化场建筑的动物安全的核心是:①正确的场址选择;②合理的孵化厅工程工艺流程;③严密的隔离设施;④严格的卫生消毒设施。

(一)正确的场址选择 孵化场场址选择是从源头杜绝病原传播的关键措施之一。正确的场址选择,既有利于今后的安全生产,又可避免破坏生态环境,危及食品生产、饲料生产以及人类的健康。

(二)合理的孵化厅工程工艺流程 包括孵化厅的建筑选型配套与分区以及孵化配套设备的选择等,尤其是"净区"和"污区"的区分。这些都关系到孵化生产工艺流程能否按照严格的防疫要求正常运作,以及是否有合适的配套设备供使用。另外,孵化厅还应留有扩展的空间,以免扩建后打破原来的生产工艺流程。详细内容请参阅本章第二节的"孵化厅生产工艺流程"。

(三)严格的隔离、卫生消毒设施 孵化场有防疫沟、围墙、多种专用消毒通道、隔离绿化设施,又在建筑结构设计上采用耐高压冲洗消毒材料,并有完善的排水系统和符合卫生防疫的通风系统,尤其是正确的选址等卫生防护、工程防疫设施和措施,为孵化场动物安全打下坚实的基础。

第二节 孵化场建筑设计

一、孵化场总平面布局及工艺流程

（一）**孵化场的场地面积与规模** 根据具体需要,确定孵化场生产区的占地面积和规模。注意留有足够的操作空间。若孵化厅面积过于狭窄,将给生产操作带来诸多不便,甚至影响生产效率;但面积过大,又造成建设投资的浪费和今后运行费用的增加,影响经济效益。此外,还应考虑到生产规模的可能扩大,预留有一定的扩展空间,以免扩建拆除造成不必要的损失。

1. **独立的商品家禽孵化场场地面积和规模** 应根据当地的家禽业发展规划、服务对象及范围、种蛋来源及数量、雏禽需求等信息,来确定孵化批次、孵化间隔和每批孵化量。根据孵化量,决定购置孵化设备的型号和数量。在此基础上确定孵化室、出雏室以及其他各室的结构形式和面积大小。此外,还应考虑场内道路、停车场、绿化等占地面积以及污水的处理设备等的占地。最后确定孵化场生产区的占地面积和规模。并依据生产规模,确定行政管理区、职工生活区以及废弃物处理厂等的占地面积。

2. **附属于种禽场的孵化场的面积和规模** 附属于种禽场的孵化场规模,根据种禽场的生产规模而定。一般是按种禽每7天所产的合格种蛋数为每批的孵化量(若每周孵化两批,则按3天、4天合格种蛋量),据此确定孵化器的型号和数量,最后确定孵化厅各室面积(表1-2-1)。还应考虑场内道路、停车场、绿化等占地面积以及污水的处理设备等的占地,最后确定孵化场生产区的占地面积和规模。此外,行政管理和职工生活用房以及废弃物处理厂等的占地面积及位置,由种禽场统一规划。

表 1-2-1　辅助房面积　（每周出雏 2 次,单位:平方米）

计算基数	收蛋室	贮蛋室	雏禽存放室	洗涤室	贮藏室
孵化器出雏器(每千枚种蛋需)	0.19	0.03	0.37	0.07	0.07
每入孵 360 枚种蛋	0.40	0.06	0.80	0.16	0.14
每次出雏量(每千只混合雏需)	1.39	0.23	2.79	0.55	0.49

注:贮蛋室面积以蛋箱叠放 4 层计算[也可按孵化蛋盘(车)贮蛋方式计算面积]

（二）孵化场总平面布局　大型孵化厅包括种蛋接收室、种蛋处置室、种蛋贮存室、种蛋消毒室、孵化室、移盘室、出雏室、雏禽处置室(兼雏禽待运室)、接雏室、洗涤室、雏盒室、仓库、消毒通道、更衣室、淋浴室、办公室(内部)、技术资料档案室、厕所以及冷(暖)气房、发电机房等功能房间。孵化厅是以孵化室、移盘室和出雏室为中心,根据生产工艺流程和生物安全要求以及服务项目来确定孵化厅的布局,安排其他各室的位置和面积,以缩短运输距离和尽量防止人员串岗,既有利于卫生防疫,又提高建筑面积的利用率。当然,这会给通风换气的合理安排带来一定困难。目前,国内有的孵化场的孵化室与出雏室仅一门之隔,门又不密封,出雏室的污浊空气污染孵化室。尤其出雏时将出雏车、出雏盘堆放在孵化室,造成严重污染。有的甚至是同室(或同孵化器)孵化、出雏。为防止污染,建议新建的孵化厅,在孵化室和出雏室之间设移盘室,并且在调控气流、气压方面予以适当考虑(见后述)。若已建孵化厅是同室孵化、出雏或孵化室与出雏室仅一墙之隔,可参考于守德(1993)的同室孵化、出雏改造方案(详见本章第十三节的旧孵化场的改造措施)。

（三）孵化厅生产工艺流程　孵化厅的生产工艺流程,必须严格遵循"种蛋→雏禽"的单向流程,不得逆转或交叉的原则(图 1-2-1)。

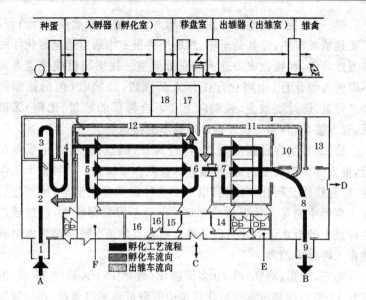

图 1-2-1　孵化厅布局和工艺流程

A. 种蛋入口　B. 雏禽出口　C. 人员入口　D. 废弃物出口

E. 更衣(淋浴)室及厕所　F. 餐厅及会议室

1. 种蛋接收室兼"净区"用品消毒　2. 种蛋处置室　3. 种蛋贮存室　4. 种蛋消毒室　5. 孵化室　6. 移盘室　7. 出雏室　8. 雏禽处置室(兼雏禽待运室)　9. 接雏室兼"污区"用品消毒　10. 洗涤室　11. 清洁出雏盘(车)通道　12. 清洁孵化蛋盘(车)通道　13. 雏盒室　14. 门卫值班室　15. 办公室(内部)　16. 技术资料档案室　17. 冷(暖)气房　18. 发电机房

1. 种蛋进孵化厅至雏禽运离的孵化生产工艺流程

种蛋 —孵化场入口处消毒通道→ 消毒运蛋车 —种蛋接收室→ 接收种蛋 —种蛋处置室→ 验收、选蛋、码盘、装车 —种蛋消毒室→ 消毒种蛋(贮存前) —种蛋贮存室→ 贮存种蛋 —种蛋消毒室→ 入孵前消毒种蛋 —孵化室 入孵器→ 入孵 —移盘室→ 移盘 —出雏室→ 出雏器中继续孵化 —出雏室→ 出雏 —雏禽处置室→ 雌雄鉴别、免疫及其他技术处置 —待运室→ 出禽存放 —接雏室→ 雏禽运送第一，种蛋从种禽场运到孵化场入口处的消毒通道进行消毒，主要是消毒车辆，尤其是车轮，然后经种蛋专用通道运至孵化厅的种蛋接收室，经接收窗口递入种蛋处置室。注意司机或押送人员不得进入孵化厅，由孵化厅工作人员接收，经验收（包括抽测约10％种蛋，统计裂纹蛋、锐端向上和不合格蛋的数量、比例）无误后，双方签名，各留一份单据。运输车原路返回。

第二，种蛋在种蛋处置室，经过选择、码盘，装入孵化蛋盘车后，推入种蛋消毒室消毒，再推入种蛋贮存室保存。若种蛋无须保存，可直接推至孵化室预热，也不必在种蛋消毒室消毒，待预热后在入孵器中消毒。种蛋从贮存室拉出后不可立刻消毒，应经预热待种蛋上的凝水干后才可以消毒。根据具体情况或在消毒室消毒或在入孵器中消毒。

第三，种蛋（鸡胚）经 10 多天孵化（最早 15 天，最晚 19 天，但避开 18 天），在移盘室将孵化蛋盘中的种蛋移至出雏盘，在出雏器中继续孵化至出雏。

第四，初生雏禽在雏禽处置室选择、雌雄鉴别、免疫和根据需要进行剪冠、切趾、断喙以及带翅号、肩号、脚号等。最后根据不同季节，每盒装雏鸡 83～104 只（其中 4％为"路耗"），在雏禽处置室近接雏室一侧，拉上塑料布帘，码放妥当待运。

第五，接（运）雏车辆经孵化场入口处的雏禽接运消毒通道消毒后，驶至接雏室，由孵化厅工作人员将雏禽经接雏窗口递给接雏人，经抽查无误后，双方签名，各留一份单据。注意司机和接雏人员不得进入孵化厅。将雏鸡运至目的地。

2. 人员进入孵化场消毒程序

人员 —孵化场入口处更衣室→ 脱外衣、鞋，换外衣、鞋及洗手

—孵化厅入口处消毒通道→ 消毒 —前更衣室→ 脱衣、鞋 —淋浴室→ 淋浴 —后更衣室→

孵化厅的衣物 —消毒通道→ 消毒后进入孵化厅

孵化人员先在孵化场入口处的消毒通道，接受上面的紫外灯和下面的脚踏消毒池（通道）的消毒，然后在更衣室脱去外衣、鞋，换上孵化场的衣物，并用消毒液洗手，通过脚踏消毒池。经人员通道步至孵化厅入口处的消毒通道接受上面的紫外灯和下面的脚踏消毒池的第二次消毒，然后在"前更衣室"脱去孵化场入口处的外衣、鞋以及内衣裤，淋浴后，换上孵化厅的衣物（不淋浴的话，不必脱内衣裤，但要用消毒液洗手），经"后更衣室"的消毒池（通道），进入孵化厅。由此可见，工作人员需经3道（如果淋浴，则为4道）消毒程序，方可进、出孵化厅。

Larry Rueff(1997，美国)认为，淋浴可减少携带疾病病原的机会，而彻底换鞋和换衣也可达到同样的目的，对过分强调人员须淋浴后才可进场的措施提出质疑。另外，有人认为，孵化厅工作人员离开孵化厅时，可以走出雏室的门。笔者认为，孵化厅"净区"的工作人员离开孵化厅时，最好按原路返回，以免与出雏室（"污区"）的工作人员发生交叉感染。

3. 孵化蛋盘（车）流向

孵化蛋盘（车）—清洁孵化蛋盘（车）通道→ 经种蛋消毒室至种蛋处置

室 —选蛋、码盘、装车→ 种蛋消毒室 —消毒→ 种蛋贮存室 —贮存→ 种蛋处置室 —预热→

种蛋消毒室 —消毒→ 孵化室 —入孵器中孵化→ 移盘室 —移盘→ 移盘室 —冲洗→ 清洁孵化

种蛋（车）通道 —存放→ 经种蛋消毒室至种蛋处置室

移盘后的孵化蛋盘（车）在移盘室内或"清洁孵化蛋盘（车）通道"冲洗消毒，也可在种蛋消毒室中消毒、存放。入孵前种蛋也可

在孵化室内预热,在入孵器中消毒。

4. 出雏蛋盘(车)流向

出雏盘(车) →(清洁出雏盘(车)通道,存放)→ 移盘室 →(消毒、预热、装盘)→ 出

雏器 →(继续孵化)→ 出雏室 →(出雏)→ 洗涤室 →(冲洗、消毒)→ 清洁出雏盘(车)

通道 →(存放)→ 移盘室

若没有清洁出雏盘(车)通道,则出雏盘(车)在出雏器中消毒、存放、预热。注意出雏盘(车)要清洁、干燥,绝不可使用潮湿的出雏盘(车)。使用前最好经过预热。

二、孵化厅的建筑结构

(一)地面 要求地面平整光滑、无积水、防潮和有一定的承载力。可采用现浇水磨石地面。为加强承载力,可加钢筋。

1. **地面结构** 从下至上:①素土夯实;②3:7灰土一步夯实,厚150毫米;③油毡和沥青隔潮,再填20毫米厚的炉渣,夯实;④80毫米厚的凝固混凝土沙浆抹面;⑤用厚3～5毫米的玻璃条(或铝条)打格,800毫米/格;⑥1:1～1.5水泥石屑,厚15～20毫米,经3～5天硬化后打磨。

2. **地面坡度和承载力**

(1)地面坡度 地面平整不积水,其坡度为0.5%～1.0%。入孵器、出雏器所占地面范围内的平面度≤5毫米,允许向孵化器前、后方向略微倾斜,以利于排水。

(2)地面的承载力 地面的承载力为750千克/平方米。

3. **地面排水系统** 要求排水畅通、便于冲洗和防止堵塞,地面或沟内无积水。

(1)孵化厅内的排水系统 分明沟和暗沟(管),而且净区(种蛋处置室、孵化室、移盘室)、污区(出雏室、雏禽处置室)和污区的

洗涤室,分别独立设置,绝不要将三者的排水系统贯通,以免污区的污浊空气通过排水沟进入净区,造成交叉污染。明沟(盖板沟)优点是排水、冲洗和维修方便,但孵化蛋盘车或出雏盘车通过时会引起振动,易震破胚蛋。而暗沟(管)却相反。一般明沟(盖板沟)宜敷设在孵化器背面以及洗涤室。暗沟(管)敷设孵化器前面以及种蛋处置室、移盘室等种蛋通行频繁的地方。雏禽处置室的排水,既可采用明沟也可采用暗沟(管)。通过若干横向的暗沟(管)与上述排水沟连接,将孵化厅内的污水排至厅外的渗水井(污水沉淀井)中。

①排水明沟(盖板沟)。入孵器和出雏器的背后,均分别设有纵向贯穿孵化室或出雏室的排水明沟,上盖菱形孔眼的铸铁盖板,盖板与地面平齐,沟底向沉淀池方向倾斜(坡度为 3%),要求沟内无积水。沉淀池池底比排水沟底低 200～300 毫米,以截留固体污物,内设不锈钢纱筐,并定期清除筐中及池中的固体沉淀物,以免堵塞管道。盖板沟与横向的暗沟(管)相连,将沟内污水经暗沟(管)排至孵化厅外的污水沉淀井中。洗涤室的盖板沟规格与孵化室相仿,坡度可大些(4%)。它与雏禽处置室连接处要设沉淀池,池中放置不锈钢纱筐,以便定期清除筐中及池中的固体沉淀物。

②排水暗沟(管)。入孵器和出雏器的前面 30～50 厘米,各设纵向的暗沟(管)。种蛋处置室和移盘室的暗沟(管)与孵化室的暗沟(管)贯通,雏禽处置室的暗沟(管)与出雏室的暗沟(管)贯通。排水暗沟(管)应采用防腐蚀材料。建议采用双面带釉陶土管。铺设时,地漏铁箅处比室内地面低 5～10 毫米,管道应向地漏(或沉淀池)方向呈一定坡度(一般为 3%～5%。距离长,用 3%,距离短,用 5%),以利排水通畅。若地漏改为沉淀池,则长 600 毫米×宽 400～500 毫米,深度根据排污方向及坡度而定,沉淀池池底应比该处暗管管底低 200～300 毫米,以截留固体污物。

③淋浴室和消毒池(通道)的地面及排水。设地漏,污水排至

厅外渗水井。

(2)孵化厅外的排水系统

①渗水井。接纳孵化厅内的污水。渗水井大多设在孵化厅外南侧,亦可设在孵化厅外北侧。

②粪污井。接纳孵化厅内厕所的粪尿污水。因厕所位置多在孵化厅的南侧,故设在孵化厅外南侧。

③排水明沟。孵化厅外墙四周设宽 700~900 毫米的散水,其外侧设排水明沟,以接纳雨水;或不设排水明沟,雨水直接排至散水外的土地里。

(二)墙壁 要求保温隔热性能良好和坚固耐用,光滑,耐高压冲洗(表 1-2-2)。

表 1-2-2　围护结构热阻参数值

气候类型	炎　热	温　和	寒　冷
屋顶热阻值	4	8	12~14
墙壁热阻值	2	2.5	8~10

1. 外围墙　整个孵化厅的外围墙应有两道圈梁。外墙厚 37 厘米。外围墙也可采用彩涂钢板为外层的聚苯乙烯泡沫塑料夹芯板(或芯材为聚氨酯或立丝状纤维的岩棉或超细玻璃棉)的轻钢板材的新型材料组装件,搭建在砖砌的墙裙上。

2. 内　墙

(1)内墙厚　大部分内墙厚 24 厘米,更衣室等跨度为 1.5~3.3 米的小跨度房间,非承重墙的厚度为 12 厘米。

(2)防潮处理　凡与淋浴室、洗涤室相邻的仓库、雏盒室,其墙壁均应做防潮处理。

(3)内墙材料　除砖木结构之外,也可采用外围墙相同的新型材料。内墙面不宜铺贴瓷砖,以免瓷砖缝隙藏污纳垢,不利防疫。

国内先后使用过防锈漆覆醇酸漆、有机胶泥子外覆塑酯漆、单组分聚氨酯涂料、双组分聚氨酯涂料等内墙涂料,但效果不好,遇水脱落。后来,天津华牧生物工程公司研制的 SPEW 实验室内墙涂料,具有防水、黏结性强、抗酸、抗碱、抗氧化剂等特点。经试用证明,该涂料是一种优秀的孵化内墙涂料。

(三)门、窗

1. 门　分金属卷帘门、推拉门、对开门、折叠门、单扇门等。除金属卷帘门、推拉门之外,门应向外开启,以利于防火。除办公室、雏盒室、更衣室、仓库和洗涤室等设门坎外,其他门均不设门坎,洗涤室和雏盒室应为活动门坎且要密封,以便于车辆通行无阻又能防止污水渗漏。除办公室和门卫值班室门镶玻璃外,其他门均不镶玻璃。门上固定式玻璃观察窗的规格为直径 20～25 厘米圆形或 20～25 厘米×20～25 厘米正方形。

(1)与外界相通的大门　与外界相通的种蛋接收室、接雏室和废弃物出口大门,要密封,防雨淋,可选择金属卷帘门。有自动上锁功能。门的规格为高 2.6 米×宽 2.0 米。废弃物出口大门规格为高 2.4 米×宽 1.6 米。

(2)厅内门　除办公室、门卫值班室的门镶嵌玻璃之外,其他内门为平面,无玻璃,外包铝板(或铝合金材料),可在门上设镶嵌透明有机玻璃的观察窗。

①种蛋接收室与种蛋处置室相隔的门。门的规格为高 2.6 米×宽 2.0 米,门上另设一个离地高 0.8～1.0 米的净高 50～60 厘米×净宽 80～100 厘米的种蛋接收窗口。仅孵化设备搬运时才打开大门或接收种蛋时才打开接收窗口,平时均上锁。

②种蛋贮存室门和种蛋消毒室门。前者有保温层,后者为单层门,均要密封。

③种蛋处置室与孵化室相隔的门。可为推拉门,无玻璃(设观察窗)。净高 2.4 米×净宽 2 米。

④孵化室与移盘室相隔的门。要求密封,有观察窗的无玻璃

平板式门。亦可为推拉门。净高 2.4 米×净宽 2 米。

⑤移盘室与出雏室相隔的门。要求密封,以免出雏室污浊空气污染移盘室,继而污染孵化室。有观察窗的无玻璃平板式对开门或推拉门。净高 2.4 米×净宽 2 米。

⑥出雏室与雏禽处置室相隔的门。要求密封,可为推拉门,无玻璃(设观察窗)。净高 2.4 米×净宽 2 米。

⑦雏禽处置室与接雏室相隔的门。如果该门要走大件设备,则门的规格为高 2.6 米×宽 2.0 米,门上另设一个离地高为 0.8~1.0 米的净高 50~60 厘米×净宽 80~100 厘米的雏禽接收窗口。仅孵化设备搬运时才打开大门或接雏时才打开接收窗口,平时均上锁。若该门不走大件设备,则规格为高 2.0 米×宽 0.9~1.2 米,或不设门,仅设雏禽接收窗口,窗口的下沿设暂放台。

⑧洗涤室门。为有观察窗的无玻璃平板式门,要防潮。规格为高 2.3×宽 1.6 米。为了运输方便,可设活动门坎,但要注意密封,以免洗涤室的污水流入雏禽处置室。

⑨雏盒室和仓库门。为无玻璃平板式门。要设门坎,以免冲洗时污水流入室内,泡坏雏盒或用品。为了运盒方便,可做成活动门坎,但要注意密封。

⑩消毒更衣室门。内、外门为铝合金平板式门,门上设毛玻璃的小窗,规格为 20 厘米×20 厘米或直径 20 厘米。设弹簧以便能自动关闭。

⑪门卫值班室的门。镶玻璃的平板式门,设门坎。

2. 窗户 要求既开关自如又要密封,必要时加装密封条。与孵化厅外相邻的窗户,应设双层玻璃,以利于隔热保温。

(1)孵化室和出雏室窗户 采光窗的高度以超过孵化器高度为宜,采光窗高 0.6 米×宽 1.2 米,间距 6 米左右为宜,用双层玻璃窗,其传热系数约为单层玻璃窗的 50%,有利于降低孵化厅的冷负荷。采光窗因在高处,要设拉绳和自动弹簧锁销,以便开关自如。该窗活页在下方,开启时,窗扇向上倾斜,这样外界的冷空气先吹向天花板再折返下来,以免外界冷空气直吹孵化器。若采用窗户通风方式,则窗的规格为宽 1.5 米×高 1.8 米。均设纱窗以防野鸟、蝇虫侵入。

(2)门卫值班室的观察窗　离室内地面高 80～90 厘米,宽1.2～1.5 米×高 1 米,为固定式观察窗,以便于管理。

(3)更衣室窗　凡与外墙相隔的更衣室,为了采光,可设离地高 2.0～2.2 米的宽 1 米×高 0.5 米的固定式窗户(一般设在上圈梁下方),镶上毛玻璃。

(4)外围墙的其他窗户　办公室、技术资料档案室、餐厅(休息室)、门卫值班室和洗涤室等,可设玻璃窗作采光通风之用。但窗框要安栅栏,以防违章者爬窗进入孵化厅。

(四)屋顶与天花板　屋顶的冷负荷仅次于玻璃窗。因此,其保温、隔热性能很重要。屋顶除要求防水、保温、承重外,还应不透气、光滑、耐火和结构轻便。设计时应予高度重视。孵化厅的屋顶主要分"人"字型(两面坡)及平顶型。"人"字型(两面坡)应有吊顶。特别要避免冬季出现天花板结露、滴水。否则,既造成工作环境恶劣,又缩短孵化设备的寿命。

1."人"字型(两面坡)屋顶　可采用具有防寒、保温、隔热、体轻、防水、装饰和承力等性能的金属绝热材料夹心板,它是彩涂钢板为表层的聚苯乙烯泡沫塑料夹芯板(或芯材为聚氨酯或立丝状纤维的岩棉或超细玻璃棉)的轻钢屋顶。彩色钢板涂层处理,从上至下分为:面漆→底漆→化学前处理→锌层→冷轧板→锌层→化学前处理→底漆,面漆应刷成白色,以降低屋顶的辐射热。也可采用梭形轻钢屋架,屋面材料为钢筋混凝土槽形板,屋架为 90 毫米×6 毫米单角钢和圆钢焊接而成,屋顶出檐 60 厘米。孵化厅应吊顶,可冬保温夏隔热。吊顶以铝合金、塑料为佳,可用 PVC 扣板,其上现场浇注聚氨酯,再覆盖一层水泥。这样既增加了吊顶的强度,又加强了保温效果,还起到防火作用。吊顶材料不宜用石膏板、纤维板、木板、胶合板和铁板。因长时间在潮湿的孵化厅内,石膏板、纤维板、胶合板会因吸潮塌陷、脱落,木板易腐朽也不利于消毒,而铁板容易锈蚀。

2. 平顶型屋顶　可用加气板、预制板或现浇。具体要求,详见本节"四、孵化场设计实例"。

(五)上下水道

1. 上水管

第一,上水管在进孵化厅之前应在孵化厅外设水管总阀门检查井(要注意保温、防冻)。

第二,孵化器冷却用的水管不要裸露或接近暖气,以防水温度升高而影响制冷效果。

第三,孵化厅冲洗用的水管管径要大一些(干管采用 DN25 即2.54 厘米,用三通变径为 DN20,接高压清洗机),一般装在孵化器之间的横向通道的对面墙壁约 1 米高处,并配备水龙头。其他各室在适当地方配备水龙头及洗手池。

2. 下水道　孵化厅的排水系统要求请阅前面的"地面排水系统"。

(六)电线铺设　总的要求是防水、安全。应有电线位置及规格等详细图纸和说明,以方便维修。

第一,电源线通过架设电线杆或筑电缆沟(电缆沟美观但投资大)引入孵化厅内。

第二,孵化厅内的电线应套在塑料管内后埋入墙内和敷设于天花板上或吊顶的顶棚内侧面,以免受潮发生短路。

第三,电源开关和插座必须设防水罩,以免冲洗时进水造成短路或发生安全隐患。

第四,电缆、电线的截面积应符合要求,且为三相五线制,动力与照明应独立布线。

第五，照明设备应并联接线，每台孵化器应单独与电源连接，并安装保险及过载自动跳闸装置。要保障三相平衡，避免某相电流过大。

三、孵化厅各室建筑设计的基本要求

孵化厅内公共设施与"净区"和"污区"之间的通道应分开，两通道与公共设施连接处应设鞋底消毒设施，"净区"和"污区"之间的连接处也应有鞋底消毒设施，以便截断厅内通过鞋底传播病原微生物的途径。该消毒设施是能存贮消毒液的浅凹的地面，以免影响厅内车辆移动。

（一）种蛋接收室　面积要能驶入运蛋车和留有适当的操作空间。应有取暖、通风和照明设施，以免接收种蛋时种蛋受冻，还可改善工作环境。室温保持 20℃～25℃，相对湿度无特殊要求，等压通风。大门关闭，仅开种蛋接收窗，以防止厅外送蛋人员进入厅内。该室兼用作进入"净区"用品、工具消毒处。

（二）种蛋处置室　接收种蛋、验收、选蛋、码盘、装车。设洗手消毒盆，有上、下水设施，排水暗管连接孵化室。室温保持 22℃～25℃，相对湿度为 50%～60%，等压通风。

（三）种蛋贮存室　要求密封、保温、隔热。室温保持 18℃以下，相对湿度为 75%～80%，等压通风。

1. 墙壁　种蛋贮存室内四周墙壁要用保温材料做隔热层。一般先砌空心砖再用水泥沙浆抹平，最后用白水泥罩面。也可选用新型材料做保温层。

2. 顶棚　天花板用聚苯乙烯板材做隔热层（厚约 80 毫米），地面至顶棚高 2.4 米，以保持良好的保温效果，也减小了制冷空间。

3. 门、窗　种蛋贮存室可为折叠双层门，中间填以保温材料（如厚 50～60 毫米的聚苯乙烯），不设门坎，但要密封。不设窗户。

4. 体积　根据种蛋贮存方式和每次入孵量以及制冷设备位置来确定种蛋贮存室的长、宽、高。应尽量缩小种蛋贮存室的体积，以降低空调（或制冷设备）运行时间，这样既节电又延长空调（或制冷设备）的使用寿命。

（四）种蛋消毒室　要求密封，配备排风扇。室温 26℃～28℃，相对湿度为 75％～80％，等压通风。

1. 体积　根据孵化蛋盘车规格和一次入孵量所需的车辆数量及留有操作空间，来确定种蛋消毒室的长、宽、高。按一次最大消毒量设计，一般以每次入孵量一次消毒为准。

2. 门、窗　门不设夹层，厚度根据材质而定，但不超过 40 毫米。门要密封，以免消毒气体外泄。不设窗户。

3. 顶棚　用 PVC 扣板吊顶，地面离顶棚高 2.4 米。尽量缩小种蛋消毒室的体积，以节约消毒药的用量。

4. 通风　有强力排风设备，以便将消毒后的废气通过排风扇和管道排放至室外。

另外，为了孵化蛋盘车进出自如，不产生碰撞，应设孵化蛋盘车滑道及定位卡块。

（五）孵化室　室温 24℃～26℃，相对湿度为 55％～65％，正压通风。该室应为无柱结构，以免影响入孵器的布局及操作管理。多采用双列连体方式排列，可较好利用空间，一般 3～5 个入孵器连体后留有 90～120 厘米的横向通道，以便于管理。入孵器离墙约 1 米，中间工作通道约 3 米。一般双列式孵化室内径宽度＝孵化器离墙 1 米×2＋孵化器厚度×2＋中间工作通道 3 米。长度根据入孵器型号、台数以及适当的横向通道而定（孵化室内径长度＝入孵器宽度×台数/列＋横向通道的总宽度）。从地面到天花板的高度为 4～5 米。若巷道式孵化器，则应达 4.6 米。

（六）移盘室　室温保持 26℃～28℃，相对湿度为 55％～65％。兼用作移盘前出雏盘车的预热、消毒处和移盘后孵化蛋盘车冲洗消毒处。为此,可通过吊顶,将其高度降至 3 米左右,宽度与孵化室相同。因该室要放置移盘设备、孵化蛋盘车、出雏盘车以及留有足够的操作空间,所以面积不宜太小。"孵化场设计实例"中的移盘室面积为 50 多平方米。该室最好采用正压通风或等压通风,以防止出雏室空气污染移盘室和孵化室。

(七)出雏室　室温 24℃～26℃,相对湿度为 55%～65%,负压通风。该室主要是处理好通风换气,尤其是出雏期间雏禽绒毛的收集、排放以及排水问题。避免出雏室的浊气、污水流向移盘室、孵化室。面积根据出雏量和出雏器型号、数量而定。一般出雏器台数为孵化器的 1/4。多采用双列连体方式排列,可较好利用空间,连体的左右侧各留 80～100 厘米宽的通道,以便到出雏器背后进行操作管理和维修。一般出雏器离墙约 1 米,中间工作通道约 3 米。出雏室宽度和高度与孵化室相同,长度根据出雏器型号、台数以及留适当横向通道而定。

有人认为,出雏室应堵隔成几个独立的小间,一般以 2 个为宜。大多数孵化厅采用每周入孵出雏两批制,每次出雏和移盘之间的时间间隙很短,若只有 1 个出雏室,清洗消毒工作只能边出雏边冲洗,这样既不便清洗,效果又不好;如果等出雏完毕后再冲洗,则没有足够时间使出雏器内干燥,这样匆匆忙忙地移盘,则出雏器不能尽快升至设定的温度,影响胚胎发育,且影响机内消毒效果,导致细菌数量增加。

(八)雏禽处置室(兼"雏禽待运室")　室温 22℃～26℃,相对湿度为 55%～60%,负压通风。该室进行雏禽雌雄鉴别、免疫接种及其他技术处置,三组工作既要有放置设备、雏禽和相应的操作空间,又要相隔一定距离,以免互相干扰甚至错拿雏禽。因此,面积不宜太小。如果该室兼用作雏禽待运室,为创造雏禽暂存的良好环境条件,此时可改为正压通风。

(九)接雏室　室温 22℃～25℃,相对湿度为 55%～65%,正

压通风。应有取暖、照明和通风设施,以免接雏时雏禽受冻,并改善工作环境。该室一般兼用作进入"污区"用品、工具消毒处。面积要能驶入运雏车和留有适当的操作空间。

(十)洗涤室 室温 22℃～25℃,相对湿度无特殊要求,负压通风。洗涤室面积根据入孵量或出雏量而定。该室应配备高压清洗机,还可配备蛋雏盘清洗机。

(十一)雏盒室 根据雏盒规格和出雏量决定该室面积。该室要求保持干燥,如果与洗涤室相邻,其隔墙要做防潮处理,以免雏盒受潮。要注意防鼠害。

(十二)办公室(内部) 孵化厅负责人办公地方,仅处理内部事务,不对外办公。

(十三)技术资料档案室 孵化厅技术人员办公场所,存放各种记录表格及统计资料。若孵化厅有群控系统,该室兼做监控室,通过群控主机监视和控制孵化厅内孵化设备的正常运行。

(十四)门卫值班室 做好人员进出孵化厅的管理,接听电话,传递信息。

(十五)淋浴更衣室 应安装取暖、照明和通风设备,室温保持25℃以上。注意私密性,不设透明玻璃门、窗,仅设固定式采光高窗(上圈梁下方)并镶毛玻璃。应配备更衣柜(前、后更衣室各1套),分别放置孵化场入口处的衣物和孵化厅衣物。

(十六)仓库 存放工具及易耗品。要求干燥清洁,有照明设备。

(十七)餐厅(兼会议室) 工作人员中午就餐,以及工作前布置任务、交接班和有必要时的通报会。

(十八)暖气、冷气房(及锅炉房)与发电机房、配电室 负责孵化场供电,调节温、湿度,通风换气以及安装水加热二次控温系统设备。该房间一般建在孵化厅背面中部,亦有建在出雏端的山墙外。

四、孵化场设计实例

笔者 2000 年应河北省某单位要求设计了年孵化 600 万枚种蛋(鸡)的孵化厅。现将一些有关设计参数以及若干设计图介绍如下。

(一)孵化场总平面布局 根据该单位拟建孵化厅的周围道路及建筑物具体情况,确定孵化场的总平面布局(图 1-2-2)。

孵化场四周筑围墙,墙外挖防疫沟渠,孵化厅四周用铸铁工艺栅栏(高约 1.2 米)围护。南边设花圃,以美化环境。

(二)孵化厅总平面布局 首先,根据拟建场位置具体情况,确定孵化厅的种蛋入口、雏鸡出口、人员入口和废弃物出口的位置。其次,依据该单位的具体条件,选择孵化厅的建筑结构。再按照"种蛋→雏鸡"的单流程生产工艺、孵化量及孵化器选型、数量,决定孵化厅各室的位置和面积。

1. **孵化器的选择和每批入孵量**

(1)孵化器的选择 选用依爱电子有限责任公司的"EI-19 200 型"孵化器。容蛋量为 19 200 枚/台的入孵器和出雏器。

(2)每批入孵量 每批入孵 2～3 台,按 3 台设计,每批入孵 5.76 万枚种蛋,每周孵化 2 批,共孵化 11.52 万枚。1 年孵化量为 600 万枚种蛋(鸡)。

2. **孵化场规模**

(1)孵化厅规模 入孵器 24 台和出雏器 6 台。总建筑面积为 1 056.6 平方米。各室面积分别为:①种蛋处置室,10.5×9.8＝102.9 平方米;②种蛋贮存室,6 米×4.2 米＝25.2 平方米;③种蛋消毒室,4.5 米×4.2 米＝18.9 平方米;④孵化室,45 米×9.8 米＝441 平方米;⑤移盘室,6 米×9.8 米＝58.8 平方米;⑥出雏室,12 米×9.8 米＝117.6 平方米;⑦雏禽处置室(兼"雏禽

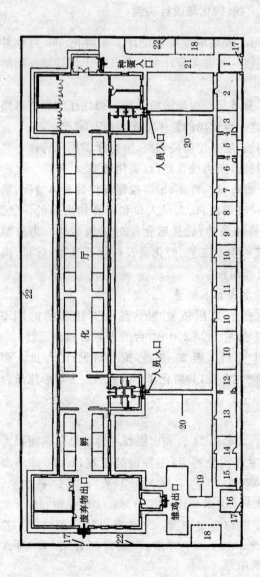

图 1-2-2　孵化场总平面布局示意

1. 种蛋车消毒通道　2. 种蛋暂存室　3. 女更衣室　4. 人员消毒通道　5. 门卫值班室　6. 男更衣室　7. 洗衣房　8. 办公室　9. 技术资料室　10. 仓库　11. 餐厅及会议室　12. 更衣室　13. 雏盒室　14. 兽医室　15. 外部接雏人员接待室　16. 运雏车消毒通道（池）　17. 大门　18. 车库　19. 运雏车通道　20. 人员通道　21. 种蛋车通道　22. 围墙

待运室"),9.6米×12.5米=120平方米;⑧洗涤室,6.6米×7.5米=49.5平方米;⑨雏盒室,3米×7.5米=22.5平方米;⑩办公室(内部),4.5米×6米=27平方米;⑪更衣、淋浴、消毒通道,3米×6米×4米=72平方米;⑫其他,包括发电机房、配电室、锅炉房,负责孵化场供电、供暖。

种蛋贮存室面积,按每次入孵3台"EI-19200型"入孵器(57 600枚/批),共放置孵化蛋盘车(4 800枚/车)12辆设计配置柜式空调。该室内径为:宽5.18米×深3.54米×高2.4米。种蛋消毒室面积,按每次入孵3台"EI-19200型"入孵器(57 600枚/批)设计。需4 800枚/车的孵化蛋盘车共12辆。该室内径为:宽4.26米×深4.16米×高2.4米(图1-2-3)。

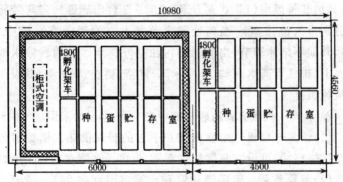

图1-2-3　种蛋贮存室和种蛋消毒室

(2)孵化场其他占地　孵化场入口处还有:孵化场门卫值班室、种蛋运输车消毒通道、运雏车消毒通道、人员消毒通道和男、女更衣室("净区"与"污区"分开)、种蛋暂存室、兽医室、仓库以及围墙。还应留有场内道路、绿化、内部停车场等面积。

(三)通风与采暖

1. 通风换气　采用窗户进风,屋顶轴流风机排风的负压通风方式。各室空气流量,见表1-2-3。

表 1-2-3　孵化厅各室需要的空气流量　(立方米／分)

室外温度	孵化室	移盘室	出雏室	种蛋处置室	种蛋消毒室	雏鸡处置室	洗涤室
21℃	0.28	0.06	0.57	0.06	1.50	1.42	1.50
37.8℃	0.34	0.073	0.71	0.073	1.80	1.70	1.80

注:上述为每1 000枚种蛋或1 000只雏鸡需要量

最好选用无级调速的轴流风机,以便根据需要调节;出雏器的污浊空气不要直接排至出雏室内,应通过管道排入洗涤室外。方法是:在离出雏器排气口100毫米的上方设排气支管接总管,总管两端不要封闭而应设可调节开度的活页,用于对出雏器风量的调节,并加装排风扇(1 500立方米/小时·3台出雏器),经弯管将浊气分别排入洗涤室或雏鸡处置室西墙上方的消毒液水槽中(冬季),其他不结冰季节,出雏器的污浊空气排至厅外消毒液水池的水面上(排气管离水面约50厘米)。淋浴、更衣、厕所等,共设1台轴流风机排气。

2. 采暖　供暖方式有暖气或中央空调,本设计采用暖气供热。

(1)设施与位置　由室内窗户下方的暖气供热。锅炉房位置根据运煤路线,可设在北侧移盘室外,也可设在雏盒室外山墙处。

(2)供暖要求　确保孵化室和出雏室温度在24℃～26℃,以简化孵化给温。

(四)孵化厅建筑结构

1. 屋顶形式　建议采用彩涂钢板为表层的聚苯乙烯泡沫塑料夹层芯板(或芯材为聚氨酯或岩棉或玻璃棉)的轻钢屋顶。也可采用梭形轻钢屋架。本设计采用预制板加保温层的平顶屋顶。其外表面铺设防水保温层,从里到外分为:隔气层(水泥沙浆)→保温层(炉渣＋水泥,边缘处最薄8厘米,坡度为6%)→加固层(2厘米厚的水泥沙浆)→防水层("二毡三油",即先浇第一遍沥青→铺第一层油毡→再浇第二遍沥青→

铺第二层油毡→最后浇第三遍沥青)。屋顶出檐60厘米(图1-2-4)。

2. 土建的若干要求

(1)墙壁　①整个建筑外围两道圈梁,外围墙厚37厘米,内墙厚绝大部分24厘米,更衣室等的隔墙为12厘米。②孵化厅的内、外墙,均为混水砖墙,20毫米厚的水泥沙浆抹光,5毫米厚的白水泥罩面。从地面至1米高的墙壁,用30毫米厚的1:2.5水泥沙浆抹光,5毫米厚白水泥罩面。孵化厅外表层不采用清水墙,内层不要铺贴瓷砖,以免砖缝或瓷砖缝隙藏污纳垢。建议孵化厅的外表面墙体表面光滑并刷成白色,以降低其对太阳辐射的吸收系数。③与淋浴室或洗涤室相邻的隔墙要做防潮处理(1:2水泥沙浆加入水泥重量3%～5%防水剂,厚20毫米)。④所有屋顶的排风孔洞均要砌防风罩。⑤按 EI-19200 型孵化器高 2.375 米,孵化器顶离天花板 1.6 米左右,总共 3.975 米,所以顶棚离地为 4 米左右。孵化室、移盘室和出雏室的净高为 4 米,其他各室净高为 3 米。其中种蛋贮存室和种蛋消毒室在内部再设隔层,将它们的高度降为 2.4 米,以降低制冷或消毒空间,节电省药。前者用 8 厘米厚的聚苯乙烯塑料板,后者用 PVC 扣板做隔层。⑥种蛋贮存室四周墙壁用空心砖砌保温层,以缩短制冷设备的运行时间,既节电又延长制冷设备的使用寿命(图1-2-5)。

(2)地面　采用现浇水磨石地面,其结构见前述。但注意:①地面承载力为 750 千克/平方米;②孵化器所在地面范围内的平面度≤5 毫米;③允许向孵化器前、后略微倾斜,以利于排水;④淋浴室和消毒池(通道)的地面比更衣室地面低 10～15 厘米。消毒池(通道)地面及墙裙(约高 30 厘米),采用防腐蚀水泥;⑤种蛋贮存室和种蛋消毒室的孵化蛋盘车之间间隔很小,为使孵化蛋盘车走位和定位准确,两室室内的地面要安装孵化蛋盘车滑道和定位卡块,以便进出自如,不产生碰撞。

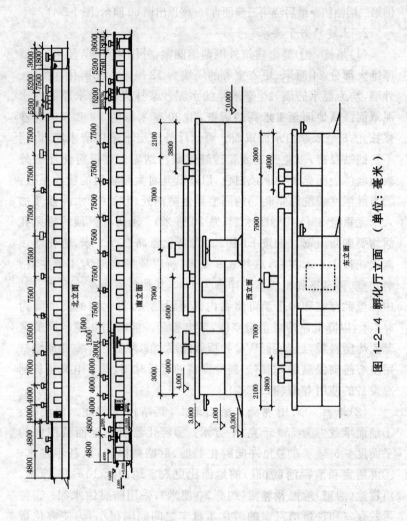

图 1-2-4 孵化厅立面（单位：毫米）

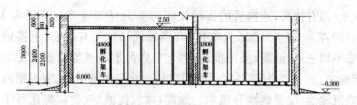

图 1-2-5　种蛋贮存室和种蛋消毒室纵剖面　（单位：毫米）

（3）窗户　采用宽 1.2 米×高 1.8 米的空腹中悬钢窗，并安纱窗，以防蝇虫进入。男、女更衣室设采光高窗，并镶毛玻璃。

（4）门　规格如下。

①种蛋接收室入口和接收室与种蛋处置室相邻的门。前者需防潮，可用金属卷帘门，宽 2.4 米×高 2.4 米；后者为铝合金或木板门，宽 2.0 米×高 2.4 米。并设种蛋接收窗口。

②种蛋贮存室。门高 2.3～2.4 米。夹层、保温、密封。

③种蛋消毒室。门高 2.3～2.4 米。密封。

④种蛋处置室至孵化室、孵化室至移盘室、移盘室至出雏室、出雏室至雏鸡处置室相邻的门。宽 2.0×高 2.4（米），密封。

⑤雏鸡处置室与接雏室相邻的门。宽 0.9 米×高 2.0（米），或不设门仅开接雏窗口。

⑥雏鸡出口。门宽 2.4 米×高 2.4 米，防潮，可用金属卷帘门。

⑦废弃物出口。门宽 1.6 米×高 2.2 米，防潮，可用金属卷帘门。

⑧洗涤室。门宽 1.6 米×高 2.4 米，防潮，可用铝合金门。

⑨办公室。门宽 0.8 米×高 2.0 米，有玻璃。

⑩消毒、更衣、淋浴室。门宽 1.2 米×高 2.0 米，门上有 20 厘米×20 厘米或直径 20 厘米的毛玻璃固定式小窗。

（5）上下水和电缆、电线铺设　污水经管道排至孵化厅外南侧的渗水井（污水沉淀井）中。盖板规格为长 630 毫米×宽 350 毫米×厚 20 毫米。建议采用双面带釉陶土管，该管规格为长 500～1 000

毫米(因有接头,连接后的实际长度为 400～800 毫米),直径为 150
～500 毫米(以 50 毫米为单位,有多种规格),并有三通,上接地漏
(或不用三通、地漏,采用沉淀池)。室内污水通过地漏或沉淀池排
至管中。一般"净区"各室可采用直径 200 毫米管道,长度根据地漏
(或沉淀池)位置选购和截取。地漏(或沉淀池)应设在孵化器中线
处,因为此处宽为 600 毫米,孵化蛋盘车或出雏盘车不通行。出雏
室和雏禽处置室,可选用直径 250～400 毫米管道。另外,铺设时,
地漏铁算处较室内地面低 5～10 毫米,管道应向地漏(或沉淀池)方
向呈一定坡度,坡度一般为 1%～3%(距离长,用 1%,距离短,用
3%),以利于排水通畅。若地漏改为沉淀池,则池长 600 毫米×宽
400～500 毫米,深度根据排污方向及坡度而定,沉淀池池底应比该
处暗管管底低 200～300 毫米,以截留固体污物。

第三节 孵化厅的环境控制

孵化厅环境控制包括温度控制、相对湿度控制、通风换气(空
气质量控制)和环境卫生监控等方面。目前,季节仍是影响孵化场
孵化率的因素之一,一般春、秋季孵化率较高,在北方夏季好于冬
季,在南方冬季好于夏季。除季节因素影响外,主要是受到孵化厅
内环境的温、湿度和通风换气的影响。只有尽量创造家禽胚胎发
育最佳环境,才能获得高孵化效果。

一、孵化厅的温度和湿度控制

(一)相应的设施 根据孵化厅环境控制参数值,认真做好土
建设计和施工。选用保温性能好的材料、吊顶和加强门窗的密封
性,防止冷风或热气渗透,尽量降低孵化厅自身所带来的冷负荷
(其中以玻璃窗带来的冷负荷最多,其次屋顶冷负荷,再次是外墙
冷负荷),确保该厅保温隔热性能良好。并选用与需要相匹配的设

备,为根据要求控制孵化厅温、湿度打下良好基础。另外,在设计和施工时,孵化厅要留有适当的位置安装锅炉、管道等供热设施。

（二）孵化厅各功能室对温、湿度要求　根据孵化厅各功能室的不同用途,采取不同的环境温、湿度(表1-3-1)。

表 1-3-1　孵化厅各室环境控制要求

室　别	温度(℃)	相对湿度(%)	压力状态	通　风
孵化室(兼预热)	24～26	55～65	正压	管道、机械排风。冬加热、夏降温,兼蛋预热
出雏室	24～26	55～65	负压	管道、水池(槽)、机械排风。冬加热、夏降温
移盘室	26～28	55～65	正压	连接孵化室排风管道。冬加热、夏降温
种蛋处置兼预热室 *	22～25	50～60	等压	屋顶机械排风。人感到舒适,冬加热、夏降温
种蛋贮存室	13～18	75～80	等压	无特殊要求,但面积较大需要吊扇排风
种蛋消毒室	26～28	75～80	等压	有强力排风扇人工控制(5分钟/小时);防腐蚀
雏禽处置室 **	22～26	55～60	负压	机械排风,人感到舒适;冬加热、夏降温
雏禽存放室	22～25	55～65	正压	机械排风,防穿堂风;冬加热、夏降温
种蛋接收室	20～25	天然	等压	机械排风;冬加热、夏降温;兼进"净区"用品消毒
雏禽接收室 ***	22～25	55～65	正压	机械排风;冬加热;兼疫苗准备室、进"污区"用品消毒
洗涤室	22～25	天然	负压	机械或人工排风(5分钟/小时)。冬加热、夏降温

＊根据不同季节和具体情况,孵化室或种蛋处置室可作为种蛋预热场所

＊＊多数孵化厅的雏禽处置室和雏禽存放室同一室。雏禽在雌雄鉴别及技术处置时,采用负压通风,待该室上述工作完毕、冲洗消毒后雏禽叠放待运期间,最好采用正压通风

＊＊＊雏禽接收室可兼用作疫苗准备室,故从疫苗配制前至雏禽运离前,都应采用正压通风

（三）解决好冬季供暖夏季降温措施　在寒冬酷暑的条件下，孵化厅应冬季供暖、夏季降温，以使孵化厅的温度相对恒定，这是提高孵化效果（孵化率和雏禽质量）的基础。

1. 孵化厅冬季供暖通风设计　孵化厅冬季供暖通风方式有中央空调、热水锅炉和热风炉采暖通风系统。

（1）热水锅炉加散热片供暖与热风供暖相结合　秦田（1998）认为，孵化厅最佳的供暖方式是采用热水锅炉加散热片供暖与热风供暖相结合。并提出了孵化厅供热量的计算公式。

①孵化厅供热量的计算。冬季送入孵化厅的热量由孵化厅整体供热量和孵化厅通风供热量两部分组成。计算公式如下。

$$Q_总 = Q_厅 + Q_风 = [1.1 V_w q(t_n - t_w)(1 + \mu)\beta t/4.2] + [(i_n - i_w) \times r \times G] \quad (kcal/h) \quad (1)$$

因为孵化厅中 $\mu = 0$，所以孵化厅总供热量为：

$$Q_总 = Q_厅 + Q_风 = [1.1 V_w \times q(t_n - t_w)\beta t \div 4.2] + [(i_n - i_w) \times r \times G] \quad (kcal/h)(2)$$

式中 V_w：按外形尺寸计算的建筑物体积（立方米）；q：供暖单位用热量（千焦/米³·时·℃）。当厅内温度为 21℃ 左右时 q 值为 2.2～2.5（千焦/米³·时·℃），一般建筑保温性好时取小；t_n：厅内的平均温度（℃）；t_w：厅外温度（℃）；μ：加热渗漏空气所耗热量的系数，孵化厅中 $\mu = 0$；βt：温度系数，根据供热学公式为：

$$\beta t = 1 + \frac{0.95 + 1430/V_w}{1.22 + 2900/V_w} \times \frac{30 + t_w}{t_n - t_w} \quad (3)$$

r：空气的容重可取 1.2（千克/米³）；G：厅内所需的通风量（米³/小时），根据厅内孵化器的数量及所需的通风量和雏鸡室存放的雏鸡的数量具体计算（冬季孵化厅的最小通风量计算）。冬季孵化厅的最小通风量应能满足入孵器、出雏器及雏鸡室所必需的通风量。一般为入孵器或出雏器的通风量乘以系数 1.2～1.5。雏鸡室的最小通风量一般按每只雏鸡需 0.5 米³/小时计算。

厅内所需的通风量计算公式为：

G= 1.2∑N f×gf+ 1.2∑N c×gc + 0.5Nm （米³/小时） （4）

Nf：孵化器的数量（台）；gf：孵化器的正常通风量（米³/小时）；gc：出雏器的正常通风量（米³/小时）；Nc：出雏器的数量（台）；Nm：雏鸡室存放雏鸡数（只）。

将"βt"[（3）式]和"G"[（4）式]两公式代入"（2）"式中，得：

$$Q_总 = Q_厅 + Q_风 = [1.1V_w q(t_n - t_w)(1 + \frac{0.95 \times 1430/V_w}{1.22 \times 2900/V_w} \times \frac{30 + t_w}{t_n - t_w}) \div 4.2] + [(i_n - i_w) \times 1.2 \times (1.2\sum N f \times g f + 1.2\sum N c \times gc + 0.5Nm)]$$

（kcal/h）(5)

式中 $Q_总$：孵化厅总供热量（千卡/时）；$Q_厅$：孵化厅整体供热量；$Q_风$：孵化厅通风供热量；V_w：按外形尺寸计算的建筑物体积（立方米）；q：供暖单位用热量（千焦/米³·时·℃）。当厅内温度为21℃左右时q值为2.2~2.5（千焦/米³·时·℃），一般建筑保温性好时取小；t_n：厅内的平均温度（℃）；t_w：厅外温度（℃）；i_n：厅内空气含热量，根据厅内空气温、湿度值查空气的含热量i值表得出（千卡/千克）；i_w：厅外空气含热量，根据厅外空气温、湿度值查空气的含热量i值得出（千卡）；Nf：孵化器的数量（台）；gf：孵化器的正常通风量（米³/小时）；Nc：出雏器的数量（台）；gc：出雏器的正常通风量（米³/小时）；Nm：雏鸡室存放雏鸡数。

②孵化厅的供热方式。水暖保证孵化厅整体供热量，热风保证孵化厅的通风用热量。水暖系统由热水锅炉加散热片及水管组成，暖气片放置在孵化器背后墙壁上。热风供暖系统采用管道正压通风供暖方式，且热风量与孵化厅的通风量相当，这样有利于厅内恒温换气，热风温度一般为60℃~80℃。管道最好布置在厅内两侧的墙上，高度位置在窗的下方，其出口设有风量调节板、导流

板或散风器。

③热风炉采暖通风系统的主要技术参数。分立式和卧式,结合通风,可供暖与通风。同时,立式热风炉顶部的水套可利用烟气余热提供热水。立式热风炉主要技术参数见表1-3-2,卧式热风炉主要技术参数见表1-3-3。

表1-3-2 立式热风炉主要技术参数

额定发热量(兆焦/小时)	热风出口温度(℃)	热风量(立方米/小时)	热效率(%)	燃煤量(千克/小时)	送风机功率(千瓦·小时)	重量(千克)	型 号	外形尺寸(毫米)
LFS-10	1100×2300	400	80	7000	>70	30	2.2	1000
LFS-15	1250×2300	600	100	7000	>70	45	2.2	1100
LFS-20	1250×2300	800	120	7000	>70	60	2.2	1200

表1-3-3 卧式热风炉主要技术参数

外形尺寸(米)	额定发热量(兆焦/小时)	热风出口温度(℃)	热风量(立方米/小时)	热效率(%)	燃煤量(千克/小时)	送风机功率(千瓦·小时)	引风机功率(千瓦·小时)	重量(千克)
1.4×1.2×1.65	800	120~140	4500~5500	70	60	5.5	1.5	1700

(2)中央空调采暖通风系统 郭均(1998)介绍了中央空气处理装置,将空气通过以热水(70℃～90℃)为介质的热交换器,达到升温的目的。该装置包括进风口、回风口、过滤器(滤芯可使用无纺布和海绵)、热交换器、鼠笼式风机、送风管和温控防冻装置等部件(图1-3-1)。通过对吸入空气的加热和加湿,使室内温度保持在24℃～26℃,相对湿度保持在55%～60%。采用中央空气处理装置,应对孵化厅做密闭处理,经常检查皮带松紧度、皮带轮磨损和皮带轮对线,并定期清理、消毒过滤器和风机扇叶及管道,防止进

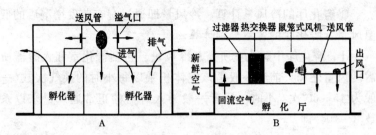

图 1-3-1　中央空气处理装置示意图

A. 横切面　B. 纵剖面

风量的减少和微生物孳生、传播。

依爱电子有限责任公司开发出了孵化厅空气调节系统。其特点：①为全年运行的变风量集中空调系统；②全方位多参数（温度、湿度、风量、风压和洁净度）的空气处理；③封闭运行、全新风处理，避免交叉感染；④充分应用现代空气调节理论，最大限度的降低前期投资及运行费用（见插页 14 彩图）。

（3）取暖炉或土暖气供热　我国传统孵化法采用取暖炉或土暖气，砌地下或地上烟道，通过烧煤、柴等燃料提高室温。

（4）不同采暖通风系统的比较　热水锅炉加散热片供暖与热风炉采暖通风系统均有定型产品供选择，安装施工简便，而且送热快、热效率高、成本低，使用安全可靠，运行费用低。中央空调造价高，但热效率高，提供温暖的新鲜空气，并且可与夏天降温共用一套设备、管道。取暖炉或土暖气供热设备简单和运行费用低廉，仅适用于小型孵化场或传统孵化。

2. 孵化厅夏季通风降温设计　在炎夏，按目前的一般孵化厅结构，仅仅靠自然或机械通风是不够的，必须采取降温措施。方法有：湿帘蒸发降温系统和中央空调通风降温系统。

（1）湿帘蒸发降温系统　秦田（1998）推荐夏季通风降温采用湿帘蒸发降温系统，并提出了孵化厅湿帘蒸发降温的冷风量计算公式。

①孵化厅的冷风量计算。冷风量即通过湿帘蒸发增湿后的低温风量。孵化厅的各室分别计算。

Ⅰ. 孵化厅中孵化室所需总冷风量。包括孵化室和入孵器所需冷风量之和。前者一般是该室体积乘以每小时的换气次数(一般为 45～60 次/ 小时),后者一般为入孵器的正常通风量乘以系数 8～10。即:

$$GF_总 = Gf' + Gf = [(45～60) \ Vf] + [(8～10) \ ΣNf \cdot gf]$$
(米³/ 小时)   (1)

式中 $GF_总$:孵化室所需总冷风量;Gf':孵化室所需冷风量;Gf:入孵器所需冷风量;Vf:为孵化室有效体积(立方米);Nf:入孵器数量(台);gf:入孵器的正常通风量(米³/ 小时)。

Ⅱ. 孵化厅中出雏室所需总冷风量。包括出雏室和出雏器所需冷风量之和。前者一般是该室体积乘以每小时的换气次数(一般为 45～60 次/ 小时,或取 50 次/小时),后者一般为出雏器的正常通风量乘以系数 8～10。即:

$$Gc_总 = Gc' + Gc = [(45～60) \ Vc] + [(8～10) \ ΣNc \cdot gc]$$
(米³/ 小时)   (2)

式中 $Gc_总$:出雏室所需总冷风量;Gc':出雏室所需冷风量;Gc:出雏器所需冷风量;Vc:出雏室有效体积(立方米);Nc:出雏器数量(台);gc:出雏器的正常通风量(米³/ 小时)。

Ⅲ. 孵化厅中雏鸡室所需的总冷风量。包括雏鸡室和雏鸡所需的总和。即:

$$Gm = (45～60) \ Vm + 0.5Nm \ (米³/ 小时)$$ (3)

式中 Gm:孵化厅中雏鸡室所需的总冷风量;Vm:雏鸡室有效体积(米³);Nm:雏鸡室存放雏鸡数(只)。

Ⅳ. 孵化厅其他各室所需总冷风量。秦田(1998)关于孵化厅的冷风量计算中,仅涉及孵化室(及入孵器)、出雏室(及出雏器)和雏鸡室(及雏鸡),而种蛋处置室、移盘室、雏鸡处置室、洗涤室、办公室以及值班室等均未提及。笔者建议,种蛋处置室、移盘室,虽然有工作人员在码盘或移盘,但待的时间不太长,况且前者兼种蛋预热、后者移盘时,均要求较高的温度,故可仅考虑两室空间的冷风量即可。即:45～60 次/小时乘以两室体积(立方米)。雏鸡处置室,在有雏鸡时,可按"Ⅲ"计算;无鸡时,仅计该室空间的冷风量或甚至不制冷。洗涤室:仅计该室空间的冷风量,无人时可不制冷。办公室及值班室,可不纳入孵化厅总降温系统,仅开窗、开启风扇或配备壁挂式空调降温。

②湿帘面积计算。根据湿帘的相关公式为:

$$S = G/V \tag{4}$$

式中 S:湿帘面积(米^2);G:总的冷风量(米^3/秒);V:湿帘过流风速,一般为 1～1.5 米/秒,通常取 1 米/秒。

③湿帘降温通风系统的布置方式。建议在孵化室和出雏室使用组合式湿帘冷风机组,向室内鼓入冷空气。可以设置成室顶向下鼓风,或设置在侧墙内向内鼓风,出风口应设导流板或散风器。不能直接与孵化器的进出风口相对,以免影响机内空气的循环流动。另外,在相对冷风机的一侧或两侧应设置排风机,排出厅内湿热空气,并保证此区内压力稳定。出雏室应保证适宜的负压。其排风机的排风量即为总的冷风量,据此选择排风机。雏鸡室可采用一侧安装湿帘,另一侧安装排风机的负压通风降温方式,其排风机的数量依雏鸡室总的冷风量选取。

郭均(1998)也认为应首选湿帘降温设备,并绘制了湿帘降温示意图(图 1-3-2)。

(2)中央空气处理装置(中央空调)降温系统　郭均(1998)介绍了采用中央空气处理装置将空气通过以冷水(12℃～15℃)为介质的热交换器,达到降温的目的。

(3)窗户进风排气扇排风降温方式　国内不少孵化厅采用窗户进风、风扇排风降温方式。

（4）不同降温通风系统的比较 湿帘设备投资少,运转费用低,因此在诸多降温方法中,它是最经济的降温手段。中央空调一次投资大,且冷水必须由地下水或冷水机组提供,运行费用较高,但提供的空气质量好;冬季供暖、夏

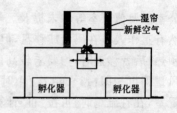

图 1-3-2 湿帘降温示意图

天降温可以共用一套设备、管道。窗户进风排气扇排风降温方式虽然有设备简单、投资少、运行费用低的优点,但降温效果不太理想。

(四)设计和使用中应注意的问题

1. 勿在室内使用耗氧加热设备 如国外使用的燃气直接加热器和我国传统孵化法的烧煤、炭火(柴草)供热,要注意燃气直接加热器或火炉不能放在孵化室内,以免耗氧和产生二氧化碳、一氧化碳,危及胚胎发育。火炉供热要注意尽量降低污染孵化环境。

2. 经常维护、检查和清洗消毒 使用中央空气处理装置时,应对孵化厅做密闭处理,并经常检查皮带松紧度、皮带轮磨损和皮带轮对线,定期清理和消毒管道、过滤器、风机扇叶,防止进风量的减少及消灭微生物。管道上应设置可开启的小门,以便于清洗消毒。管道的末端应安装排风扇,将浊气排出厅外。

3. 高湿时停用湿帘降温系统 在极其潮湿、高温地区,如果环境的温度与相对湿度难以和谐统一时,可适当保持高一点的温度,而避免过高的湿度。因为温度稍高些,对孵化器不是太大问题,尤其是孵化器有水冷系统(冷排,水温 15.6℃～21.1℃)时。当外界湿度极高时(一般在夜间),湿帘降温不仅效果差还会造成高湿环境,影响胚蛋正常的水分蒸发。所以,只有环境温度高时才启用湿帘降温。当环境湿度很高,如夜间外界相对湿度接近100%时,停止使用。表 1-3-4 是湿帘系统的启动模式。

表 1-3-4　湿帘系统的启动模式

启动模式	1	2	3
温度(℃)	24	26	28
风扇 / 水	低速/无水	低速/有水	高速/有水

4. 关于湿帘降温系统的应用问题　有人认为湿帘降温是首选、廉价的降温系统,而有人却持截然相反的观点。栾德好等(2003)认为,此法效果不好,因湿度太大,空气变得闷热。例如,外界环境温度为 35℃、相对湿度为 55%,经过湿帘后温度降为 27℃,可空气的相对湿度为 100%,这样不利于胚蛋的正常失水率,易造成胚胎"溺死",而用表面冷却器处理空气却能达到较好效果,可得到温度降为 27℃、相对湿度为 60% 的空气。并建议为解决运行费用高和浪费水资源问题,可采用"深井回灌"的方法重复利用地下水,既经济又保护水资源。笔者认为,高湿和风沙太大地区最好不用湿帘降温系统,改用中央空调降温系统,除此之外的其他地区,可采用湿帘降温系统。另外,水禽孵化慎用。因为水禽孵化中、后期多采用喷水凉蛋,环境空气本来已经很潮湿,若再加上湿帘降温增加湿度,会导致环境严重超湿。

此外,在使用中,还应注意空气的过帘速度、湿帘的倾角、水流的方向、水管的冲洗、蓄水池的管理、进风量和降温效果的检测,以及系统的密封性。还应注意水质,以免降低降温效率或造成堵塞。在使用湿帘冷却器的同时,侧墙上带有自动风帘的风扇将混浊的室内空气排出。湿帘冷却器和侧墙排风扇以互锁的方式运转,且必须在 1 分钟之内使孵化厅的空气完成一次交换。

5. 关于局部对孵化器供暖或降温问题

(1)孵化室、出雏室供暖或降温方式　对孵化室、出雏室和孵化器的夏降温、冬加热方式,既有对整个孵化厅降温或加热的,也有仅局部对孵化器进行供暖或降温的,目前国内外大多采用整个孵化厅降温或加热方法来控温。但是,国内还有为数不少的孵化场采用自然通风来控制孵化厅内的温度,即冬季关闭一些窗户控制通风量来保温,夏季则采用开窗及排风扇,以加大通风量来降温,若仍超温,则通过孵化器内的铜制水冷盘管系统降温。笔者认为,夏降温、冬加热的主要目的是调控进入孵化器的温、湿度。对孵化厅整个环境进行温度调控,运行费用太高,是否合理值得商榷,建议只对孵化器进气口的空气加温或降温,并将孵化器中的水冷降温系统从原来的超温时降温功能,改为既是超温时降温又是夏季孵化器降温的双重作用。

(2)对孵化器的进气口供暖或降温的具体方案　笔者认为可以采取下列方法。

①方法一。将经加温或降温的新鲜空气通过送风管道送到每台孵化器的进风口;在孵化器的进风口处,加装远红外加热器(根据具体情况,确定加热器装里侧或外侧)及自控装置,以加热冬季进入孵化器的空气;利用孵化器中的水冷降温系统降温。注意入孵器的水冷降温系统的用水温度不宜太低,北方地区最好采用自来水,不要用地下水,而南方地区可采用地下水或井水,不用自来水(因水管埋于地下浅层,夏季水温太高,影响降温效果)。并控制地下水温度,以免水温太低造成“冷排”表面结露的水珠溅到种蛋上,导致臭蛋。

②方法二。如果孵化器采用“水加热二次控温系统”,可在该系统的热水管引出支管至孵化器进气口,加热进孵化器的空气。并用液用电磁阀及控温电路,控制进气口温度;利用孵化器中的水冷降温系统降温。

倘若局部对孵化器供暖或降温方案可行的话,将大大降低冬供暖或夏降温的难度和减少供热量或冷风量。

(3)北京云峰的降温、加温系统　北京云峰既有传统的“冷排”降温系统,又有孵化器外部进风口处的恒温箱控制系统(插页14

彩图）。

①孵化器内的铜制水冷盘管降温系统。此系统由水冷机产生的冷水、控制水流的电磁阀、水管和"冷排"（安装在均温风扇旁边的弯曲铜管）等组成，由孵化器的控制系统控制。云峰孵化器的控制系统采用 PID 和模糊控制原理，对温度进行智能控制，可以实现更稳定的孵化环境。

②孵化器外部进风口处的恒温箱控制系统。国外发达国家的孵化厅一般采用全封闭式设计，对进入孵化厅的空气进行了预处理，以保持厅内的温、湿度相对恒定。而国内的孵化场一般采用半封闭式甚至开放式设计，孵化厅内的小环境受外界的大环境影响很大，导致孵化厅内冬冷、夏热，影响孵化效果，甚至出现夏天孵化器要开门孵化的怪现象。为此，北京云峰独创了局部对进入孵化器的空气进行预处理的降温（或加温）的温度控制方式。

Ⅰ. 夏季降低进入孵化器空气的温度。此系统由水冷机、电磁阀、水管和外置的恒温箱及恒温箱水温控制器等部分组成。夏天外界温度高时由水冷机给恒温箱供冷水，这样热空气先进入恒温箱被冷水降温后才进入孵化器。恒温箱的水温控制由独立于孵化器的控制系统控制，它控制水冷机和电磁阀的运作来调控恒温箱的水温，以保持适宜的空气温度。

Ⅱ. 冬季提高进入孵化器空气的温度。该系统由锅炉、电磁阀、水管和外置的恒温箱及恒温箱水温控制器等部分组成。冬天外界温度低的时候由锅炉提供恒温箱热水，这样孵化器外的冷空气经恒温箱的热水加温后才进入孵化器，恒温箱的控制系统独立于孵化器的控制系统，不受孵化器内部温度的影响，可以独立地把恒温箱内的空气控制在一个稳定的温度范围内。

Ⅲ. 采用恒温箱控温的优点。既保证了进入孵化器的空气温度相对恒定，有利于孵化器内温度的稳定，又不必对整个孵化厅的空气温度进行调节（降温或升温），从而实现了节能的目的。

水冷机和锅炉的功率需要根据孵化场当地的气候条件、孵化设备的型号和孵化设备的数量进行具体计算。

6. 厅外植树种草　既可美化环境,又能降低厅外地面的辐射热和净化空气。

二、通风换气的调控

通风换气改善孵化厅空气的质量,它既为胚胎发育提供氧气,排除二氧化碳、湿热空气和携带病原微生物的绒毛、浊气,又调控孵化厅的温、湿度和环境卫生。

（一）有相应的设备和设施　根据不同需要配备相应的设备和设施,完成孵化厅的通风排气、调节温湿度任务。

（二）通风换气的几个问题

1. 正压、负压和等压（零压）　室内进风量比排风量大 10%,即可保持正压,室内进风量小于排风量 10%,则可维持负压,室内进风量与排风量相等,即可保持等压（零压）。通过调控孵化厅各室的压力状态,使厅内空气只能“净区”的空气流向“污区”,绝不允许“污区”的污浊空气流向“净区”。室内压力可用气压表测量,也可用风速计测定进入室内的所有入口的新鲜空气和所有出气口排出的空气。简便快捷的方法是观察烟雾流向来确定压力状态。例如,将烟雾（如点燃艾条）置于门缝处,若烟雾流向室内,则该室为负压,反之为正压。如果测定的结果与要求不符,可通过调节进、排气量给予纠正。

2. 两次排气模式　两次排气模式指的是入孵器排出的废气先排到顶棚与屋顶之间的空间内,然后再由屋顶的排气风帽（或侧墙百叶窗）将废气排到室外的两次排气法。图 1-3-3 是推荐的巷道式孵化器的通风、排气方式,箱式入孵器亦可采用。这样,孵化器排气畅通,孵化室内空气新鲜,也不会产生空气倒灌或冷却水滴入机内,影响孵化器内温度或造成臭蛋现象。必须指出,有人提出出雏器的废气也排到顶棚与屋顶的空间内的主张是不可取的,这既不便清洁又不利于防疫。

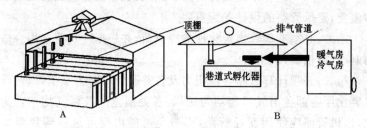

图 1-3-3 巷道式孵化厅的通风、排气方式示意图
A. 轴测图 B. 侧视图

3. 采用管道与无管道通风、排气方式比较 孵化厅的新鲜空气进入与废气的排出,有采用管道也有采用无管道的。目前国内大部分孵化厅的通风排气方式是新鲜空气从侧墙的窗户进入,孵化器及室内的废气直接排到室内,再由侧墙(或屋顶)的排风扇排出室外,这样室内充满废气,造成循环污染。尤其是出雏器(室)的废气未经任何处理,直接排出室外,造成严重的交叉污染。国内虽然有部分孵化厅采用排气管,将孵化器的废气排出室外,但因排气管高度低,室外刮风时,废气会倒灌,影响排气效果和孵化器温度场。建议采用管道排出废气(既可每台孵化器单独排放也可连机排放)。总之,不要依赖像打开窗户、不合适的房顶通风孔的自然通风,更不能将废气直接排入室内。

在冬季还应注意生产实践中的两种不重视空气质量的现象:①为了保温关闭通风通道或过分降低通风量,这会引起孵化厅内空气污浊、缺氧和湿度过大;②不对进入孵化厅的新鲜空气进行预热,这会造成局部低温。这些都会影响鸡胚发育,最终导致孵化率降低和雏鸡质量低劣。

4. 管道通风需考虑的问题

(1)通风管道管路的设计 为了送风均匀,以免造成局部缺氧和温差,送风管路的设计尤为重要。

第一,必须准确算出孵化厅的冷负荷,并根据冷负荷选用合适的制冷(或供暖)机组。

第二,必须计算管路各段阻力及各并联管段阻力平衡,以便确保孵化厅内部各出气口能均匀送风,各处温差小及氧气均匀。为此,送风管路应使用变径管路,以避免可能出现近风机端风量太多,远风机端风量太少。

第三,管道的布置。一般送风管道可设在两侧墙窗下或中间工作通道的顶棚上,排风管道可穿过侧墙或穿过吊顶。

第四,管道内壁要光滑,以减小阻力。进风口空气经过过滤器的热交换器,排风口安装排风扇。

第五,排气管道口与每台孵化器的排气口的接口处应离开8～12厘米的距离,以免孵化器排气量过大。

(2)安装空气滤清器 进气管道应安装空气滤清器,以便把大部分粉尘(95%)挡在厅外。滤清器的滤芯可使用无纺布和海绵。

(3)平屋顶无吊顶孵化厅的管道布置 送风管道一般安装在屋顶内侧面的中央,废气经排气管道穿过侧墙向上超过屋脊且末端安装三通,排至室外,这样不会产生空气倒灌。也可将每台孵化器的废气经支管排入总管道,在总管道的适当位置加一排风扇,由排风扇直接排出室外。排气扇的排气量应占所有孵化器总换气量的60%为宜。

5. 冬加湿、夏降湿 冬季进室内空气最好能加湿,夏季则最好能除湿,但应作经济核算比对。此外,保证一年四季的进、排气量可调节,以满足最佳孵化的环境。

(三)主要功能房间的通风换气配置 总的来讲,通风设计要比排风设置难得多。根据孵化厅的各室的功能、要求和通风方式,采取集中与单独通风(或排气)相结合。孵化厅各室的空气流量见表 1-3-5。

表 1-3-5　孵化厅各室的空气流量　(立方米／分)

室外温度 ℃	每 1000 枚种蛋			每 1000 只雏鸡
	贮蛋室	孵化室	出雏室	存放室
−12.2	0.06	0.20	0.43	0.86
4.4	0.06	0.23	0.48	1.14
21.1	0.06	0.28	0.57	1.42
37.8	0.06	0.34	0.71	1.70

1. 种蛋接收室　等压通风,室温保持大于 18℃ 即可,湿度无特殊要求,随外界湿度。单独安排通风换气设备。

2. 种蛋处置室　正压或等压通风,可以与孵化室、移盘室共用一套管道,也可以单独安排通风换气设备。采用屋顶排风机排风。

3. 孵化室、移盘室　正压通风,移盘室也可以等压通风。孵化厅若吊顶,则孵化室内每台入孵器的废气经管道单独排至吊顶空间,再排出厅外,移盘室废气也单独排至吊顶空间。若没有吊顶,则每台入孵器的废气经支管集中排至总管道,再经侧墙或屋顶排出厅外。

4. 出雏室　负压通风。冬季结冰地区,出雏器排出的废气集中经管道排至洗涤室内水浴槽内的消毒液中;冬季不结冰地区,出雏器排出的废气集中经管道排至室外的有消毒液的水池(槽)中。总管道两端不封闭,装有可调节开度的活页,以便对出雏器排风量的调节。在主干风道穿墙处安装排风机(排风量为每台出雏器 500 立方米),经过弯管将废气打入距离 500 毫米的水面上,以收集绒毛(图 1-3-4)。这样既防止交叉感染又环保。也有在管道出口处设淋浴装置,收集雏鸡绒毛。

冀飞、董宽虎(山西农大)设计了出雏器空气过滤器,使出雏器总悬浮颗粒和可吸入颗粒的净化率达90%以上,基本控制了绒毛的污染。该设计是:利用出雏器两侧中部各一个直径为15厘米的进、出气孔,成为闭路循环用水过滤空气控制污染的装置(图1-3-5)。

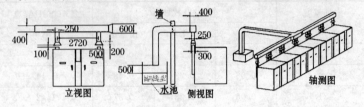

图 1-3-4　出雏室及出雏器的排气系统

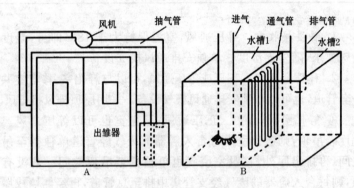

图 1-3-5　出雏器空气过滤装置示意

A. 过滤器位置　B. 水箱结构图

该装置风机抽风量为 2 立方米/分,抽气管直径为 15 厘米。水箱从中间隔成两个水槽,水面高度为 60 厘米,两个水槽上部有进水管和加药孔,下部有排水管,中间有水位器。水槽 1 中加入10%氢氧化钠,吸收二氧化碳,水槽 2 加入 0.1%过氧乙酸,杀灭病原微生物。其运行程序是:从出雏器抽出的气体经进气管进入水槽 1(进气管的下端分成直径4.8厘米,以分散气流),经水过滤的空气从中间的 10 个通气管进入水槽 2,再经水第二次过滤后从排气管循环进入出雏器。采用该装置后,出雏器内温度无明显变化,空气交换从原来的 12.2 分钟/次,缩短为 2 分钟/次,通气量增大,有效过滤绒毛。

5. 雏鸡处置室 负压通风,但雏鸡待运时,最好变为正压通风。若采用中央空调,则与出雏室共用一套送风管道,山墙(或屋顶)安装排风机排风。若暖气供热、湿帘降温,则雏鸡处置室单独安排通风换气。湿帘安装在屋顶或山墙上,管道进风,屋顶或山墙排风机排风。

6. 雏禽接收室 该室兼用作"疫苗准备室",故从疫苗准备前至雏禽运离前的整个时间里,都一定要正压通风,至少等压通风。可与雏禽待运室统一通风换气,也可单独安排通风换气。

7. 洗涤室 负压通风。可单独安排通风换气。

8. 其他各室 可单独安排通风换气。

三、孵化厅的环境卫生监控

环境卫生是孵化厅环境控制的重要组成部分。但是往往并未得到真正重视。笔者曾经无数次问过从事家禽孵化的从业人员:"如果从重要性和掌握的易难,你认为哪三个孵化条件最重要?",回答虽然五花八门,但是有一点是一致的,那就是都没有提到"孵化场卫生"。笔者在本书第一版(1990)就将"孵化场卫生"作为五大孵化条件之一,并在后面关于"提高家禽孵化率的途径"的叙述中,进一步提出了"掌握三个主要孵化条件:即掌握好孵化温度、孵化场和孵化器的通风换气及其卫生,对提高孵化率和雏禽质量至关重要"。笔者之所以一再强调孵化环境卫生的重要性,是因为感到国内许多孵化场的卫生管理堪忧,孵化场的卫生状况与孵化生物安全的要求反差太大。将孵化场环境卫生提高到关系孵化场生死存亡的高度来认识,也不为过。孵化场环境卫生的监控,包括切断病原微生物的传播途径和监控病原微生物的生存状况(种类、数量)、杀灭措施及效果。

(一)切断病原微生物的传播途径　涉及孵化场址周边防疫卫生状况、孵化厅建筑工程工艺流程、种蛋来源、人员和运输车辆、用品以及废弃物的卫生管理等。有些已经在第一节和第二节阐述了或后面要介绍,不赘述。场址选择和种蛋来源是从源头上切断病原微生物传播的两大途径,应予高度重视。其次,制订能够达到目标、可操作性强的各项规章制度,来规范人员和运输车辆、用品的卫生管理。尤其要防止规则详尽、严厉但不被执行的现象。孵化场的卫生计划应纳入"孵化场工作手册"中,包括消毒剂名称、种类、浓度、方法、频率、消毒对象,必要时要修订、补充。只有受过训练的人员,才可使用消毒剂。冷却系统及其管道是污染潜伏性来源,要定期维护,防止生物物质的蓄积。

(二)孵化场消毒剂的发展与应用

1. 孵化场消毒剂的种类和优缺点

(1)过氧化物类　过氧乙酸、过氧化氢溶液(双氧水),腐蚀性较低、有机物影响较小,无残留毒性。臭氧,用于物体表面与空气消毒,但对物品损害大,对人、禽刺激性大。国家规定允许浓度为0.2毫克/立方米。

(2)含氯消毒剂　近年来国内外公司研究开发出含有效氯达60%～90%的有机氯,如二氯异氰尿酸钠(SDCC,ACL60)、三氯异氰尿酸、三氯异氰尿酰胺(TCM),国内商品名有,优氯净(河北)、百毒克(天津)、威岛牌消毒剂(山东)、消毒王(江苏)、次氯酸钠、漂白粉等。此类消毒剂高效广谱,对细菌、芽胞、病毒均有较好的杀灭能力。但易受有机物、阳光影响。有报道,使用有机氯消毒剂对人、禽的毒性及危害较大。

(3)含碘消毒剂　广谱杀菌剂。但碘有毒,空气中允许值为1毫克/立方米。碘与表面活性剂的结合物称为碘伏、碘附。如北京生产的碘伏(液体),固体的有安得福(山东、江苏)、安多福(深圳,进口原药)。碘伏高效、广谱、低毒,无刺激,无腐蚀,毒性低,对细菌、芽胞、病毒和真菌均有杀灭能力,而且快速。但需在 pH 值 2～5 范围内使用,若 pH 值＜2,则对金属有腐蚀作用。另外,日光加速其分解。

20 世纪 80 年代的一种新型的复合碘制剂"百菌消",克服了碘制剂常见的水溶性低、易受碱性环境和还原物质影响等缺点,使碘制剂的优秀性能得到充分的发挥,消毒更快,效果更彻底。

(4)醛类消毒剂　甲醛广泛用于熏蒸消毒。多聚甲醛刺激性减低。戊二醛杀毒力比甲醛强 2～10 倍,但稳定性差(2～4 周)。杀菌强,广谱,能杀灭芽胞,但有毒性,需 75 ％以上相对湿度,温度要在 15 ℃以上,忌与碱类混用。

(5)酚类消毒剂　英国"农福"(Farmol),即烷基酚(又称复合酚),类似的有菌敌杀(湖南)、农富牌复合酚(陕西)、菌毒净(江苏)、菌毒灭(湖北)、杀特灵(北京)等。适合禽舍环境消毒,对细菌效力强,对带膜病毒具灭活能力,但芽胞、非膜病毒对酚类消毒剂不敏感,易受碱性有机质影响,气味对人污染大。2％煤酚皂溶液用于孵化厅地面消毒,但对人、禽有毒,且味滞留,现少用。

(6)季胺盐　如台湾的"百毒杀"(溴化二甲基二癸基胺)、天津凯伦的"K 西安消毒剂"(四烷基胺的氯盐消毒剂)、山西潞威的"1210"消毒剂(四烷基氯盐消毒剂)。新型季胺消毒剂对细菌和马立克氏病病毒(MDV)、新城疫病毒(NDV)有灭活能力,但对芽胞、非膜病毒,如法氏囊(IBD)效力差。季胺盐的特点是:稳定、受 pH 值影响小、低腐蚀、低刺激、低毒。

2. 使用消毒剂注意事项

(1)选择消毒剂的一般要求　①实用、方便、高效、低成本、低毒、低污染;②选用适于本场的消毒剂;③严格按照操作规程使用,以便达到最好的消毒效果;④尽量降低对人、胚蛋、雏禽和环境的危害。

(2)选用适合本场的消毒剂　根据本场卫生的具体状况及存在危害的主要微生物,选择相应的消毒剂(表1-3-6)。

表 1-3-6　不同消毒剂的效力

微生物名称	醛	氯	碘附	季胺	酚	过氧化物
病　毒	++	++	++	+/-	+	++
细　菌	++	+	++	+	+	++
分枝杆菌	++	+	+	-	++	+
孢　子	+					
寄生虫	-					
真　菌	++	+	+	+	+	+

注：①资料来源:H. Michael Opitz(1996);②"++"为有效,"+"为中度有效,"+/-"为部分有效,"-"为无效;③寄生虫包括:球虫、隐孢子虫和蠕虫卵

(3)影响消毒剂效果的因素　①温度,18℃~48℃可产生最佳效果,甲醛在60℃下很有效。②湿度和浓度,应按推荐的浓度使用消毒剂。如醛类消毒剂,应保持在65％以上。浓度过低既降低效果又会产生抗药性。③影响消毒剂活性的因素,水的最适pH值和硬度以及添加剂的相容性也各异(表1-3-7)。④消毒的时间,消毒剂与病原体接触的时间尽可能长,可杀灭更多病原体。

表 1-3-7　消毒剂活性的影响因素

影响因素	醛	氯	碘伏	季胺	酚	过氧化物
有机物抑制作用	高	高	中	高	低	高
低温抑制作用	高	低	低	高	高	低
最适pH值范围	碱性	酸性	酸性	酸性	酸或碱	酸性
残　效	有	无	有	无	有	无
与皂类相容性	相容	相容	相容	不容	相容	相容
与非离子表面活性剂相容性	相容	相容	相容	相容	不容	相容

注:资料来源:H. Michael Opitz(1996)

(4)安全性　严格按说明书使用。应符合环保要求及确保处理和使用的安全。确保对胚胎及孵化效果不产生危害,应防止人员接触浓度高于 0.5 毫克/千克(0.000 05%)的甲醛。

(5)消毒剂使用程序　①消毒之前要先清扫冲洗,尽可能清除脏物。②按要求消毒。③消毒后,检查消毒效果,最好用微生物法检查。

总之,应选择适用于孵化室消毒的消毒剂:①广谱性,尤其是消毒剂对广泛存在于孵化室的假性单细胞细菌的杀灭力;②杀灭率应达 99.99% 以上;③对人、种蛋、设备和环境是安全的;④使用方便,贮藏期稳定;⑤杀菌迅速和高后效性;⑥消毒剂必须是"杀"字号的,如杀真菌剂、杀杆菌剂和杀病毒剂,因为这意味着"杀灭"(不要被一些抑制性消毒剂所吸引,如细菌抑制剂);⑦通过费用和使用效果来评价消毒剂;⑧不仅要从声誉好的供应商那里购买消毒剂,而且要用孵化室定期的环境监测结果作为指导,以获得最合适的孵化室消毒剂。

3. 孵化场中福尔马林的替代品　为了孵化人员的身体健康和防止环境污染,应寻找福尔马林的替代品。Louis Gilbert (1994)在"孵化场中福尔马林的替代品"一文中提出:孵化场的理想消毒剂,应能有效杀灭有害微生物,并且具有长效、不产生抗药性、可用于孵化场各处消毒,而对人的健康不造成危害、对雏鸡及孵化效果无不良影响,应适应中央消毒系统使用,其价格应合理。

(1)过氧化氢　有良好消毒特性,无有害副产物,但很不稳定,不过可加入甘油以延长其活性成分的作用时间。它可用于种蛋喷雾、清洗、浸泡和中央消毒系统中使用。

(2)季胺化合物　它对细菌、真菌和病毒均有效,可作为泡沫剂用于喷雾或加入高压水中作冲洗用。但存在有机物时的效力差。使用不当会出现问题。

(3)酚类化合物　它可杀灭细菌、真菌。酚类易蒸发、残效期短且不能用于热水中或蒸汽消毒剂中。

(4)臭氧　它具有优良的杀灭能力,可以在气体状态下使用。但残效期短且成本较高。从目前情况看,甲醛仍是市场上最有效也是最经济的消毒剂,甲醛还会继续应用一段时间。

(三)孵化场曲霉菌病的控制　防止孵化场被曲霉病感染,必须从种鸡场、孵化场及饲养场三个方面通过卫生措施控制。

1. 曲霉菌病的危害　如果孵化场感染曲霉菌病,雏鸡在 48 小时内就会出现呼吸道症状和肺炎。多数受感染的雏鸡在 1 周内死亡。幸存者身体虚弱,无法站立,出现腹水,最后不得不淘汰。

2. 控制曲霉菌传播的措施

(1)入孵前　①孵化场应该远离饲料厂和木材厂,否则容易受到曲霉菌的反复污染;②集蛋后尽快选蛋和消毒,做好种鸡场的卫生防疫措施,受感染的区域喷洒 1% 硫酸铜以杀灭真菌;③定期消毒种蛋贮存室,至少每周 1 次剔除受污染种蛋,防止种蛋贮存室感染曲霉菌病;④剔除脏蛋、破蛋、裂纹蛋及受污染的蛋;⑤码盘入孵时应避免蛋壳凝水。

(2)定期监测　定期监测空气质量和空气中的霉菌孢子数。检查方法见后述。

(3)移盘后和出雏后　移盘后和出雏后对孵化厅各室进行认真清扫、消毒并开机烘干出雏器和出雏盘(不要使用潮湿的出雏盘)。尤其是出雏器内的雏鸡绒毛要经管道排至有消毒剂的水中,防止曲霉菌在孵化场内的传播。据测定每克孵化废弃物中含有 10 000～200 000 个曲霉菌孢子。故孵化废弃物应装入塑料袋中密封并及时运至垃圾掩埋场。

(四)监控病原微生物的生存状况及杀灭措施　尽管经过规范管理、处处设防,但人们无法保证百分之百地将病原微生物拒之门外。故要定期监测孵化场与种蛋的卫生状况,了解病原微生物的种类和水平(数量)。在出雏结束消毒后,要监测消毒效果。建立追溯制度,以便了解病原微生物的来源,及时采取措施。

1. 孵化厅的微生物学监测　定期(尤其是出雏后、消毒后或孵化效果差时或种鸡健康状况差时)对孵化厅空气、雏禽绒毛、死胎蛋、孵化器内表面、墙壁表面和种蛋表面等,进行采样做微生物学检查。

(1)空气的微生物监测　Sadler(1979)推荐采用胰蛋白酶大豆琼脂培养基的平板暴露法:①将培养皿打开 10 分钟;②在 37℃培养箱培养 24 小时;③计算平皿上的菌落数;④根据表 1-3-8 评分标准定级。

表 1-3-8　平板法空气细菌监测参考标准

级　别	1	2	3	4	5	6
评　价	优秀	良好	中等	一般	差等	劣等
孵化器菌落数	0~10	11~25	26~46	47~66	67~86	87 以上
孵化室、出雏室菌落数	0~15	16~36	37~57	58~76	77~96	97 以上
霉菌数(所有区域)	0	1~3	4~6	7~10	10~12	13 以上

注:平皿直径 9 厘米,开盖暴露 10 分钟

(2)绒毛的微生物监测　Wright 等(1958)发现,绒毛取样法有助于评估孵化场总的卫生状况以及雏禽所携带的细菌量,样本也易于采集,但需要实验室设备费用较高。该法步骤为:①在出雏将近结束时,用消毒过的镊子夹 0.5 克绒毛,置于带盖的灭菌广口瓶与 50 毫升灭菌的蒸馏水混合,盖上摇匀放置 5 分钟;②取 1 毫升放入盛有 15 毫升加热冷却至 48℃~50℃琼脂培养基的平皿中,振动混匀;③置于 37℃培养箱培养 24 小时;④计算菌落数,细菌总数(克)=菌落数×50/0.5=菌落个数×100;⑤根据表 1-3-9 评分标准定级。

表 1-3-9 甲醛熏蒸前后绒毛细菌监测参考标准

级别	评价	熏蒸前			熏蒸后		
		细菌总数	大肠杆菌	霉菌	细菌总数	大肠杆菌	霉菌
1	优	75000	15000	0	25000	0	0
2	良	150000	50000	800	50000	5000	800
3	中	300000	100000	1600	100000	10000	1600
4	差	300000 以上	100000 以上	1600 以上	100000 以上	10000 以上	1600 以上

(3)孵化器的微生物监测 Magwood 等(1964)发明了一种简单的拭子技术来监测孵化厅(及入孵器、出雏器内壁)表面。该法的优点是能够找出污染源,而且技术也不难掌握。

入孵器、出雏器内壁的棉花拭子微生物监测法步骤:①用蘸有生理盐水的消毒棉花拭子,直接擦拭入孵器、出雏器壁的表面(直径 3.6 厘米),加入 5 毫升的生理盐水中,在 0℃~4℃冷藏;②用吸管吸取 0.2 毫升,置于玻璃板上,固定、染色;③镜检、计数,再乘以 5 即为采样单位面积的细菌数(表 1-3-10)。或②用吸管吸取 1 毫升置于培养基中,混匀;③在 37℃培养箱中培养 24 小时;然后,镜检计数,再乘以 5 即为采样单位面积的细菌数。

表 1-3-10 入孵器、出雏器壁、种蛋表面细菌监测参考标准

级 别	1	2	3	4
评 价	干 净	轻度污染	中度污染	重度污染
细菌总数/6.45 平方厘米 (1 平方英寸)	0~10	11~20	21~30	30 以上
细菌总数/3.6 平方厘米	0~9.8	10.7~19.5	20.5~29.3	29.3 以上

(4)种蛋表面的微生物监测 Magwood 等(1964)通过拭子在

蛋壳表面擦拭 6.5 平方厘米的面积直接平皿培养,以确定蛋壳表面的污染程度。可按上述的"入孵器、出雏器壁的棉花拭子微生物监测法步骤"及表 1-3-10,来评定蛋壳表面的污染程度。也有人采用消毒采样带法:即从密封筒中取出消毒带(2.88 平方厘米),紧贴于蛋壳表面,然后压在培养基的两个地方。还有直接将蛋壳压在培养基上的蛋壳压印法。

(5)死胎蛋的微生物监测　出雏结束后,从出雏器抽取 30～50 枚啄壳未出或未啄壳的死胎蛋,做细菌培养,计算出致病菌阳性率。其理想结果应为:大肠杆菌、沙门氏菌、葡萄球菌、绿脓杆菌数均为 0。

总之,Wright 等(1958)发现的出雏器绒毛取样法是可信赖的监测方法,但它需要实验设备;Soucy 等(1983)发现 Sadler(1975)推荐的打开平皿培养法的评定标准与绒毛取样法非常一致;打开平皿培养法快捷、方便、成本低,也无须实验室帮助,显然是日常监测孵化场卫生状况的最经济实用的办法;采样带法成本低廉,但变化性很大且检出的表面细菌数较低,可通过增加采样次数,部分弥补这些不足;当空气采样表明孵化场细菌水平升高时,采用表面取样法可确定污染源之所在。

2. 建立追溯制度　加强孵化场档案管理,为追溯制度实行打下基础,以便了解病原微生物的来源,及时采取措施。原北京红星鸡场孵化场要求每天用消毒液擦拭孵化器,要达到一尘不染,检查人员带白手套定期抽查。又如,他们通过查阅档案资料就可以了解到每批雏鸡是谁码盘和孵化,种蛋来自哪栋种鸡舍,种鸡日龄、健康情况,种蛋保存情况等信息。一旦孵化出现问题,即可查明问题出在哪个环节。也有人采用"批管理"制度,规范孵化厅管理。

(五)孵化场的鼠、蝇控制

1. 敌鼠钠盐灭鼠法　王耀培等的"鸡场鼠害及其控制",我们认为基本适合孵化场。现介绍如下。

(1)毒饵配制　敌鼠钠盐和稻谷按重量 1∶500。先将敌鼠钠盐溶于 25 倍沸水中,趁热将药液倒入稻谷中拌匀,并经常搅拌,待吸干药液,即可布放。如暂不使用,要晒干保存。用稻谷做饵,不仅老鼠爱吃,而且有壳保护,不易变质,即使布放后下雨,也不影响毒效。若无稻谷的地区,也可用大米、麦粒代替,但沸水用量减半,而且必须防止发霉变质而影响摄食效果。敌鼠钠盐为慢性杀鼠剂,分子式为 $C_{23}H_{15}O_3Na$,对家禽毒力很弱,十分安全,即使饱食毒饵也不致死亡,很适合鸡场毒鼠使用。

(2)毒饵布放方法　在孵化厅外,可布放在护泥石墙或土坡、草丛、树下等鼠洞旁、鼠路上。放毒饵多少,因鼠的密度而定,密度大的放密些、多些,一般每隔 2～3 米放一堆,每堆 50 克左右。鼠害中等水平的孵化场,每 100 平方米放毒饵 2 500～3 600 克即可。毒饵宁可稍为供过于求,切忌供不应求。否则,残存鼠数过多,效果不佳。为此,毒鼠饵布放后 2～3 天,要检查每堆毒饵的被食程度,吃光的要及时补充。

(3)注意事项

①保证布放充足的毒饵量。有人计算过灭鼠效果与恢复时间的关系。当灭鼠效果为 50％时,3 个月后数量可恢复至原来水平;灭鼠效果为 90％时,则约需 15 个月。所以,保证毒饵量充足是灭鼠的关键。还要抓好配制毒饵的质量,即饵料均匀吸收药液又不发霉变质。

②检查摄食毒饵效果。布饵后 2～3 天,检查鼠类摄食情况并及时补充毒饵,没有被食的则及时移放在吃光的位置。3 天后可把剩余的毒饵回收,晒干保存,下次再用,不致浪费。

③做好善后工作。投毒 1～2 天后,就出现极少量死鼠,3～4 天后,才见大量死亡,以后死亡数目逐渐减少,可延续约 15 天,仍有个别死鼠出现。每天要捡收并集中深埋。灭鼠后,要清扫环境,填塞鼠洞,使幸存者无藏身之地。

④注意安全。虽然敌鼠钠盐毒饵对鸡、鸭、鹅比较安全,但在使用时也要把好安全关。

经多次试验表明,只有采用全面投放足量毒饵的方法,使老鼠种群数量在短短几天内减少 90％以上,才能达到有效控制的目的。

2. 应用食品染料灭蝇　王长清介绍:美国密西西比州立大学 J. R. Heitz 等用红色食品染料(藻红 B)灭蝇。藻红 B 对于家蝇的卵、蛹和成年蝇均有毒性。如果蝇是由喷洒过染料的肥料中的卵所孵出来的,其组织中贮有染料,那么在阳光下短时间内就可致蝇死亡。蝇也会因为食入一些喷洒在肥料内的染料后,在翌日飞入阳光下而被致死。这是因为存在蝇体内的食物染料当处在阳光之下即产生一种有毒形式的氧去侵害体内的细胞成分,甚至可在数分钟内就能致蝇死亡。据称该染料对哺乳动物没有毒性,因为藻红 B 是在食品管理部门注册的食品添加剂;染料并不长期存在于环境之内。染料在水中的半存留期将近 2 小时,而在喷洒后的 1 周,已提取不到 80％的染料;使用便利,只需将染料溶解在水中就可喷洒。其价格也较便宜,不伤害有益昆虫——兵蝇(soldier fly)。

四、加强种禽场和孵化场的防疫卫生监管

加强种蛋和雏禽的产品质量安全管理,建立产品质量评价、技术服务咨询和市场服务等机构,提高检测水平与管理水平。

第一,种禽场和孵化场贯彻执行《家畜家禽防疫条例》及其《实施细则》和《种畜禽管理条例》。要知法、学法、守法。

第二,建立健全种禽场及孵化场的建场和引种的申报审批制度。对各地孵化场引进的种蛋、种鸡和雏鸡的来源进行严格的监督管理。

第三,建立健全种禽场及孵化场的防疫卫生制度。定期对种

禽场进行免疫抗体监测,定期对种禽场及孵化场的防疫、检疫、消毒等工作进行检查验收,合格者发给《兽医卫生合格证》,且记录在案以便出现疫情时可追查来源。病、死禽或孵化废弃物应按《动物免疫法》处置,以免污染环境和导致疫病流行。不合格者限期整改,直至吊销生产许可证。

第四节　孵化场的设备

一、孵化器的选择

孵化场为完成从种蛋运入、处置、孵化、出雏及雏禽一系列技术处置(分级、雌雄鉴别、预防接种、断喙、剪冠、切趾、带翅号等)等项工作,需要孵化器及其配套设备。由于孵化场的规模、孵化器类型及服务项目各异,设备的种类、型号和数量也不尽相同。孵化器类型繁多,规格各异,自动化程度也不同。应根据需要选择。

(一)孵化器应具备的性能

1. 控制精度高　要求控温、控湿精度高,孵化器内温差小。转蛋角度达到设计要求,最好有两套控温装置。

2. 安全可靠　保证用电安全,电控系统和机械系统可靠,有一套独立的应急报警系统。当出现高温、低温、高湿、低湿、风扇停转、电机过载和电源出现缺相、相序错、停电等异常或故障时,能发出声光报警,并且有良好接地。提高孵化生产的安全性,避免意外损失。

3. 稳定耐用　保温性能良好,防腐蚀,耐高温高湿。操作简单,便于管理,无故障使用时间长,故障少且容易排除,维修方便。

4. 其他　美观实用,价格适中,性价比高,节能环保。

(二)孵化器选择须知　从孵化器生产厂家信誉、孵化效果、可靠性、使用成本、价格和寿命以及电路设计合理性,有无完善的老化检测手段,售后服务等诸多方面考虑。

1. 选择孵化器厂家　购买经省级以上(含省级)联合鉴定合格,并有"生产许可证"、售后服务好、信誉好的孵化器厂家的产品。尤其是了解其他用户使用情况。

2. 选择规格型号　通过阅读产品说明书和向孵化器生产厂家了解机型、结构特性、容蛋量、技术指标等信息,根据孵化场规模及发展,确定孵化器类型、数量及入孵器与出雏器数量(一般为4：1)。

以下是"依爱"孵化器的主要技术指标,可供选择孵化器时参考。

(1)控温范围　36℃~39℃。

(2)控温精度　±0.10℃。

(3)温度场均方差　<0.10℃。

(4)控湿范围　40%~80%RH(鸵鸟:10%~40%RH)。

(5)控湿精度　±2%RH。

(6)转蛋角度　45°±2°(鸭蛋立放:50°±2°)。

(7)转蛋定时器精度　2小时±30秒。

(8)二氧化碳含量　<0.15%(环境二氧化碳含量<0.08%)。

(9)供电　380伏/220伏 AC±10%(三相四线)。

另外,鸡用孵化器用于水禽孵化时,鸭可按鸡容量的65%,鹅按40%计算,并且配置鸭(或鹅)专用孵化盘。目前,依爱公司及"云峰"、海江的"海孵",已有鸭、鹅、鸵鸟、鹌鹑以及三黄鸡、山鸡、土鸡、鹧鸪的专用孵化器可供选用。详见书后"生产厂家产品介绍"。

依爱电子有限责任公司系列孵化器的电控系统有 J 型和 D型,J 型由集成温度传感器和集成电路组成。其中测温、测湿、控温、控湿为模块结构,调试维修更换方便。温度、湿度、转蛋计数为数字显示。可自动控温、控湿、转蛋,高低温、湿报警,风门、转蛋、均温风扇故障报警和高温应急保护等自动或手动功能。D型为带A/D转换的8098单片机，可实现变温程序孵化。还配有自动打印接口、多机联网通讯和群控接口，以实现多机联网群控，远程查询或修改孵化器的实时参数，监控孵化器运行。配上打印机可将查询的数据打印记录在案，以便分析原因找出解决方法。另外，北京海江"海孵"系列孵化器有"推车式"和"翘板式"之分，有小型孵化出雏一体机，供生化厂、学校、科研所选择。

3. 检查控温、控湿系统　要求反应灵敏、控制准确，显示清晰。

(1)检查控温系统　设有预热电源(600～800瓦)，最好有主加热和副加热。有条件测温差。

(2)检查控湿系统　控湿范围40%～80%，并检查控制线路及水箱(槽)是否漏水。

4. 检查机械传动系统　包括转蛋系统、均温装置、控湿系统和通风换气系统。

(1)检查转蛋角度和定时　要求鸡蛋转蛋角度为45°±2°(鸭蛋立放:50°±2°)。转蛋动作应缓慢平稳，无震动或颤动现象。有无自动和手动转蛋，转蛋间隔时间。

(2)检查均温装置　先用手转动均温风扇的皮带，听是否有碰擦声，再开启电源检查。了解有无正反转功能，有条件测风扇转速。

(3)检查通风换气系统　了解进、出气孔位置。现在大多数孵化器的进、出气孔设在机顶，以便孵化器能连机布置以及有利于孵化厅的通风排气系统的设计，也提高孵化室和出雏室的利用率。询问有无应急的水冷和风冷装置。有条件测定通风量。

5. 检查应急报警系统　通过人为分别制造停电、缺相、变相序、高温、低温、高湿、低湿、风扇停转等故障，检查孵化器能否发出声光报警。检查是否良好接地。观察超温时，能否在关闭电源、发出声光报警的同时开启水冷和风冷降温系统。

6. 了解节能情况　询问孵化器耗电量(折算为每孵 1 枚种蛋或 1 只雏禽的用电量)。了解有无进孵化器的空气降温(加温)系统。有无"水加热二次控温系统"或其他第二能源。

7. 其他　询问售价、交款方式、交货日期、运输方式(自提还是免费送货)、售后服务(尤其是否代安装、调试,代设计孵化厅)和产品"三包"。认真审阅订货合同。

(三)鸵鸟孵化器的选择　国内大多数鸵鸟场规模较小,每批种蛋孵化量也较少。鸵鸟种蛋的蛋重达 1 500～1 900 克,受精率低,孵化条件与其他家禽有很大差别。因此,选择鸵鸟孵化器时应注意以下几点。

1. 检查控温、控湿系统　鸵鸟种蛋采用低湿孵化,其孵化器的控湿范围为 10%～40%RH。为了保证控制精度及均匀性,"天然丰"的鸵鸟孵化器湿度控制采用进气孔注射办法。且在潮湿地区配备除湿装置,其他地区采用空调去湿;控温范围为35℃～37℃,超温时采用水冷降温而不用风冷降温。

2. 检查通风换气系统　采用自动控制通风排气量,以保证排热供氧。

3. 孵化和出雏同机　一般采用上孵化、下出雏的两用孵化器,亦有孵化、出雏分开的。

4. 其他　检查应急报警系统、转蛋系统等,请参考上述有关内容。

(四)国内与国外孵化器的选择　目前,国内依爱电子有限责任公司的"依爱"孵化器、北京"云峰"孵化器和北京海江"海孵"孵化器与国外著名的美国霍尔萨鸡王孵化器公司,加拿大詹姆斯威(Jamesway)公司和比利时彼得逊(Petersine)公司的孵化器,在孵化效果上很接近。但国内孵化器在价格上占有明显的优势,而国外产品价格高、配件价格高且更换不及时,采购运输不便。用户可以根据需要及资金情况选购。

二、发电、供暖、降温及水处理设备

（一）发电设备 现代孵化场离不开电源，为了保障孵化正常进行，孵化场应有两路供电，并且还应自备发电机组，以备停电之需。发电机的功率要根据孵化器的总负荷和照明及通风换气、供暖、降温、高压冲洗等用电量，并有一定余量来确定。

（二）供暖、降温设备 根据供暖、降温方式选择相应的设备。有中央空调、热风炉、热水锅炉与暖气片、湿帘降温系统等。

（三）水处理设备 孵化用水较多，而且有的设备对水质要求较高，必须对水质进行处理。经常间断性停电或水中杂质（主要是泥沙）较多的地区应有水过滤装置。在北方很多地区，水中含无机盐较多。如果使用自动喷湿和自动冷却系统的孵化器，必须配备水软化设备，以免供湿喷嘴堵塞或冷却管道堵塞或供水阀门关闭不严而漏水。

1. 两种水处理系统 周历群（2005）介绍了巷道式孵化设备水处理设施。通过对各种液态水汽化方法综合、对比、分析，根据现代养禽集约化大规模生产的防疫要求，建议巷道式孵化设备采用高压喷射雾化的加湿方法。一定压力的水经特制喷头雾化加湿，喷头的结构复杂，是设计的关键。为防止喷头的磨损、腐蚀、堵塞、结垢，必须在水路中加入水处理系统。常用方法有：自动软化水系统与逆渗透纯水系统。

（1）自动软化水系统 它只能防垢但不能防腐，导致管路、阀门、接头等开裂腐蚀。并且让食盐渗入地下水，造成地下水污染，地下水水质变坏，不符合饮用水要求，污染环境，应慎用（图1-4-1）。

（2）逆渗透纯水系统 通过四级过滤，可以有效地去除水中的溶解盐、悬浮物、胶体、泥沙、有机物、细菌、病毒、重金属等有害杂质。且耗能低、符合防疫卫生要求、无污染、操作维护简便，是一种安全、健康的水处理系统，可广泛采用（图1-4-2）。

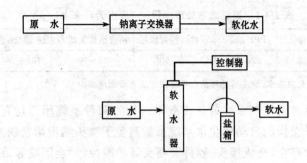

图 1-4-1　自动软化水工艺流程

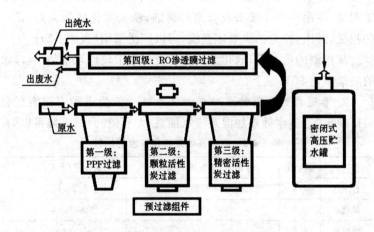

图 1-4-2　逆渗透纯水系统工艺流程

该系统通过四级过滤,除掉有害杂质:①第一级 PPF 滤芯,去除水中大于 5 微米的悬浮物、胶体、微粒、泥沙等;②第二级颗粒活性炭,滤除水中的异色、异味、余氯、卤化烃等有害物质;③第三级精密活性炭,深层次吸附水中各种异味、余氯及其他有害物质;④第四级逆渗透膜,彻底除去水中细菌、病毒、重金属、有机物等杂质。四级滤芯处理水量见表 1-4-1。要注意定期消毒、更换过滤芯,以免二次污染和影响系统的使用。

表 1-4-1　四级滤芯处理水量　（原水为自来水）

滤芯名称	PPF 滤芯	颗粒活性炭滤芯	精密活性炭滤芯	逆渗透膜
处理水量(米³)	22～68	45～90	45～90	180～360

注:若原水为井水,滤芯所处理的水量会依井水水质相应减少

　　(3)两种水处理系统的使用效果对比　两种系统用户均有选用,钠离子交换的自动软化水系统虽然避免了喷头结垢堵塞现象,但因 Cl⁻ 的存在,造成接头、器件及喷头等的腐蚀,并会因喷雾液体相变而造成钠离子等在孵化机箱体内部的白色结晶,半年就出现了管道、接头等腐蚀、损坏现象。采用逆渗透水处理系统,效果非常明显,使用一年无接头及管道的腐蚀,喷头雾化效果良好,是一种积极、健康、安全的水处理系统,可以广泛采用(表 1-4-2)。

　　从检测的数据看,软化水的离子数与氯根较原水增加,纯净水的脱盐率达 95% 以上。

　　2. 巷道式孵化器的水处理加湿系统　依爱电子有限责任公司研制出"巷道水处理加湿系统"(插页 15 彩图)。该系统可以为

表 1-4-2　两种系统处理自来水的比较

水　源	pH 值	导电率(毫欧姆／厘米)	氯化物(毫克/升)
自来水	7.4	425	22.15
软化水	8.1	460	26.54
纯净水	6.5	34	0.98

巷道式孵化器提供合格水质和合适水压的加湿水源。其特点是贮水罐自备增压气囊,无须人工充气储压。自动提供稳定、高压的水源。北京"云峰"孵化器厂和北京海江公司("海孵")等厂家,也有水处理加湿系统。

　　巷道水处理加湿系统由过滤器、软化装置和加压装置等三部分组成。三部分可独立使用,也可配套使用,以满足不同地区的需要。

(1)过滤器　超细的过滤等级,精度达 10 微米的滤芯。

(2)软化装置　由自动控制器、高强度玻璃钢树脂罐、盐罐及连接水管等组成。

(3)加压装置　由 80 米扬程的水泵、气压式钢储压罐、韩国产 3S 系列压力开关和压力表、3TB41 交流接触器、水箱和 U-PVC 材质的管道等组成。

(4)水处理系统配套巷道式孵化器的台数　根据不同的巷道式孵化器的台数,选择不同容量的气囊式钢储压罐,以满足巷道式孵化器的加湿的需要。Ⅰ.1～6 台:配 11 加仑(50 升)的气囊式钢储压罐;Ⅱ.7～10 台:配 20 加仑(90 升)的气囊式钢储压罐;Ⅲ.11～16 台:配 1 个 11 加仑(50 升)+1 个 20 加仑(90 升)的气囊式钢储压罐;Ⅳ.17～20 台:配 2 个 20 加仑(180 升)的气囊式钢储压罐。

三、运输设备

孵化场应配备一些平板四轮或两轮手推车用于运送蛋箱、雏鸡盒、蛋盘及种蛋。还可用滚轴式或皮带轮式的输送机,用于卸下种蛋或雏禽装车。孵化场应自备运蛋车辆和带冷、暖空调和通风换气装置的运雏车,并且专车专用,不得挪用。

四、冲洗、消毒设备

(一)高压清洗机　用高压水枪清洗地面、墙壁等的清洗设备。目前有多种型号的国产冲洗设备,如喷射式清洗机很适于孵化厅的冲洗作业(图 1-4-3)。它可转换成三种不同压力的水柱:"硬雾"用于冲洗地面、墙壁、出雏盘和架车式蛋盘车、出雏车及其他车辆;"中雾"用于冲洗孵化器外壁、孵化蛋盘和出雏盘;"软雾"可冲洗入孵器和出雏器内部(插页 13 彩图)。

目前,国内大多数孵化厅采用可移动式的高压冲洗机,进行清洗消毒。根据工作需要，把冲洗机从一个功能房间移到另一个功能房间，而一些操作人员认为，冲洗机是清洁的，无须清洗，这就使冲洗机成了一个严重的污染源。解决方法：一是"净区"和"污区"各配备一套清洗设备；二是安装高压清洗水中央供应系统。该系统包括水泵、贮水池和管路等。

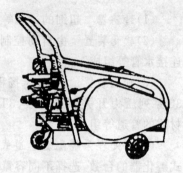

图 1-4-3　喷射式清洗机

（二）灭菌消毒系统　孵化厅各室的消毒，可选用依爱电子有限责任公司的 EIMX-J25 型灭菌消毒系统（封二彩图）。该系统采用现代电子技术，集次氯酸钠消毒原液的生产、稀释和喷洒（雾）等多功能于一体。它由次氯酸钠发生装置、稀释桶喷洒（雾）装置、增压泵、管道系统和小推车等部分组成。次氯酸钠消毒液用食盐和水为原料，现配现用，操作简便，成本低廉。最大喷洒射程达 6 米。外形规格为：890 毫米×700 毫米×674 毫米。

（三）蛋、雏盘自动清洗机　PX-100 型蛋雏盘自动清洗机是依爱电子有限责任公司研制的家禽孵化生产中的配套设备（封二彩图）。该机根据孵化蛋盘和出雏盘的外形特点和清洗需要而设计的。尤其是适用于"依爱"入孵器、出雏器和巷道式孵化器的各种规格孵化蛋盘、出雏盘的清洗。该机由水泵增压装置、喷水装置、盘架驱动装置、水箱和控制系统等组成。主要功能是利用不同角度的 100 多个喷嘴、出口压力达 0.7 兆帕。设备去污力强、洗净度高、清洗效率高，可大大减轻工作人员的劳动强度及改善工作环境和卫生状况。接通电源后，1 人放置孵化蛋盘（或出雏盘），由传送带驱动，经高压水冲洗后，另 1 人在另一端接收干净的孵化蛋盘（或出雏盘）。

该产品分两个型号：A 型冲洗水源单独提供，洗后污水全部排放,水温不得超过 50℃;B 型则配有水箱和双层过滤网,冲洗后的污水经过滤后循环使用,最后用自来水全方位清洗一遍。其主要技术指标:①清洗速度:4 个/分(巷道式孵化器的孵化蛋盘或出雏盘)或 5 个/分(19200 型、16800 型孵化器的孵化蛋盘或出雏盘);②出水压力:0.7 兆帕;③总功率:6 千瓦;④耗水量:<12 米³/小时;⑤冲洗范围:可清洗孵化蛋盘、出雏盘的高、宽度范围为,高30～120 毫米×宽 250～520 毫米,长度不限;⑥外形尺寸:主机:长 3 000 毫米×宽 960 毫米×高 1 580 毫米;水箱:长 1 500 毫米×宽 750×高 1 200(毫米)。另外,该机采用不锈钢外壳,美观且耐腐蚀。

(四)臭氧消毒器 臭氧(O_3)又称负氧离子,它是广谱、高效杀菌剂。臭氧杀菌后还原成氧气,没有任何残留和二次污染。臭氧用于空气消毒无消毒死角。依爱电子有限责任公司研制出臭氧消毒器,它利用陶瓷镀银高压电极板和控制电路,能产生高浓度的臭氧,可用于蛋库、孵化厅、孵化器等空间的消毒。其特点是,可遥控消毒器的开关,工作时间风门摆动,且长时间工作稳定可靠。

1. **主要技术指标** ①电源,AC220 伏 50 赫兹;②功率:35瓦;③臭氧发生量 3 克/小时或 1.5 克/小时。

2. **基本参数** ①臭氧发生量(符号:B),3 克/小时＝3 000 毫克/小时;②浓度当量(符号:D),2 毫克/立方米;③实际消毒臭氧量,最大为 10 毫克/立方米。

(五)杀灭沙门氏菌的空气清洁设备 美国农业研究署的科学家宣布,一种全新的空气静电清洁系统在美国乔治亚州一商业孵化场使用后,将该场由空气引起的沙门氏菌病发病率减少了94%。这一系统能够捕获含有有机体如沙门氏菌的灰尘。这些灰尘被静电吸附在能按设定时间自动清洗的特制的金属盘上。这一系统已在两家大型集约化养鸡场的孵化厅和笼养蛋鸡鸡舍进行了试验。最近的试验结果表明,使用该系统的孵化厅的灰尘含量和肠杆菌科细菌(常见病菌如沙门氏菌、埃希氏大肠杆菌等)含量比使用过氧化氢作为消毒剂的孵化厅要分别低 77 %和 94 %。这一系统也使得笼养蛋鸡舍空气中肠炎沙门氏菌的含量下降了95%。该系统的商业性产品已开发出并已上市销售。

(六)立式自动洗蛋机　水禽种蛋消毒一直是一个没有很好解决的难题。以往采用熏蒸、紫外线、消毒液喷洒等消毒法,无法去除蛋壳表面的污染物。而采用消毒药液浸泡消毒法,又因水温、消毒液浓度和交叉感染等操作问题难以掌控,再加上人工清洗不仅劳动强度大,还造成破蛋率增高,对孵化效果也产生不同程度的影响。为此,依爱电子有限责任公司研制了"立式自动洗蛋机"(插页15 彩图及图 1-4-4),该机由箱体、药液池、洗蛋车、动力室和控制柜组成。可同时对两辆装满蛋的蛋车自动清洗消毒,方便、快捷清除蛋壳表面的污物和细菌,减轻劳动强度,提高孵化场效率。目前已经广泛应用于鸭的孵化。

1. 主要技术指标

(1)控温精度　±1℃。

(2)温度显示精度　0.1℃。

(3)温度控制范围　0℃～90℃。

(4)清洗运行时间设定范围　7 200 秒。

(5)清洗间歇时间设定范围:7 200 秒。

(6)电源　AC380 伏±10%(三相)50 赫兹;AC220 伏±10%(单相)50 赫兹。

(7)功率　5 千瓦。

2. 工作原理　采用多层喷头、高压冲洗的清洗方式,将一定浓度的消毒液喷洒到种蛋上,快速冲击蛋壳,清洗表面污物,以达到清洗消毒目的。该机分自动与手动方式清洗。

(1)自动清洗　通过设定程序确定清洗方式和时间,清洗过程可转蛋,对蛋壳表面进行全方位清洗消毒。清洗结束后铃声提醒。

（2）手动清洗　根据需要由工作人员控制开关进行清洗。

3. 工作程序

向水池中注水→将水加热至所需温度→加入洗涤消毒剂（达到一定浓度，一般采用 0.1‰ 次氯酸钠）→混合消毒液→推入装上蛋的蛋车→开机洗蛋→经过一定时间（根据种蛋清洁度确定，如 20 分钟）→停机

种蛋在孵化厅的洗蛋机中，先用 43℃～49℃含氯 60 毫克/升的次氯酸钠（不超过 75 毫克/升）的温水洗蛋。洗蛋用软水，整个洗蛋

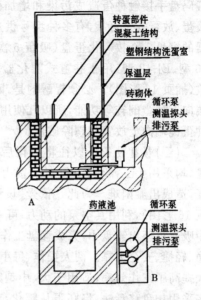

图 1-4-4　立式自动洗蛋机
A. 立剖图　B. 俯视图

时间不允许超过 3 分钟，洗蛋机中的水经过 1～1.5 小时需更换 1 次。洗完后装盘晾干，必要时分级放入蛋库。洗蛋室的温度维持 21℃～27℃，经过这样处理的种蛋才适宜于贮存。

五、码盘和移盘设备

孵化操作中的入孵前码盘、孵化后期的移盘等工作，费工费时。为了提高工效、减少种蛋破损、减轻繁重体力劳动，国内外孵化器制造厂家，研制了码盘和移盘设备。

（一）码盘设备　为了提高码盘速度，减轻繁重的体力劳动，依爱电子有限责任公司研制生产了便携式真空吸蛋器。它可将蛋托中的种蛋全部吸放到孵化盘中，较大地提高了码盘效率，避免了手

工码盘手接触种蛋造成污染和增加破蛋率。该吸蛋器轻便灵活，吸蛋、放蛋安全可靠，有多种型号供选用。EI-30 型用于箱式孵化器的容量 150 枚孵化蛋盘（吸蛋 5 次可装满一个孵化蛋盘）。EI-36 型、EJ-42 型，用于巷道式孵化器，一次可分别吸蛋 36 枚或 42 枚（插页 16 彩图）。必须提醒的是，因没有人工码盘的选蛋和将锐端向上种蛋倒转等功能，所以凡使用吸蛋器的孵化厅，要特别强调种蛋钝端向上放置和剔除破蛋。

（二）移盘设备　　以往将孵化后期的胚蛋从孵化盘移至出雏盘，均采用手工操作，不仅费时费力、污染胚蛋，而且容易碰破蛋壳，造成出雏困难。为此，"依爱"设计了固定式的真空吸蛋器（插页 16 彩图），利用真空泵的动力，可一次将 150 枚胚蛋从孵化蛋盘中吸起移至出雏盘中，完成移盘工作。该吸蛋器吸、放胚蛋动作平稳、轻捷、安全可靠。两人操作，每小时可移蛋 4 万～4.5 万枚，大大提高了工作效率，适用于大、中型孵化场移盘时使用。目前，大多采用扣盘移盘法，将胚蛋从孵化盘移至出雏盘。分机械扣盘移盘法（图 1-4-5）和手工扣盘移盘法。

扣盘移盘的步骤为：将装有胚蛋的孵化蛋盘放在移盘器的"下活动架"上→扣上出雏盘→扣上"上活动架"锁住后→1 人推动活动架（或不锁住，左右两人捏住活动架把手），迅速翻转 180°→孵化蛋盘中的胚蛋全部落入出雏盘。

图 1-4-5　扣盘移盘器

六、其他设备

（一）免疫接种设备

1. 传统免疫接种方式　采用连续注射器，给初生雏鸡皮下接种马立克氏病疫苗（图 1-4-6）。

2. 胚胎内免疫接种方式 从
1992 年世界第一部自动化蛋内注
射系统在美国问世以来，超过
85％的美国肉鸡企业以蛋内注射
的方式取代了皮下注射的传统免
疫接种方式来预防马立克氏病。
其优点是，免疫早、应激低、剂量

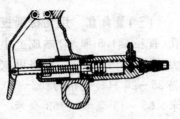

图 1-4-6 连续注射器

准、成本廉、用途广、污染少等。蛋内注射技术将成为家禽防疫的
新趋势。蛋内注射系统包括注射设备和真空传输设备和七个主要
的系统(蛋盘输送、消毒、注射头、疫苗输送、针头和打孔器的清洗
消毒、真空输送、电力系统)。详见本章第十四节的"蛋内注射系统
的构造及其功能"。

(二)照蛋设备 照蛋灯用于孵化时照蛋。图 1-4-7A 采用镀
锌铁板做外罩(分固定和活动两部分，以便安装灯座或换灯泡)，尾
部安灯座、电灯泡，前端为照蛋孔，孔的边缘套塑料小管。还可缩
小尺寸，并配上反光罩(用手电筒的反光罩)和 12～36 伏的电源变
压器，使用更方便、安全(封二彩图)。图 1-4-7B 图可用硬纸板(最
好也用镀锌铁板)做成下大上小的喇叭状，壁上挖 2～3 个照蛋孔，
里面放煤油灯(或电灯泡)。

此外，依爱电子有限责
任公司有巷道式孵化器专
用的照蛋车。其主要技术
指标为：①电压 220 伏±
10％ 50 赫兹；②功率 160
瓦；③外形尺寸，照蛋区
1 470 毫米×450 毫米×800
毫米，工作台 600 毫米×
500 毫米×800 毫米。

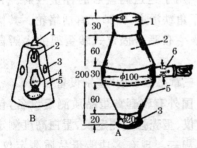

图 1-4-7 照蛋灯 (单位：毫米)
1. 灯座 2. 电灯泡 3. 照蛋孔
4. 煤油灯 5. 灯罩 6. 手柄

（三）雏禽盒 用瓦楞纸板打孔（直径≤1.5 厘米）做成上小下大的梯形，内分 4 格，每格可放雏鸡 25～26 只。规格为：53～60 毫米×38～45 毫米×163 毫米。盒底的四角有一个直径约 2 厘米的小通风气孔而且与上端四个各伸出 1 个高 2.7 厘米的 3.5 厘米×

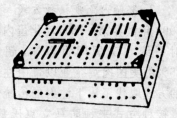

图 1-4-8 雏禽盒

3.5 厘米的 三角形孔相通（其底边也有小通风气孔），以便透气、通风和散热（图 1-4-8）。

（四）雏鸡分级及雌雄鉴别工作台 国外有的孵化器生产厂家研制了雏鸡出雏后进分级和雌雄鉴别工作台（封二彩图）。出雏室的电动传送带将雏鸡传送到雏鸡处置室的工作台外周的可旋转贮雏槽中，槽边分坐 6 名初生雏鸡雌雄鉴别员，对雏鸡进行鉴别。然后分别将公雏、母雏抛送至工作台内周的相应漏斗状盛雏盆，并由盆底部的相应电动传送带送至离地面高约 80 厘米的捡雏平台，捡雏人员将雏鸡捡至出雏盒中。

（五）孵化蛋盘活动架车 用于运送码盘后的种蛋入孵。它用圆铁管做架，其两侧焊有若干角铁滑道，四脚安有活络轮。其优点是占地面积小，劳动效率高。它仅适合固定式转蛋架的入孵器使用（图 1-4-9）。

（六）雌雄鉴别设备 见第三章第三节的"鉴别设备"。

（七）禽蛋品质测定设备 国外有整套禽蛋品质测定设备，包括：蛋重测量器、蛋形指数测定仪、蛋壳强度测定仪、蛋白高度测定仪、蛋壳厚度测定器、罗氏比色扇等。现有多功能蛋品质测定仪，它可自动测定蛋重、蛋白高度、哈氏单位、蛋黄颜色和蛋品质等级等项目。国内也生产折叠式蛋白高度测定仪、蛋壳厚度测定器、液体比重计、蛋白蛋黄分离器。该设备一般用于家禽育种，亦用于家禽生产中的蛋品质量测定。

1. **蛋重测量器** 可快速称蛋重。可用电子秤或普通天平称量。蛋重既记载品种的蛋重，又是计算哈氏单位的指标。

2. **蛋形指数测定仪** 测量蛋形指数值,在该仪器上可以读出种蛋的长、短径值和指数值(插页17彩图)。也可用游标卡尺分别测量种蛋的长、短径值,然后计算指数值(图1-4-10)。

蛋形指数=蛋短径÷蛋长径

3. **蛋的比重** 蛋的比重与蛋

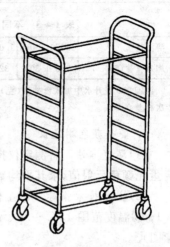

图 1-4-9 孵化蛋盘活动架车

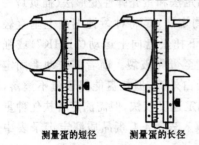

| 测量蛋的短径 | 测量蛋的长径 |

图 1-4-10 蛋形指数测量 (卡尺法)

壳的致密度和蛋的新、陈有关,因蛋品质测定一般用当天产的种蛋,所以主要是测定蛋壳的致密度。蛋的比重与蛋壳重呈正相关,它是衡量蛋壳质量的重要指标之一。测定方法:先将蛋浸入清水中,然后依次从低比重向高比重盐液通过,当蛋悬浮于溶液中,说明该盐液的比重值即该蛋的比重(图1-4-11中之1),比重越高表明蛋壳越厚。最好在18.3℃(或19℃)下测定比重。盐液的配制见表1-4-3。并用液体比重计校正盐水比重。

蛋的比重主要用于快速、定期测定蛋壳质量。有人提出,将比重作为鸡群孵化潜力的最重要指标。育种的蛋品质测定因为有蛋壳强度和蛋壳厚度两项测定衡量蛋壳质量,所以免去测定蛋的比重项目。

表 1-4-3　不同比重的盐溶液的配制

溶液比重	1.060	1.065	1.070	1.075	1.080	1.085	1.090	1.095	1.100
加入食盐(克)	276	300	324	348	372	396	420	444	468

注:3 000 毫升水中加入食盐量(克)或各减半;用液体比重计校正溶液比重,使其依次相差 0.005

4. **蛋壳颜色测定仪**

(1)测定方法　将测定仪探头分别放在种蛋的大、中、小头,测定蛋壳颜色反射值,求其平均数。

(2)主要技术指标　①工作电压 220 伏;②颜色反射值精度 0.1;③温度范围 15℃～35℃;④相对湿度 40%～70%(插页 17 彩图)。

5. **蛋壳强度测定仪**　测定种蛋承受碰撞、挤压的能力,单位为千克/平方厘米。分破坏性测定法和蛋壳弹性变形法(插页17～18 彩图及图 1-4-12)。破坏性测定法,是将种蛋钝端向上垂直轻轻固定在测定仪上,启动开关,下托蛋盘向上运动("FHK")或强度计向下运行(MODEL-Ⅱ),直至蛋壳破裂。前者需拧动上固定杆固定种蛋且压力过大,往往蛋白外流,但托盘能保证蛋不滚落,而后者压力适中蛋白不外流,测定速度较快,但需测定者扶住种蛋以免蛋滚落;最后将测定结果填入表 1-4-4 蛋品质测定记录表中(后者可自动记录)。

6. **蛋白高度测定仪与罗氏比色扇**　衡量种蛋的新鲜度及蛋黄颜色。测定方法:将蛋打在蛋白高度测定仪的玻璃板平面上,用测定仪(避开蛋黄系带),测定浓蛋白高度(插页 18 彩图)。一般测定 2～3 点,求其平均值。依据该值和蛋重,或通过公式或通过查表(见附录三"哈氏单位速查表"),得出种蛋新鲜度指标——哈氏单位。同时,还可观察有无肉斑、血斑。然后用罗氏比色扇测定蛋黄颜色(插页 19 彩图)。计算公式:

$$Hu = 100 \log(H - 1.7 W^{0.37} + 7.6)$$

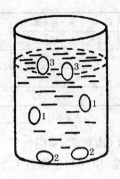

图 1-4-11　蛋比重测定示意

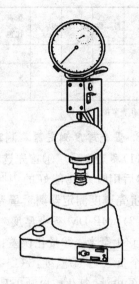

图 1-4-12　蛋壳弹性变形仪

式中：Hu,哈氏单位；H,蛋白高度（毫米）；W,蛋重（克）

7. 蛋白、蛋黄分离器　分离蛋白、蛋黄，为计算蛋内容物各部分占全蛋的比例（插页 20 彩图）。

表 1-4-4　蛋的品质测定记录表

测定人：_____

蛋　号	蛋　重（克）	蛋壳颜色				蛋形指数			气室直径（厘米）	比重	蛋壳强度（千克/平方厘米）	蛋白高度（毫米）		
		大	中	小	均值	短径	长径	比值				1	2	均值

测定日期：_____年_____月_____日

哈氏单位	等级	血斑	肉斑	蛋黄比色	蛋壳厚度(微米)				蛋白		蛋黄		蛋壳		备注
					大	中	小	均值	克	％	克	％	克	％	

注:此表紧接上表右侧　　　　　　　　　　　　　测定单位:＿＿＿＿＿＿

8. 蛋壳厚度测定器　测定蛋壳厚度(插页 20 彩图)。

(1)测定步骤　①首先选取种蛋钝端、中间和锐端各 1 小块蛋壳,然后用吸水性能好的卫生纸擦去蛋白。②剥离内、外壳膜。③用蛋壳厚度测定器测量蛋壳厚度。

(2)BMB-DM 蛋壳厚度测定器的主要技术指标　①最小读取数:0.001 毫米。②量化误差:±1 个点数。③显示:LCD(6 个数位和 1 个负数)。④温度:5℃～40℃(测定时),－10℃～60℃(存放时)。⑤电池:氧化银电池(SR44)1 个。该仪器可将测得的数据输入电脑并通过打印机打印。

9. 禽蛋品质测定程序

(1)较早期的禽蛋品质测定程序　较早期的禽蛋品质测定设备,一种仪器仅测定一项蛋品指标,如"FHK"系列。其测定程序是:

禽蛋 —蛋重测量器→ 蛋重 —蛋形指数测定仪→ 蛋形指数 —(比重盐液)→ 比重

—蛋壳强度测定仪→ 蛋壳强度 —蛋白高度测定仪→ 蛋白高度 —罗氏比色扇→ 蛋黄颜色

—(蛋白蛋黄分离器)→ 分离蛋白蛋黄 —蛋壳厚度测定器→ 蛋壳厚度

其中比重盐液和蛋白、蛋黄分离器为国内配制、配备,该两项为国内增加测定的项目。较早期的"FHK"系列禽蛋品质测定设备存在如下不足:①仅单项,一种仪器仅测定一项蛋品指标;②缺项目,缺蛋壳颜色测定仪器;③需手写,测得数据需人工填入表格中,哈氏单位、蛋品质等级,需人工公式计算或查表;④速度慢,测定蛋壳强度或蛋白高度时,都必须拧动上活动杆,以固定种蛋或接触浓蛋白,再加上需人工填表、计算,故测定耗时较多;⑤易出错,因不能自动将测得的数据直接输入电脑,所以容易出现填写错误。测定蛋白高度因需人工将测定仪的活动测定杆接触浓蛋白,故容易出现测定误差。

(2)配有"多功能蛋品质测定仪"的蛋品质测定程序

禽蛋 ——蛋形指数测定仪—→ 蛋形指数 ——蛋壳颜色测定仪—→ 蛋壳颜色 ——蛋壳强度测定仪—→

蛋壳强度 ——多功能蛋品质测定仪—→ 蛋重、蛋白高度、哈氏单位、蛋黄颜色

和蛋品质的等级 ——蛋白蛋黄分离器—→ 分离蛋白蛋黄 ——蛋壳厚度测定器—→ 蛋壳厚度

从上面可见,有"EMT-5200 型多功能蛋品质测定仪"(插页19彩图),可一次自动测定 5 项蛋品指标(包括:蛋重、蛋白高度、哈氏单位、蛋黄颜色和蛋品质等级)。另外,上述各种测定仪器,均可与电脑和打印机连接,测定速度快、不出错,还可以打印。

美国农业部的鸡蛋品质分级标准,将食用蛋按哈氏单位分为 3 级:哈氏单位＞72 为特级(AA 级);72～60 为甲级(A级);＜60≥30为乙级(B 级)。

·此外,国外几家公司还有其他孵化的配套设备。①Prinzen 公司的:分级机、紫外线消毒机、蛋托堆积机,2005 年推出 Prinzen Elgra3 电子蛋品分级机、UV-C 消毒机;②KL 公司的:出雏盘清洗机、出雏清洗机、蛋托清洗机、蛋架/蛋车的清洗机、手推车的清洗机。雏鸡计数和装箱的自动化装置,各种型号的搬运机和用于雌雄鉴别、注射疫苗、断趾、断喙和分级等;废物处理装置包括:螺旋式传送机、粉碎机和抽真空装置。③Innovatec 的:自动化照蛋和传送设备、自动化分离雏鸡系统、雏鸡计数和装箱系统。

第五节 我国传统孵化法的孵化室和孵化设备

我国传统的家禽人工孵化法主要有：炕孵法、缸孵法、桶孵法（炒谷孵化法）等。炕孵法主要分布在华北、东北、西北等北方地区，缸孵法主要分布在长江流域，桶孵法主要分布在华南、西南诸省。这3种孵化法极为相似，都大致分为两个孵化阶段：第一阶段为孵化的前半期（1～12胚龄），鸡胚依靠火炕、孵缸、孵桶等供温孵化；第二阶段为孵化的后半期（13胚龄至出雏），均将胚蛋移至摊床上继续孵化至出雏。上摊床时间的掌握：禽蛋孵化期÷2+1天。如鸡为11～13胚龄。

这些孵化法，全凭经验掌握孵化温度，人工转蛋劳动强度大，费时、费力、破蛋多，在高温环境下操作，孵化设备及场所的消毒难以彻底。但是，因有设备简单、就地取材、成本低、不受电力限制、投资少、见效快等优点，迄今仍在广大农村应用。

一、炕 孵 法

此法设备简单，仅需火炕、摊床和棉被、被单等物。

（一）**孵化室的选择和改造** 孵化室多用坐北朝南、背风向阳、干燥的旧房改造而成。为利于保温和消毒，窗户用土坯砌起1/3～1/2，门挂棉帘，墙刷白灰。有条件时加糊顶棚、地面铺砖。孵化室最好有里外间，里间设火炕，外间做调温和孵化操作人员住宿（图1-5-1）。

（二）**火炕的建造**

1.**旧炕改造** 用原来的旧炕改造。首先，补破洞和裂缝，以免烧炕时冒烟。其次，抹平炕面。炕上铺麦秸或稻草，再盖苇席。炕的大小视房间大小及孵化量而定。一般炕高约70厘米，宽约200厘米。孵化量大时，可分热炕和温炕，前者放刚入孵的种蛋，后者放已入孵 5 天以上的种蛋。

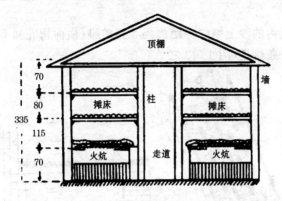

图 1-5-1　炕孵法孵化室剖面　（单位：厘米）

2. 新火炕的建造

（1）炕基　选好孵化室，在室内砌一面墙，在墙高 43 厘米处挖一烟洞口，宽 17 厘米×高 20 厘米，然后沿烟洞口正前方约 267 厘米处的地面砌一与烟洞口一样大小的灶洞口。在灶洞口两侧 92 厘米处，再分别砌一垂直于后墙的前高 37 厘米、后高 47 厘米的砖墙或土坯墙建成的炕基。

（2）风道　在距离后墙 23～27 厘米的炕基内，砌一高 47 厘米的风道，以利于排烟和保温。

（3）灶洞　在灶洞口向内用砖砌灶洞。上宽 13 厘米，下宽 37 厘米，高 37 厘米。

（4）保温层　除灶洞外整个炕基内铺上干细沙，厚度与炕基平。

风道处铺 23 厘米厚的细沙，以调节炕温。烧火时沙吸热，使炕面温度不至于突然上升；停火后沙缓慢散发热量，使炕面温度不至于骤然下降。

（5）烟道　填沙后，再将炕基墙加高至前高 50 厘米、后高 60 厘米。

在炕内的沙上纵向等距离码 5 排砖脚（横向梅花排列），将炕面分成 6 条烟道（图 1-5-2 之 A）。

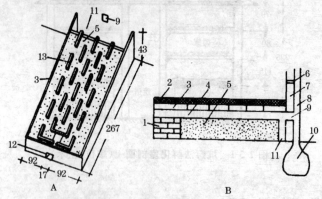

图 1-5-2　火炕的构造　（单位：厘米）

A. 砖脚排列　B. 炕的纵剖面

1. 灶洞　2. 炕面　3. 炕面墙　4. 烟道　5. 沙　6. 炕温调节板
7. 壁墙　8. 烟囱　9. 烟洞口　10. "狗窝"　11. 风道　12. 灶洞口　13. 砖脚

（6）炕面　将砖或土坯平铺在砖脚上，上面用麦秸和泥抹平。为使温度均匀，前边抹泥厚于后边，使炕面形成一个斜平面。在炕周围砌一层砖，作为炕沿。炕面铺干黄土，再铺麦秸或稻草，最上面铺苇席。

（7）烟囱与"狗窝"　在烟洞口室外墙角下挖一个下大、上小的 100 厘米深坑（俗称"狗窝"），以利于抽烟。坑上砌烟囱，烟囱高度应超过屋顶。在烟囱上留一窄缝，插上薄铁板（炕温调节板），通过抽插该板来调节炕温（图 1-5-2B）。

（三）摊床的构造　摊床可用木头或竹竿，搭在火炕上方或建在孵化室内空地上。一般 1~2 层，上下层间距为 60~80 厘米，下层离炕约 115 厘米，上层离顶棚约 70 厘米。摊床宽 170 厘米，以利于操作。床面用高粱秆扎把横放。上面铺纸和 3~5 厘米厚的麦秸，再铺上苇席，要求床面平整。在床边缘用高粱秆扎把，挡起约 10 厘米高，以防胚蛋或雏禽掉下（图 1-5-3）。

图 1-5-3　摊床结构

1. 木架　2. 高粱秆扎把或高粱秆帘　3. 纸　4. 麦秸
5. 苇席　6. 高粱秆扎把　7. 种蛋

二、缸孵法

可分温水缸孵和炭火缸孵。

（一）缸孵法孵化室　缸孵法孵化室与炕孵法相似。从图 1-5-4 可看到孵化室地上的孵缸，孵缸上方有两层摊床。

（二）缸孵设备　温水缸孵法，备有水缸、盛蛋盆（铝盆、铁盆等）；炭火缸孵法，孵缸用稻草编成，并糊泥保温，高约 100 厘米，内径约 85 厘米。另有铁锅、盛蛋盆、炭盆等。两种缸孵的设备见图 1-5-5 及图 1-5-6。摊床与炕孵法相似。

三、桶孵法

桶孵法也称炒谷孵法，以炒热的稻谷供温。设备简单，仅有孵桶、盛蛋网、摊床、稻谷及炒稻谷的用具等。

（一）孵化室及孵桶　孵化室（孵房）与缸孵法相似。孵桶用竹片编织成圆筒形，外边糊泥；或用木桶，外包稻草、草席等保温材料。桶高 70～90 厘米，直径 60～70 厘米，可孵种鸡蛋 1 200～1 500 枚（图 1-5-7）。孵桶并排放在孵化室四周，离墙 6～10 厘米，桶与桶距离 6～10 厘米，其空隙用稻壳或锯末填实，以利于保温。如果多行排列，行间应有 120 厘米宽的走道，以便操作。盛蛋网袋用麻绳（或尼龙绳）编织

图 1-5-4 缸孵法孵化室（内景）

而成，网孔约为 2 厘米 × 2 厘米，一般每袋可装蛋 50～60 枚。

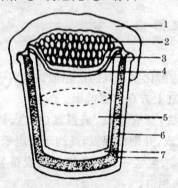

图 1-5-5 温水缸孵设备

1. 棉被 2. 种蛋 3. 棉垫 4. 盛蛋盆
5. 温水 6. 锯末 7. 水缸（双层）

（二）摊床 摊床可用木头或竹竿搭架，一般为两层，两层间距约 70 厘米，下层离地约 60 厘米，上层床宽为 150 厘米，下层比上层宽 20 厘米，以供踏脚，以便于上层操作。每平方米可入孵 300～400 枚种蛋。

（三）炒谷设备 一般用大铁锅炒谷，安装时内高外低，倾斜 60°左右，做成炒谷灶。炒谷一般用子实饱满的谷粒，也可用秕谷或稻壳代替（但炒的时间长些）。也可选用榨油后的棉籽饼。例如，田宇（1994）介绍利用榨油

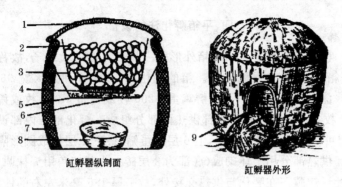

缸孵器纵剖面　　　　　　　　缸孵器外形

图 1-5-6　炭火缸孵设备

1. 缸盖　2. 种蛋　3. 盛蛋箩　4. 木板　5. 缸或锅　6. 沙子

7. 孵缸　8. 炭盆　9. 灶门

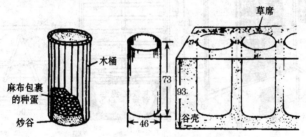

图 1-5-7　桶孵设备　（单位：厘米）

后的棉籽饼做热源：用 40℃～45℃温水将棉籽饼拌匀。若气温高用凉水，以控制杂菌孳生。湿度以手用力抓握不滴水为宜，一般 6～7 天即可产热入孵；也可在水中加入 0.5%～1% 的食盐，4～5天可产热入孵，若加入 5% 酒精和 1% 酵母粉，则 3 天可产热入孵。一次拌料可用 2～3 个月。中途降温，可补给水分。但用了一段时间后，不产热了，是料中营养物质已耗尽，微生物得不到营养，无法繁殖，故不产热，要续料。

四、平箱孵化法的设备

（一）平箱的制作　平箱外形像一只长方形的大箱子,故称为"平箱"。有隔热保温夹层。箱的规格为:高156厘米×宽96厘米×深96厘米。一般可入孵鸡蛋1 200枚或鸭蛋1 000枚或鹅蛋600枚。由上部孵化与下部供热两部分组成。孵化部分内部设有7层可一起转动的蛋筛架,上6层放蛋筛,最下1层做成圆形隔热板。供热部分用土坯砌成(底部为3层砖),内部四角用泥抹圆,呈锅灶形炉膛。在孵化与供热交接处,放一厚1.5毫米左右的铁皮,上抹稻草泥做隔热层(图1-5-8)。

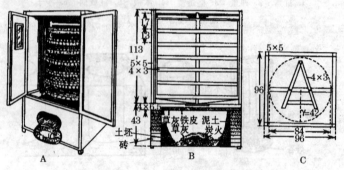

图 1-5-8　平箱孵化器构造 （单位:厘米）

A. 结构图　B. 纵剖面图　C. 横剖面图

（二）蛋筛　蛋筛用竹篾编成高8厘米、直径76厘米的筛状筐,种蛋放筛中孵化。

（三）摊床及其他设备　摊床建在平箱上方,一般2～3层。其构造与缸孵法相仿。其他设备与缸孵法相同。

（四）平箱孵化法的改进　周炯光(1995)提出平箱孵化的改进措施。

1. **增设箱底隔热水箱**　改变箱底用薄铁板铺一层细沙（或抹稻草泥）的隔热方法。采用在平箱底部制作一个与平箱大小相当的铁皮水箱，水箱高 20～40 厘米，水箱四角接直径 2 厘米的镀锌铁皮水管，水管经过平箱四角并伸出箱顶（或平箱底部置一大铁锅，锅上再盖铁皮）。水箱（或铁锅）装满水，煤炉置于水箱（或铁锅）底部加热，通过水箱（或铁锅）再将热传到平箱内，这样，水箱（或铁锅）起到了很好的缓冲隔热作用，以保持箱内温度的稳定。同时，采取减少开门次数和时间等措施来进一步减小箱内的温差变化。改装后，一般 2～4 小时检查温度 1 次。

2. **自制超温报警器**　采用电接点式水银温度计（导电表），直流电喇叭（直流扬声器），两节五号干电池等电器原件，制作超温报警器（图 1-5-9，笔者根据周炯光设计绘图。导电表也可用乙醚胀缩饼或双金属片调节器代替）。将电接点式水银温度计固定在平箱内壁中部，扬声器安装在孵化值班人员容易听到的地方。当孵化箱内温度达到所要控制的最高限温时，温度计中水银柱上升与触头接触，接通了电路，扬声器即报警；当采取降温措施后，箱内温度降低到最高限温以下时，水银柱下降离开触头，电路断开，电喇叭（扬声器）即停止报警。

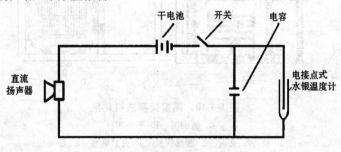

图 1-5-9　简易超温报警器

3. **缩短箱内孵化时间，提早上摊床**　一般鸡蛋孵化至 12 胚龄,鸭蛋孵化至15胚龄,鹅蛋孵化至17胚龄,进行第二次验蛋后上摊床孵化。

五、温室架孵法

各种传统孵化法或经改进的平箱孵化法,整个孵化期均分为两个孵化阶段,前期供温孵化,后期上摊床继续孵化至出雏。这样,一次入孵量、出雏量受到限制。为此,原北京农业大学改进和推广了温室架孵法。其特点是在温室内设有多层孵化架,整个孵化期均在孵化架上孵化,直至出雏。室内四周设有火道供温。整个温室即为一个孵化器。这样,一次入孵、出雏量大,也免去移蛋上摊的操作,可减轻劳动强度和减少破蛋。

(一)温室的建造 架孵法的温室相当于孵化器的外壳。要求保温性能好,坐北朝南,高270~300厘米。可用旧房改建,将窗户用砖或土坯砌堵2/3~1/2,仅留上部,墙壁刷白,加糊顶棚,水泥地面或砖地(图1-5-10)。

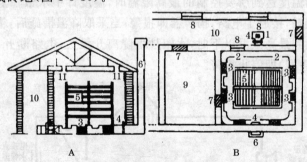

图1-5-10 温室架孵法孵化室

A. 侧剖图 B. 平面图

1. 灶 2. 火道 3. 散热铁板 4. 火道插板 5. 蛋架
6. 烟囱 7. 门 8. 窗 9. 值班室 10. 走道 11. 出气口

温室大小根据孵化量而定,如孵化量在1万枚蛋以内,应有一间半房,2万~3万枚蛋应有3间房。

（二）**孵化架和蛋盘架的安装**　孵化架相当于孵化器的孵化蛋盘、出雏盘。要求牢固,操作方便,尤其要防止架面不平整。

孵化架材料简单,有 4 根立柱、8 根横杆及一些高粱秆扎把、苇席即可。其长度视温室长度而定。四周或三面有走道。孵化架宽度不超过 170 厘米,以便于面对面操作。层次根据房间高度而定,一般 3～4 层,最下层离地 50～60 厘米,最上层离顶棚不少于 60 厘米。每层架面尽量平整,高粱秆扎把平放其中,再加 4～5 厘米厚的麦秸,上铺苇席,周围用稻草或高粱秆扎把挡起 8～10 厘米高,既能防掉蛋、掉雏,又有利于边蛋保温。每平方米可放 500～800 枚种蛋。为了减少破蛋和降低劳动强度,有的将固定孵化架改为活动蛋盘架,仅推动“联动杆”即可完成整架的转蛋工作(详细请阅下述的“温室自动转蛋架孵化法”)。

（三）**供温**　由炉灶、火道、烟囱等组成。炉灶至烟囱要有一定的坡度(爬火),转弯处抹成弧形。火道与墙壁有 10～13 厘米的距离,以利于散热,火道近炉灶处应加厚,有利于温度均匀。在火道与烟囱连接处留一扁缝,插入钻有几个小眼的铁皮闸板,升降闸板可调节火力大小。烟囱高度等于 1/3 火道长度,并超出屋脊。烟囱下宽 40 厘米,上宽 20 厘米,下端留一个 20 平方厘米的清洁口,平时堵严。

（四）**供湿**　放水盆或挂湿麻袋片,也可直接向地面洒水。

（五）**通风换气**　每个窗户的上端设一个可以开关的风斗,用于换气。在屋顶开出气孔,面积为 30 厘米×30 厘米,应高于屋脊。

（六）**孵化用具**　干湿球温度计 1 支,温度计 2～4 支,水盆、照蛋灯、消毒药品和登记表格。

六、传统孵化法孵化设备的改革

近 10 多年来,许多人对传统孵化法的孵化设备进行了诸多很好的改革,也采用不同能源供热,这对国内无电地区的家禽孵化起到了不小的促进作用。现简单介绍如下。

(一)煤供热自动控温孵化装置　汪木胜(安徽省合肥市环湖东路孵化厅)介绍用蜂窝煤球供热的自动控温孵化装置。该孵化自动控温热气流煤炉,由暖气管道、方形煤炉和炉门开关及煤炉控温电路等组成。

1. 暖气管道　由 3 根长 160 厘米×直径约 10 厘米(周长 30 厘米)镀锌铁皮管与拐脖(弯头)连接成旋回管道。一头连接煤炉,另一头连接排气管,将废气排出室外。

2. 方形煤炉　用镀锌铁皮制成,长 50 厘米×宽 25 厘米×高 50 厘米的长形盒子,内装两个炉芯,每个炉芯放 3 块蜂窝煤,炉上部有保温盖和暖气管接口;在炉下部,两炉芯之间与炉门开关相接。

3. 炉门开关与煤炉控温器　炉门开关由镀锌铁皮制成长 10 厘米×宽 10 厘米×高 10 厘米的方形盒子。控温器由测温探头及控温电路,通过直流电机(6 节电池)带动炉门开或关,以达到控温目的。

该装置可代替电孵化器的电热管或传统孵化的温水、火炕等供热方式。

(二)合肥孵化厅的热水循环加温技术

1. 小型孵化场水温孵化技术　外壳用泡沫板、木料、五合板喷漆,内部用角铁钢管焊制。加温用自控温无盖煤炉,其炉热气流于铁管内循环后,排到室外,管道通过箱内的水箱,热量被水吸收,有效保持箱内温度稳定性,湿度也好控制。由于有大量的水作缓冲,孵箱内温度达到要求后锁定进火口,温度升高极慢;若煤炉灭火了,箱内温度也下降很慢。可分批入孵,容蛋量 10 000 枚以上(鸡蛋),较适宜小型孵化厂使用。

2. 中大型孵化厂水温孵化技术　热水循环加温技术,大水箱

(可容水 1 立方米)置于自动控温煤炉上,水通过自来水管或铜管循环到各孵箱内。管道首先循环于箱内中间底部的水箱内,更稳定箱温;当箱内温度稳定后,锁定进水孔,箱内就可保温。大水箱可容水 1 立方米,可供容蛋量 20 000 枚孵化箱 4～6 台同时使用。水温供热的最大好处是温度柔和,污染很小。

3. 无盖煤炉技术　该炉上面是全封闭,防止了煤气从炉上面散出,其炉热量通过火门自动开关和手动插板调节。该炉一次加煤球 50 千克,可烧 2～5 天。该炉可用砖砌,成本更低。

(三)温室自动转蛋架孵化法　韩义龙介绍温室自动转蛋架孵化法,利用旧房屋改造成温室。它由供暖保温设施、孵化设施两部分组成(图 1-5-11)。

1. 供暖保温设施　由炉灶和炉坑、地下火(烟)道、隔断与保温设施等组成(图 1-5-11A)。

(1)炉灶和炉坑　在东山墙外中间靠墙处,挖一个长 2 米×宽 1 米×深 1 米的土坑,在其中靠墙砌建长 1 米×宽 1 米的炉灶,生火供热(可用秸秆、树枝或煤炭做燃料),内接地下火(烟)道。另余下长 1 米×宽 1 米×深 1 米的炉坑,用作操作和掏炉灰处(图 1-5-11A)。

(2)地下火(烟)道　挖一条离地面 0.5 米、离墙 0.5 米的宽 0.6 米×深 0.5 米绕屋一周及两条设有挡板的横向地下火道,一端接炉灶,另一端经东山墙至屋外的烟囱,烟囱上端设防雨罩。

(3)隔断与保温　砌隔断将屋内分隔成三室(1～14 胚龄在第一室,15～18 胚龄在第二室,19～21 胚龄在第三室)。为了保温,外围护墙用草泥抹墙及吊顶棚和设双层门、双层玻璃窗。

2. 孵化设施　包括转蛋架、孵化盘和出雏盘(图 1-5-11B)。

(1)转蛋架　由固定支架、孵化盘转蛋架和转蛋轴承等组成。

①固定支架和转蛋轴承。用于安装孵化盘转蛋架。采用两根固定在地面上的间距 60 厘米的宽 4 厘米×厚 5 厘米的木板条做

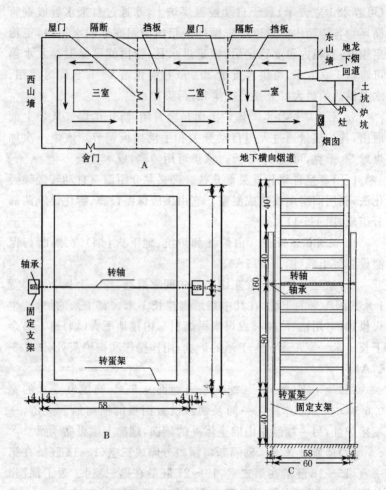

图 1-5-11　温室自动转蛋架孵化法示意图（单位：厘米）

A. 炉灶和地下火道平面图　B. 转蛋结构俯视图　C. 转蛋结构立面图

固定支架，离地面 160 厘米。在离地 120 厘米处各安装一个转蛋轴承，以便插入孵化盘转蛋架的转轴，用于转蛋。

②孵化盘转蛋架。用 4 厘米×5 厘米木板条制成长 77 厘

米×宽 58 厘米×高 160 厘米的框架。其内径,长 70.5 厘米×宽
52 厘米×高 152 厘米,中间安装转轴。再用木条从上至下每 9.8
厘米距离隔成孵化盘滑道(两头安有挡块,以防转蛋时孵化盘滑
出),共隔成 14 个间隔,可放 14 个孵化盘。

(2)孵化盘　用厚 2.5 厘米×高 4.5 厘米的木板条制成长
70.5 厘米×宽 52 厘米的长方形木框,采用 14 号铁丝,上、下层铁
丝距离 2.4 厘米且均采用蛋盘横向布置,上层铁丝间距 4.6 厘米,
下层铁丝间距 2.1 厘米,制成孵化盘。

(3)出雏盘　木板做边框,与孵化蛋盘面积相同的尼龙纱网做
底栅,可分层放入摆平的孵化盘转蛋架出雏或出雏架上出雏。

笔者建议:

第一,为了牢靠坚固,孵化盘转蛋架的转轴处可用厚约 5 毫米
的钢板钻孔固定,或固定支柱采用角铁。

第二,在第三室建固定式出雏架。它由 4 根宽 4 厘米×厚 5
(厘米)的木柱,固定在地面上,其前、后柱距离为 77 厘米,左右柱
间距为 58 厘米,两边的前、后柱设从上至下的上下间距为 11 厘米
的出雏盘滑道,最下一层滑道离地高约 50 厘米。也可用制成活动
出雏架车,其结构可参考本章第四节"图 1-4-9 孵化蛋盘活动架
车"结构,但其上下滑道距离比出雏盘侧壁高 1 厘米。若经济较充
裕,可选用叠层出雏盘出雏法设备(塑料出雏盘与配套的四轮平底
车)。采用后两者活动式出雏,可降低劳动强度提高效率。

第三,出雏盘侧框高约 10 厘米并钻若干直径 1.5 厘米的圆形
透气孔,底最好改用铁纱窗并加横带,以避免塌底。

第四,应增设让孵化盘转蛋架垂直地面(即孵化蛋盘与地面平
行)的装置,以便入孵和移盘之需。

(四)圆柱形温箱孵化法　张兵(2001)介绍圆柱形温箱孵化设
备:圆形温箱又称等距离热辐射温箱,它由于应用圆周与圆心等距
离、等热量辐射原理,使箱内多层禽蛋都能均匀受热,既防止了突

发性超温,又避免了骤然降温,还解除了"烧底"的后顾之忧。

1. 圆柱形温箱的制作　选不锈钢材和强压焊接材料制成的箱内直径 55～60 厘米、高 120～135 厘米,内底与外底相距 6～8厘米,箱体底部安装有直径 2 厘米、长 5 厘米通入水温中和层的进排水管,在箱上缘安有直径 0.5 厘米并可延伸的溢水管。在箱的底部和中部安有直径 2 厘米、长 5 厘米的通气管,箱内壁有贮热层、热辐射层、内壁与外壁之间有水温中和层,箱外壁有保温层和防护层。

2. 蛋盘的制作　蛋盘呈圆筛形,蛋盘直径根据箱体大小选取,盘高 8～10 厘米,由木卡或木垫支撑 6 层蛋盘,圆形箱盖底部有棉被保温层,盖边缘高 10 厘米。箱盖中心钻 3 个呈三角形的小圆孔,既可测箱内蛋温还可调温,箱盖可兼作出雏盘使用。

张兵(1998)、张雪松(2004),都曾经采用由立式圆形箱和卧式平箱配套组成的仿生孵化箱,分别孵肉鸭和肉鹅种蛋。孵至 17 天后,将鸭蛋(或鹅蛋)由立式箱移至卧式箱孵化,通过向卧式箱注冷水或热水可准确调节蛋温在所需范围内。

(五)沼气孵化法

1. 热气式沼气孵化法　王熙春(2005)报道用沼气孵鸡。1 立方米沼气可孵化 475 只鸡蛋,沼气孵化箱每小时耗气 30～40 升,受精蛋孵化率 90% 以上,也无停电之忧。

(1)孵化箱的制作　用木板或纤维板制作,内径长 60 厘米×宽 60 厘米×高 110 厘米。夹层填以木屑等保温材料。箱门做成夹层并填保温材料。箱体也可做成单层,外用旧棉絮等保温材料包裹。箱内 6 层蛋盘,层高 18 厘米(图 1-5-12)。蛋盘用木板制成,底部钉上铁丝网,也可用铁丝穿成,网孔以不漏蛋为宜(约 2 厘米×2 厘米)。箱体上、中、下部各穿一小眼供插温度计(图 1-5-12)。

（2）建沼气灶台　灶台要平整光滑,坚固安全,配置直径 57 厘米铁锅,锅下放沼气炉,沼气输气管规范合理,开关灵活、密闭（图 1-5-12）。笔者建议:铁锅内加水,上盖镀锌铁皮并放置小水盆加水增湿。这样,孵化温度比干烧稳定,操作也更简便。

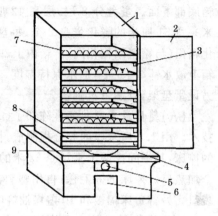

图 1-5-12　沼气孵化法示意
1. 孵化箱体　2. 门　3. 蛋盘滑道　4. 灶台
5. 沼气灶　6. 进风道　7. 种蛋
8. 孵化盘（底盘）　9. 铁锅

（3）注意事项　从点火升温到第十三天须连续燃烧沼气炉不得间断;如沼气不足时,要用其他能源补充。小鸡出壳后应在 32℃恒温条件下饲养 3 天,以提高雏鸡抗逆力,提高成活率。

2. **温水式沼气孵化法**　宋治权等介绍,建一个 14 立方米的沼气池,在气温 10℃下可供 4 个孵化箱（容蛋 6 400 枚）及照明之需。

（1）孵化室　该室长 3.3 米×宽 3 米×高 2 米。内设 5 个孵化箱和 1 个保温炉。保温炉室外点火,通过烟道向室内散热。

（2）孵化设施　孵化箱由木箱、砖砌箱基（放置水箱、沼气燃烧器、水钵和燃气室、进气口）、孵化蛋盘、水箱、沼气燃烧器、输气管、水钵、温度计等组成。木箱用两层薄木板（侧壁、后壁厚 1.2 厘米）,夹层填充锯木屑,箱内径长（深）1.06 米×宽 0.52 米×高 1.18 米。木箱坐落在宽 76 厘米×深 130 厘米×高 42 厘米的砖砌箱基上。镀锌铁皮的水箱,长 100 厘米×宽 36 厘米×高 8 厘米,安装在孵箱底部,水箱一端有进出水管。沼气燃烧器安装在水箱底部下面。蛋盘分 8 层,层高 12 厘米,每层前后平放长 56 厘米×宽 51 厘米的孵化蛋盘 2 个,每盘容蛋 100～110 枚。一扇孵化箱门(与箱壁结构相同)。箱内上、中、下层各放温度计 1 支。水箱上放水钵 3～5 个,加水保持湿度。沼气燃烧器设 2～4 个火头。另设蛋盘架,以搁蛋盘翻蛋。

(六)摊床温水孵化法　陈知了(2004)介绍一种摊床温水孵化技术。用 1.5 厘米厚的胶合板制成,长 2 米×宽 1 米×高 0.2 米的摊床,其中间挖两个直径 0.35 米的圆洞,白铁皮封洞口,形成两个加热口。摊床上铺毛毯,再用塑料薄膜制成袋子,内装水,封紧袋口。另备 1 床棉被和 10 盏煤油灯(图 1-5-13)。

(七)地热孵化法　我国温泉地热资源丰富,达 3 000 多处。福建、江西、河北、天津等地利用地热发展家禽孵化。如福建林学明等(1980)研制了 D-801 型地热孵化器,采用八角架式活动转蛋架,蜗轮蜗杆转蛋。外形尺寸为:1 850 毫米×1 350 毫米×1 250 毫米,可容 1 600 枚种蛋。该孵化器在两侧壁、后壁和底部设有主

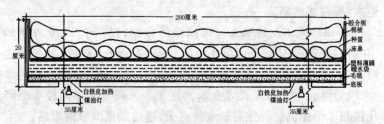

图 1-5-13　摊床温水孵化结构剖面图
(笔者根据陈知了资料绘制)

加热和副加热两套呈"S"状的镀锌铁皮水管,接头用胶皮管连接,主加热始于底部环侧壁两周,副加热始于侧壁沿主加热管上方环行。主加热和副加热的进、出水口均装有节流阀门,以控制进、出水量,来调节孵化器内温度保持在 37.8℃±0.2℃。升温时,同时打开进、出水阀门,出水量呈连续滴水状(每分钟约 200 毫升),当

接近设定温度时,关闭出水阀门,这样温度可稳定保持 4～6 小时。

江西吴辛(1995)利用温泉地热孵肉鸭,采用电孵化器改装,恒温是通过温度控制仪、液体电磁阀开关调节进水量来实现的。一旦发生超温(高于 0.2℃)时,只需打开天窗、门、开电风扇或凉水喷洒,温度即可恢复正常。湿度通过增减水盘面积或往孵化室地面洒水来调节。晾蛋一般以每次20～30 分钟为宜。获得孵化率91.07％、健雏率 95.6％的好成绩。利用地热孵化家禽,节能、无污、无噪声,值得推广。

(八)煤电水汽孵化　王正清(2002)报道"更新的煤电水汽孵化技术"。煤电水汽全能电脑孵化,多探头测温,双保险箱孵蛋温自动选择。火道开关控制大中小煤炉,水温、暖气、电和箱温同时控制或选择使用;湿度探头直接测控湿度,解除纱布加水测湿的麻烦和误差;双保险自动转蛋 90°～130°及时间任意设定;按键设定;温、湿度及状态全面显示,自动降温和高低温报警自动跟踪,适合各种孵化器(箱)使用。独创无盖煤炉煤球煤块均可使用,即供温又供湿,降低炉外热损,更节省能源。炉体用砖砌,大小和换煤时间自己决定。蛋车式 1 万蛋全自动孵化器(箱),可孵鸡鸭鹅和珍禽种蛋。该技术获得实用专利。

(九)循环热水孵化法　王全胜研发了循环热水孵化设备。它是一种以温水为热源,经橡皮管散热的循环热水孵化法。该设备主要由胶合板双层保温蛋架、塑料水桶、软橡皮管(分回水管和出水管)、火炉、循环水弯铁管等组成(图 1-5-14)。

1. 热源设施选配和安装

(1)塑料水桶的加工　在塑料水桶的侧面和底部,各钻一小孔并各焊上一小段硬塑料管。

(2)软橡皮管与循环水弯铁管的装配　①用两根软橡皮管,分别一端接塑料水桶侧面的硬塑料管和塑料水桶底部的硬塑料管,另一端分别接循环水弯铁管,分别组成循环进水管和循环出水管。

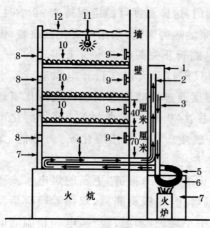

图 1-5-14　循环热水孵化法示意图

1. 塑料水桶　2. 循环回水管　3. 循环出水管
4. 炕上循环回水管　5. 循环水弯铁管
6. 火炉保温层　7. 保温蛋架　8. 观察温度视窗
9. 温度计　10. 种蛋　11. 灯泡　12. 棉被

②将塑料水桶固定在墙上。③在墙下方适当位置凿开一个洞,将回水软橡皮管盘绕搁置在火炕上。④用砖和水泥砌建火炉保温层并将循环水弯铁管垒稳固,管的下方放火炉,生火。

2. 保温蛋架的制作　用双层胶合板(中间填充保温材料)制作保温蛋架。将保温蛋架搁置火炕上,上盖棉被。

(十)传统孵化技术的几项改进措施　喻学伟等(2001)介绍江苏省滨海县对传统孵化技术的几项改进措施。

1. 建温室,实现小环境管理　可建一个长 5 米×宽 5 米×高 3 米的炕孵室,沿墙设计 4 个长 2.3 米×宽 1.4 米×高 2.2 米的小温室,中间留宽 2 米的过道,作为操作间,用来照蛋、入孵、注射疫苗。每个小温室内安装 2 个蛋架,沿墙设置烟道。实现小环境管理既能节约能源,又易于控制室内环境,以提高出雏率。

2. 设计蛋架,实现机械转蛋　在墙上,距室顶 40 厘米处、距里墙 60 厘米处左右 2 侧各装一个直径 5 厘米、长 15 厘米的钢管,其中 10 厘米装于墙内,每侧挂两根宽 3 厘米×0.5 厘米厚的铁条,在铁条上每隔 11 厘米打一直径 1 厘米的圆眼。用角铁焊成 72 厘米×140 厘米的铁框,在两侧边框中间各焊两根直径 1 厘米的钢筋,间距 8 厘米,一端略长,这样便于安装到墙两边的铁条上。

在钢筋末端装上螺丝以防铁框滑落,在铁框中间焊一铁条,增加稳固性。这种铁框可上下安装多层,如 16 层。用绳子将顶层铁框前后两侧挂在室顶上,使一侧下斜时最低可下斜到 45°角。应用这种装置既可上下多层连动,旋转 90°角,起自动转蛋作用,以节约人工,降低破蛋率,又容易拆装,便于消毒。如用作出雏室,只要将铁框固定于水平位置,不再加温即可。

3. 设置木框蛋盘,增加透气性　可用宽 3.3 厘米、厚 1 厘米的木条制成长 72 厘米×宽 66 厘米的蛋盘,上穿两层钢丝,下层间距 1.5 厘米,上放种蛋,上层依种蛋大小定距离,起隔蛋作用。如间距 6 厘米,就可立放两排本地品种鸡蛋,或横放两排鸭蛋,或纵放一排鹅蛋。应用这种蛋盘,放于蛋架上,可解决蛋架层数多,上下通风透气性差的难题。应用这种装置,一个小温室一次可入孵种鸡蛋 32 000 枚。

4. 安装通风、控温设备,有效调温湿度　在温室顶部开天窗,在中间装风扇,这样既能通风,又能使室内上下温度保持一致。在室内装自动温度导电仪,当室内温度超过或低于适宜温度时,自动报警,提醒适时调节温度。在地上放水盘,在墙上挂湿度计,根据湿度计显示数据,增减水盘数,以调节湿度。人工孵化的炕坊可根据自己的具体情况,合理设计温室大小。

第六节　影响孵化成绩的各种因素

经常地、定期地(如每批孵化完毕、每月、每季及全年)检查分析孵化效果,总结经验或教训,是孵化场经营管理的一项必不可少的工作。当遇到孵化效果不理想时,往往仅从孵化技术、操作管理上找原因,而很少或不去追究孵化技术以外的因素。为了使读者对影响孵化成绩的各种因素有一个较全面的了解,在介绍孵化的有关知识之前,先介绍影响孵化成绩的因素及其相互关系(图 1-6-1)。

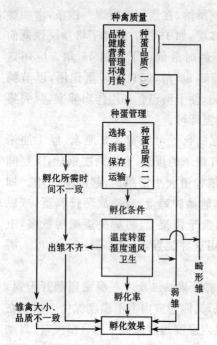

从图 1-6-1 中可以看出,影响孵化成绩的因素有以下 3 个方面:一是种禽质量(品种、种禽的饲养管理);二是种蛋管理;三是孵化条件。第一、第二个因素合并决定入孵前的种蛋质量,是提高孵化率的前提。

只有入孵来自优良种禽、喂给营养全面的饲料、精心管理的健康种禽的种蛋,并且种蛋管理得当,孵化技术才有用武之地。例如,某农场虽有从事孵化工作达 20 多年的老师傅,但是由于鸡种、饲料和管理条件较差,使历年来入孵蛋孵化率仅达 64%～72%。又如某种鸡场,一段时间多种

图 1-6-1 影响孵化效果的诸种因素及其关系

维生素缺乏,致使受精蛋孵化率从原来的 90% 下降至 79.5%;多种维生素得到补充后,孵化率又回升到 92%。又由于育种的需要,有些种蛋于 6～7 月份在室温条件下保存达 18 天,结果受精蛋孵化率仅 66%～78%。而在相同室温条件下保存 3 天的另一批种蛋,受精蛋孵化率达 90%～92%。上述 3 例说明,种蛋品质的优劣与孵化率高低有着密切的关系。

一、种禽的质量

影响种禽质量的因素有以下 6 个方面:家禽品种、健康、营养、

管理水平、环境和种禽利用年限。它们共同影响种蛋的品质。现仅就生产中容易被忽视的问题提几点建议。

（一）种禽的选择和商品禽的杂交　饲养优良品种的重要性越来越被大家所认识，但往往忽视商品代杂交问题。目前，农村乡镇的一些集体或专业户种禽场，饲养单一品系的优良种禽或仅有公、母禽的混杂禽群，并向广大生产商品蛋的专业户提供雏禽，致使生产性能较低，经济效益不高。建议：①有计划、有目的地引进优良品种，建立父母代种禽繁殖场，为大中型商品禽场及养禽专业户提供优秀的杂交商品代雏禽；②健全、完善对种禽场发放《种畜禽生产经营许可证》制度，并定期检查（如1～2年1次）各级种禽场；③父母代种禽饲养者，应从持有《种畜禽生产经营许可证》的祖代种禽场引进种蛋或种雏。引种前应对该场的资质、信誉进行了解，还应重视引种时该场种禽的综合生产情况（种禽的产蛋率、受精率和健康状况）。种禽要按免疫程序进行免疫接种，以保证其后代有较高的母源抗体。

（二）营养与健康　为了充分发挥优良种禽的生产性能和保证种蛋质量，必须确保种禽的健康和喂给营养全面的饲料。特别要满足对孵化率影响较大的维生素 A、维生素 D_3、维生素 B_2、维生素 B_{12}、维生素 E、泛酸和钙、磷、锌、锰的供给。在生产中，可用蛋鸡1号料（即产蛋率 80% 以上料号）补加复合添加剂，效果理想。对不能提供营养全面的配合饲料的地区，种禽场应按饲养标准自行配料。防疫方面要按免疫程序进行免疫接种，以保证其后代有较高的母源抗体。除了要预防新城疫、鸭瘟、鹅瘟外，还应注意预防经种蛋传播的疾病，如沙门氏菌病（主要是雏鸡白痢和鸡沙门氏菌）、霉形体（鸡毒霉形体和滑膜囊霉形体）病、鸡传染性贫血病、禽脑脊髓炎、产蛋下降综合征、呼肠孤病毒和白血病等。

（三）管理与环境　种鸡开产时公、母比例按 1：10～11，老龄鸡按 13～15：100；及时淘汰病、残、弱、无精和不能正常配种的公鸡。管理上要特别注意勤捡蛋和勤换产蛋箱垫草,以减少破蛋和保持种蛋的清洁卫生。每天捡蛋 4 次,夏季及冬季 5～6 次,降低种蛋破损造成的污染。尤其要注意不让种蛋在禽舍过夜。春季孵化(一般指 2 月底至 6 月中旬)为主的种禽场,应确定育雏时间并加强光照管理和饲养管理,使种禽在这段时间处于产蛋旺季。避免禽舍环境温、湿度过高,注意空气质量。种鸡所需最佳温度为 13℃～21℃,在此温度范围内种鸡产蛋量高,种蛋品质也佳。要避免在冬季为了保持禽舍温度,紧闭门窗,禽舍里氨气等有害气体含量剧增,既危及种禽的健康,也降低种蛋的品质。可将鸡舍温度控制在 5℃ 以上的情况下,加强通风换气。防止饮水设备跑水。

(四)利用年限 蛋用种鸡一般从 25～26 周龄开始选留种蛋,至 72 周龄淘汰(利用 10～12 个月)。经强制换羽,最多总共可利用 18 个月。否则,往往经济效益差。鸭第一年繁殖力最高,第二年至第三年有所下降,以后下降明显,所以可利用 1～2 年,不超过 3 年,现在多利用 1 年后淘汰。鹅成熟较晚,以第一至第四年产蛋率最高,故一般利用 3～4 年。目前较普遍存在"提前服役"、"超期服役"现象。提前或超期选留种蛋的孵化效果均不理想。如黄健文等报道:一些孵化者不按标准过早给母鸡输精,收集种蛋或推迟淘汰种鸡继续采集种蛋,结果出现孵化率和雏鸡质量下降。如某专业户给 150 日龄罗曼父母代种鸡输精并 1 周后收集种蛋入孵。结果受精率仅 72%,孵化率仅 64%,且雏鸡体重偏小。另一孵化户孵化 76 周龄种鸡所产的种蛋。结果受精率仅 80%,孵化率仅 72%,雏鸡大小不一,残次品增多。而该批鸡产蛋高峰时的受精率 92%,孵化率 85% 以上。如若需要,可采用强制换羽方法,可延长利用 6 个月。

二、种蛋的管理

种蛋管理应包括禽舍中的管理、入库前的管理(种蛋选择和消毒)、种蛋库的管理(即种蛋保存)、种蛋运输和定期监测种蛋质量等 5 个方面。

(一) 种蛋的禽舍中的管理　见本节后面的"种鸡场鸡群的种蛋质量监测"。

(二) 种蛋的入库前管理

1. **种蛋的选择**　优良种禽所产的蛋并不全部是合格种蛋,必须严格选择。选择时首先注意种蛋来源,其次是注意选择方法。必须强调的是:下述的蛋重、蛋形、壳厚与比重等指标,不一定符合特定品种的要求。随着选育和孵化设备及孵化技术的发展,现代禽类品种的适宜孵化的蛋重范围有扩大的趋势,蛋形、壳厚与比重等指标,不同品种也存在差异。为此,笔者建议家禽育种单位要测定并提供本品种的"适宜孵化的蛋重、蛋形、壳厚与比重等指标"的范围。

(1)种蛋的来源　种蛋应来自正确制种、生产性能高且稳定、无经蛋传播的疾病、受精率高、饲喂营养全面的饲料、管理良好、实施系统免疫程序的健康种禽群。受精率在 80% 以下、患有严重传染病或患病初愈和有慢性病的种禽群所产的蛋,均不宜作种蛋。如果需要外购,应先调查种蛋来源的种禽场是否有经营许可证,信誉及管理水平。引种时该种禽群健康状况、产蛋、受精率,有无疫情、免疫情况。并签订供应种蛋的合同。

(2)种蛋的选择方法

①清洁度。合格种蛋的蛋壳上,不应该有粪便或破蛋液污染。否则,影响胚蛋气体交换。用脏蛋入孵,不仅本身孵化率很低,而且污染了正常种蛋和孵化器,增加腐败蛋和死胚蛋,导致孵化率降低,雏禽质量下降。轻度污染的种蛋可以入孵,但要认真擦拭或用消毒液洗去污物。

②蛋重。蛋重与雏禽重量成正相关,如雏鸡重占蛋重 65%～70%。蛋重应符合该品种要求。蛋重过大或太小都影响孵化率、

雏禽质量和雏禽重量，尤其肉仔鸡更重要。因为雏禽的初生重与早期增重呈正相关，所以对商品代肉禽种蛋蛋重的选择更为重要。一般要求蛋用鸡种蛋为 50～65 克，65 克以上或 49 克以下，孵化率均低。肉用鸡种蛋 55～68 克，鸭蛋 80～100 克，鹅蛋160～200 克。

③蛋形。合格种蛋应为卵圆形，蛋形指数（短径/长径）为 0.72～0.75，以 0.74 最好。细长、短圆、橄榄形（两头尖）、腰凸的种蛋，不宜入孵。

④壳厚与比重。一般鸡蛋蛋壳厚为 0.27～0.37 毫米，鸭蛋厚 0.35～0.40 毫米，鹅蛋厚 0.40～0.50 毫米为宜。比重在 1.080 孵化率最好，与低于 1.080 和高于 1.080 的比较，孵化率分别提高 2.0% 和 0.36%。蛋壳过厚（壳厚在 0.34 毫米以上）的钢皮蛋、过薄（壳厚在 0.22 毫米以下）的砂皮蛋和蛋壳厚薄不均的皱纹蛋，都不宜用来孵化。

⑤壳色。应符合本品种的要求。如北京白鸡蛋壳应为白色，星杂 579 鸡、伊莎褐鸡的蛋壳为褐色。但若孵化商品杂交鸡，对蛋壳颜色不需苛求。

⑥听声。目的是剔除破蛋。方法是两手各拿 3 枚蛋，转动五指，使蛋互相轻轻碰撞，听其声响。完整无损的蛋其声清脆，破蛋可听到破裂声。破蛋在孵化过程中，蛋内水分蒸发过快和细菌容易乘隙而入，危及胚胎的正常发育。因此，孵化率很低。

⑦照蛋透视。目的是挑出裂纹蛋和气室破裂、气室不正和气室过大的陈蛋以及大血斑蛋。方法是用照蛋灯或专门的整盘照蛋设备，在灯光下观察。蛋黄上浮，多系运输过程中受震动引起系带断裂或种蛋保存时间过长；蛋黄沉散，多系运输中剧烈震动或细菌侵入，引起蛋黄膜破裂；裂纹蛋可见树枝状亮纹；砂皮蛋，可见很多亮点；血斑、肉斑蛋，可见白点或黑点，转动蛋时随之移动。

⑧剖视抽验。多用于外购种蛋。可选择裂纹蛋或无蛋内容物

流出的破蛋,将蛋打开倒入衬有黑纸(或黑绒)的玻璃板上,观察新鲜程度及有无血斑、肉斑。新鲜蛋,蛋白浓厚,蛋黄高突;陈蛋,蛋白稀薄呈水样,蛋黄扁平甚至散黄。一般只用肉眼观察即可,对育种蛋则需要用蛋白高度测定仪等专用仪器测量。

(3)种蛋选择的场所　一般种蛋选择多在孵化场里进行。也有主张在禽舍里选择的,即在捡蛋过程和捡蛋完毕后,将明显不符合孵化用的蛋(如破蛋、脏蛋、各种畸形蛋)从蛋托上挑出。这样既减少污染,又提高了工效。在国外已逐步用这种方法取代孵化场的种蛋分级工序。蛋破损率不高时,入孵前不再进行选择。若破损较多,可在种蛋送至孵化场贮存之前,再进行1次选择。

(4)种蛋选择的意义　提高种蛋的孵化率(表1-6-1)。

表1-6-1　鸡不合格蛋与合格种蛋的孵化率　(%)

合格种蛋	气室破裂	薄　壳	畸　形	破　损	气室不正	过　大(>65克)	有大的血斑	过　小(<45克)
80.0	87.2	32.4	47.3	48.9	53.2	68.1	70.8	71.5

(5)异形蛋和裂纹蛋的利用　1993年5月,笔者从蛋库选蛋剔除的不合格蛋中(裂纹、畸形、大蛋和小蛋)与合格种蛋各取出150枚,进行孵化试验,其结果见表1-6-2。

从表1-6-2可见,大蛋和裂纹蛋的孵化率显著低下。裂纹蛋胚胎的前期死胚率和后期死胎率都明显增加,健雏率也较低。其原因是本试验的裂纹蛋是在入孵之前才采取乳胶涂缝处理,在涂缝前细菌可能已经侵入蛋内。如果在产蛋后立即进行涂缝处置,将会大大降低细菌侵入蛋内的可能性,孵化效果可望得到改善。而大蛋的孵化率和健雏率低下,主要是出雏遇到困难,造成不少胚胎死于壳内,即使勉强破壳出雏的雏鸡,也有很多是弱雏。研究还发现,本试验的畸形蛋孵化率远比类似试验要高得多。主要原因是本试验所入孵的畸形蛋是从蛋库剔除的不合格蛋中选取并不十分典型的畸形蛋,而以往试验的畸形蛋则是很典型的不合格蛋。由此可见,在生产中蛋形的选择可以适当放宽些,尤其是入孵本场的种蛋。此外,从经济效益看,每入孵一枚大蛋仅增值纯利5.7分钱,而裂纹蛋、小蛋和畸形蛋则可达到0.24~0.29元,虽然比合格种蛋获利较低,但除大蛋外均获得了较好的经济效益。

表 1-6-2 不合格蛋与合格种蛋的孵化效果比较 ("农大褐"蛋鸡)

项 目	裂纹蛋	大 蛋	小 蛋	畸形蛋	合格种蛋
受精蛋孵化率(%)	65.83	69.84	76.86	81.06	89.31
早期死胚率(%)	8.33	4.76	8.26	37.9	0.76
健雏率(%)	94.94	87.50	97.85	97.20	100.00
后期死胚率(%)	25.00	25.40	14.88	15.15	9.92
纯盈利(元/枚)	0.24	0.06	0.27	0.29	0.37

注:①死胚率为10胚龄时;②种蛋保存1~7天;③裂纹蛋在入孵前用乳胶涂缝;④大蛋的平均蛋重为74.3克,小蛋的平均蛋重为48克;⑤盈利已扣除孵化费(0.15元/枚)和鲜蛋价(按4.8元/千克计)

2. 种蛋的消毒 蛋产出母体时会被泄殖腔排泄物污染,接触到产蛋箱垫料和粪便及环境的粉尘等时,蛋进一步被污染。因此蛋壳上附着很多细菌,随着时间的推移,细菌数量迅速增加,如蛋刚产出时,细菌数为100~300个,15分钟后为500~600个,1小时后达到4000~5000个,并且有些细菌通过蛋壳上的气孔进入蛋内。其繁殖速度随蛋的清洁程度、气温高低和湿度大小而异。虽然种蛋有胶质层、蛋壳和内外壳膜等几道天然屏障,但细菌仍可进入蛋内,这对孵化率与雏禽质量都构成严重威胁。因此,必须对种蛋进行认真消毒。

(1)种蛋消毒时间 从理论上讲,最好在蛋产出后立刻消毒。这样可以消灭附在蛋壳上的绝大部分细菌,防止其侵入蛋内,但在生产实践中无法做到。比较切实可行的办法是每次捡蛋(每天4~6次)完毕,立刻在禽舍里的消毒柜中消毒或送到孵化场消毒。种蛋入孵后,应在孵化器里进行第二次消毒(表1-6-3)。

(2)种蛋消毒方法

①甲醛熏蒸消毒法

Ⅰ.用药量。40%甲醛溶液通称"福尔马林",用它与高锰酸钾混合(配比为2∶1)消毒种蛋效果好,操作简便。对清洁度较差的本场种蛋或外购的种蛋,每立方米用42毫升福尔马林加21克高锰酸钾(或7克多聚甲醛/立方米),在温度24℃以上、相对湿度60%～80%的条件下,密闭熏蒸20～25分钟,可杀死蛋壳上95%～98.5%的病原体。为了节省用药量,可在蛋盘上罩塑料薄膜,以缩小空间。在孵化器里进行第二次消毒时,每立方米用福尔马林28毫升、高锰酸钾14克,熏蒸20分钟。

表 1-6-3　种蛋消毒地点和方法

次数	地点	注释	每立方米体积用药量			消毒环境条件		
			16%过氧乙酸(毫升)	高锰酸钾(克)	福尔马林(毫升)	时间(分钟)	温度(℃)	相对湿度(%)
1	鸡舍内每次捡蛋后在消毒柜中	A	40～60	4～6	—	15～30	20～26	75
		B	—	14	28	20～30	20～26	75
2	入种蛋贮存室前在消毒柜中	A	40～60	4～6	—	15～30	25～26	75
		B	—	14	28	20～30	20～26	75
3	入孵前在入孵器中	C	—	14	28	20～30	37～38	60～65
		D	—	21	42	20～30	37～38	60～65
4	移盘后在出雏器中	A	—	7	14	20	37～37.5	65～75
		B	—	—	20～30	连续	37～37.5	65～75

注:A或B任选一种,C为本场种蛋,D为外购种蛋;若捡蛋完毕能立刻送蛋库,则可省去第一次消毒;若用福尔马林消毒法,可加与福尔马林等量的水;种蛋消毒注意避开24～96小时胚龄的胚蛋

Ⅱ.注意事项。

第一,种蛋在孵化器里消毒时,应避开24～96小时胚龄的胚蛋。

第二,福尔马林与高锰酸钾的化学反应很剧烈,又具有很大的腐蚀性。所以,要用容积较大的陶瓷盆,先加少量温水,再加高锰酸钾,最后加福尔马林。注意不要伤及人的皮肤和眼睛。

第三,种蛋从贮存室取出或从禽舍送孵化场消毒室后,在蛋壳上会凝有水珠(俗称"冒汗",见表1-6-4),应让水珠蒸发后再消毒。否则,对胚胎不利。种蛋壳表面有凝水(或潮湿)时,也禁用臭氧灯、紫外线灯或甲醛粉等消毒。

表 1-6-4 种蛋蛋壳表面凝有水珠(冒汗)的湿度条件 (％)

种蛋处置室温度		种蛋贮存室(或种蛋)温度		
℃	℉	15.6℃ (60 ℉)	18.3℃ (65 ℉)	20.0℃ (68 ℉)
15.6	60	—	—	—
18.3	65	85	—	—
21.1	70	71	83	91
23.9	75	60	71	79
26.7	80	51	60	68
29.4	85	44	51	57
32.2	90	37	43	48
35.0	95	32	38	42
37.8	100	28	32	35

注:当种蛋处置室内的相对湿度高于表内的指标时,蛋壳表面就会出现水珠(冒汗)

第四,熏蒸消毒后打开通气孔约40分钟,将废气排出室外,最好用氢氧化钠中和。

第五,福尔马林溶液挥发性很强,要随用随取。如果发现福尔马林与高锰酸钾混合后,只冒泡产生小量烟雾,说明福尔马林失效。

第六,若采用多聚甲醛加热消毒,应注意只有多聚甲醛全部分解后,才能达到有效浓度。而福尔马林高锰酸钾熏蒸消毒时,为了两种药能够充分混合,可在福尔马林药液中加入等量清水再放入高锰酸钾,且注意高锰酸钾没入福尔马林水溶液中。

第七,喷洒消毒的药物不用福尔马林,季胺浓度要低。AA公司建议,喷洒消毒采用1%过氧化氢、0.5%过氧乙酸和浓度为175毫克/升的季胺溶液。

②新洁尔灭浸泡消毒法。用含5%的新洁尔灭原液加50倍水,即配成1:1000的水溶液,将种蛋浸泡3分钟(水温43℃～50℃)。还可用喷雾器将药液喷洒于种蛋表面,约5分钟,蛋壳表面干燥后才可入孵。

③碘液浸泡消毒法。将种蛋浸入1:1000的碘溶液中(10克碘片+15克碘化钾+1000毫升水,溶解后倒入9000毫升清水)0.5～1分钟。浸泡10次后,溶液浓度下降,可延长消毒时间至1.5分钟或更换新碘液。溶液温度43℃～50℃。

种蛋保存前不能用溶液浸泡法消毒,因破坏胶质层,加快蛋内水分蒸发,细菌也容易进入蛋内。故仅用于入孵前消毒。

④过氧乙酸消毒法。过氧乙酸是一种高效、快速、广谱消毒剂。消毒种蛋时,每立方米用含16%的过氧乙酸溶液40～60毫升,加高锰酸钾4～6克,熏蒸15分钟。但须注意以下几点。

第一,它遇热不稳定,如40%以上的浓度,加热至50℃易引起爆炸,应在低温下保存。

第二,它是无色透明液体,腐蚀性很强,不要接触衣服、皮肤,消毒时用陶瓷盆或搪瓷盆。

第三,现配现用,稀释液保存不超过3天。

⑤二氧化氯或季胺消毒法。有些国家禁止使用甲醛熏蒸消毒法,多采用二氧化氯或新洁尔灭等药物消毒。可用含有20毫克/升的新洁尔灭或80毫克/升的二氧化氯微温溶液,对种蛋进行喷

雾消毒。另外,也有用二氧化氯泡沫消毒种蛋的。一般采用 10 毫克/升的二氧化氯泡沫消毒种蛋 5 分钟,是可行的替代方法,尤其是可以提高胚蛋的孵化率。但必须指出,用二氧化氯消毒种蛋,必须严格掌握好消毒的时间。否则,消毒时间过长,会增加胚胎的死亡率。

种蛋消毒方法很多,但迄今为止,在国内仍以甲醛熏蒸法和过氧乙酸熏蒸法较为普遍。

我国传统孵化法采用热水浸洗种蛋。如果水中不放消毒液,则其作用仅仅在于起到入孵前"预热"作用,切勿以此代替种蛋消毒。

(3)种蛋疾病的控制 通过对种蛋进行特殊的消毒处理程序,可有效地控制某些疾病(如霉形体)的发生及蔓延。目前采用温差浸蛋法或压差浸蛋法进行控制。

①温差浸蛋消毒法。作为霉形体控制程序的一部分。入孵前将温热的种蛋浸泡在凉冷的抗微生物药液中。既消毒蛋壳上的微生物,又利用温差使一些药液进入蛋内。

Ⅰ.操作程序。将种蛋置于 37.8℃温度下预热 3～6 小时,使种蛋温度达 32.2℃左右。将种蛋浸泡于 4.4℃抗生素和消毒剂的混合药液中(用压缩机冷却药液)10～15 分钟,取出种蛋晾干后入孵。每天浸蛋结束后,应过滤药液中的污物,清洗浸蛋机,然后倒回药液,以备再用。

Ⅱ.药液的配制。泰乐菌素酒石酸盐 3 000 毫克/升加碘 50 毫克/升加表面活性剂 50～200 毫克/升;泰乐菌素酒石酸盐 3 300 毫克/升加碘 60 毫克/升加表面活性剂 50 毫克/升;泰乐菌素酒石酸盐 3 000 毫克/升加硫酸新霉素 1 000～3 000 毫克/升加表面活性剂 200 毫克/升;硫酸庆大霉素 500 毫克/升。

Ⅲ.注意事项。

第一,本法仅能消灭细菌,而不能杀死病毒和真菌。

第二,选择压缩机功率要求经预热的种蛋在药液中浸 5 分钟后,药液升温不超过 1.2℃。

第三,药物用量不可超标。

第四,不能用铁质容器盛药液,否则削弱泰乐菌素的效力。孵化率降低 1%~10%。

②压差浸蛋消毒法。作为霉形体控制程序的一部分。入孵前将种蛋浸泡在低压的消毒药液中,当恢复常压后使部分药液进入蛋内。采用此法需配备专用的真空浸蛋机。

消毒程序:往真空浸蛋机(一只带有橡胶密封圈密封盖的大容器)注入抗菌药液,并冷却至 12.8℃~15.6℃。然后将种蛋浸泡于药液中,盖严密封盖,用真空泵将容器内压力抽至 34.26~50.80 千帕,并在保持 5 分钟后解除真空,恢复常压,种蛋继续浸泡 10 分钟。取出种蛋晾 5~6 小时,干后入孵。

③种蛋孵化前加热法。作为杀灭霉形体的方法之一。首先将种蛋置于 22℃的室内,直至种蛋达到 22℃,然后将种蛋移入温度 46℃、相对湿度 70%的入孵器内,放置 10~14 小时,使种蛋的中心温度达到 46℃(不得高于 46℃)后 2 小时,最后按常规孵化。注意既不能使种蛋的温度超过 46℃,又不能短于 10 小时。否则,对胚胎存活不利或达不到杀灭霉形体的目的。此法使孵化率下降 2%~5%。

(4)种蛋消毒场所　国内的种禽饲养场均设有种蛋消毒设施。但不少禽场在种蛋消毒上存在两个问题:一是用药量不准,多由消毒人员随意添加;二是消毒设备设计不合理,不能根据种蛋的多寡调节消毒空间,往往造成消毒药的浪费。笔者看到有的甚至用卡车的车厢罩作为种蛋消毒室。为此,笔者设计了可以调节消毒空间的种蛋消毒柜(图 1-6-2)。它是由箱体、平板小推车(焊有定向滑轮及蛋盘卡边)、透气蛋盘(分 72 枚/盘和 55 枚/盘两种规格)、

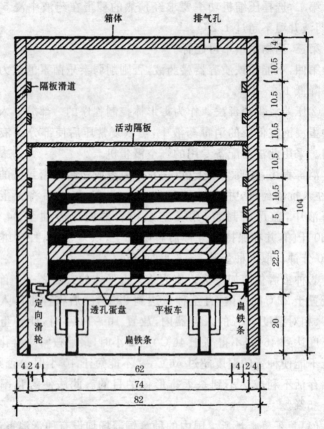

图 1-6-2　可调节消毒空间的种蛋消毒柜

（单位：厘米）

活动隔板（用以调节消毒空间）和排气管等组成。其箱内规格为宽
74 厘米、深 114 厘米、高 104 厘米。本消毒柜设定为：每层并列 3
个蛋盘，可每次消毒种蛋 3 层、4 层、6 层、8 层、10 层、12 层和 14
层，当第一层按 72 枚/盘、55 枚/盘、72 枚/盘放置时，则可分别消
毒 597 枚、762 枚、1 143 枚、1 524 枚、1 905 枚、2 286 枚和 2 667 枚

种蛋,以适应每天捡 4～6 次种蛋。根据每次种蛋的多少调节活动隔板的位置,以改变有效的消毒空间,可节省大量消毒药。

(三)种蛋库的管理(即种蛋保存)　即使来自优良种禽、又经过严格挑选的种蛋,如果保存不当,也会导致孵化率下降,甚至造成无法孵化的后果。因为受精蛋中的胚胎在蛋的形成过程中(输卵管里)已开始发育。因此,种蛋产出至入孵前,要注意适宜的保存环境(温度、湿度、时间和卫生)。

1. **种蛋保存的适宜温度**　蛋产出母体外,胚胎发育暂时停止,随后,在一定的外界环境下胚胎又开始发育。当环境温度偏高,但不是胚胎发育的适宜温度(37.8℃)时,则胚胎发育是不完全和不稳定的,容易引起胚胎早期死亡。当环境温度长时间偏低时(如 0℃),虽然胚胎发育处于静止状态,但是胚胎活力严重下降,甚至死亡。有研究认为,种蛋在 12℃ 环境下保存超过 14 天仍可获得好的孵化率,但在 15℃ 下最佳保存期不超过 8 天,18℃ 下仅 2 天。

据认为,鸡胚胎发育的临界温度(也称生理零度)是 23.9℃(有人认为是 20℃～21℃,亦有人认为是 19℃～27℃)。即当环境温度低于 23.9℃ 时,鸡胚胎发育处于静止休眠状态;高于此温度时,胚胎发育又重新启动。但是,一般在生产中保存种蛋的温度要比临界温度低。因为温度过高,给蛋中各种酶的活动以及残余细菌的繁殖创造了有利条件。为了抑制酶的活性和细菌繁殖,种蛋保存适宜温度应为 13℃～18℃。保存时间短,采用温度上限;时间长,则采用下限(表 1-6-5)。

表 1-6-5　种蛋保存的环境控制

项　目	保　存　时　间						
	1～4 天内	1 周内	2 周内		3 周内		
			第 1 周	第 2 周	第 1 周	第 2 周	第 3 周
温　度(℃)	15～18	13～15	13	10	13	10	7.5
相对湿度(%)	75～80	75～80	80	80	80	80	80
蛋的位置	1 周内钝端向上,2～3 周内锐端向上						
卫　生	全过程应清洁,防鼠害、防苍蝇						

注:①需配备加湿器,如超声波加湿器;②如果逐渐降温有困难,种蛋保存 2～3 周内,保存温度为 10℃

　　此外,刚产出的种蛋,应该逐渐降到保存温度,以免骤然降温危及胚胎的活力。一般降温过程以 6～12 小时为宜。将种蛋保存在透气性好的瓦楞纸箱里,对降温是合适的。但如果多层堆放,则应在纸箱的侧壁上开一些直径约 1.5 厘米的孔眼,以利于空气流通。切勿将种蛋存放在敞开的蛋托上,因空气流通过大,种蛋降温过快,会造成孵化率下降。如种蛋不能装箱保存,可在蛋托上覆盖无毒塑料薄膜,以防止空气过分流通。

　　加拿大雪佛家禽育种公司(Shaver poultry breeding farm Ltd.,Canada)提出的种蛋贮存要求见表 1-6-6。

表 1-6-6　种蛋贮存条件

保存期(天)	保存温度(℃)	保存湿度(%)	装箱	锐端向上	装塑料袋	充氮气*
4	17～18	80	否	否	否	否
7	16～17	85	是	是	否	否
14	14～16	85	是	是	是	否
21(≤26 天)	12～13	85	是	是	是	是

注:蛋的锐端向上,氮气为 137.2 千帕/厘米²。以后每隔 7 天充氮 1 次

　　2. 种蛋保存的适宜相对湿度　种蛋保存期间,蛋内水分通过

气孔不断蒸发,其速度与贮存室里的湿度成反比。为了尽量减少蛋内水分蒸发,必须提高贮存室里的湿度,一般相对湿度保持在75%～80%。这样既能明显降低蛋内水分的蒸发,又可防止霉菌孳生。

　　干燥地区夏天雨季或高温地区的梅雨季节,若种蛋保存时间比较短(如4天内),保存温度控制在17℃～18℃,以控制湿度,但如果保存温度已超过18℃～19℃,仍发生霉菌孳生,则不可再升高保存温度,而是用药物防霉菌,甚至除湿(空调)。

　　种鸡产蛋后期的种蛋,应不保存直接入孵。若需保存,应低温、高湿保存(温度＜15℃,相对湿度＞75%),且保存时间不宜超过3～5天。青年种鸡所产的蛋则相反,可较高温度、较低湿度保存,而且不要马上入孵,至少保存1～2天(表1-6-7)。

表1-6-7　不同周龄种鸡的种蛋最佳保存环境和保存时间

种鸡周龄 （周）	种蛋的保存环境和保存时间		
	温度(℃)	相对湿度(%)	时间(天)
35 以前	20	50～60	7～8
36～50	18.3	75	2～5
51 以后	13.0	80	1～2

　　3. 种蛋贮存室(种蛋库)的建筑和设备　环境温、湿度是多变的,为保证种蛋保存的适宜温、湿度,需建种蛋库。其要求是:隔热性能好(防冻、防热),清洁卫生,防尘沙,杜绝蚊、蝇和老鼠。不让阳光直射和穿堂风(间隙风)直接吹到种蛋上。

　　(1)简易种蛋室　小型孵化场或孵化专业户,孵化量小,一般将种蛋保存在改建的旧菜窖、地窖中。将地面夯实、铺砖,四壁用麦秸泥或稻草泥抹平、填缝,墙壁用石灰水刷白,堵塞鼠洞(用灭鼠药和玻璃碴填鼠洞,外面用泥糊平)。门要严实,门外挂棉帘或稻草帘,顶上有1～2个出气孔,孔上设防雨(雪)罩,孔口罩上纱网,以防鼠、蝇和飞禽。此外,种蛋库不要存放农药和其他杂物。在地下水位高的地方,要防止相对湿度过大造成"霉蛋"。

(2)专用种蛋库　资金比较雄厚、全年孵化的孵化场或专业户,需建专用种蛋库。

①保温与均温。蛋库一般无窗,四壁用保温砖砌成。顶棚高度尽量低一些,离地面 2～2.6 米,顶棚铺保温材料(如珍珠岩粉或聚苯板),热阻值≥16。门厚约 5 厘米,夹层填满玻璃纤维,或用矿渣棉、棉花、岩棉做隔热层,热阻值≥12。为了使蛋库内温度均匀,对于 40 平方米以上的蛋库要配备搅匀空气的设备,如每 30 平方米一个直径 1 米的吊扇。

②加湿装置。蛋库内要配备自动加湿器,小型种蛋库可选用亚都加湿器,大型种蛋库需配备加湿设备并能自动调节库内相对湿度,但都要避免雾滴直接落在种蛋上。

③通风换气。为了使蛋库内空气新鲜,抑制微生物的孳生,蛋库需要每分钟、每千枚种蛋 0.06 立方米的通风量。

④制冷设备。侧壁安装窗式空调机,以调节库内温度。种蛋库面积大时,需安装制冷设备。可根据下列公式计算种蛋库所需制冷总量来选择相匹配的制冷设备。

种蛋库所需制冷总量(瓦)=[地面面积(平方米)×34.2+墙、顶棚面积(平方米)×43.2+最大种蛋库存量×0.46+附加室内表面面积(平方米)×37.8(英热单位)]÷16

⑤转蛋装置:若用孵化蛋车保存种蛋,可设转蛋结构。

4. 种蛋保存时间　种蛋即使保存在适宜的环境下,孵化率也会随着保存时间的延长而降低(图 1-6-3)。因为随着保存时间的延长,蛋白杀菌的特性下降。蛋内水分蒸发多,改变了蛋内的氢离子浓度(pH 值),引起系带和蛋黄膜变脆。由于蛋内各种酶的活动,引起胚胎衰弱及营养物质变性,降低了胚胎生活力。残余细菌的繁殖危及胚胎。

有空调设备的种蛋贮存室,种蛋保存 2 周以内,孵化率下降幅度小;保存 2 周以上,孵化率下降较明显;3 周以上,孵化率急剧降低。一般种蛋保存为 5～7 天为宜,不要超过 2 周。如果没有适宜的保存条件,应缩短保存时间。温度在 25℃ 以上时,种蛋保存最多不超过 5 天。温度超过 30℃ 时,种蛋应在 3 天内入孵。原则上天气凉爽时(早春、春季、初秋),种

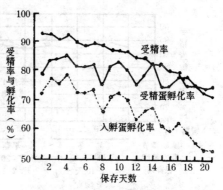

图 1-6-3 种蛋保存时间对孵化率和
受精率的影响
保存温度 10℃(8.9℃～12.2℃)
相对湿度 77％(73％～85％)

蛋保存时间可以长些。严冬酷暑,保存时间应短些。总之,在可能的情况下,种蛋应尽早入孵为好。

1976 年北京种鸡场种蛋贮存室尚未完工,种蛋存放在室温下。夏季入孵保存 1～3 天的种蛋,孵化率很高。但因育种需要,有些种蛋保存达 18 天,孵化率则明显下降。据试验,来航Ⅰ鸡群和来航Ⅱ鸡群,在初冬、早春、春季,种蛋平均保存 5 天(2～10天),受精蛋孵化率为 86.2％～96.1％。夏季,来航Ⅱ鸡群种蛋保存 1～3 天,受精蛋孵化率为 90.0％～92.2％,而来航Ⅰ鸡群种蛋保存 1～18 天,受精蛋孵化率仅为 66.2％～78.4％(图 1-6-4)。

一般种蛋贮存时间为 5～7 天。每多存 1 天,孵化率降低 4％,出雏期延迟 20 分钟(表 1-6-8)。

总的来说,较高的保存温度和较低的保存湿度,适宜短时间保存,而较低温度和较高相对湿度,适合保存较长时间;青年鸡的种蛋保存时间可适当长些,而老龄鸡最好不保存,尽早入孵。

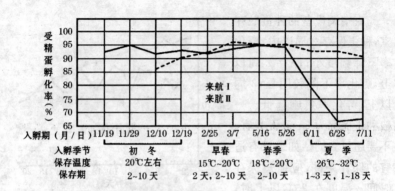

图 1-6-4　不同季节种蛋保存时间对孵化率的影响　（北京种鸡场，1976）

（实线示来航Ⅰ鸡群，虚线示来航Ⅱ鸡群）

表 1-6-8　种蛋保存时间对孵化率、孵化期的影响

贮存天数（天）	1	4	7	10	13	16	19
孵化率(%)	88	87	79	68	56	44	30
孵化期延迟(小时)	0	0.7	1.8	3.2	4.6	6.3	8.0

5. 种蛋保存期的转蛋和摆放位置

（1）种蛋保存期的转蛋　保存期间转蛋的目的是防止胚胎与壳膜粘连，以免胚胎早期死亡。一般认为，种蛋保存1周以内不必转蛋。超过1周，每天转蛋1～2次。尤其超过2周以上，更要注意转蛋。转蛋有利于提高孵化率。转蛋方法：用1块厚20～25厘米的木板，垫在种蛋箱的一头，转蛋时，将木块垫在另一头。有的孵化厅种蛋采用孵化蛋车贮存并设有转蛋装置，可实现种蛋保存期间的自动转蛋。

（2）种蛋保存期的摆放位置　①种蛋保存，一般钝端向上存放，据说可防止系带松弛、蛋黄贴壳。后来试验发现，种蛋锐端向上存放能提高孵化率。所以，种蛋保存超过1周，采用种蛋锐端向上不转蛋的存放方法,可以节省劳力。②不要直接放在冰冷的地面上,应放在木板条上,并且每排之间留有 10 厘米缝隙,离墙 20 厘米码放。③可能的话,将种蛋码入孵化盘中,然后装入孵化蛋车,直接推入蛋库中保存,以便保存时转蛋,也减少破蛋。④按鸡场、鸡舍号存放,并标记场名、鸡舍号、品种(品系)、周龄、数量和入库时间,既便于追溯种蛋来源,又防止种蛋长期压库,造成不必要的损失。

6. 种蛋的气控保存

(1)种蛋充氮保存方法　把种蛋保存在充满氮气的不透气塑料袋(0.3 毫米厚)里,可提高孵化率,对雏禽质量及以后产蛋没有不良影响。种蛋在充氮密封环境里存放几小时后,蛋内水分蒸发,增加了袋中的湿度,从而降低蛋内水分蒸发。具体步骤:首先种蛋按常规选择、消毒,然后降至贮存温度,再将种蛋放入蛋箱里充满氮气的无毒塑料袋中密封保存,这样可以防止霉菌繁殖。

(2)种蛋二氧化碳保存法　Walsh 等(1995)报道,将种蛋保存在二氧化碳中,7 天时胚胎早期存活率下降,而保存 14 天时,胚胎存活率提高。

7. 种蛋库的管理　①入库前要换鞋。②每 3 小时记录 1 次蛋库的温、湿度。③每天打扫 2 次蛋库,早晚各一次,并用消毒药消毒地面。④孵化厅中的种蛋贮存室每次种蛋腾空后要彻底消毒,先清洗地面、墙壁、顶棚,再用甲醛烟熏消毒(福尔马林 42 毫升＋21 克高锰酸钾/立方米),20 分钟后排除废气。

(四)种蛋的运输　种蛋装箱运输前,必须先选择,剔除不合格蛋,尤其是破蛋、裂纹蛋。

种蛋包装可用纸箱,蛋托(种蛋盘)最好用纸质蛋托,而不用塑料蛋托。每个蛋托放蛋 30 枚,每箱 10 托,最上层还应放一层(左右各 1 个)不装蛋的蛋托。蛋托也可用瓦楞纸板条和隔板代替。瓦楞纸条做成小方格,每格放 1 枚种蛋,层与层之间用瓦楞纸板隔开。为防止种蛋晃动，每层撒一些垫料（如干燥不发霉的锯末、谷糠或切碎的麦秸等）。种蛋箱外面应注明"种蛋"、"防震"、"勿倒置"、"易碎"、"防雨淋"等字样或图标，印上种禽场场名及许可证编号，并开具检疫合格证明。如果种蛋经火车等交通工具运输，箱外还应捆上塑料带。若自己运输，可在箱盖接缝处贴牛皮纸胶带。

运输时，要求快速平稳。最好用火车或空运、水运。如果用汽车或马车运输，要尽量减少颠簸。夏天防日晒雨淋，冬天防冻。严寒或酷暑，中途不住宿，尽快到达目的地。有条件的单位可用空调车，使温度保持在 18℃ 左右、相对湿度约 70% 则更理想。种蛋到达目的地后，应放在孵化室预热、码盘，剔除破蛋，并进行消毒。

（五）定期监测种蛋质量

1. 种鸡场鸡群的种蛋质量监测

（1）抽查种蛋收集状况　每周 1 次，从每个鸡群所产种蛋中随机抽测 5 盘（30 枚×5 盘＝150 枚）。按种鸡群统计下列项目：种蛋锐端朝上、脏蛋、被蛋液或垫料污染蛋、破裂蛋、薄壳蛋、其他不合格蛋、砂纸擦净蛋以及蛋托状况（脏或净），以此来量化种蛋收集和选择中的问题，并对每个鸡群进行评估。

（2）抽测蛋壳质量　通过测定种蛋的平均比重，快速地评估蛋壳质量。测定步骤，每 1 周、每一种鸡群抽测 50～100 枚种蛋，用比重为 1.075，1.080 和 1.085 的盐溶液来测定蛋的比重。测定方法：先将蛋浸入清水中，然后依次从低比重向高比重盐液通过，当蛋悬浮于溶液中（见本章第四节图 1-4-11 的"1"），说明该盐液的比重值即该蛋的比重，然后求其平均比重。例如，100 枚种蛋中分别有 20 枚比重为 1.075，30 枚为 1.080，50 枚为 1.085。则：

$$平均比重＝（20×1.075＋30×1.080＋50×1.085）÷100≈1.083$$

对曾祖代、祖代鸡群，最好每 5 周抽测种蛋质量（蛋重、蛋形指数、比重、蛋壳强度、哈氏单位、蛋壳厚度等）。详见本章第四节的

"禽蛋品质测定设备"。

2. 照蛋日的种蛋质量监测　入孵后第一次照蛋（"头照"）的主要目的不是剔除无精蛋供食用,而是监测种蛋质量。其主要项目包括:受精蛋、死胚蛋、破裂蛋、锐端向上蛋和不合格蛋等的数量以及各项占入孵蛋的比例（百分率）。详细请阅本章第十一节的"照蛋时的剖检"。

3. 出雏日的种蛋质量监测　出雏日"打蛋检查"既为了收集孵化信息又了解种蛋质量。

（1）出雏日胚蛋解剖　每2周1次按每鸡群4盘胚蛋做出雏日胚蛋解剖。详细请阅本章第十一节的"死胎蛋的外表观察和病理解剖"及表1-11-4和表1-11-6内容。以便了解孵化管理和种鸡管理问题。

（2）出雏日残弱雏、死雏的外表观察和病理解剖　每2周1次按每鸡群4盘做出雏日残弱雏、死雏的解剖。详细请阅本章第十一节的"残弱雏、死雏的外表观察和病理解剖"及表1-11-5内容。

第七节　禽蛋的形成、构造和胚胎发育

一、禽蛋的形成过程和构造

（一）禽蛋的形成　禽蛋是在母禽的卵巢和输卵管中形成的。卵巢产生成熟的卵细胞（蛋黄）,输卵管则在卵细胞外面依次形成蛋白、壳膜、蛋壳。

1. 成熟卵细胞的形成　禽类的卵巢形似一串葡萄,位于腰椎腹面、肾脏前叶处。卵巢有许多发育大小不同的卵细胞。肉眼可见到2 000个左右,这说明母禽的产蛋潜力很大。有人统计发现,母鸡一生能产1 500枚蛋,但从经济观点看是不合算的。卵细胞外面为卵泡,有一小柄与卵巢相连。卵泡上布满血管,以供卵细胞发育所需的营养物质。卵的发育前期缓慢,后期迅速,卵细胞成熟需7~10天。卵泡中部间有一白色卵带(此处无血管),成熟的卵细胞从此处破裂,掉入输卵管的漏斗部(输卵管伞),称为排卵。

2. 输卵管形态及功能　禽类输卵管右侧退化,仅留残迹,左侧发达,是一条弯曲、直径不同、富有弹性的长管。由输卵管系膜悬挂于腹腔左侧顶壁。输卵管包括漏斗部(又称输卵管伞、喇叭口)、膨大部(也称蛋白分泌部)、峡部、子宫、阴道和泄殖腔等几部分(图 1-7-1)。

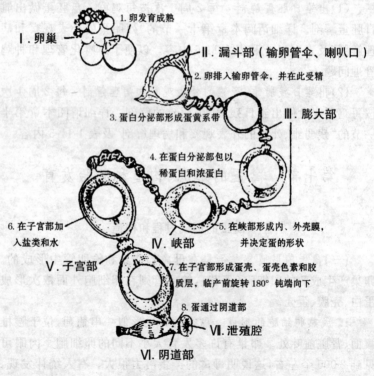

图 1-7-1　禽蛋形成示意图

(1)漏斗部 漏斗部位于输卵管的最前端,在输卵管的入口处,形状像喇叭,其边缘薄而不整齐,长约 9 厘米。在排卵前后做波浪式蠕动,活动异常活跃。成熟的卵细胞排出时,被漏斗部张开的边缘包裹。根据漏斗部的结构与功能可分漏斗部本身和漏斗颈部。母禽与公禽交配,卵细胞在漏斗部与精子结合成受精卵。漏斗颈部的管状腺分泌内稀蛋白和系带蛋白层。卵细胞在此处停留20～28 分钟。由于输卵管的蠕动,卵细胞顺输卵管旋转下行,进入膨大部。漏斗部与膨大部无明显界限(图 1-7-1 之Ⅱ)。

(2)膨大部 长 30～50 厘米,壁厚,黏膜有纵褶,并布满管状腺和单胞腺,前者分泌稀蛋白,后者分泌浓蛋白。膨大部主要是分泌蛋白,所以又称蛋白分泌部。其蛋白分泌量占全部蛋白重量的40%。卵下移时,由于旋转和运动,引起黏稠的蛋白发生变化,而形成蛋白的浓稀层次。由于蛋白内层的黏蛋白纤维受到机械的扭转和分离,形成螺旋形的蛋黄系带(钝端顺时针方向旋转,锐端逆时针方向旋转)。其作用是使悬浮在蛋白中的蛋黄保持一定位置。卵在此处停留时间 3～5 小时。在解剖学上以无腺体圈为界限与峡部相连接(图 1-7-1 之Ⅲ)。

(3)峡部 是输卵管最细部分,长约 10 厘米。蛋在峡部主要是形成内、外壳膜,增加少量水分,峡部的粗细决定蛋的形状。受精卵在此处进行第一次卵裂。卵细胞通过此处历时 1 小时 25 分钟左右(图 1-7-1 之Ⅳ)。

(4)子宫 是输卵管的袋状部分,长 8～12 厘米。肌肉发达,黏膜呈纵横皱褶,并以特有的玫瑰色和较小腺体而区别于输卵管的其他部分。它的主要作用是:头 6～8 小时分泌无机盐(主要是钾盐和碳酸氢盐)水溶液,并通过内、外壳膜渗透进蛋白,使蛋白重量成倍增加,占全部蛋白重量的 40%～60%,并形成稀蛋白层;形成蛋壳及蛋壳表面的一层可溶性胶状物,在产蛋时起润滑作用,蛋排出体外后胶状物凝固,一定程度上可防止细菌侵入以及蛋内水分蒸发,称壳上膜(也称胶质层、油质层);在产蛋前约 5 小时形成蛋壳色素(卵嘌呤)。卵在此处停留 16～20 小时或更长时间(图 1-7-1 之 V)。

(5)阴道　以括约肌为界限,区分子宫与阴道。阴道长 8～12 厘米,开口于泄殖腔背壁的左侧,它对蛋的形成不起作用。产蛋时,阴道自泄殖腔翻出。蛋在阴道停留约半小时。近年来研究认为,子宫与阴道结合部的黏膜皱襞,是精子贮存场所(图 1-7-1 之 VI)。

这样,从卵巢排出成熟卵子到蛋产出体外,大约需要 25 小时。一般说来,产蛋后约半小时卵巢开始排卵。所以,鸡在连续产蛋时,产蛋时间总要往后延迟。下午 2 时后产蛋,第二天要休产 1 天。但在产蛋盛期,连产数 10 天不休产者并不少见。

3. 蛋形成过程的激素调节作用　禽蛋形成的整个过程是受神经、激素调节的:①卵泡的生长至成熟受脑垂体前叶释放的促滤泡素(FSH)影响;②卵泡成熟后从白色卵带(卵泡缝痕)破裂排至漏斗部的排卵现象,是受排卵诱导素(OIH)作用的结果;③卵子在输卵管被膨大部分泌的蛋白所包裹,而这种分泌作用也是受雌激素、孕酮和助孕素等激素作用的;④激素中的孕酮及垂体后叶分泌的催产素和加压素,共同控制蛋排出体外(产蛋)。

4. 畸形蛋及其形成的原因　畸形蛋有:双黄蛋和多黄蛋、特小蛋、蛋中蛋、血斑蛋和肉斑蛋、软壳蛋、变形蛋等。它们都是由于母禽生理异常或受惊吓所致。

(1)双黄蛋和多黄蛋　有时发现 1 个蛋中有 2 个或 2 个以上的蛋黄。这是由于 2 个或 2 个以上的卵细胞成熟的时间很接近或同时成熟,排卵后在输卵管内相遇,被蛋白包围在一起所形成的。这种现象多出现在刚开始产蛋不久的母禽。因为此时母禽生活力旺盛,或因此时母禽尚未达到完全性成熟,不能完全控制正常排卵。亦有遗传因素,如我国的高邮鸭,双黄蛋产生率约为 5‰。

（2）特小蛋　指蛋重在 10 克以下的蛋。种禽各种日龄都可能产生，但主要出现在后期。多为输卵管脱落的黏膜上皮或血块刺激输卵管分泌蛋白和蛋壳而引起的。一般没有蛋黄，少数有不完整的蛋黄，是卵细胞破裂碎片进入输卵管，被蛋白、蛋壳包裹形成的。

（3）蛋中蛋　当蛋在子宫中形成硬壳后，母禽受惊吓或生理反常，输卵管发生逆蠕动，将蛋推至输卵管上部，当恢复正常后，蛋又下移，被蛋白、蛋壳重新包围，而形成蛋中蛋。此现象较为少见。

（4）血斑蛋和肉斑蛋　血斑蛋是在排卵时，卵泡血管破裂，血滴附着在卵上形成的。此外，饲料中缺乏维生素 K 时，也会出现血斑蛋。肉斑蛋是卵细胞进入输卵管后，输卵管上皮脱落，而后被蛋白、蛋壳一起包裹而成。一般青年母禽或低产期生殖功能差时，会出现这种情况，高产期亦有出现，但比较少见。产肉斑蛋、血斑蛋的另一个不可忽视的原因是遗传因素。有些品种或品系血斑蛋的发生率较高。

（5）软壳蛋　产软壳蛋原因很多。如饲料缺钙和维生素 D_3，酷暑季节或盛产期，接种新城疫疫苗，体脂过多，输卵管炎症等。另外，母禽受惊吓，卵细胞下移过快，还未分泌硬壳就产出体外。

（6）变形蛋　输卵管蛋壳分泌不正常，或输卵管的峡部、子宫收缩反常，子宫扩张力变异，都可能产出过长、过圆、扁形、葫芦形、砂壳和皱纹等变形蛋。

（二）禽蛋的构造　从禽蛋的形成过程中，可知道蛋由壳上膜（胶质层）、蛋壳、内外蛋壳膜、蛋白、蛋黄系带、蛋黄、胚珠或胚盘和气室等部分组成（图 1-7-2）。

1. 蛋壳及壳上膜（胶质层）　蛋壳是由 1.6% 水分、3.3% 蛋白质和 95.1% 的无机盐（主要是碳酸钙）组成的多孔结构。蛋壳的抗压强度，长轴大于短轴，所以运输时，以大头朝上竖直码盘为好。蛋壳厚度受禽种、气温、营养、周龄、遗传和健康等因素的影响，鸡蛋壳厚度一般为 0.2～0.4 毫米。锐端略厚于钝端。

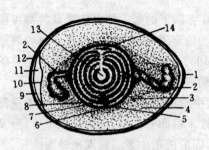

图 1-7-2　禽蛋的结构

1. 胶质层　2. 蛋黄系带　3. 内浓蛋白
4. 外稀蛋白　5. 内稀蛋白　6. 卵黄膜
7. 黄蛋黄　8. 白蛋黄　9. 外壳膜
10. 内壳膜　11. 气室　12 蛋壳
13. 卵黄心　14. 胚盘或胚珠

蛋壳上约有 7 500 个直径为 4～40 微米的气孔（钝端比锐端多）。蛋壳这种多孔结构使空气可自由出入，对胚胎发育中的气体交换（供氧和排二氧化碳）是极为重要的，但同时也给微生物进入壳内提供了通道。蛋壳外表有一层薄而透明的油质保护膜称壳上膜（亦称胶护膜、胶质层），产蛋时起润滑作用，蛋产出后很快干燥封闭蛋壳上的气孔，形成一道屏障，对阻止细菌侵入蛋内和防止水分过分蒸发起到一定的作用。但是，在蛋刚产出、膜尚未干燥之前或以后又被重新被弄湿时，有些微生物仍可穿透胶护膜。随着蛋的存放或孵化，会使壳上膜逐渐脱落，气孔敞开。因此，在生产中种蛋应及时消毒和尽早入孵，而且在种蛋保存前不能采用溶液消毒法（如新洁尔灭或高锰酸钾溶液）。

此外，蛋壳具有一定的透明度，白壳蛋的透明度最好。所以，可通过照蛋来判断种蛋新鲜程度或了解胚胎发育情况。蛋壳的比重为 1.741～2.134，蛋壳重量约占蛋重的 11%。

2. **蛋壳膜**　蛋壳膜分内壳膜和外壳膜两层。这两层壳膜紧贴一起，仅在钝端分开形成气室。内壳膜包围蛋白，厚约 0.015 毫米，外壳膜在蛋壳内表面，厚约 0.05 毫米。蛋壳膜是由角蛋白形成的网状结构，具有很强的韧性和较好的透气性，内外壳膜上有许多气孔（直径约 0.028 毫米），壳膜一定程度上可保持蛋白液体形态、防止微生物侵入。孵化较差的畸形蛋具有较薄的壳膜。

3. **气室**　蛋在禽体输卵管内并无气室，产出后由于温度下降,引起蛋白收缩,钝端内壳膜下陷,在内、外壳膜中间形成一个直径 $1\sim1.5$ 厘米的气室。新鲜蛋气室很小,随存放时间和孵化时间的推移,蛋内水分蒸发,气室逐渐扩大。因此,可以根据气室大小来判断种蛋的新陈程度或胚胎发育情况。

　　4. 蛋白及蛋黄系带　蛋白是带黏性的半流动透明胶体,呈碱性,比重为 $1.0386\sim1.0544$,约占蛋重的 56%。蛋白分浓蛋白和稀蛋白。从蛋黄往外依次为卵黄系带、内稀蛋白、内浓蛋白及外稀蛋白 4 层。蛋白中含有胚胎发育所需的氨基酸和钾、镁、钙、氯等盐类以及维生素 B_2、维生素 C、烟酸等。另外,还具有对胚胎发育不可缺少的蛋白酶、淀粉酶、氧化酶和溶菌酶等。蛋刚产出时蛋白的 pH 值为 7.6 左右,经贮存由于二氧化碳从蛋中逸出,pH 值提高到 9.0 左右,从而抑制蛋白中的蛋白质的抗菌作用。Walsh(1993)认为,孵化开始前最佳蛋白 pH 值和最佳蛋白质量对孵化率很重要。

　　蛋黄系带是两条扭转的蛋白带状物,它与蛋的纵轴平行,一端黏住蛋黄膜,另一端位于蛋白中。其作用是使蛋黄悬浮在蛋白中并保持一定位置,使蛋黄上的胚盘不致黏壳造成胚胎发育畸形或中途死亡。随禽蛋保存时间的延长,蛋白变稀,蛋黄系带与蛋黄脱离并逐渐溶解而消失。此外,若在运输过程中受到剧烈震动,也会引起系带断裂。在种蛋保存和运输中应尽量避免出现上述情况,否则孵化率极低。

　　5. 蛋黄与胚盘(或胚珠)　蛋黄是一团黏稠的不透明黄色半流体物质,含水分比蛋白少约 50%,比重 1.0293,约占蛋重的 33%。蛋黄的 pH 值为 6.0。蛋黄外面包裹一层极薄而富有弹性的蛋黄膜,使蛋黄呈球形。蛋黄膜含有某些具有抗菌特性的蛋清质,也是防御细菌侵入的一道物理屏障。随种蛋长期保存,蛋黄膜强度会降低直至破裂、消溶。

　　蛋黄内集中了蛋的几乎全部脂肪、 53% 的蛋白质和含 8 种必需氨基酸的全价蛋白质。所含的卵磷脂、脑磷脂和神经磷脂,对胚胎的神经系统发育具有重要作用。蛋黄中含有多种维生素,据测定每 100 克蛋黄中含有维生素 A 2 000～3 000 单位、维生素 B_1 0.3～0.6 毫克、维生素 B_2 0.5～0.6 毫克、维生素 B_6 3 毫克、维生素 C 0.2 毫克、维生素 D_3 20 毫克、泛酸 125 微克、叶黄素 7.3 毫克、胡萝卜素 4 毫克。如果蛋黄颜色淡白(含维生素 A 和胡萝卜素少),其胚胎往往中途停止发育并死亡。蛋黄中还含有胚胎发育所需的糖类和磷酸、氧化钙、氯化钾以及多种微量元素。由于种禽昼夜摄入和吸收叶黄素量的差异,蛋黄交替形成同心圆的黄蛋黄层和白蛋黄层。

胚盘是位于蛋黄中央的一个里亮外暗的圆点(无精蛋则无明暗之分,称胚珠),直径 3～4 毫米(插页 1 彩图)。因为胚盘比重较蛋黄小并有系带的固定作用,故不管蛋的放置如何变化,胚盘始终在卵黄的上方。这是生物的适应性,可使胚盘优先获得母体的热量,以利于胚胎发育。

二、家禽胚胎发育

家禽胚胎发育有两个特点:一是胚胎发育所需营养物质来自蛋,而不是母体;二是整个胚胎发育分母体内(蛋形成过程)和外界环境中(孵化过程)两个阶段。

(一)胚胎在蛋形成过程中的发育 成熟的卵细胞,在输卵管的喇叭口受精至产出体外,在输卵管中约停留 25 小时(24～26 小时)。由于家禽体温高(41.5℃),适合受精卵发育,第一次卵分裂是受精后 3～5 小时在峡部进行的,分裂至 8～16 个细胞。到子宫后 4 小时内增至 256 个细胞。鸡蛋产出体外时,鸡胚发育已达 3 万～6 万个细胞的具有内外胚层的原肠期,胚的发育暂时停止。剖视受精蛋,肉眼可见形似圆盘状的胚盘。

(二)胚胎在孵化过程中的发育 受精蛋若获得孵化条件(从

孵化器或抱窝鸡获得温度),胚胎继续发育,很快形成中胚层。以后就从内、中、外 3 个胚层形成新个体的所有组织和器官。

中胚层形成肌肉、骨骼、生殖泌尿系统、血液循环系统、消化系统的外层、结缔组织。

外胚层形成羽毛、皮肤、喙、趾、感觉器官、神经系统。

内胚层形成呼吸系统上皮、消化器官(黏膜部分)、内分泌器官。

1. 家禽的孵化期和影响孵化期的因素

(1)各种家禽的孵化期　见表 1-7-1。

表 1-7-1　几种主要家禽的孵化期

名　称	鸡	鸭	鹅	番鸭	火鸡	鹌鹑	珍珠鸡	鸽	鹧鸪	鸵鸟
孵化期(天)	21	28	30～32	33～35	28	17～18	26～28	18	24～25	42

(2)影响孵化期的因素

①家禽类型。蛋用型的孵化期比兼用型、肉用型短。

②蛋重。小蛋孵化期比大蛋短。

③保存时间。种蛋保存越久,孵化期越长,且出雏持续时间也长。

④孵化温度。温度高孵化期短,温度低孵化期长。

⑤气候。炎热地区比寒冷地区孵化时间短,因为胚蛋在捡蛋前受热发育。但夏季(7～9 月份)孵化率下降 4%～6%。

⑥近亲繁殖。近亲繁殖能使孵化期延长。胚胎发育是需要一定时间的,孵化期过于缩短或延长,对孵化率及雏禽的质量都不利。

2. 鸡胚胎发育的主要特征

(1)第一天　胚盘直径 0.7 厘米,胚重 0.2 毫克。在胚盘明区形成原条,其前方为原结,原结前端为头突,头突发育形成脊索、神经管。中胚层的细胞沿着神经管的两侧,形成左右对称的呈正方形薄片的体节 4～5 对。中胚层进入暗区,在胚盘的边缘血管斑点区出现许多红点,称"血岛"(插页 1 彩图及图 1-7-5),在灯光透视下,蛋黄隐约可见有一微红的圆点,并随蛋黄移动,俗称"白珠子"。鸭、火鸡 1～1.5 天,鹅 1～2 天。

(2)第二天　胚盘直径 1.0 厘米,胚重 3 毫克。卵黄囊、羊膜、绒毛膜开始形成。胚胎头部开始从胚盘分离出来。"血岛"合并形成血管。入孵 25 小时心脏开始形成,30～42 小时后,心脏开始跳动。可见到 20～27 对体节。照蛋时,可见卵黄囊血管区,形似樱桃,俗称"樱桃珠"(插页 1 彩图及图 1-7-5),胚盘增大,形似鱼的眼珠,俗称"鱼眼珠"。鸭、火鸡 1.5～3 天,鹅 3～3.5 天。

(3)第三天　胚长 0.55 厘米,胚重 20 毫克。尿囊开始长出。胚胎开始转身,胚的位置与蛋的长轴垂直。开始形成前后肢芽。出现 5 个脑泡的原基,眼的色素开始沉着。可见听窝。有 35 对体节。照蛋时,可见胚和伸展的卵黄囊血管形似蚊子,俗称"蚊虫珠"(插页 2 彩图及图 1-7-5)。鸭、火鸡 4 天,鹅 4.5～5 天。

(4)第四天　胚长 0.77 厘米,胚重 50 毫克。卵黄囊血管包围蛋黄达 1/3,肉眼可明显看到尿囊。羊膜腔形成。由于体褶发展,胚和蛋黄囊分离,由于中脑迅速生长,胚胎头部明显增大。腿芽大于翅芽,舌开始形成。照蛋时,蛋黄不容易转动,胚与卵黄囊血管形似蜘蛛,俗称"小蜘蛛"(插页 2 彩图及图 1-7-5)。鸭、火鸡 5 天,鹅 5.5～6 天。

(5)第五天　胚长 1.0 厘米,胚重 0.13 克。生殖腺已性分化,组织学上可确定胚的公、母。胚极度弯曲,整个胚体呈"C"形。可见指(趾)原基。眼的黑色素大量沉着。照蛋时,可明显看到黑色的眼点,俗称"单珠"或"黑眼"(插页 2 彩图及图 1-7-5)。鸭、火鸡 6天,鹅 7 天。

(6)第六天　胚长 1.38 厘米,胚重 0.29 克。尿囊绒毛膜到达蛋壳膜内表面,卵黄囊分布在蛋黄表面的 1/2 以上。由于羊膜壁上的平滑肌的收缩,胚胎有规律运动。蛋黄由于蛋白水分的渗入而达到最大的重量,由约占蛋重的 30.01% 增至 65.48%。喙原基出现,心脏房间隔与室间隔互相汇合,躯干部增长,翅、脚已可区分,主轴骨骼和四肢骨骼形成软骨。照蛋时,可见头部和增大的躯干部两个小圆团,俗称"双珠"(插页 3 彩图及图 1-7-5)。鸭、火鸡 7～7.5 天,鹅 8～8.5 天。

(7)第七天　胚长 1.42 厘米,胚重 0.57 克。尿囊液急剧增加,上喙前端出现小白点形的"破壳器"——卵齿,口腔、鼻孔、肌胃形成。胚胎已显示鸟类特征。胚胎自身有体温。照蛋时,胚在羊水中不容易看清,俗称"沉"。半个蛋表面布满血管(插页 3 彩图及图 1-7-5)。鸭、火鸡 8～8.5 天,鹅 9～9.5 天。

(8)第八天　胚长 1.5 厘米,胚重 1.15 克。肋骨、肝、肺、胃明显可辨,颈、背、四肢出现羽毛乳头突起,右侧卵巢开始退化。胸、腹腔尚未封闭,心、肝、胃裸露在外。照蛋时,胚在羊水中浮沉,时隐时现,俗称"浮"。背面两边蛋黄不易晃动,俗称"边口发硬"(插页 3,插页 4 彩图及图 1-7-5)。鸭、火鸡 9～9.5 天,鹅 10～10.5 天。

(9)第九天　胚长 2 厘米,胚重 1.53 克。喙开始角质化,软骨开始骨化,眼睑已达虹膜,嘴开口。解剖时,心、肝、胃、肾、肠已发育良好。胸腹腔封闭,心、肝、胃等脏器均包入体腔中,但脐部仍有卵黄柄与卵黄囊相通。尿囊绒毛膜几乎包围整个胚胎。照蛋时,可见卵黄两边易晃动,尿囊血管伸展越过卵黄囊,俗称"窜筋"(插页 4 彩图及图 1-7-5)。鸭、火鸡 10.5 天,鹅 11.5～12.5 天。

(10)第十天　胚长 2.1 厘米,胚重 2.26 克。尿囊绒毛膜血管到达蛋的小头,整个背、颈、大腿部都覆盖有羽毛乳头突起。龙骨突形成。各脚指完全分离,长出爪。照蛋时,可见尿囊绒毛膜血管在蛋的小头合拢,除气室外,整个蛋布满血管,俗称"合拢"(插页 4 彩图及图 1-7-3,图 1-7-5)。鸭、火鸡 13 天,鹅 15 天。

(11)第十一天　胚长 2.54 厘米,胚重 3.68 克。背部出现绒

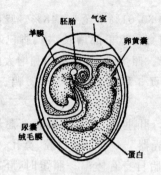

图 1-7-3　第十胚龄鸡胚解剖图

毛,腺胃明显可辨,冠锯齿状。尿囊液达最大量。羊水略带茶色,蛋白呈淡黄褐色、黏稠、难溶于水,煮熟很硬实。浆羊膜道已形成,但未打通。它是由很薄的浆膜形成的二道深沟伸向羊膜腔,长4～4.5厘米,直径约0.3厘米。照蛋时,血管

加粗,色加深(插页5彩图及图1-7-5)。鸭、火鸡14天,鹅16天。

(12)第十二天　胚长3.57厘米,胚重5.07克。身躯覆盖绒毛,俗称"黑背青山子"。肾、肠开始有功能,开始用喙吞食蛋白。眼睑几乎封闭并呈椭圆形(插页5彩图及图1-7-5)。鸭、火鸡15天,鹅17天。

(13)第十三天　胚长4.34厘米,胚重7.37克。头部和身体大部分覆盖绒毛,喙、跖、趾出现角质鳞片原基,蛋白通过浆羊膜道迅速进入羊膜腔。眼睑达瞳孔。照蛋时,蛋小头发亮部分随胚龄增加而逐渐减少,俗称"小白果"(插页5彩图及图1-7-5)。鸭、火鸡16～17天,鹅18～19天。

(14)第十四天　胚长4.7厘米,胚重9.74克。胚胎全身覆盖绒毛,头向气室,胚胎开始改变横着的位置,逐渐与蛋长轴平行。俗称"大白果"(插页6彩图及图1-7-5)。鸭、火鸡18天,鹅20天。

(15)第十五天　胚长5.83厘米,胚重12克。翅已完全成形。喙、跖、趾的鳞片开始形成,眼睑闭合。此时,体内外的器官大体上都形成了(插页6彩图及图1-7-5)。照蛋时,气室扩大,形成偏斜,俗称"偏口"。鸭、火鸡19天,鹅21天。

(16)第十六天　胚长6.2厘米,胚重15.98克,冠和肉髯明显,绝大部分蛋白已进入羊膜腔(插页6彩图及图1-7-5)。蛋白呈

茶褐色,集中于胚蛋的锐端,上部液化,下部黏稠。照蛋时,气室偏斜更大,俗称"大偏口"。鸭、火鸡20天,鹅22～23天。

(17)第十七天 胚长6.5厘米,胚重18.59克。羊水、尿囊液开始减少。躯干增大,脚、翅、颈变大,眼、头日益显小,两腿紧抱头部,喙向气室。蛋白全部输入羊膜腔。但浆羊膜道仍存在,羊膜腔中有蛋白羊水。照蛋时,蛋锐端看不到发亮的部分,俗称"封门"、"净清"。气室边缘呈红色,俗称"红口"(插页7彩图及图1-7-4,图1-7-5)。鸭、火鸡20～21天,鹅23～24天。

(18)第十八天 胚长7厘米,胚重21.83克。羊水、尿囊液明显减少,但仍有少量蛋白羊水。头弯曲在右翼下,眼开始睁开。17～18胚龄肺脏血管几乎完全形成,但未开始呼吸。胚胎转身,喙朝气室。照蛋

图1-7-4 第十七胚龄鸡胚胎解剖图

时,可见气室显著增大,且倾斜,俗称"斜口"(插页7彩图,图1-7-5),气室边缘呈青色,俗称"青口"。鸭、火鸡22～23天,鹅25～26天。

(19)第十九天 胚长7.3厘米,胚重25.62克。尿囊绒毛膜的动、静脉开始枯萎。卵黄囊收缩,与绝大部分剩余的蛋黄一起缩入腹腔。喙进气室,开始肺呼吸,颈、翅突入气室,头埋右翼下,两腿弯曲朝头部,呈抱头姿势,以便于破壳时蹬挣。雏胚开始啄壳,俗称"见嘌"、"啄壳"、"起嘴"。可闻鸡鸣叫。照蛋时,可见气室有翅膀、喙、颈部的黑影闪动,俗称"闪毛"、"搧毛"(插页7彩图及图1-7-5)。鸭、火鸡24.5～25天,鹅27.5～28天。

(20)第二十天 胚长8厘米,胚重30.21克。尿囊完全枯萎,血液循环停止,剩余蛋黄与卵黄囊全部进入腹腔。胎儿喙进入

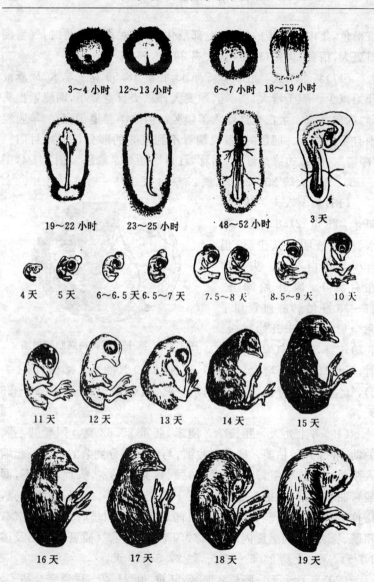

3～4 小时　12～13 小时　6～7 小时　18～19 小时

19～22 小时　　23～25 小时　　48～52 小时　　3 天

4 天　　5 天　　6～6.5 天 6.5～7 天　7.5～8 天　8.5～9 天　10 天

11 天　　12 天　　13 天　　14 天　　15 天

16 天　　17 天　　18 天　　19 天

图 1-7-5　鸡胚胎逐日发育解剖图

气室后 3～4 小时开始啄壳。第二十天前半天(19 天又 18 小时)大批啄壳,开始破壳出雏。雏鸡啄壳时,首先用"破壳器"在近气室处敲一小裂缝,而后沿着蛋的横径(近最大横径处)逆(或顺)时针方向间断地敲打至约占横径 2/3 周长的裂缝,此时雏用头颈顶撑,主要是以两脚用力蹬挣,破壳而出。20.5 天大量出壳(插页 8 彩图)。鸭、火鸡 25.5～27 天,鹅 28.5～30 天。

(21)第二十一天　胚重 35～37 克。雏鸡孵出。从啄壳至出雏的整个过程需时 4～10 小时。鸭、火鸡 27.5～28 天,鹅 30.5～32 天(插页 8 彩图)。

鸡胚胎发育的主要特征(歌诀)。为了便于记忆,现将鸡胚胎发育的主要特征编成歌诀一首。

入孵第一天,"血岛"胚盘边。　　二出卵、羊、绒,心脏开始动。
三天尿囊现,胚、血"蚊子"见。　　四天头尾出,像只"小蜘蛛"。
五天公母辨,明显黑眼点。　　　　六天喙基出,头躯像"双珠"。
七天生卵齿,胚沉羊水里。　　　　八显肋、肝、肺,羊水胚浮游。
九天软骨硬,尿囊已"窜筋"。　　　十天龙骨突,尿囊已"合拢"。
十一背毛生,血管粗又深。　　　　十二身毛齐,肾、肠作用起。
十三筋骨全,蛋白进羊腔。　　　　十四全毛见,胚胎位置变。
十五翅成形,跖趾生硬鳞。　　　　十六显髯冠,蛋白快输完。
十七蛋白空,小头门已封。　　　　十八气室斜,头弯右翅下。
十九"闪毛"起,雏叫肺呼吸。　　　二十破壳多,蛋黄腹腔缩。
廿一雏满箱,雌雄要分辨。　　　　廿二已过半,扫盘照"毛蛋"。
牢记辩证法,规律掌握好。　　　　孵化好与坏,温、气最依赖。

3. 胚胎的发育生理

(1)胎膜的形成及其功能　　胚胎发育早期形成的四种胚外膜[即卵黄囊、羊膜、浆膜(亦称绒毛膜)、尿囊],虽然都不形成禽体的组织或器官,但是它们对胚胎为适应外界环境发育所需进行的生理活动、利用营养物质,进行各项代谢活动是必不可少的(图 1-7-6)。

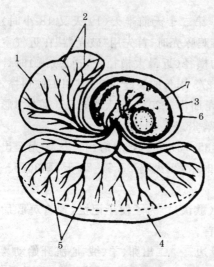

图 1-7-6　禽胚胎模式图

1. 尿囊　2. 尿囊血管　3. 羊膜　4. 卵黄囊
5. 卵黄囊血管　6. 羊水　7. 胚胎

①卵黄囊。在孵化的第二胚龄,由于体褶出现而开始形成卵黄囊。孵化第三胚龄,卵黄囊血管包围蛋黄 1/3。孵化第六胚龄,卵黄囊血管分布于蛋黄表面 1/2。孵化第九胚龄,卵黄囊几乎覆盖整个蛋黄表面。卵黄囊表面分布很多血管,构成卵黄囊循环系统,经卵黄囊柄通入胚体。蛋黄吸收是由卵黄囊内胚层细胞的消化酶,将蛋黄变成液状,然后被卵黄囊的内壁所吸收。并通过卵黄囊血管到达循环的血液,经心脏带到生长的胚胎各部分(图 1-7-7)。卵黄囊的内壁有很多皱褶,以增加吸收面积。卵黄囊内壁在孵化初期,形成血管内皮层和原始血细胞。该囊在孵化第六胚龄前还给胚供氧,可见卵黄囊是胚胎的营养器官、造血器官和呼吸器官。孵化第十九胚龄,卵黄囊及剩余蛋黄开始进入腹腔,第二十胚龄完全进入腹腔。雏鸡出壳时,约剩余 5 克蛋黄。一般在孵出后 6～7 天被雏鸡小肠吸收完毕,仅在肠壁外残留一个小突起,称卵黄蒂。

②羊膜与绒毛膜。羊膜在孵化 30～33 小时开始生出,首先形成头褶,随后头褶向两侧伸展而形成侧褶,40 小时覆盖胚头部,第三胚龄尾褶出现。第四至第五胚龄,由于头褶、侧褶、尾褶继续生长的结果,在胚胎背上方相遇合并,称羊膜嵴(或称浆羊膜嵴),形成了羊膜腔,包围胚胎。而后,羊膜腔充满液体(羊水),起着缓冲震动、平衡压力,保护胚胎免受震伤的作用,也保持早期胚胎的湿度。羊膜表面没有血

管,但有平滑肌纤维,孵化第六胚龄开始有规律地收缩,波动羊水,使胚胎不致因粘连而畸形。孵化第五至第六胚龄羊水增多,第十七胚龄羊水开始减少,第十八至第二十胚龄大幅度减少以至枯萎。羊膜褶包括两层胎膜。内层靠胚体,称羊膜,外层称浆膜。它紧贴在内壳膜上,当尿囊发育到达壳膜时,绒毛膜又与尿囊结合形成结合膜,称尿囊绒毛膜,并随尿囊发育,最后包围胚胎本身及其他胚外膜和蛋的内容物(图 1-7-7)。

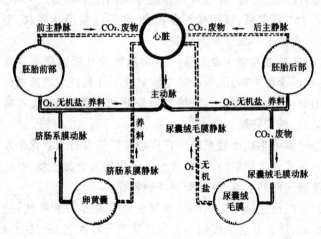

图 1-7-7　胚胎血液循环路线模式图

③尿囊。孵化第二胚龄末至第三胚龄初开始生出,从后肠的后端腹壁形成一个突起。孵化第四至第十胚龄迅速生长,第六胚龄到达壳膜内表面,第十至第十一胚龄包围整个胚胎内容物,并在蛋的小头合拢,以尿囊柄与肠连接。尿囊在接触壳膜内表面继续发育的同时,与绒毛膜结合成尿囊绒毛膜。这种高度血管化的结合膜由尿囊动、静脉与胚胎循环相连接,其位置紧贴在多孔的壳膜下面,起到排出二氧化碳吸入外界氧气的呼吸作用,并吸收壳壁的无机盐供给胚胎。尿囊绒毛膜还是胚胎蛋白质代谢产生的尿素、尿酸等废物的贮存场所。因此,尿囊绒毛膜既是胚胎的营养器官,

又是胚胎的呼吸器官和排泄器官。孵化第十七胚龄尿囊液开始减少,第十九胚龄动、静脉萎缩,第二十胚龄尿囊绒毛膜血液循环停止。当雏鸡破壳而出时,尿囊柄断裂,黄白色的排泄物和尿囊绒毛膜弃留在蛋壳内壁上。

蛋白由尿囊绒毛膜和卵黄囊包围着,有人称卵白囊,但该囊并不能吸收蛋白。蛋白的吸收是:孵化第十胚龄后水分进入浓缩的蛋白里,使蛋白变稀,通过浆羊膜缝形成的浆羊膜道进入羊膜腔。孵化第十二胚龄后,雏用喙吞食蛋白,在肠内被消化吸收,至第十七胚龄,蛋白全部输送至羊膜腔。

(2)胚胎循环的主要路线 早期禽胚的血液循环有 3 条主要路线:卵黄囊血液循环、尿囊绒毛膜血液循环和胚内血液循环。

①卵黄囊血液循环。它携带血液到达卵黄囊,吸收养料后回到心脏,再送到胚胎各部。

②尿囊绒毛膜血液循环。它从心脏携带含有二氧化碳及含氮废物的血液到达尿囊绒毛膜,排出二氧化碳及含氮废物,然后吸收养料及氧气回到心脏,再分配到胚胎各部。

③胚内血液循环。从心脏通过血液带着养料和氧气,到达胚胎各部;而后带着含氮废物和二氧化碳离开胚胎各部回到心脏。

4. 胚胎发育过程中的物质代谢

(1)水的变化 孵化期间,蛋黄和蛋白水分含量是相互变化的,这与胚胎发育的营养物质代谢吸收是相一致的。蛋内的水分随孵化期的递增而逐渐减少。大部分被蒸发,其余部分进入蛋黄和形成羊水、尿囊液及胚胎体内水分。蛋黄内的水分,孵化第二胚龄开始增加,第六、第七胚龄时达最大量,第十胚龄后开始减少,约第十二胚龄以后又恢复原量。入孵前蛋黄的水分含量与最后剩余蛋黄的水分含量无明显变化,胚胎开始含水达 94%,以后逐渐减少,初生雏含水约 80%。但在胚胎发育期间,胚胎的水分绝对含量是增加的。

（2）糖的代谢　蛋内含糖仅 0.5 克左右,75％在蛋白里,25％在蛋黄中。它是胚胎发育初期的热量来源。在孵化的前 7 天,胚外的葡萄糖增加,胚内有许多糖类积存。孵化第七至第十一胚龄,胚胎将脂肪变成糖加以利用。第十胚龄胰脏分泌胰岛素,从第十一胚龄起,肝内开始贮存肝糖。

（3）脂肪的代谢　蛋内含脂肪约 6.1 克,99.5％存在于蛋黄中。胚胎从孵化第七胚龄开始利用脂肪,第十一胚龄后(尤其第十七胚龄后)大量被利用,第十胚龄开始在胚内贮存。总的说来,蛋中脂肪的 1/3 在胚胎发育过程中耗掉,2/3 贮于雏禽体内。

（4）蛋白质的代谢　蛋内约含 6.6 克蛋白质。3.1 克(47％)存于蛋白,3.5 克(53％)存于蛋黄。它是形成胚胎组织和器官的主要营养物质。在胚胎发育过程中,蛋白及蛋黄中的蛋白质锐减(图 1-7-8),而胚胎体内的色氨酸、组氨酸、蛋氨酸、酪氨酸、赖氨酸等渐增。在蛋白质代谢中,分解出含氮废物(氨 1％、尿素 7.6％、尿酸 91.4％),由胚内循环带到心脏,经尿囊绒毛膜血液循环排泄在尿囊腔中。第一周胚胎主要排泄氨和尿素,从第二周开始排泄尿酸。

（5）无机盐的代谢　蛋壳含无机盐约 6.4 克(碳酸钙占 93.7％、磷酸钙占 6.3％),蛋黄、蛋白含无机盐约 0.4 克,蛋黄含磷、镁、钙、铁,蛋白含有硫、钾、钠、氮。胚胎发育过程中,前 7 天主要利用蛋黄、蛋白中的无机盐,到第十至第十五胚龄,主要摄取蛋壳中的钙和磷,以形成骨骼。

（6）气体交换　胚胎发育过程中,不断进行气体交换。孵化最初 6 天,主要通过卵黄囊血液循环供氧(有人说在入孵至 33～36 小时内,胚胎不需氧)。而后尿囊绒毛膜血液循环达到蛋壳内表面,通过它由蛋壳上的气孔与外界进行气体交换。到第十胚龄后,气体交换才趋完善。第十九胚龄以后,胚雏开始肺呼吸,直接与外界进行气体交换(图 1-7-9)。鸡胚在整个孵化期需氧气 4～4.5

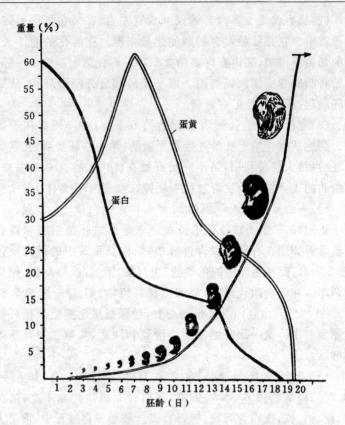

图 1-7-8　鸡胚蛋白和蛋黄重量变化与胚胎不同发育阶段相关示意图

升,排出二氧化碳 3～5 升(图 1-7-9)。

　　(7)维生素　维生素是胚胎发育不可缺少的营养物质,主要是维生素 A、维生素 B_2、维生素 B_{12}、维生素 D_3 和泛酸等。如果蛋内含量不足,极容易引起胚胎早期死亡或破壳难而闷死于壳内。也是造成残、弱雏的主要原因。

　　总之,在整个孵化期内,上述各种物质的代谢是很有规律的。

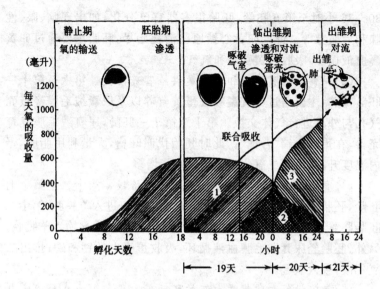

图 1-7-9　孵化期鸡胚氧的消耗量及输送途径

1. 尿囊膜　2. 尿囊绒毛膜和肺　3. 肺

是由简单到复杂、从低级到高级。初期以糖的代谢为主,其后以脂肪和蛋白质为主(孵化第七至第九胚龄和第十五至第十七胚龄以蛋白质代谢为主,其他时期以脂肪代谢为主)。

了解孵化过程中物质的代谢特点,有利于创造适合的孵化条件,也可作为检查分析孵化效果的凭据。

5.胚胎发育的阶段划分　Lillie 依据鸡胚外形发育,将鸡胚外形发育分成 45 期(图 1-7-5)。笔者根据鸡胚发育的代谢活动形式,将鸡胚发育划分为 6 个阶段。

(1)卵黄心营养阶段　从母体至孵化 30～36 小时,胚胎处于高度分化阶段。此期尚无血液循环系统,物质代谢极简单,主要是通过渗透方式,直接利用卵黄心的糖原和碳水化合物分解的内源氧。

(2)卵黄囊血液循环系统的建立和依靠蛋黄营养阶段　孵化

30～36 小时至第五胚龄,胚胎很多器官已分化,如出现脑、眼、性腺和后肢芽等。此期卵黄心糖原已消耗殆尽,胚胎主要通过卵黄囊血液循环,吸收蛋黄营养和氧气。

(3)尿囊绒毛膜呼吸和卵黄囊供给营养阶段　第六至第十一胚龄,胚胎主要通过卵黄囊吸收蛋黄营养以及尿囊绒毛膜经蛋壳气孔与外界进行气体交换。第十至第十一胚龄,尿囊绒毛膜发育完善,在蛋的锐端"合拢"。此时胚胎代谢旺盛,大量利用脂肪,蛋内温度升高,排出二氧化碳及吸入氧气增多。

(4)利用蛋白营养和尿囊绒毛膜呼吸阶段　第十二至第十七胚龄,胚胎大量利用蛋白。蛋白通过浆羊膜道进入羊膜腔,第十二胚龄胚雏开始用喙吞食蛋白,第十七胚龄蛋白已全部输入羊膜腔。另外,胚胎经尿囊绒毛膜血液循环,吸收蛋壳上的钙和磷,排出二氧化碳,吸入氧气。

(5)气室供氧和卵黄囊血液循环营养阶段　第十八至第十九胚龄,尿囊绒毛膜血管萎缩,蛋白已用尽,胚雏通过卵黄囊吸收蛋黄中的营养物质。第十九胚龄开始,鸡雏啄破内壳膜,通过肺经气室进行气体交换。此时尿囊绒毛膜仍有几小时的呼吸作用,所以此时是尿囊绒毛膜呼吸和肺呼吸并存和转换期,是生理变化最剧烈的时期。

(6)破壳出雏　第二十至第二十一胚龄,卵黄囊及剩余蛋黄一起进入腹腔。雏破壳后直接与外界进行气体交换,需氧量甚高。每 100 只雏鸡 24 小时需空气量达 10～15 立方米,为孵化最初 2 天的 110 倍。

第八节　孵化条件

家禽胚胎母体外的发育,主要依靠外界条件,即温度、湿度、通风、转蛋等。

一、温　度

温度是孵化最重要的条件,保证胚胎正常发育所需的适宜温度,才能获得高孵化率和优质雏禽。

(一)胚胎发育的适温范围和孵化最适温度　鸡胚胎发育对环境温度有一定的适应能力,温度在 35℃～40.5℃,都有一些种蛋能出雏。但若使用电力孵化器孵化,上述温度不是胚胎发育最适温度。在环境温度得到控制的前提下(如 24℃～26℃),就立体孵化器而言,最适孵化温度是 37.8℃(图 1-8-1)。出雏期间为 36.9℃～37.5℃。现代孵化器的适宜孵化温度范围在 37℃～37.9℃。

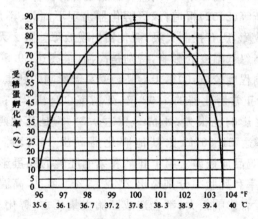

图 1-8-1　孵化温度对孵化率的影响

(相对湿度 60%)

(二)高温、低温对胚胎发育的影响　Tullett(1990),Deeming(1991),Decvper 等(1992)认为:相对而言,胚胎更能忍耐低温而不能忍耐高温,且随胚龄的增加忍耐性降低。Decuypere 等

(1992)认为:肉用品系胚胎的忍耐性比蛋用品系小。较高的温度胚胎发育不齐,其结果孵化期拖延,出雏不集中,畸形率和死亡率明显升高。

1. 高温影响　高温能引起神经和心血管系统、肾脏与胎膜畸形和出雏鸡"胶毛"等多种症状。高温下胚胎发育迅速,孵化期缩短,胚胎死亡率增加,雏禽质量下降。死亡率的高低,随温度增加的幅度及持续时间的长短而异。孵化温度超过 42℃,胚胎 2～3 小时死亡。孵化第五胚龄的胚蛋,孵化温度达 47℃时,2 小时内全部死亡。孵化第十六胚龄的胚蛋,在 40.6℃温度下经 24 小时,孵化率稍有下降;在 43.3℃经 9 小时,孵化率严重下降;在 46.1℃经 3 小时或 48.9℃经 1 小时,则所有胚胎全部死亡。

梁锦新等(2002)报道:该厂孵化器出现不加热、不加湿、不转蛋等严重故障,所有控制失灵,孵化器出现故障整整 2 天时间。种蛋受到忽高忽低温度的影响,特别是高温(最高达 39.5℃)对胚胎发育的影响程度较重:①第十七胚龄受高温影响的胚蛋,死胎率高达 21%,为正常孵化器的 2.92 倍,死精率也高出 2%;②第十四胚龄胚蛋受影响也很大,死精率高达 9.32%,是其他孵化器的 2 倍,死胎率达 21.56%,比其他孵化器高出 14%,孵化率降低 18.5%,雏鸡品质极差。第十胚龄和第七胚龄的胚蛋影响程度轻一些,死精率和死胎率分别高出 2%和 3%。可见,高温对前、中、后期鸡胚发育影响很大,都会造成胚胎大量死亡,孵化率骤降,特别是高胚龄的胚蛋。

2. 低温影响　　低温下胚胎发育迟缓,孵化期延长,死亡率增加。孵化温度为 35.6℃时,胚胎大多数死于壳内。较小偏离最适温度的高、低限,对孵化第十胚龄后的胚胎发育的抑制作用要小些,因为此时胚蛋自温可起适当调节作用。

(三)变温孵化与恒温孵化制度　目前,在我国关于家禽孵化给温有两种主张:一种提倡变温孵化,另一种则采用恒温孵化。这两种孵化给温制度,都可获得很高的孵化率。

1. 变温孵化法(阶段降温法)　变温孵化法主张根据不同的孵化器、不同的环境温度(主要是孵化室温度)和家禽的不同胚龄,给予不同孵化温度。其理由是:①自然孵化(抱窝鸡孵化)和我国传统孵化法,孵化率都很高,而它们都是变温孵化;②不同胚龄的胚胎,需要不同的发育温度。其施温方案见表1-8-1。

表1-8-1　变温孵化施温方案之一

鸡胚龄(天)	孵化温度(℃)		鸭胚龄(天)	孵化温度(℃)		鹅胚龄(天)	孵化温度(℃)	
	室温 15～20	室温 22～28		室温 15～20	室温 22～28		室温 15～20	室温 21～28
1～6	38.5	38.0	1～7	38.2	37.8	1～9	38.0	37.6
7～12	38.2	37.8	8～15	38.0	37.5	10～18	37.8	37.3
13～18	37.8	37.3	16～24	37.6	37.0	19～26	37.5	37.0
19～21	37.5	36.9	25～28	37.2	36.6	27～31	36.7	36.0

从表1-8-1中看出:家禽整个孵化期分4个阶段逐渐降温进行孵化,故称变温孵化,也称降温孵化。注意鸡胚第一至第六胚龄的定温较高,要预防头照死胚过高。

(1)不同室温情况下　①第一至第三阶段(入孵器内):鸡、鸭、鹅第二阶段比第一阶段降低0.2℃～0.3℃;鸡、鸭第三阶段比第二阶段降低0.4℃～0.5℃,鹅则降低0.3℃。②第四阶段(出雏器内):鸡、鸭比第三阶段降低0.3℃～0.4℃,鹅则降低0.8℃～1.0℃。

(2)相同室温情况下　①第一至第三阶段(入孵器内):鸡孵化温度比鹅高0.3℃～0.5℃,鸭则介于两者之间,即比鸡低0.2℃～0.3℃,比鹅高0.1℃～0.2℃。②第四阶段(出雏器内):鸡孵化温度比鸭高0.3℃,而鸭比鹅高0.5℃～0.6℃。

霍银凤(2005)的变温孵化施温方案将整个孵化期分为8个阶

段(表 1-8-2)。

表 1-8-2　变温孵化施温方案之二

室温 (℃)	孵化温度(℃)							
	1~5 胚龄	6~10 胚龄	11~15 胚龄	16 胚龄	17 胚龄	18 胚龄	19 胚龄	20 胚龄
26~28	38.2	38.0	37.8	37.6	37.4	37.2	37.0	36.9
22~25	38.3	38.1	37.9	37.7	37.5	37.3	37.2	37.0

从表 1-8-2 中可见:①相同室温下,随胚龄增加孵化温度逐渐降低,后一阶段比前一阶段降低 0.2℃(仅第二十胚龄比第十九胚龄降低 0.1℃);②两室温范围之间,低室温比高室温的相应阶段,孵化温度增加 0.1℃(仅第十八胚龄比第十九胚龄增加 0.1℃)。

郭均(1998)认为:对于箱式孵化器,采用全进全出制(整批入孵),则应采用变温模式。具体变温方案如表 1-8-3。

表 1-8-3　箱式孵化器变温孵化模式之三

胚龄(天)	1~2	3~4	5~6	7~8	9~10	11~12	13~14	15~16	17~18	19
孵化温度(℃)	38.00	37.88	37.77	37.66	37.55	37.44	37.33	37.22	37.11	36.88

从表 1-8-3 中可见:①1~18 胚龄每两胚龄为一定温度阶段和 19 胚龄,共分 10 个阶段;②前 18 胚龄,随胚龄增加孵化温度逐渐降低,后一阶段比前一阶段降低 0.11℃。19 胚龄比第 17~18 胚龄降低 0.23℃。这样频繁变温必须控温系统自动控制。

(3)变温孵化法操作要点　入孵第一批时,先参照表 1-8-1 的施温方案定温。然后根据看胎施温技术,调整孵化温度(约每隔 3 天抽验 20 枚胚蛋,检查胚胎发育情况,调整孵化温度)。经过 1~2 批试孵,确定适合本机型的孵化温度。

(4)变温孵化法的阶段划分　目前,变温孵化的定温阶段划分各异,大致分 8 个阶段(1～5 胚龄、6～10 胚龄、11～15 胚龄、16 胚龄、17 胚龄、18 胚龄、19 胚龄和移盘后)和 4 个阶段(1～6 胚龄、7～12 胚龄、13～18 胚龄、19～21 胚龄)。邱怀忠等(1994)试验认为:采用前高、中平和后低的三段用温制(变温孵化),可获满意的孵化效果。三段用温分别为:1～6 胚龄为 38.0℃±0.1℃,7～13 胚龄为 37.5℃±0.1℃,14～21 胚龄为 37.0℃±0.1℃。郭均(1998)提出,鸡胚蛋 1～19 胚龄共分 10 阶段变温孵化法:1～18 胚龄按每 2 天为一个给温阶段(18÷2=9)+1(19 胚龄)=10 个阶段。

　　笔者认为,如果是电脑全自动控温孵化器,多阶段温度设定后,孵化器即可按照胚龄、室温自动调温时,可以采用 8 阶段(或 10 阶段)划分法定温;若是一般孵化器,每批次各阶段定温都需要人工调节时,则建议采用 3 阶段或 4 阶段定温。倘若能够完全智能化,采用"专家控制系统",根据气温、胚胎发育温度随时调控孵化温度,则不存在划分阶段问题。

　　2. 恒温孵化法　将鸡的 21 天孵化期的孵化温度分为:1～19 胚龄,37.8℃;19～21 胚龄,37℃～37.5℃(或根据孵化器制造厂推荐的孵化温度,如 36.9℃)。Tellett(1990),Deeming(1991),Visschedijk(1991)认为,理想的孵化温度是 37.5℃～37.9℃ 和 36.5℃～37.2℃。在一般情况下,两个阶段均采用恒温孵化,必须将孵化室温度保持在 24℃～26℃。低于此温度,应当用暖气、热风或火炉等供暖;如果无条件提高室温,则应提高孵化温度 0.5℃～0.7℃;高于此温度则开窗或机械排风(乃至采用送入冷风的办法)降温,如果降温效果不理想,应考虑适当降低孵化温度(降0.2℃～0.6℃)。详见表 1-8-4。

表 1-8-4　不同禽类的孵化条件　(恒温孵化法)

禽类	胚龄(天)	不同室温的给温(℃)			相对湿度(%)	转蛋间隔时间(小时)	转蛋停止时间(胚龄)	晾蛋(胚龄)	进出气孔全关闭时间(胚龄)	移盘时间(胚龄)
		15～20	22～26	28～32						
鸡	1～19	38.0～38.2	37.8	37.2～37.5	50～60	1～2	15～19	—	1～5	15～19
	20～21	37.5	36.9	36.7	65～75	—	—	—	—	—
鸭	1～25	38.1～38.2	37.5	36.9～37.2	60	1～2	21～25	16后	1～6	18～25
	25～28	37.2	36.6	36.4	70～80	—	—	出雏前	—	—
鹅	1～27	37.8～37.9	37.2	36.6～36.9	60	1～2	23～27	18后	1～7	20～27
	27～32	36.7	36.1	35.9	70～80	—	—	出雏前	—	—
火鸡	1～25	38.2	37.5～37.7	37.4～37.6	60	1～2	21～25	16后	1～6	18～25
	25～28	37.3	36.4～37.0	36.2～36	70～80	—	—	出雏前	—	—
鹌鹑	1～15	37.8	37.9	37.3～37.6	50～60	1～2	12～15	—	1～3	10～15
	15～17	37.7	37.8	37.2	65～70	—	—	—	—	—
鹧鸪	1～21	37.8	37.5	37.4	55～60	1～2	15～21	—	1～3	13～21
	21～24	37.2	37.0	36.8	60～70	—	—	—	—	—
鸵鸟	1～21	—	36.5	—	22	2～4	—	—	—	1～7
	22～38	—	36.0	—	23	2～4	34～38	30后	—	32～38
	38～42	—	35.5	—	50	—	—	出雏前	—	—

注:①恒温孵化要求室温以22℃～26℃为宜,若有困难,可按上表定温;②孵化期间鸡、鹌鹑和鹧鸪不需晾蛋,而鸭、鹅、火鸡和鸵鸟需晾蛋,甚至在后期需喷水降温。大批出雏后停止晾蛋;③孵化早期进出气孔全关闭的目的是让孵化器内温度尽快升至最适孵化温度;④"转蛋停止时间"系指开始停止转蛋的胚龄(范围内可选),直至出雏结束;⑤表中移盘时间范围内可选,但应避开:18(鸡),24(鸭、火鸡),26(鹅),14(鹌鹑),20(鹧鸪),37(鸵鸟)胚龄移盘。

3．两种孵化制度的应用与比较

(1)孵化效果　根据我国众多的孵化生产者长期的实践,充分证明两种孵化制度都可以获得高的孵化率和品质优良的雏禽。

(2)两种孵化制度的应用

第一,变温孵化制一般适用于中小型孵化器、我国传统孵化法(炕孵、缸孵、桶孵、平箱孵化、温室架孵以及机－摊相结合等),整批入孵。变温孵化制也适用于能根据胚龄(胚胎温度)、室温智能化自动调节孵化温度的孵化器。

第二，恒温孵化制一般适用于中、大型孵化器，尤其是巷道式孵化器，多采用分批入孵。

(3)整批入孵与分批入孵的耗能比较 见表 1-8-5。

表 1-8-5 分批入孵与整批入孵的耗能比较

孵化方式	整批入孵	分批入孵	分批入孵比整批入孵减少(%)
最大加热器能力(千瓦/千蛋)	0.12	0.07	42
冷却负荷(千瓦/千蛋)	0.09	0.036	60
增湿能力(千克/千蛋/瓦)	0.055	0.014	74
通风量(米³/千蛋·时)	3.83	1.43	63

引自 Spencet. P. G

从表 1-8-5 可见分批入孵法节能明显，因为可用后期胚蛋代谢热加热早、中期的胚蛋。

(4)电脑自动控制的变温孵化 按胚龄施温的变温孵化，更符合胚胎代谢规律，也可更有效避免孵化后期超温。广泛应用于鸭蛋、鹅蛋、火鸡蛋的孵化以及整批入孵法。根据不同禽类、不同蛋重、不同胚龄及胚胎发育和产热等因素，给予不同的温度、湿度和通风，并设计程序，由电脑自动控制变温孵化。这样可以大大降低避免人工频繁调节的劳动强度以及可能出现的差错。

二、相对湿度

(一)胚胎发育的相对湿度范围和孵化的最适湿度 一定要防止同时高温高湿，但当孵化温度控制在理想范围内时，湿度的变化可以大一些(CAr,1991;Rann,1991;Vissch 等,1991)。适当的湿度使孵化初期胚胎受热良好，孵化后期有益于胚胎散热。适当的湿度也有利于破壳出雏。出雏时湿度与空气中的二氧化碳作用，使蛋壳的碳酸钙变成碳酸氢钙，壳变脆。所以，在雏啄壳以前提高湿度是很重要的,尤其是水禽(如鸭、鹅)孵化。此外,正确的失重还可使蛋内形成适当的空间,有利于肺和气囊的发育。

鸡胚胎发育对环境相对湿度的适应范围比温度要宽些,一般为40%~70%。大多数孵化机制造商所建议的立体孵化器的孵化相对湿度范围是:入孵器55%~60%,移盘后出雏器中65%左右,孵化最后1天,相对湿度提高至75%左右。孵化室、出雏室相对湿度为75%(图1-8-2)。

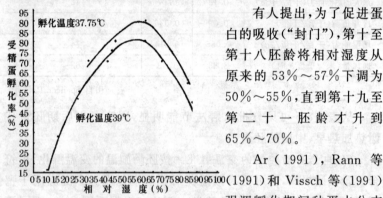

图1-8-2 相对湿度与孵化率的关系

有人提出,为了促进蛋白的吸收("封门"),第十至第十八胚龄将相对湿度从原来的53%~57%下调为50%~55%,直到第十九至第二十一胚龄才升到65%~70%。

Ar(1991),Rann等(1991)和Vissch等(1991)强调孵化期间种蛋水分丧失的必要性:①至少10%的失水率,气室才能增大足够的体积,以便胚雏啄破气室后能得到足够的氧气;②啄壳时胚蛋的失水率应达到12%~14%,才能获得理想的孵化率;③适当的失水,可保证蛋壳膜足够干,使胚雏呼吸顺畅。而湿的蛋壳膜使呼吸受到限制(Ar,1991)。但是,也要防止水分丧失太多,导致胚胎脱水和出雏困难。Mauldin(1985)认为:每日适宜失重范围为0.60%~0.65%。如果种蛋孵化20胚龄内的失重率小于12%或大于14%,均无法获得最佳孵化率。

加拿大雪佛家禽育种公司(Shaver poultry breeding farm Ltd.,Canada)提出根据蛋壳厚度确定孵化的相对湿度(表1-8-6)。

表 1-8-6　根据种蛋蛋壳厚度采用相对湿度

蛋壳厚度(毫米)	0.34	0.33	0.32	0.31	0.30	0.29	0.28	0.27
相对湿度(％)	56	58	60	62	64	66	68	70

（二）高湿、低湿对胚胎发育的影响　湿度过低,蛋内水分蒸发过多,容易引起胚胎和壳膜粘连,引起雏禽脱水。湿度过高,影响蛋内水分正常蒸发,雏腹大,脐部愈合不良。两者都会影响胚胎发育中的正常代谢,均对孵化率、雏的健壮有不利的影响。

Tellett 等(1982),Davis 等(1988)报道,孵化期间种蛋失水率低于 10％ 或高于 16％,才影响孵化率。Gildersleeve(1984),Reinhar 等(1984)认为,孵化期间种蛋失水率为 11.5％～12.8％时,孵化率没有差别。而 Tullet 等(1982),Reinhar 等(1984)发现,高于或低于推荐值的水分丧失,均显著降低了雏鸡体重。North 等(1990)观察到,高的孵化相对湿度,会使种蛋失水率小,而导致体躯臃肿软弱无力,多发生脐部愈合不良雏鸡。

Reihart 等(1984)则指出,当孵化湿度由 57％降为 45％时,胚蛋代谢率增加使孵化期缩短 1 天。

（三）不加水孵化　无论自然孵化还是我国传统的人工孵化,不需加水,而且近年来国外对孵化时的供湿也提出各种不同的主张,这些都说明胚蛋对湿度的适应范围是很大的,这是长期自然选择的结果。据此,江苏省家禽研究所提出,机器孵蛋只要温度符合鸡胚发育的自然规律,孵化器内加不加水都能获得正常孵化效果的新见解。他们在 1979 年 3 月 7 日至 1981 年 5 月,分别在无锡（代表湿润地区）和齐齐哈尔（代表较干燥地区）,做了一系列的对比试验,取得了一致的孵化效果。并提出不加水孵化,孵化温度稍微降低些以及防止"自温超温"和提早加大通风量等技术要点。近些年来已在江浙一带推广。朱新飞等(1993)试验结果表明:在孵化中加水与否,虽然孵化器内湿度分别为 54% 与 35%,种蛋失水率分别为 10.44% 与 14.41%,但对种蛋孵化率、健雏率均无影响(受精蛋孵化率分别为 95.36% 与 95.33%;健雏率分别为 98.28% 与 97.55%,差异都不显著)。但不加水孵化节能显著(每天节电 57 千瓦小时),且能延长孵化器使用寿命,经济效益十分明显。

不加水孵化的优越性是显而易见的,它既可节省能源,省去加湿设备,又可延长孵化器的使用年限。但水禽孵化慎用此法,大型孵化器及采用喷雾加湿的孵化器也不要采用"不加水孵化"。

王端云(1998)报道:为了观察加水与不加水孵化的孵化效果,分别于 1995 年 2 月和 5 月在黑龙江省用 32 周和 33 周的雅发蛋鸡种蛋(蛋重 52～62 克,保存 5 天内)做对比试验,结果第一次,不加水不控湿孵化的受精蛋孵化率为 80.6%,健雏率为 74%,助产数为 173 只;加水控湿孵化的受精蛋孵化率为 92.4%,健雏率为 97%,助产数为 34 只,两者差异极显著;第二次,不加水不控湿孵化的受精蛋孵化率为 85.3%,健雏率为 84%,助产数为 82 只;加水控湿孵化的受精蛋孵化率为 91.8%,健雏率为 96%,助产数为 21 只,两者差异也极显著。由此可见,慎用不加水控湿孵化。

三、通风换气

(一)通风与胚胎的气体交换 胚胎在发育过程中除最初几天外,都必须不断地与外界进行气体交换,而且随着胚龄增加而加强。尤其是孵化第十九胚龄以后,胚胎开始用肺呼吸,其耗氧量更多。有人测定每一个胚蛋的耗氧,孵化初期为 0.51 毫升/小时,第十七胚龄达 17.34 毫升/小时,第二十、第二十一胚龄达到 0.1～0.15 升/天。整个孵化期总耗氧 4～4.5 升,排出二氧化碳 3～5 升。

孵化期间种蛋的气体交换数据见表 1-8-7。

表 1-8-7 **孵化期间种蛋的气体交换** （1000 枚鸡胚）

孵化胚龄	1	5	10	15	18	21
吸氧量（立方米）	0.014	0.033	0.107	0.642	0.849	1.285
二氧化碳排出量（立方米）	0.008	0.016	0.054	0.325	0.436	0.651

资料来源：Romanoff(1930)

（二）孵化器中氧气和二氧化碳含量对孵化率的影响 氧气含量为 21% 时，孵化率最高，每减少 1%，孵化率下降 5%。氧气含量过高孵化率也降低，在 30%～50% 范围内，每增加 1%，孵化率下降 1% 左右（图 1-8-3）。大气的含氧量一般为 21%。孵化过程中，胚胎耗氧，排出二氧化碳，不会产生氧气过剩问题，倒是容易产

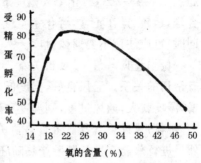

图 1-8-3 **空气中氧含量与孵化率的关系**

生氧气不足。测量二氧化碳的最佳部位是在入孵器或出雏器的排气管处，勿在孵化器内测量，因为开门时将改变孵化器内的环境，故测算的数值不准确。通风不良造成孵化器内严重缺氧，其结果使酸性物质蓄积，胚胎体内组织中二氧化碳分压增高，而发生代谢性呼吸性酸中毒，从而导致心脏搏出量下降，发生心肌缺氧、坏死、心跳紊乱和跳动骤停。二氧化碳超过 1% 时，胚胎发育迟缓，死亡率升高，畸形增多。

一般小胚龄胚胎对二氧化碳的耐受性低于大龄胚胎。在孵化器中的头几天里，对二氧化碳的耐受水平约为 0.3%。孵化器中的二氧化碳水平超过 0.5% 时会使孵化率下降，含量达到 1.0% 时则显著降低孵化率，达到 5.0% 时则完全致死；孵出的雏鸡比胚蛋

释放出更多的二氧化碳,出雏器中的胚蛋二氧化碳耐受水平约为0.75%。

新鲜空气含氧气21%、二氧化碳0.03%~0.04%,这对于孵化是合适的。一般要求氧气含量不低于20%,二氧化碳含量0.4%~0.5%,不能超过1%。二氧化碳超过0.5%,孵化率下降,超过1.5%~2%,孵化率大幅度下降。只要孵化器通风系统设计合理,运转、操作正常,孵化室空气新鲜,一般二氧化碳不会过高。同时,也应注意不要通风过度。

(三)通风与温、湿度的关系　通风换气、温度、湿度三者之间有密切的关系。通风良好,温度低,湿度就小;通风不良,空气不流畅,湿度就大;通风过度,则温度和湿度都难以保证。

(四)通风换气与胚胎散热的关系　孵化过程中,胚胎不断与外界进行热能交换。胚胎产热随胚龄的递增成正比例增加。尤其是孵化后期,胚胎代谢更加旺盛,产热更多(表1-8-8)。如果热量散不出去,温度过高,将严重阻碍胚胎的正常发育,甚至"烧死"。所以,孵化器的通风换气,不仅可提供胚胎发育所需的氧气,排出二氧化碳,而且还有一个重要作用,即可使孵化器内温度均匀,驱散余热。

表 1-8-8　孵化中胚蛋热能交换

项　目	孵化胚龄(天)					壳打孔
	5	8	11	14	19	
产　热	12.55	37.66	96.23	255.22	707.10	723.83
损失热	62.76	75.31	62.76	62.76	129.70	150.62
胚蛋温度(℃)	37.9	37.9	38.0	38.8	40.1	40.1

注:孵化温度为38℃,单位为每枚胚蛋焦/时

此外,孵化室的通风换气也是一个不可忽视的问题。除了保持孵化器与天花板有适当距离外,还应备有排风设备,以保证室内

空气新鲜。J. M. Mauldin 等(1991)指出:孵化从业者应树立"新鲜且清洁的空气就是一种消毒剂"的观念。用新鲜空气更换有霉味的污浊空气对消除污染的效果和消毒剂一样好,甚至更好。

四、转　蛋

（一）转蛋的作用　Olsen(1930)观察发现,抱窝鸡 24 小时用爪、喙翻动胚蛋达 96 次之多。这是生物本能。从生理上讲,蛋黄含脂肪多,比重较轻,胚胎浮于上面,如果长时间不转蛋,胚胎容易与蛋壳膜粘连。转蛋的主要目的在于改变胚胎方位,防止粘连;使胚胎受热均匀,发育正常;促进羊膜运动,保障胚胎水平衡,以免引起胚胎脱水和雏啄壳、出雏困难;使卵黄囊、尿囊绒毛膜发育正常,有利"合拢"和"封门",使胚胎获得营养、氧气和排出二氧化碳,帮助胚胎运动。Tullett 等(1987)和 Deeming(1989)等研究表明:在胚胎发育的重要阶段(第三胚龄和第七胚龄),不转蛋,将妨碍局部小脉管的扩张和胚胎液的形成,使羊水、尿囊液量和孵化后期胚胎利用蛋白的能力降低,从而导致胚胎发育缓慢。转蛋不当或不转蛋,对胚胎的营养吸收、呼吸和胚胎液的平衡有很大的影响,结果导致胚胎死亡率的增加。并且认为,后期胚胎死亡的增加是由于孵化前期缺少转动或尿囊膜的延时发育而导致胚胎发育受阻,这种影响最易发生于孵化第三至第十一胚龄。

孵化器中的转蛋装置是模仿抱窝鸡翻蛋而设计的。但转蛋次数比抱窝鸡大大减少,因抱窝鸡的"转蛋"目的还在于调节内外胚蛋的温度。

（二）转蛋次数　孵化 1~14 胚龄,必须对种蛋进行定期转动,一般每天转蛋 6~8 次即可。实践中常结合记录温、湿度,每 2 小时转蛋 1 次。也有人主张每天不少于 10 次,24 次更好。North(1990)试验的结果见表 1-8-9。

表 1-8-9　转蛋频率对孵化率的影响

转蛋次数（次/天）	2	4	6	8	10
受精蛋孵化率(%)	78.1	85.3	92.0	92.2	92.1

资料来源：North（1990）

表 1-8-9 中列出了每天转蛋 2 次到 10 次时的孵化率。虽然其他试验表明，每隔 15 分钟转蛋 1 次对孵化率没有不良影响，但种蛋每天沿着其长轴来回转动 6 次以上的转蛋并不能获得更好的成绩。大多数商业孵化机推荐每隔 1～2 小时自动转蛋 1 次。20 世纪 80 年代，国产孵化器一般将转蛋定在 2 小时 1 次；而 90 年代生产的孵化器的转蛋频率一般为 0.5～2.5 小时可调整，但出厂时基本都设定在 2 小时，多数孵化生产者也以此为标准，不做调整。

相对而言，第一周和第二周转蛋更为重要，尤其是第一周。North（1990）试验，见表 1-8-10。

表 1-8-10　孵化期间不同时期转蛋对孵化率的影响

	1～14	1～18	转 蛋 时 期（天）	不转蛋	1～7
受精蛋孵化率(%)	28	78		95	92

资料来源：North（1990）

表 1-8-10 中显示了孵化期间不同时间转蛋对孵化率的影响。结果表明，孵化第一周转蛋最为重要，第二周其次，最后 1 周转蛋的价值有待探讨，种蛋连续不断地来回运动将使其孵化率降低。Wilson 和 Deeming 认为，转蛋的关键期始于孵化第三天。而 Proudfoot 等（1981）报道，13 天后转蛋的改变影响极小。林其禄（1996）认为：根据胚胎生理学要求，第一至第六胚龄每隔半小时转蛋 1 次，第七至第十二胚龄转蛋间隔为 1 小时，第十三至第十八胚龄为 3 小时 1 次。钱文山等（2001）报道：转蛋频率为 1 小时、1.5 小时、2 小时、2.5 小时，结果以转蛋频率为 1 小时的受精蛋孵化率、健雏率最高，前期（11 胚龄）死胚率最低，"合拢"率也高，且出

雏集中,全部在 4 小时出完。故孵化期间的转蛋间隔应以 1 小时为宜,过长或过短都会降低孵化率,影响雏鸡质量。

另外,值得注意的是,应避免连续转蛋。如某单位,由于转蛋装置系统出现故障,造成种蛋连续地循环转动,这样会引起卵黄囊破裂,导致胚胎死亡。Robertson(1961)认为:高转蛋频率如 480 次/天的孵化率反而比 96 次/天的低。

（三）停止转蛋时间　转蛋应什么时候停止,各持己见,有人认为在 16 天停止,又有认为在 14 天停止为宜,机器孵化一般到 18 胚龄停止转蛋和进行移盘。是否可以提前停止转蛋并移盘,原北京农业大学鸡场在 1982 年曾做过在孵化第十六胚龄与第十九胚龄停止转蛋并移盘的对比试验,结果前者受精蛋孵化率为84.77%,后者为 82.77%,两者孵化率差异不显著。说明在孵化第十六胚龄停止转蛋并移盘是可行的。这是因为孵化第十二胚龄以后,鸡胚自温调节能力已很强。同时,孵化第十四胚龄以后,胚胎全身已覆盖绒毛,不转蛋也不至于引起胚胎贴壳粘连。Proundfoot 等(1982)和 Mirosh 等(1990)的研究认为,第十三胚龄后停止转蛋对胚胎的生活力和孵化率,没有严重影响。提前停止转蛋,可以节省电力和减少孵化机具的磨损,还可充分利用孵化器。

丁永军(1995)报道:在詹姆斯威孵化器做孵化第十八天和第十四天停止转蛋的对比试验,结果表明,第十四天停止转蛋对孵化率和健雏率均没有不利影响(种蛋孵化率为 89.69%～92.11%,健雏率为 99.14%～99.49%;第十八天停止转蛋,分别为 90.62%～91.44% 和 99.26%～99.41%),说明生产上可以在孵化第十四天后停止转蛋。这样可以减少蛋车磨损,减少压缩机工作时间及损耗,节电 20%。

孟定等(2001)报道:为了减少孵化器具的磨损,提高孵化场经济效益,做第十四胚龄停止转蛋试验。

1. 试验方案

(1)试验一　罗曼父母代蛋鸡种蛋,采用恒温孵化制度每 2 小时自动转蛋 1 次,从 15 天起每天有 150 个种蛋停止转蛋,19 天落盘并停止转蛋。

(2)试验二　罗曼父母代蛋鸡种蛋、AA 父母代肉鸡种蛋,采用变温孵化制度,每 2 小时自动转蛋 1 次,分 14 天停止转蛋和 19 天移盘并停止转蛋。

2. 试验结果

(1)试验一结果　罗曼父母代蛋鸡:14 天、15 天、16 天、17 天、18 天、19 天停止转蛋,受精蛋孵化率和出雏率均较高,各组间差异不显著(P≥0.05)。

(2)试验二结果　14 胚龄停止转蛋:①罗曼父母代蛋鸡,受精蛋孵化率为 95.5%,健雏率为 99.6%;②AA 父母代肉鸡,受精蛋孵化率为 95.6%,健雏率为 99.6%。由此可见,无论是蛋种鸡还是肉种鸡 14 胚龄停止转蛋,受精蛋孵化率和健雏率均较高。

（四）转蛋角度　鸡蛋转蛋角度以水平位置前俯后仰(或左倾、右斜)各 45°为宜,而鸭蛋转 50°～55°,鹅蛋以 55°～60°更好。有人提出番鸭蛋转蛋应达 180°才能获得优良的孵化效果。转蛋时动作要轻、稳、慢,特别是扳闸式转蛋(滚筒式孵化器)。笔者曾见过因孵化器机械转蛋结构装配问题,转蛋时出现颤动现象,这是极其有害的。其作用类似种蛋运输的剧烈颠簸,很容易使蛋黄系带断裂、卵黄沉散,最终导致胚胎死亡。

五、晾　蛋

（一）晾蛋的目的　晾蛋是指种蛋孵化到一定时间,将孵化器门打开,或将装有胚蛋的孵化盘抽出(图 1-8-4)晾凉,甚至喷水(水温 38℃左右)降温,让胚蛋温度下降的一种孵化操作程序。其目的是驱散孵化器内余热、解除胚胎的热应激和让胚胎得到更多的新鲜空气,有人认为冷刺激有利于胚胎发育。晾蛋降低了胚胎的代谢率,减缓了代谢热过量的热应激。

(二)晾蛋方法 ①头照后至尿囊绒毛膜"合拢"前,每天晾蛋1~2次。②"合拢"后至"封门",每天晾蛋2~3次。③"封门"后至大批出雏前,每天晾蛋3~4次。鸡胚至"封门"前(鸭、鹅至"合拢"前)采用不开门,关闭电热,风扇鼓风措施;鸡胚从"封门"后(鸭、鹅从"合拢"后)采用开门,关闭电热,风扇鼓风乃至孵化蛋盘抽出、喷冷水等措施。一般将胚蛋温度降至30℃~33℃(图1-8-4)。

(三)晾蛋时机的掌控

1. **灵活掌握** 晾蛋并非必做的孵化工序,应根据胚胎发育情况、孵化天数、气温及孵化器性能和出雏状况等具体情况灵活掌握。

(1)不同孵化器 如孵化器供温和通风换气系统设计合理,尤其是有冷却设

图1-8-4 家禽孵化后期的抽盘晾蛋

备,可不晾蛋,但也不排除在炎热的夏天、孵化后期胚蛋自温超温时,进行适当晾蛋。

(2)胚胎发育状况 胚胎发育偏慢,不要晾蛋,以免胚胎发育受阻。Lancaster 等(1988)试验发现,孵化至第十六胚龄时在22℃下晾蛋48小时,对孵化率没有显著影响,但超过30小时会降低雏鸡质量。也有人认为第十四至第十八胚龄可晾蛋至22℃,但低于21℃会降低孵化率。Sarpony 等(1985)报道,将第十六胚龄肉用种鸡晾蛋到22℃达24小时,能提高孵化率。

(3)大批出雏后 不仅不能晾蛋,还应将胚蛋集中放在出雏器顶层。

(4)通风换气不良　孵化器通风换气系统设计不合理、通风不良时,晾蛋措施是必不可少的。

2. 不同禽类　鸡、鹌鹑、鹧鸪孵化可不晾蛋,而鸭、鹅、火鸡、鸵鸟孵化一般需要晾蛋,尤其是孵化中、后期,即"合拢"后至大批出雏之前。

3. 调整出雏时间　有的孵化场将晾蛋作为调控出雏时间的应急措施,以满足用户的需求。晾蛋延长出雏时间约等于将胚蛋置于22℃的时间。因此,晾蛋可以作为调节出雏时间的孵化措施。Tullett(1990)考虑到晾蛋可延长孵化期,如为了延迟1天出雏,可将第十六胚龄的胚蛋在22℃下保持24小时。

4. 晾蛋温度　必须将胚蛋从适宜的孵化温度降到胚胎发育的"生理零度"以下。否则,胚胎将处于不正常发育状态。Kaufman认为如果晾蛋温度不能使胚胎发育完全停止,将比造成胚胎发育完全停止的低温更加有害。Decuypere等(1992)指出,更长的晾蛋时间也许不会损害胚胎。但即使孵化不受影响,孵化后的性能,如生长率、体重、饲料转换率等也可能有变化,所以需慎重。

六、孵化场的卫生

经常保持孵化场地面、墙壁、孵化设备和空气的清洁卫生是很重要的。有些新孵化场在一段时间内,孵化效果良好。但经过一年半载,在摸清孵化器性能和提高孵化技术之后,孵化效果反而降低。究其原因,主要是对孵化场及孵化设备没有进行定期认真冲洗消毒。胚胎长期在污染严重的环境下发育,导致孵化率和雏禽质量降低。

J. M. Mauldin等(1991)提出了做好孵化场卫生的十二要素:①垫料与产蛋箱的管理;②鸡蛋的收集和选择;③种蛋的消毒;④种蛋的处理与贮存;⑤隔离;⑥消毒;⑦设计与流程;⑧清扫;⑨废弃物的处理;⑩质量控制;⑪微生物学检查;⑫信息交流。

（一）工作人员的卫生要求　孵化场工作人员进场前，必须经过淋浴更衣，每人一个更衣柜，并定期消毒。国外孵化场以孵化室和出雏室为界，前为"净区"，后为"污区"（国内一些孵化场也采用分区设计）。并穿不同颜色工作服，以便管理人员监督。另外，运种蛋和接雏人员不得进入孵化厅内。孵化场仅设内部办公室，供本场工作人员使用，对外办公室和供销部门，应设在隔离区之外。

（二）两批出雏间隔期间的消毒　孵化场易成为疾病的传播场所，所以应进行彻底消毒，特别是两批出雏间隔期间的消毒。洗涤室和出雏室是孵化场污染最严重的地方，清洗消毒丝毫不能放松。每天用吸尘器吸去孵化器外表面的灰尘，清除孵化器内和地面的破蛋、蛋壳碎片等杂物。定期用消毒药（季胺、过氧化氢、过氧乙酸、次氯酸钠）消毒地面。

在每批孵化结束之后，立刻对设备、用具和房间进行冲洗消毒。注意消毒不能代替冲洗，只有彻底冲洗后，消毒才有效。类似纤维状的绒毛进入人肺引起纤维性疾病，导致肺部硬化而丧失呼吸功能。尤其是小于 10 微米的，进入人肺后相当一部分难排出而危及健康。使用绒毛收集器可以减少空气过滤器的压力，降低出雏室、出雏器污染程度，国外已配置绒毛收集装置并将出雏器绒毛的检测列为孵化工艺。但是我国目前尚无孵化场专用产品，解决办法是保持废弃物湿润（洒水），采用"湿扫"法，以免废弃物飞扬。

1. 入孵器及孵化室的清洁消毒步骤

第一，取出孵化盘（及增湿水盘）并冲洗消毒。

第二，先用水冲洗，再用新洁尔灭擦洗孵化器内、外表面，尤其注意机顶的清洁。

第三，用高压水冲刷孵化室地面，然后用次氯酸钠溶液消毒地面。

第四，用熏蒸法消毒入孵器。每立方米用福尔马林 42 毫升、高锰酸钾 21 克，在温度 24℃、相对湿度 75% 以上的条件下，密闭熏蒸 1 小时,然后开机门和进出气孔通风 1 小时左右,驱除甲醛蒸气。

第五,孵化室用福尔马林 14 毫升、高锰酸钾 7 克,熏蒸消毒 1 小时,或两者用量增加 1 倍熏蒸消毒 30 分钟。建议采用臭氧消毒器。

2. 出雏器及出雏室的清洁消毒步骤 出雏后,应对出雏器做全面、彻底的清洗(包括机器内、外,进排气口以及排风管道、出雏盘等),除去机内积水,用 3 倍浓度福尔马林熏蒸消毒。最后,开动机器,烘干机器内部(包括出雏盘)。

第一,取出出雏盘,将死胚蛋("毛蛋")、残弱死雏及蛋壳装入塑料袋中密封。

第二,将出雏盘送洗涤室浸泡在消毒液中(用泡沫、液体或固体状态的碱性或中性清洗剂浸洗)或用高压水清洗机或送至蛋雏盘清洗机中冲洗消毒。

第三,清除出雏室地面、墙壁、天花板上和进排气口、排风管道中的废弃物,并用高压清洗机清洗。要达到无灰尘、无雏禽绒毛、无蛋壳碎块。

第四,冲刷出雏器内、外表面后,用新洁尔灭水擦洗,然后每立方米用 42 毫升福尔马林和 21 克高锰酸钾,熏蒸消毒出雏器和出雏盘。并开机烘干出雏盘、出雏器,最后关闭进、出气孔。

第五,用浓度为 0.3% 的过氧乙酸(每立方米用量 30 毫升)喷洒出雏室的地面、墙壁和天花板或用次氯酸钠溶液消毒。常用的消毒药有季胺、次氯酸钠、甲醛、过氧乙酸、碱液等。

3. 洗涤室和雏鸡存放室的清洁消毒 洗涤室是最大的污染源,应特别注意清洗消毒:①将废弃物(绒毛、蛋壳等)装入塑料袋;②冲刷地面、墙壁和天花板;③洗涤室每立方米用 42 毫升福尔马林和 21 克高锰酸钾熏蒸消毒 30 分钟;④雏鸡存放室经冲洗后用过氧乙酸溶液喷洒消毒(或次氯酸钠溶液消毒或甲醛熏蒸消毒)。

　　孵化厅的上述各室,也可以用次氯酸钠溶液喷洒消毒或用臭氧消毒器消毒。臭氧的灭菌效果取决于单位体积内的臭氧浓度。实际使用通过调整消毒时间来改变消毒空间的消毒浓度。

　　臭氧消毒器的工作时间(分)=消毒空间的体积(立方米)×0.8

　　当消毒空间大于 100 立方米时,可多个消毒器同时工作。

　　实例 1。雏禽处置室的体积为:长 12.5 米×宽 9.6 米×高 3 米=360 立方米;则:

　　消毒时间=360×0.8=288(分)≈5 小时。

　　所以,该室消毒时间为 5 小时左右。

　　实例 2。种蛋贮存室的体积为:长 6 米×宽 4 米×高 3 米=72 立方米;则:

　　消毒时间=72×0.8=57.6(分)≈1 小时。

　　所以,该室消毒时间为 1 小时左右。

　　(三)定期做微生物学检测　　定期对残雏、死雏等进行微生物检查,以此指导种鸡场防疫工作。在每批出雏完毕后,从孵化场的各部分及所有设备采样检查,包括表面和空气。几个比较重要的检测点包括洗涤室、空气入口及出口、过滤冷却器、孵化室、出雏室和出雏器内的雏鸡绒毛、雏鸡存放室和种蛋贮存室内的空气、雏鸡传送带、孵化场的用水和包括混合疫苗与稀释剂在内的预防接种设备。

　　检查这些样品携带的细菌和真菌的数量。在 12.9 平方厘米的表面或平皿擦拭,以确定致病微生物的污染程度及其种类,尤其重视曲霉菌污染。经测定细菌数少于 10 个菌落且霉菌数少于 5 个菌落,说明其表面清洁。菌落数 10~30 个,属中度污染;菌落数超出 30 个,属重度污染。在冲洗消毒后,还应取空气及附着物进行微生物学检查,以了解冲洗消毒效果。

　　(四)废弃物处理　　收集的废弃物装入密封的容器内才可以通过各室,并按"种蛋→雏禽"流程不可逆转原则运送,然后及时经

"废弃物出口"用卡车送至远离孵化场的垃圾场做无害化处理。孵化场附近不设垃圾场。国外处理废弃物采用焚烧或脱水制粉方法。另外,孵化废弃物中含有蛋白质 22%～32%,钙 17%～24%,脂肪 10%～18%,需高温消毒才适合做饲料。最好不要做家禽饲料,以防消毒不彻底,导致传播疾病。孵化厅的废弃物的加工利用,详见本章第十三节的"孵化场废弃物的处理及利用"。

(五)孵化场场区的卫生防疫 每天打扫孵化场周围的卫生,每周用 0.3%百毒杀或生石灰液消毒孵化场周围环境。经常进行灭鼠灭蝇。

第九节 机械电力箱式孵化的管理技术

一、孵化前的准备

(一)制定计划 在孵化前,根据孵化与出雏能力、种蛋数量以及雏鸡销售等具体情况,制定孵化计划,填入《孵化工作日程计划表》中,非特殊情况不要随便变更计划,以便孵化工作顺利进行。

制定计划时,如果孵化室工作人员不分组作业,应尽量把费力、费时的工作(如入孵、照蛋、移盘、出雏等)错开。一般每周入孵 2 批(表 1-9-1),工作效率较高,并且避开周六、周日进行费力、费时的工作(如入孵、移盘和出雏)。也可采用 3 天入孵 1 批(表 1-9-2),孵化效果很好,工作效率更高,但会在周六、周日碰到费力、费时的工作。现将孵化计划分别叙述如下。

从表 1-9-1 中可见:①每周(7 天)中,隔 3 天和隔 4 天各入孵(出雏)1 批;②1 周中固定周 1、周 4 各入孵 1 批,周 5、周 1 各移盘1 批,周 1、周 4 各出雏(出售)1 批;③本周转计划每 6 批为 1 个周期,即第二周期第一批(总批次第七批)的种蛋入孵至第一周期第一批的入孵器中(1)～(2)台,第二周期第二批(总批次第八批)的种蛋入孵至第一周期第二批的入孵器中(3)～(4)台。依此类推。

表 1-9-1　每周入孵两批的孵化周转计划

周期	批次	入孵时间(日/月〈周〉)	入孵器台号	移盘时间(日/月〈周〉)	在出雏器时间(日/月)	出雏结束时间(日/月〈周〉)	出雏器台号
第一周期	1	1/1〈1〉	(1)～(2)	19/1〈5〉	19～22/1	22/1〈1〉	①～②
	2	4/1〈4〉	(3)～(4)	22/1〈1〉	22～25/1	25/1〈4〉	①～②
	3	8/1〈1〉	(5)～(6)	26/1〈5〉	26～29/1	29/1〈1〉	①～②
	4	11/1〈4〉	(7)～(8)	29/1〈1〉	29/1～1/2	1/2〈4〉	①～②
	5	15/1〈1〉	(9)～(10)	2/2〈5〉	2～5/2	5/2〈1〉	①～②
	6	18/1〈4〉	(11)～(12)	5/2〈1〉	5～8/2	8/2〈4〉	①～②
第二周期	7	22/1〈1〉	(1)～(2)	9/2〈5〉	9～12/2	12/2〈1〉	①～②
	8	25/1〈4〉	(3)～(4)	12/2〈1〉	12～15/2	15/2〈4〉	①～②
	9	29/1〈1〉	(5)～(6)	16/2〈5〉	16～19/2	19/2〈1〉	①～②
	10	1/2〈4〉	(7)～(8)	19/2〈1〉	19～23/2	23/2〈4〉	①～②
	11	5/2〈1〉	(9)～(10)	23/2〈5〉	23～26/2	26/2〈1〉	①～②
	12	8/2〈4〉	(11)～(12)	26/2〈1〉	—	—	①～②

注：①"入孵时间"、"移盘时间"和"出雏结束时间"中的"〈〉"内数字为星期几

②"入孵器台号"的"()"内数字为入孵器编码；"出雏器台号"的"○"内数字为出雏器编码

③每批入孵（出雏）数量可根据需求确定,本例为每批入孵两台入孵器的容蛋量（巷道式孵化器为2辆蛋车容蛋量）

④移盘时间为19胚龄,出雏结束时间一般在22胚龄的上半天,以便下半天移入下批胚蛋

从表 1-9-2 看出：①恒定每隔 3 天入孵（出雏）1 批；②每 6 批为一个周期,每周期比 1 周入孵两批的少 2 天。

上述两种孵化周转计划（每周入孵 2 批或 3 天入孵 1 批）,都可能出现上午出雏后,接着进行出雏器和出雏盘的冲洗、消毒、烘

干,下午又紧接着移盘的不利于卫生防疫要求的现象。据南非畜产品组织试验表明,种蛋入孵前不预热比种蛋预热晚出雏2小时。为此,必须强调种蛋入孵前要预热,以缩短出雏时间,并且要精细控温、控湿,以免胚胎发育受阻影响周转。有的建议建2个出雏室,以彻底解决上述问题。

表 1-9-2　每3天入孵一批的孵化周转计划

周期	批次	入孵时间（日／月）	入孵器台号	移盘时间（日／月）	在出雏器时间(日/月)	出雏结束时间（日/月）	出雏器台号
第一周期	1	1/1	(1)～(2)	19/1	19～22/1	22/1	①～②
	2	4/1	(3)～(4)	22/1	22～25/1	25/1	①～②
	3	7/1	(5)～(6)	25/1	25～28/1	28/1	①～②
	4	10/1	(7)～(8)	28/1	28～31/1	31/1	①～②
	5	13/1	(9)～(10)	31/1	31/1～3/2	3/2	①～②
	6	16/1	(11)～(12)	3/2	3～6/2	6/2	①～②
第二周期	7	19/1	(1)～(2)	6/2	6～9/2	9/2	①～②
	8	—	(3)～(4)				①～②
	9	—	(5)～(6)	—	—	—	①～②
	10	—	(7)～(8)	—	—	—	①～②
	11	—	(9)～(10)				①～②
	12	—	(11)～(12)				①～②

注:①移盘时间为19胚龄,出雏结束时间一般在22胚龄上半天
　　②每批入孵(出雏)数量,可根据需求确定,本例为每批入孵两台入孵器的容蛋量(巷道式孵化器为2辆蛋车容蛋量)

（二）用品准备　入孵前1周一切用品应准备齐全,包括照蛋灯、温度计、消毒药品、防疫注射器材、记录表格和易损电器原件、电动机等。

（三）验表试机　孵化设备在出厂前,数显温度计已经精确调

试;经运输后的设备由安装人员再次校准。机器使用一段时间后，由于元件的老化，仍需要重新校准，需对温度、湿度感应器每月校准 1 次;其测温范围是 30℃～40℃,局部测温偏差为±0.1℃。孵化器安装后或停用一段时间后，在投入使用前要认真校正、检验各机件的性能。尽量将隐患消灭在入孵前。

1. **验表**　孵化用的温度计和水银导电温度计要用标准温度计校正。方法是将上述温度计及标准温度计插入 38℃ 温水中观察温差，并贴上温差标记，如孵化用温度计比标准温度计低 0.5℃,则贴上"＋0.5℃"标志。记录孵化温度时，将所观察到的温度加上 0.5℃。也可以利用孵化器比对温度计，但应注意以下几个问题。

第一，目前，很多孵化场采用体温计测温、验表，我们认为不妥，因为体温计显示的是温度平衡过程中的最高温度值，而不是温度平衡后的即时温度值。所以建议用标准温度计测温、验表。

第二，干湿温度计要检查其标尺是否位移，且灌水前，要先检验干温度计和湿温度计比对的读数，是否在误差范围内。湿球的纱布最好用 120 号气象纱布 10 厘米，包裹湿球两层，然后加蒸馏水，水面距湿球底部约 1 厘米。

第三，将所有"门表"全部放置在孵化设备的观察窗处比对示值，可从观察窗直接读数，不可从孵化器内取出后再读数，因温度会骤降，产生误差。因其测量偏差为 0.1℃,所有"门表"的示值应该相对集中在 0.1± 之间，示值超出范围的门表不得使用。由于"门表"的测量范围在 30℃～40℃,比对温度计需要的温度也应在 30℃～40℃。

第四，若需进入孵化器内测温，则要注意安全并应在温度达到热平衡后(约半个小时)才读数。

2. **试机运转**　在孵化前 1 周，进行孵化器试机和运转。先用手扳动皮带轮，听风扇叶是否碰擦侧壁或孵化架，叶片螺丝是否松动。有蜗轮蜗杆转蛋装置的孵化器,要检查蜗轮上的限位螺栓的螺丝是否拧紧。手动转蛋系统的孵化器,应手摇转蛋杆,观察蛋盘架前俯后仰角度是否为45°。上述检查,未发现异常后,即可接通电源,扳动电热开关,供温、供湿,然后分别接通或断开控温(控湿)、警铃等系统的触点,看接触是否严紧。接着调节控温(控湿)的水银导电表至所需度数(如控温表37.8℃,控湿表32℃)。待达到所需温度、湿度,看是否能自动切断电源或水源,然后开机门、关闭电热开关,使孵化器降温。如此反复测试数次。最后开警铃开关,将控温水银导电温度计调至39℃,报警导电表至38.5℃,观察孵化器内温度超过38.5℃时,报警器是否能自动报警。

经过上述检查均无异常,即可试机运转1~2天,一切正常方可正式入孵。

(四)孵化器消毒 参见本章第八节"孵化场的卫生"。

(五)入孵前种蛋预热

1. 预热的目的和作用 ①入孵前预热种蛋,能使胚胎发育从静止状态中逐渐"苏醒"过来,减小胚胎应激。②减少孵化器里温度下降的幅度,避免入孵时入孵器中温度不均匀。③除去蛋壳表面的凝水,既不会因种蛋表面凝水(或重新被弄湿),使残留的微生物渗入蛋内,又便于入孵后能立刻消毒种蛋。

有研究认为,种蛋保存时间较长(2~4周),入孵前在21℃~24℃下预热,可以提高孵化率。而种蛋保存时间在2周内,预热对提高孵化率无效。许胜利等(2005)却认为:试验表明,用巷道式孵化器孵化,种蛋预热与否对孵化效果无大的相关。他们用保存0~4天、48~51周龄的艾维茵父母代种蛋,分别做不预热直接入孵和24℃~26℃下预热4小时后入孵的对比试验,结果入孵蛋孵化率分别为88.8%和88.3%,入孵蛋健雏率分别为81.8%和81.2%,不预热直接入孵比24℃~26℃下预热4小时后入孵的孵化效果稍好,但差异不显著。其原因可能是巷道式孵化器种蛋较多,升温较快,对整体影响较小的缘故。

2. 预热方法　入孵前,将种蛋在 22℃～25℃环境中,放置4～
9 小时或 12～18 小时。有试验认为:种蛋入孵前置于 25℃室温下
预热 10 小时,是防止疾病和提高孵化率的有效措施。但也发现这
种预热法,使处于蛋车的中部和下部的种蛋温度仅 20℃左右,这
些蛋比蛋车上部的种蛋达到孵化的 37.8℃要晚 2 小时,出雏时间
也晚 2 小时。结果雏鸡会出现过湿或脱水现象,达不到出售标准,
出雏也不一致,整个出雏时间也拖延了。如果将种蛋放在有均温
风扇和加热器的预热柜中预热,可在约 2.5 小时使种蛋温度达到
25℃±0.5℃,与在室温下预热 10 小时相比,雏鸡提前 2 小时出
雏。预热可使达"AA"级出售的雏鸡量增加 1.5% 以上。我们认
为,在不影响入孵器使用的整批入孵情况下,可将种蛋提前 2.5～
3 小时放入 37.8℃的入孵器中预热(孵化盘呈水平位置,以便气流
畅通,种蛋受热均匀)。当蛋壳表面凝水干后可以进行种蛋消毒。
另外,也可在"种蛋消毒室"中预热,但需增加功率较强的搅拌风扇
和加热器及控温设备。还必须指出的是,若种蛋要采用加热法预
热的话,则在建孵化厅时,应考虑是否设计种蛋预热柜或改造种蛋
消毒室为种蛋消毒、预热室。并且考虑经济上是否划算,计算种蛋
加热法预热种蛋可能提高孵化率的经济效益能否抵消因此而增加
的设备费用和设备运行费。

(六)码盘入孵　将种蛋摆放在孵化蛋盘上称码盘。

1. 手工码盘　在国内,因孵化器(孵化盘)类型颇多,规格不
一,所以大多数采用人工码盘。种蛋,码盘后装在有活动轮子的孵
化盘车上,挂上明显标记(注明码盘时间、品种、数量、入孵时间、批
次和入孵台号等),然后推入贮存室保存。

2. 机械码盘　国外多采用真空吸蛋器码盘。目前,国内依爱
电子有限责任公司已生产了与"依爱"孵化器配套的便携式真空吸
蛋器,大大提高了码盘速度,实现了码盘机械化。

3. 码盘应注意的问题及对策　码盘时要避免种蛋锐端向上放置和剔除破蛋、裂纹蛋。尤其必须提醒的是,因为真空吸蛋器没有人工码盘的选蛋和将锐端向上的种蛋倒转等功能,所以凡使用吸蛋器码盘的孵化厅,要特别强调种蛋锐端向下摆放和剔除破蛋、裂纹蛋。总之,检查锐端向上和破、裂纹蛋,将意味着提高孵化率1%～2%。故码盘应重视两个问题:一是尽量避免种蛋锐端向上放置;二是尽量剔除破蛋、裂纹蛋。

(1)尽量避免种蛋锐端向上放置问题　一般来说,种蛋锐端向上的平均概率为2.3%(范围在0.7%～7.2%),影响孵化率约为0.3%～3.4%。种蛋锐端向上,很难孵出鸡。试验表明,其孵化率仅为16%～27%,且雏鸡多为弱、残、死雏。当种蛋锐端向上摆放孵化时,大约60%的胚胎头部靠近蛋的锐端发育,在孵化后期胚胎的喙无法啄破气室用肺呼吸。但要绝对杜绝蛋的锐端向上摆放是不可能的,因为除由于工作粗心大意之外,还存在较难区分蛋的钝、锐端,尤其是老龄种鸡所产的蛋,两头几乎一样圆的比例较高,很难区分钝、锐端,这种现象也存在于肉种鸡。

(2)剔除破蛋、裂纹蛋问题　裂纹蛋的发生率为1.5%(范围在0.1%～5.3%)。它受种鸡的品种、营养、健康、周龄、环境条件乃至集蛋、运蛋操作等因素的影响。

(3)解决办法　①在鸡舍捡蛋完毕后,检查4～5盘蛋,统计锐端向上和破、裂纹蛋的百分率。②种蛋送至孵化厅经验收(品种、数量并抽查4盘种蛋,统计锐端向上和破、裂纹蛋的百分率)。③在孵化厅码盘后,目测和照蛋检查,统计锐端向上和裂纹蛋的发生率。④将"①②"两项质量标准作为种鸡场饲养员承包责任制的指标之一,将"③"项质量标准作为孵化厅的承包责任制的指标之一。

4. 入孵时间的确定　一般整批孵化,每周入孵2批。鸡蛋的孵化期一般为21天。但是不同品种(品系)、周龄、保存时间、种蛋品质以及孵化条件等因素的影响,出雏时间不可能完全一致,少数在第十九胚龄前半天开始啄壳,个别甚至满 19 胚龄就破壳出雏,大部分在第二十胚龄又 18～20 小时出雏。故入孵时间在16～17时(视升至孵化温度的时间长短而定),这样一般可望白天大量出雏。入孵时间还应与用户协商确定,一般要留有几小时(6～8 小时)完成出雏、鉴别、免疫和雏禽静养、恢复等操作程序。以免用户催促为了赶时间而影响工作的质量。

5. 分批入孵的种蛋放置　整批孵化时,将装有种蛋的孵化盘插入孵化架车推入孵化器(无底架车式孵化器)中。若分批入孵,装有"新蛋"孵化盘与装有"老蛋"孵化盘应交错插放。这样"新蛋"、"老蛋"可相互调温,使孵化器里的温度较均匀。插花放置还能使孵化架重量平衡。为了避免差错,同批种蛋用相同的颜色标记,或在孵化盘上注明。

(七)入孵前种蛋消毒　见本章第六节"表 1-6-3 种蛋消毒地点和方法"。

二、孵化的操作技术

(一)温度、湿度和通风的控制

1. 温度的调节　孵化器控温系统,在入孵前已经校正、检验并试机运转正常,一般不要随意更动。刚入孵时,开门入蛋引起热量散失以及种蛋和孵化盘吸热,孵化器里的温度暂时降低是正常的现象。待蛋温、盘温与孵化器里的温度相同时,孵化器温度就会恢复正常。这个过程大约历时数小时(少则 3～4 小时,多则 6～8小时)。即便暂时性停电或修理,引起机温下降,一般也不必调整孵化给温。只有在正常情况下,机温偏低或偏高 0.5℃～1℃时,才予调整,并随后密切注视温度变化情况,尤其是变温孵化人工调节温度时更要注意。

每隔半小时通过观察窗里面的温度计观察 1 次温度,每 2 小时记录 1 次温度。有经验的孵化人员,还应经常用手触摸胚蛋或将胚蛋放在眼皮上测温。必要时,还可照蛋,以了解胚胎发育情况和孵化给温是否合适。

孵化温度是指孵化给温,在生产上又大多以"门表"所示温度为准。在生产实践中,存在着 3 种温度要加以区别。即孵化给温、胚胎发育温度和"门表"温度。

(1)孵化给温 指固定在孵化器里的感温器件(如水银导电表、双金属片温度调节器等)所控制的温度,它是人为调整确定的。当孵化器里温度超过设定的温度时,它能自动切断电源停止供温。当温度低时,又接通电源,恢复供温。

(2)胚胎温度 指胚胎发育过程中,自身所产生的热量。它随着胚龄的增长而递增,实际操作上难以测定,故实践中以紧贴胚蛋表面的温度计所示温度代替。

(3)"门表"温度 指挂在视察窗里的温度计所示温度,也是记录在表格中的温度。

上述 3 种温度是有差别的,只要孵化器设计合理,温差不大,且孵化室内温度不过低,则"门表"所示温度可视为孵化给温,并定期测定胚蛋温度,以确定孵化时温度掌握得是否正确。如果孵化器各处温差太大,孵化室温度过低,观察窗仅一层玻璃,尤其是停电时则"门表"温度绝不能代表孵化温度,此时要以测定胚蛋温度为主。

2. 湿度调节 孵化器观察窗内挂有干湿球温度计,每 2 小时观察记录 1 次,并换算出孵化器内或孵化厅内各室的相对湿度。要注意棉纱的清洁和水盂加蒸馏水。笔者制作了"家禽孵化专用尺(相对湿度换算表之一、之二)"(表 1-9-3),依据湿球相对湿度与干湿球温差、干球与湿球的温度,可以分别快速地查出孵化厅内与孵化器内的相对湿度。

例如,某孵化室内干球湿度为 25℃,湿球温度为 19℃,求出孵化室的相对湿度。求孵化室的相对湿度要查表 1-9-3 之一。从表 1-9-3 之一中查湿球温度 19℃与干、湿球温差(25℃－19℃)6℃的交叉点数值,为 56%。

又例如,某孵化器内干球温度为 38℃,湿球温度 31℃,求孵化器内相对湿度。求孵化器内的相对湿度要查表 1-9-3 之二。从表 1-9-3 之二中查干球温度 38℃与湿球温度 31℃的交叉点数值,为 60%。

较老式孵化器的相对湿度调节,是通过孵化器底部放置水盘多少、控制水温和水位高低来实现的。湿度偏低时,可增加水盘扩大蒸发面积,提高水温和降低水位(水分蒸发快)加速蒸发速度。还可在孵化室地面洒水,改善环境湿度,必要时可用温水直接喷洒胚蛋。出雏时,要及时捞去水盘表面的绒毛。采用喷雾供湿的孵化器,要注意水质,水应经过滤或软化后使用,以免堵塞喷头。目前箱式孵化器多采用叶片轮式自动供湿装置。高湿季节通过调节风门来控制湿度,风门小则湿度高,相反风门大则湿度低,所以雨季不要关闭风门,且第五胚龄后风门全开。高湿季节也可以在保证温度的前提下,通过延长负压通风,以降低湿度。在干燥季节最好使用加湿器增湿效果较好,这样可以保持通风。另外,冬季加冷水增湿,往往造成孵化器内温度下降约 1℃～2℃,导致孵化率降低和出雏拖延。因此,可设恒温箱,以保证增湿水温达到 37℃～39℃。

有人提出"孵化期湿度监控模式"如下。

(1)种蛋每天平均失重

$$I = (W_0 - W_{16}) \div 16$$

式中,I:每天种蛋的平均失重;W_0:入孵前种蛋重量;W_{16}:孵化至第十六胚龄时胚蛋重量。

(2)第二十胚龄的总失重率

$$L = I \times 20$$

表 1-9-3 家禽孵化专用尺(相对湿度换算表之一)

孵化室内(%)，列标题为湿球温度(℃)

干湿球温差(℃)	8	9	10	11	12	13	14	15	16	17	18	19	20	21	22	23	24	25	26	27	28
3.0							66	67	68	69	70	71	72	73	74	75	76	77	78	79	80
3.5						62	63	64	65	66	67	68	69	70	71	72	73	74	75	76	77
4.0					57	59	60	61	62	63	64	65	66	67	68	69	70	71	72	73	74
4.5					53	55	56	57	59	60	61	62	63	64	65	66	67	68	69	70	71
5.0				49	51	52	54	55	56	57	58	59	60	61	62	63	64	65	66	67	68
5.5			45	47	49	50	51	53	54	55	56	57	58	59	60	61	62	63	64	65	66
6.0			42	44	45	47	48	50	51	52	53	54	55	56	57	58	59	60	61	62	63
6.5		38	40	42	44	45	47	48	49	50	51	52	53	54	55	56	57	58	59	60	61
7.0		35	37	39	41	42	44	45	46	47	48	49	50	51	52	53	54	55	56	57	59
7.5			33	34	36	39	41	42	44	45	46	47	48	49	50	51	52	53	54	55	56
8.0		29	31	33	34	36	37	38	40	41	43	44	45	46	47	48	49	50	52	53	54
8.5	27	27	31	33	34	36	37	37	40	41	42	43	44	45	46	47	48	49	50	51	52

表 1-9-3　家禽孵化专用尺（相对湿度换算表之二）

湿球温度 ℃	℉	干球温度（℃） 40.0	39.5	39.0	38.5	38.0	37.5	37.0	36.5	36.0	35.5
		（℉） 104.0	103.1	102.2	101.3	100.4	99.5	98.6	97.7	96.8	95.9
		孵化器内（%）									
35	95	72	74	76	79	82	84	87	—	—	96
34.5	94.1	69	71	74	76	79	82	84	—	—	96
34	93.2	66	69	71	74	76	79	81	84	87	96
33.5	92.3	64	66	69	71	73	76	79	81	84	—
33	91.4	62	64	66	68	71	73	76	78	81	84
32.5	90.5	59	61	64	66	68	70	73	75	78	81
32	89.6	57	59	61	63	65	68	70	72	75	78
31.5	88.7	55	56	59	61	63	65	68	70	72	75
31	87.8	52	54	56	58	60	63	65	68	70	72
30.5	86.9	50	52	54	56	58	60	62	65	67	69
30	86	48	50	52	54	56	58	60	62	64	67
29.5	85.1	46	48	50	51	53	55	57	60	62	64
29	84.2	44	46	47	49	51	53	55	57	59	61
28.5	83.3	42	44	45	47	49	51	53	55	57	59
28	82.4	40	42	43	45	47	48	50	52	54	56
27.5	81.5	38	40	41	43	44	46	48	50	52	54
27	80.6	36	38	39	41	42	44	46	48	50	51
26.5	79.7	34	36	37	39	40	42	44	45	47	49
26	78.8	32	34	35	37	38	40	41	43	45	47

注：将上表从中间对折，两面用透明有机玻璃固定。相对湿度换算表之一，是依据干球温度与湿球温度的交叉点查找孵化室内相对湿度；相对湿度换算表之二，是依据干球温度与湿球温度的交叉点查找孵化器内相对湿度。

式中,L:孵化至第二十胚龄时胚蛋总的失重。若 L 值在 14％左右时,则孵化期间供湿较合适。

(3)孵化全程的控湿模式

$W_{雏} = W_{蛋} \times 66％ \sim 67％$。

式中,$W_{雏}$:100 只雏鸡重量;$W_{蛋}$:入孵前 100 枚种蛋重量。若雏鸡重量占蛋重的 66％～67％,说明孵化全程的供湿较合适。

3. 通风的调节　请阅本章第八节的"通风换气"。

(二)转蛋、照蛋和移盘

1. 转蛋　1～2 小时转蛋 1 次。手动转蛋要稳、轻、慢,自动转蛋应先按动转蛋开关的按钮,待转到一侧 45°自动停止后,再将转蛋开关扳至"自动"位置,以后每小时自动转蛋 1 次。但遇切断电源时,要重复上述操作,这样自动转蛋才能起作用。

2. 照蛋　照蛋要稳、准、快,尽量缩短时间,有条件时可提高室温。照完一盘,用外侧蛋填满空隙,这样不易漏照。照蛋时发现胚蛋锐端向上时,应倒过来。抽放盘时,有意识地对角倒盘(即左上角与右下角孵化盘对调,右上角与左下角孵化盘对调)。放盘时,孵化盘要固定牢,照蛋完毕后再全部检查一遍,以免转蛋时滑出。最后统计无精蛋、死胚蛋及破蛋数,登记入表 1-9-8,计算受精率、死胚率。详见本章第十一节的"照蛋(验蛋)"及"表 1-11-3 照蛋检查统计表"。

3. 移盘　鸡胚孵至第十六至第十九胚龄(鸭第二十至第二十五胚龄,鹅第二十三至第二十八胚龄)后,将胚蛋从入孵器的孵化盘移到出雏器的出雏盘,称移盘(或称落盘)。

(1)移盘时机　过去多在孵化第十八胚龄移盘。我们认为鸡蛋孵满十九胚龄再移盘较为合适。具体掌握在约 1％鸡胚啄壳(俗称"打嘴")时进行移盘。孵化第十八至第十九胚龄,正是鸡胚从尿囊绒毛膜呼吸转换为肺呼吸的生理变化最剧烈时期,且胚蛋的失水量也较多。此时,鸡胚气体代谢旺盛,是死亡高峰期。推迟移盘,鸡胚在入孵器的孵化盘中比在出雏器的出雏盘中能得到较多的新鲜空气,且散热较好,有利于鸡胚度过危险期,提高孵化效果。也可以提前在孵化第十六胚龄甚至第十四胚龄移盘。潘琦等试验表明:孵化至 14 天移盘与 18 天移盘,受精蛋孵化率差异不显著(分别为 88% 与 88.47%)。但刘玉弟等却认为第十九胚龄移盘,啄壳的胚蛋污染孵化器也影响出雏质量,所以建议适当提前到第十七至第十八胚龄移盘为宜。

Forster 等(1994)认为,最理想的移盘时间是大约 1% 的胚蛋(鸡)开始啄壳,一般这时是孵化的第十九胚龄末。国外许多孵化场的做法是:如果入孵在周四或周五,则在第十九胚龄时移盘;如周一或周二入孵,则在第十八胚龄后移盘。但是,第十八胚龄移盘经常降低孵化率。

(2)移盘地点　以前孵化场规模较小、孵化器数量少,多在孵化室的入孵器前进行移盘,然后将装满胚蛋的出雏盘运抵出雏室的出雏器中继续孵化出雏。现在孵化场规模较大、孵化器数量多达几十台,若沿袭"入孵器前移盘",将意味着装满胚蛋的出雏盘要经一段很长的通道运抵出雏室,胚蛋之间互相碰撞概率很大,易增加胚蛋的破损。所以,正确的操作应在移盘室内移盘。如果没有移盘室,可将孵化蛋车推至孵化室邻近出雏室的一端进行移盘。但不要在出雏室内移盘,以免交叉感染。

(3)移盘操作

①移盘时应提高室温,最好室温不低于 25℃。动作要轻、稳、快,尽量减少碰破胚蛋。最上层出雏盘加铁丝网罩,以防雏禽窜出。以前国内多采用手工捡蛋移盘(每手各拿 3 枚蛋平放出雏盘里),现在多采取扣盘移盘法,依爱电子有限责任公司的"依爱"孵化器有配套的真空移盘设备(详见本章第四节相关内容及插页 16 彩图),可机械移盘。

②移盘时的照蛋。移盘时照蛋以剔除死胚蛋。去除了死胚

蛋。在一个出雏盘里装满活胚蛋,更有利于加速出雏及出雏的一致性。所以,笔者认为,如果死胚率高的话,移盘时付出照蛋的劳动是很值得的,但若死胚率很低的话,移盘可不必照蛋。另外,若出雏器的控制系统需根据胚胎发育及胚胎温度来自动确定出雏器内的温度或采用"蛋内注射系统"给胚蛋进行免疫或注入物质的话,则移盘时需进行照蛋,剔除死胎蛋,以便控温更准确或减少疫苗的浪费。

(三)出雏期间的管理 出雏期间管理主要重视两个问题,一是注意通风问题。若通风不良,会使出雏温度过高,导致雏鸡免疫力下降,发生气囊炎、腹水症、饲养期生长发育受阻,1周龄成活率低下,饲料转化率下降。二是避免雏禽脱水。

1. 出雏前的准备 移盘前0.5～1天应对出雏器、出雏室及出雏盘(车)进行消毒(详见本章第八节相关内容),并对出雏器和出雏盘进行烘干和预热。有"清洁出雏盘(车)通道"的孵化厅,出雏盘(车)可在通道中消毒,并在移盘室预热。没有"清洁出雏盘(车)通道"的孵化厅,出雏盘(车)在出雏器中消毒,并在移盘室或出雏器中预热。

2. 遮光 出雏期间,用纸遮住观察窗,使出雏器里保持黑暗,这样出壳的雏禽安静,不致因骚动踩破未出壳的胚蛋而影响出雏效果。

3. 雏禽消毒

(1)雏禽消毒的应用 雏禽一般不必消毒,否则严重损伤雏鸡气管且难恢复,并诱发雏禽的呼吸道疾病。只有出壳期间发生脐炎时,才消毒。

(2)消毒方法 ①在移盘后,胚蛋有10%啄壳时,每立方米用福尔马林14毫升和高锰酸钾7克,熏蒸20分钟,但有20%以上"打嘴"时不宜采用。②在第二十至第二十一胚龄,每立方米用福尔马林20～30毫升加温水40毫升,置于出雏器底部,使其自然挥发,直至出雏结束。③在大部分出壳的雏禽毛未干时,每立方米用福尔马林 14 毫升和高锰酸钾 7 克,熏蒸 3 分钟(切忌超过 3 分钟)。④凡熏蒸消毒后要用浓缩液态氨对机内残留的甲醛中和(20 毫升/立方米)。

4. 捡雏　雏禽长时间待在出雏器中会导致脱水,当雏禽已出壳并且绒毛已干时,必须尽快从出雏器中捡出。一般在成批啄壳后,每 4 小时左右捡雏 1 次。可在出雏 30％～40％时捡第一次,60％～70％时捡第二次(叠层式出雏盘出雏法,在出雏 75％～85％时,捡第一次),最后再捡 1 次并"扫盘"。捡雏时动作要轻、快,尽量避免碰破胚蛋或粗暴对待雏禽。前后开门的出雏器,不要同时打开,以免温度大幅度下降而推延出雏。捡出绒毛已干的雏禽的同时,捡出蛋壳,以防蛋壳套在其他胚蛋上闷死雏禽。大部分出雏后(第二次捡雏后),将已"打嘴"的胚蛋并盘集中,放在上层,以促进弱胚出雏。除非雏禽处置室环境条件很适宜,否则不要将绒毛未干的雏禽捡出,以免受凉感冒。

5. 人工助产　对已啄壳但无力自行破壳的雏禽进行人工出壳,称人工助产。鸡雏一般不进行人工助产,而鸭、鹅雏人工助产率较高。在大批出雏后,将蛋壳膜已枯黄(说明该胚蛋蛋黄已进入腹腔,脐部已愈合,尿囊绒毛膜已完全干枯萎缩)的胚蛋轻轻剥离粘连处,把头、颈和翅膀拉出壳外,令其自行挣脱出壳。蛋壳膜湿润发白的胚蛋,不能进行人工助产,因其卵黄囊未完全进入腹腔或脐部未完全愈合,尿囊绒毛膜血管也未完全萎缩干枯,若强行助产,将会导致尿囊绒毛膜血管破裂流血,造成雏禽死亡或成为毫无价值的残、弱雏。

(四)出雏后的管理　在出雏期间,必须对初生雏进行认真的选择并根据防疫及用户要求,进行必要的技术处置(包括雌雄鉴别、注射疫苗、带翅号、剪冠和切爪等)。并且妥善护理待运雏禽和及时运雏。必须指出,上述操作程序对雏禽而言都是不可避免的应激,但是只要善待它们、严格按操作规程操作,尤其是有足够时间有条不紊地做好上述各项工作,是完全可以将应激降低到雏禽可以接受的程度。

1. 初生雏的选择　主要从雏禽的活力、精神状态、体型、卵黄吸收情况、脐带部的愈合程度和喙、胫部的色泽等进行选择。孵化厅仅出售健雏,弱雏绝不降价出售或免费赠送用户,弱雏应视为废弃物,与孵化厅其他废弃物一并处理(对活胚和残、弱的活雏要施行"安乐死")。

(1)健雏　绒毛洁净有光泽。活跃好动,两脚站立稳健,叫声洪亮,对光的反应敏捷。脐带部愈合良好、干燥,而且被腹部绒毛所覆盖。蛋黄吸收良好,腹部大小适中,体型匀称,不干瘪或臃肿,显得"水灵",而且全群整齐。喙、胫部和趾湿润鲜艳,有光泽。

(2)弱雏　绒毛污乱,独居一隅或扎堆。脚站立不稳,常两腿或一腿叉开跌滑或拖地。两眼时开时闭,头下垂,有的翅也下垂。精神不振,显得疲乏不堪,叫声无力或尖叫呈痛苦状,对声光反应迟钝。脐带部愈合不良、潮湿、带血污,且有残痕(黑块或线状)。蛋黄吸收不良,腹大拖地,体型臃肿或干瘪,个体大小不一。若出现脱水现象,则喙、胫和趾干瘪无光泽。

(3)残雏和畸形雏　弯喙或交叉喙、无上喙。脐带部开口并出血,卵黄囊外露甚至拖地。脚或头麻痹,瞎眼,扭脖。雏体干瘪,绒毛稀短、有时焦黄(俗称"火烧毛")。详见本章第十一节有关"残、弱雏和死雏的外表观察和病理解剖"内容。

2. 初生雏雌雄鉴别　详见第三章。

3. 初生雏的免疫　对经选择后留用的雏鸡,皮下注射马立克氏病疫苗(0.2毫升/只)或马立克氏病疫苗(0.2毫升/只)＋庆大霉素(2 000单位/只)。要注意注射器械的消毒,连接药液瓶的乳胶管最好一次性使用。配制出的疫苗在20分钟内要用完。

为了避免打"飞针"(疫苗注射到雏体外)马立克氏病疫苗稀释

液加色素,检查人员可通过观察注射者的手和雏鸡的注射部位,即可很容易发现问题。另外,如果要长途运雏,建议注射双倍马立克氏疫苗稀释液,对预防雏禽脱水有一定作用。有的单位还给剪冠的切口和脐带部涂以碘酊,以防感染。

4. 初生雏的技术处置　孵化场可根据用户的育种、试验或生产的需要,对雏禽做某种标志,以便区别(如公母间、品系间或组别间的区分)。标志有带翅号、剪冠、切爪等。

(1)带翅号和剪冠　详见"系谱孵化的操作技术"中的有关内容。

(2)切爪　用于初生雏的试验分组编号或肉用种公雏切爪,防止以后自然交配时踩伤母鸡背部。试验分组是在出雏时根据编号要求,用断喙器(或电烙铁)烙断相应的爪。肉种公鸡切爪一般在出雏或3～4日龄时,用专用断趾钳(亦可用断喙器、电烙铁)断去第一和第二爪(图1-9-1)。切爪应断于爪与趾的交界处,破坏其生长点,以免日后长出。创口要止血。另外,鸭或鹅还可以打蹼号。

5. 初生雏运离前的管理　应重视雏禽在雏禽处置室待运期间的环境温、湿度、通风换气以及卫生。

(1)创造良好的小环境

①清洗消毒。雏禽经上述技术处置后,立刻对雏禽处置室进行清洗消毒,注意防止水溅到雏盒弄湿雏盒甚至弄湿雏禽。然后将雏盒码放在雏禽待运室,如果没有"雏禽待运室",可在"雏禽处置室"一角围成临时空间,给雏禽创造一个安静、暗光的环境,让雏禽从上述应激中

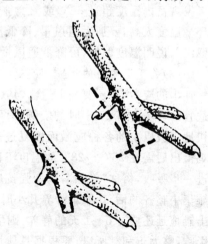

图 1-9-1　公雏的切爪

逐渐恢复过来。

②适宜的温、湿度。笔者曾测得 100 只雏鸡在 1 个出雏盒内，每只雏鸡仅占约 27 平方厘米，密度很大，在环境温度为 26℃时，雏鸡产热使盒中温度达到 39.2℃。故雏禽暂存处的温度保持在 22℃～25℃，相对湿度保持在55％～65％即可。温度过高或过低，均影响卵黄吸收利用和继而影响饲养效果。

③加强通风换气。保障空调（或风扇）正常工作，有条件的单位最好采用正压通风。雏鸡盒与盒之间应留适当的空隙，以利于空气充分流动，最底层雏鸡盒不能直接触及地面，可用空的出雏盘垫底，以免湿冷空气危及雏鸡。刘德超（2004）提出，制造存放雏鸡专用车。该车形似出雏的平板车，但比出雏车高 60 厘米，下底铺塑料薄膜，隔冷湿气，放置不超过 10 层。要防止穿堂风（间隙风、"贼风"）。

(2)密切观察雏禽状态　经常用温度计检查雏盒内的温度，如果发现盒内温度超过 36℃或雏禽张嘴喘气，甚至绒毛潮湿，表明环境温度太高，要加大通风量、降低温度；倘若雏禽发抖、扎堆"叠罗汉"，说明温度偏低，可降低通风量或提高温度。

(3)关于运雏前的"静养"问题　赵公舜指出，雏鸡出雏后受到一连串的应激，若还要马上运输，其后果更难设想。如果在雏鸡室适宜的环境下有 24 小时的安顿，只要能防止脱水，雏鸡就可以很快地克服以上的各种应激而恢复过来。刘德超（2004）也认为，雏鸡捡出后需在 25℃～28℃的温度下静养 8～12 小时，以利于卵黄进一步吸收，俗称"养膘"，以增强抗应激能力。我们认为，如果出雏集中整齐的话，让雏鸡静养几小时对雏鸡恢复体力有利，但若出雏拖延还要 0.5～1 天的静养，则早出的雏鸡会受到脱水应激的影响，弊大于利。所以，要根据具体情况灵活掌握，其控制点是整批出雏时间的长短和是否引起雏鸡脱水。另外，待运时间超过 6 个小时，最好将雏鸡先放在出雏盘中暂存，待运雏前约 2 小时才装入雏盒中,以免逗留时间长,胎粪污染雏盒、雏禽。

(五)初生雏的运输　雏禽出雏后经过上述选择及技术处置后,应尽快送至育雏舍或送交用户。以迅速及时、舒适安全、卫生清洁地顺利完成运雏工作。

1. **运雏前的准备**　选择运输工具、安排司机、押运人员和准备用品。

(1)运输工具的选择　雏禽运输可选用汽车、火车、船只或飞机等交通工具。一般超过 300 千米以上或运输时间超过 5 小时、但低于 24 小时,火车、船舶是最佳的选择。根据接雏时间,事先要与车站或码头协商运雏事宜,一般至少提前 2 小时以上到达,以便办理发货手续;空运快捷,一般陆路或水路运输超出 20～24 小时可考虑飞机运输,但运费高且事故发生率高,尤其是7～8 月份,"闷舱"事故屡有发生,航空公司要求客户必须在航运单上注明"死亡自负",保险公司也从 2001 年起大多取消了雏鸡空运的险种。因此,建议尽量选择其他运雏方法。用汽车陆运最好选带有空调的专用运雏车。

(2)运输工具的检修　运雏前必须对车辆(或船舶)进行检修,以避免运雏途中抛锚。

(3)车辆及用品的清洗消毒　对运雏车辆、雏鸡盒、工具、垫料以及保温用品进行清洗消毒。

(4)安排司机与押运雏鸡人员　汽车运输每车配备 2 名司机,并挑选责任心强、有运雏经验的人员负责押运工作。养禽专业户最好亲自押运。

(5)办理运输检疫证明　雏禽起运前要到当地畜禽检疫机关报检,经检验合格,取得全国统一使用的有效运输检疫证明和运输工具消毒证明方可运输,以便于交通检疫站的检查,缩短停车逗留时间。

(6)运雏时间的选择　一般出雏后 36 小时,不超过 48 小时运抵目的地为宜。根据季节、天气情况确定起运时间,夏季最好选在傍晚装运,翌日早晨到达,以避开高温应激;而冬天和早春可选择中午前后气温较高时起运。

2. 装车待运

(1)验货 根据发货单标明的品种、数量认真核对,并检查雏禽质量。

(2)适宜的运输量 依据运雏车体积、型号、装雏用品的体积和留有人行通道,确定运输量。标准的雏鸡盒(长53~60厘米×宽38~45厘米×高19厘米),夏季装雏鸡80+4只/盒,冬季装100+4只/盒;夏天装车量应减少10%~20%。一般中型面包车可运8 000~10 000只雏鸡,长途大客车可运20 000只雏鸡。

(3)雏盒位置的安排 装车时一般码放不超过10层,雏盒离车顶20厘米,盒与盒之间的间隙不少于7厘米(专用雏盒呈上窄下宽的梯形,盒间底部紧靠着,恰好上部留有7厘米的间隙),以利于空气流通。留有押运人员的检查通道,以便路途中观察雏鸡状态。盒与盒之间留有空隙,以便根据雏的状态调整车内温度和调节盒的间距。夏季车厢底部铺上利于通风的板条,冬季铺上棉毯之类的保温材料。汽车尾部排气管正上方放置一层空的雏盒,盒下铺上棉毯之类的隔热材料,以免该处的雏禽受热。为了防止雏盒倾倒或移位,可用粗股的橡皮筋固定,使每层雏盒连为一个整体,这样既牢靠又便于途中检查。

(4)做好标记 雏盒外壁应印有品种(品系)、代次、性别、数量以及孵化场名称、地址和电话号码等字样。

(5)装车时注意温度的骤升 赵公舜指出,在气温26℃~27℃下,将600盒雏鸡装在运雏车内待运时,盒间每分钟温度增加0.75℃,而盒内温度则要比盒间温度高12.5℃。这样10分钟后,雏鸡的体温会由正常的32℃上升到38℃。若达40℃时就会出汗,并开始脱水,至41.6℃就会出现气喘和伏地不起。但如果按88千米/小时速度开车,并每分钟换气10次,则雏鸡体温不会超过32℃。为此,笔者认为,装车时雏盒内、外温度骤升问题普遍存在,应引起高度重视。解决办法:装车时车上空调要始终开着,装车要快速,装车场所的温度保持在 22℃～25℃,工作完毕尽快开车。

3. 运输途中的管理

(1)遮光　运雏车的门窗用布帘遮光,创造暗光环境。雏鸡看不见外边以保持安静,既避免体力消耗,又能防止雏鸡互啄、踩踏,造成意外伤亡。

(2)专用运雏车的环境要求　国内一些孵化场配备专用运雏车,车厢内设有空调器,既保证通风换气又能保持一定温度。专用运雏车的小环境要求:温度 15.5℃～21℃(专用雏盒中的温度可保持 32℃左右)、相对湿度 55%～75%、通风量夏季 0.056 6 立方米/分·100 只,冬季 0.028 6 立方米/分钟·100 只,二氧化碳含量小于 0.5%。驾驶室内安装温度、湿度、氧气、二氧化碳含量的显示器,以便检查车厢内的环境。夏季要特别注意通风换气,以防雏禽中暑、脱水、闷死;冬季要注意保温。通风换气要均衡,避免造成局部高、低温区。

(3)匀速行驶　车速不宜过高,一般保持在 80～90 千米/小时为宜。车速要慢,起动、行车和停车时宜缓慢平稳;避免颠簸、急刹车、急转弯和过大倾斜,以便于雏鸡适应车速的变化;上下坡宜慢行,以利于雏鸡保持重心,以免雏鸡压堆造成死亡;路面坑洼不平时车速宜缓慢,避免因速度快而加大震动,导致雏鸡腹部与盒底碰撞,造成雏鸡腹部青紫色和内脏受伤。用汽车运输雏禽要配备 2 名司机,沿途兼程不停车。

(4)注意环境　防雨淋和阳光直晒。

(5)定期检查雏禽　途中定时检查雏禽状态,一般每隔 0.5～1 小时观察 1 次。一是用温度计测温,二是观察雏禽状况,如果发现雏禽频频张嘴喘气,雏盒中雏禽绒毛湿漉漉的,说明温度过高、通风不良,应适当加大通风量。若扎堆尖叫,表明温度太低,可适当铺盖棉毯等保温材料,但不可裹得太严,以免雏禽窒息。尤其注意处理好底部雏鸡防受冻,中部、上部的防受热、受闷,四周和底部的防"贼风"问题。

4. 卸车入舍 卸车过程速度要快,动作要轻、稳,并注意防风和防寒。如果是种鸡,应根据系别、性别分别放入各自的育雏舍,做好隔离。打开盒盖,检查雏鸡状况,核实数量,并填写验收单(到达鸡场时间、雏禽品种、数量、死亡数以及育雏室设备和准备情况等),一式两份,一份交鸡场,一份留司机,两份验收单用户和司机分别签名。回孵化场后交场方备案。

5. 注意事项

第一,处理好保温与通风的矛盾。火车运雏时,押送者应与雏禽待在同一车厢,并定时检查雏禽。根据具体情况,找到保温与通风的平衡点,并保持之。

第二,坚持记日志。记录离开孵化场时间,途中停靠站,到达目的地时间和交货情况。

第三,早上到用户鸡场。有可能的话,早上到达用户鸡场,以便有一整天时间让用户管理鸡群。

第四,烧掉包装材料。监督用户将一次性的雏鸡盒(及垫纸、垫料)烧毁。

(六)清扫消毒 出雏完毕(鸡一般在第二十二胚龄的上午),首先捡出死胎("毛蛋")和残雏、死雏,并分别登记入表。然后对出雏器、出雏室、雏禽处置室和洗涤室彻底清扫消毒(详见本章第八节的"两批出雏间隔时间的消毒")。

三、停电时的措施

应备有发电机,以应停电的急需。遇到停电首先拉电闸。室温提高至27℃～30℃,不低于25℃。每半小时转蛋1次。国内目前使用的孵化器类型较多,孵化室保温、取暖条件不同,种蛋胚龄、孵化器中胚蛋的多少各异,所以难以制定一个统一的停电时孵化的操作规程,应根据具体情况灵活掌握。应先对出雏器内大胚龄的胚蛋处理。根据胚龄、气温采取相应措施。一般在孵化前期要注意保温,在孵化后期要注意散热。孵化前、中期,停电 4～6 小时,问题不大。由于停电,风扇停转,致使孵化器中温差较大,此时"门表"温度不能代表孵化器里的温度。在孵化中、后期停电,必须重视用手感或眼皮测温(或用温度计测不同点温度),特别是最上几层胚蛋温度。必要时,还可采用对角线倒盘以至开门、抽盘散热等措施,使胚蛋受热均匀,发育整齐。

四、系谱孵化的操作技术

孵化场除孵化商品代雏禽外,还孵化祖代、父母代种禽,育种场也要更新换代。现介绍如下。

(一)父母代种蛋孵化操作　以中国农业大学的"农大 3 号节粮小型褐壳蛋鸡"的 W 系和 DC 系配套为例予以介绍。

1. **引种与配套**　种蛋必须来源于可靠的祖代鸡场。即该场养有 $W_公 \times W_母$ 与 $D_公 \times C_母$ 的祖代种鸡。种蛋经过选择后包装入箱,箱外要注明"W"、"DC"的字样。以免 W 系、DC 系混杂。种蛋按 1：8 左右(即 1 枚 W 系种蛋配 8 枚 DC 系种蛋)配套购买。

2. **入孵前码盘**　先打开 W 系种蛋包装箱进行码盘,码完统计入孵数,并在孵化盘外边标明"W"字样(用胶布贴上即可)。检查入孵与破蛋的总数是否与购买的 W 系种蛋数相符。然后,以同样的方法码 DC 系,注明"DC"字样。

3. **入孵与照蛋**　种蛋送入孵化器时,将 W 系与 DC 系分别集中放置,以便于照蛋和移盘。照蛋时,先照 W 系(因数量少),照完后开灯统计破蛋、无精蛋和死胚蛋数,以便计算受精率、死胚率。统计后将照出的 W 系的破蛋、无精蛋、死胚蛋搬走。再用同样方法照 DC 系,计算受精率、死胚率。

4. **移盘与出雏** 孵化至第十五至第十七胚龄移盘(注意不要第十九胚龄以后才移盘,以免啄壳出雏造成混杂)。先移 W 系,并在出雏盘上贴标记。然后移 DC 系。最后在 W 系的出雏盘上加盖铁丝网罩,以免出雏时,雏鸡窜出混杂。将 W 系、DC 系分别放在两个出雏器里出雏更好。

出雏时,W 系和 DC 系分别出雏,分别放在标有"W"或"DC"的雏鸡盒中。两种雏鸡盒放在出雏室(或鉴别室)的不同位置。

5. **雌雄鉴别与剪冠** 先鉴别 W 系,全部鉴别完后清理鉴别盒中的雏鸡,并标明公母,分别放置。然后鉴别 DC 系,同样公母分别放置。分别统计出雏数,计算孵化率、健雏率。千万不可混杂。

鉴别完毕,按 1:7~8 留种(即 7~8 只 DC 系母雏,留 1 只 W 系公雏)。余下的 DC 系公雏全部淘汰。然后对留种的 W 系公雏剪冠。剪冠方法:用刀刃呈弧形的手术剪,紧贴头皮将冠剪下(绝大多数不会出血,伤口不需处理)。剪前用酒精或碘酊消毒刀刃。最后注射马立克氏疫苗。

6. **育雏与种鸡配套生产 W×DC 系杂交商品雏** 将 W 系、DC 系雏鸡转入育雏舍混养,不必担心混杂(剪冠的 W 系公鸡,冠的高度低,而且无锯齿状)。在育雏过程中,随时淘汰鉴别误差出现的 DC 系公鸡(未剪冠公鸡)。

133~140 日龄时转入产蛋鸡舍(种成鸡舍)前,去劣存优,进一步淘汰 DC 系公鸡。最后按 1:10 比例配套组群(即 1 只 W 系剪冠公鸡配 10 只 DC 系母鸡)。这样它们所产的种蛋即为 W×DC 系的杂交种蛋,用这样的种蛋孵化,即可得到 W×DC 系的杂交商品雏。

(二)家系育种孵化操作管理 家系育种孵化操作最主要的是孵化的各环节都要保证不出现混杂现象。否则,整个育种将毁于一旦。

1. **种蛋收集** 按家系号用不同颜色的蛋托分别收集种蛋并

做好相应的标记,切切不可混杂。

2. 入孵前码盘　按家系号分别码在孵化蛋盘中(每码一枚蛋均应看家系号是否有误),家系之间应有明显的间隔,并在孵化蛋盘边框贴有该盘的家系号。如果是育种孵化场,最好在孵化盘框上钉上金属卡片夹,然后插上写有入孵家系号的卡片。每码完一个家系都要统计入孵蛋数,并填入《家系孵化统计表》(表 1-9-4)中。

3. 照蛋　照蛋时捡出的无精蛋、死胚蛋应单独放在蛋托里,最好家系间有明显间隔,以便统计各家系的无精蛋与死胚蛋数。全部照完后统计数字,并登记入表 1-9-4 中,计算出受精率。

表 1-9-4　家系孵化统计表

家系号:＿＿＿＿＿公鸡号:＿＿＿＿＿　　　　　　＿＿＿年＿＿＿月＿＿＿日

入孵时间	与配母鸡号	入孵蛋数	照蛋			移盘		出　　雏				受精率(%)	孵化率(%)	健雏率(%)	雏鸡翅号	送育雏舍数
			无精	死胚	破蛋	应移	实移	健雏		弱死	死胎					
								总	母							
群出																
合计																
群出																
合计																
总　计																

种禽场:＿＿＿＿＿＿＿＿＿＿

4. 移盘 按家系将个体出雏的胚蛋放入"系谱孵化出雏盘"（该盘构造见第二章第一节"系谱孵化专用出雏盘及图 2-1-6"），根据胚蛋多少调节活动隔板距离，以提高出雏盘利用率。或用家系出雏筐，每筐放一个家系。群体出雏的胚蛋，放入一般出雏盘中。每放完一个家系号，统计数字，填入"表 1-9-4 家系孵化统计表"中"移盘"栏的"实移"格（即实际移盘数），并与"应移"格数目核对（"应移"即应该移盘蛋数，它是入孵蛋数减去无精蛋、死胚蛋的余数）。如果数目不相符，应逐个检查胚蛋上的家系号及孵化盘该家系附近的其他家系胚蛋上的家系号，以防止误移或漏移。然后将《系谱孵化出雏卡》（表 1-9-5），放入该格中。最后在出雏盘上盖上盖网，用橡皮筋和曲别针固定盖网，以免出雏时雏禽窜格。生产中原该卡片为纸质，待出雏统计时发现该卡片上填写的资料（家系号、公禽号、母禽雏和移盘数）被雏鸡的胎粪涂鸦得模糊不清，卡片下边的"出雏数"和"翅号"也大多无法填写。为了避免《系谱孵化出雏卡》被雏禽粪便污损，可将纸质卡片插入硬质透明塑料袋中，这样"出雏卡"便会完好如初。

5. 出雏工作 出雏工作包括出雏、鉴别、带翅号（剪冠）、注射马立克氏疫苗等。

（1）出雏 按家系出雏，每个家系放一个雏盒。取出《系谱孵化出雏卡》登记健雏、弱雏、残死雏、死胚数。然后将该卡放入出雏盒中，进入下一项工作。

（2）鉴别 如果是翻肛鉴别，则每个家系鉴别完毕后，登记公、母雏数于"出雏卡"中，清理鉴别盒中雏禽，再鉴别另一家系。

（3）带翅号 翅号上打有家系号和母鸡号。如"05-532"即第五家系的 532 号母鸡。将翅号带在雏鸡翅膀的翼膜处。

（4）剪冠 主要是区分快慢羽。如快羽剪冠、慢羽不剪冠（相反也可以），以便建立快慢羽品系，这样父母代雏鸡可通过羽速鉴别雌雄（见第三章第二节的"长羽缓慢对长羽迅速"）。

表 1-9-5 系谱孵化出雏卡

家系号	
公禽号	
母禽号	
移盘数（枚）	
出雏数 / 健雏（只）	
出雏数 / 弱残死（只）	
出雏数 / 死胎（枚）	
翅 号	

种禽场：＿＿＿＿＿＿

（5）预防接种 接种马立克氏疫苗，最后送育雏舍。

五、孵化场的主要记录表格

为了使各项孵化工作顺利进行，以及准确统计孵化成绩、掌握情况，应及时、准确地计算填写孵化记录表格。具体表式见表 1-9-6～1-9-8，仅供参考。

表 1-9-6 孵化工作日程计划表 ＿＿＿年＿＿＿月

批次	入孵时间	照蛋时间	出雏器消毒	移盘时间	雏禽消毒	出雏时间	出雏结束时间	雌雄鉴别	接种疫苗	接雏时间

注：除"批次"外，表中各项填"日/月" 孵化场：＿＿＿＿＿＿

表 1-9-7　孵化管理记录表

第___批　孵化第___胚龄　　　　　　　　　　___年___月___日

时间(小时)	1号孵化器				2号孵化器				室　内		出雏器		值班人员
	温度(℃)	湿度(%)	转蛋	注水	温度(℃)	湿度(%)	转蛋	注水	温度(℃)	湿度(%)	温度(℃)	湿度(%)	

孵化场：＿＿＿＿＿＿＿＿＿

表 1-9-8　孵化情况一览表

批　次	品　种	种蛋贮存期(天)	入孵日期(日/月)	入孵时间(小时)	入孵蛋数(枚)	照　蛋		
						无精(枚)	死胚(枚)	破蛋(枚)

说明：下表紧接在上表的右边　　　　　　　　___年___月___日

出雏情况					受精率(%)	受精蛋孵化率(%)	入孵蛋孵化率(%)	健雏率(%)	出雏结束时间(日/月)
移盘数(枚)	健雏(只)	弱雏(只)	残死(只)	死胎(枚)					

孵化场：＿＿＿＿＿＿＿＿＿

第十节　我国传统孵化法的管理技术

一、炕 孵 法

(一)火炕上的管理技术

1.入孵前的准备　种蛋入孵前将火炕烧热至 40℃～42℃。入孵前 5～6 小时将种蛋移入孵化室里预热或太阳下晒热。然后在 42℃～45℃ 的 0.1%高锰酸钾液中浸洗 5～10 分钟,再放入垫有麦秸的笋筐中,将筐放在火炕近热源一头,并用棉被包盖。

2.调节孵化温度　根据气温和胚龄,通过增减烧炕次数、覆盖物、转蛋、晾蛋和移蛋等操作来调节温度。如果只有一个炕,则刚入孵的新蛋放在近热源一端,随胚龄增大逐渐移至离热源远的一端。若有 2 个炕,可分热炕与温炕。孵化第一至第五胚龄种蛋放在热炕上,第六至第十一胚龄的胚蛋移至温炕上。炕孵法多采用变温孵化,随胚龄增大,席面温度从 41℃～43℃ 逐渐降到37.5℃(表 1-10-1)。室温在 25℃～27℃。

表 1-10-1　炕孵法的孵化温度　(炕上席面温度)

孵化天数(天)	孵化温度(℃)	孵化天数(天)	孵化温度(℃)
1～2	41～43	13～14	37.5
3～5	39.5	15～16	38
6～11	39	17～21	37.5
12	38		

炕孵法成败关键在于孵化温度的控制,而温度控制的关键是掌握烧火技术。除入孵前烧炕可以大火旺烧外,入孵后应掌握"烧火不旺、小火不断"的原则。不要等到炕面温度剧烈下降后才烧旺

火,而应在温度下降前便烧小火,这样才不至于烧火过旺使温度骤然升高造成胚胎死亡。以前都以眼皮感温(避开种蛋钝端气室处),掌握在不烫不凉,即"热"与"温"之间。现在大多改为温度计测温与眼皮感温相结合的方法,更可靠也容易掌握。总之,一般是孵化前半期(即火炕上),胚蛋尚无自温或自温不高,以保温为主;孵化后半期(在摊床上),胚蛋自温较高,则以散热为主。此时通过门帘、窗户,调节孵化室温度。一般摊床下缘温度以 27℃～30℃为宜。

3. 照蛋、移蛋、晾蛋与转蛋　一般每5～6天入孵一批。照蛋(以鸡蛋为例),第五至第六胚龄头照,第十一胚龄二照。照蛋的同时进行移蛋,头照后将胚蛋移至离热源远的一端或移至温炕上。二照后移至摊床上孵化出雏。结合照蛋和移蛋,进行转蛋,并根据胚胎发育情况,决定晾蛋时间。此外,每4～6小时转蛋1次,直至第十四胚龄,第十五胚龄可停止转蛋。转蛋时,将上下层、边缘与中间胚蛋对调,以使胚蛋受热均匀、出雏一致。

(二)摊床期的管理　在火炕上孵化至第十一至十三胚龄后的胚蛋经过照蛋后,全部移至摊床上。若是两层摊床,则第十一至十七胚龄在上层,第十七至第二十一胚龄在下层。摊床下缘保持在27℃～30℃。此时胚蛋主要靠自温孵化。根据胚蛋温度掀、盖被单,至大批啄壳时除去覆盖物,以利于通风换气。上层仍每4～6小时转蛋1次,至第十五胚龄停止转蛋。两层每天移蛋,将"边蛋"与"心蛋"对调,俗称"抢摊"。孵化至第二十一胚龄时,每隔2～4小时将绒毛已干的雏鸡及蛋壳捡出。大批出雏后,应将剩下的胚蛋集中在一起,以利于保温,促进出雏。

二、缸 孵 法

(一)入孵前的准备　入孵前用热水或炭火将孵缸烘热到39℃左右。种蛋预热方法与炕孵法相同。缸中加 40℃～50℃热水或将炭火盆放在缸底部。将种蛋放在垫有棉垫的盛蛋箩或铝盆中(钝端朝上或平放),将盆放在缸上,种蛋上包盖棉被等。

(二)控温、转蛋、移蛋与照蛋　缸孵法分缸孵期(第一至第十胚龄)和摊孵期(第十一至第二十一胚龄)。缸孵期又分新缸期(第一至第五胚龄)和陈缸期(第六至第十胚龄)。缸孵期温度,第一至第二胚龄 38.5℃～39℃,第三至第十胚龄约 38℃。孵化温度的调节,主要靠调整水的温度或增减炭火,掀、盖覆盖物,上下层的胚蛋对调(注意:靠近盛蛋盆下层温度比上层约高 2℃)和调整晾蛋次数、时间。

入孵后 3 小时开始转蛋,此后每天转蛋 4～6 次,加水后 1 小时需转蛋 1 次。胚蛋从新缸移至陈缸时,对全部种蛋进行第一次照蛋(孵化第五胚龄),从陈缸移至摊床时(孵化第十胚龄)进行第二次照蛋(如果前批孵化效果好,可仅抽照少量种蛋,了解胚胎发育情况)。此外,可结合转蛋、照蛋,将盛蛋箩转 180°,使胚蛋受热均匀。摊床期管理与炕孵法相同。

三、桶 孵 法

(一)入孵前准备　入孵前先用炒热的稻谷暖桶。将种蛋放在阳光下晒或放在炒谷上烘热。然后将种蛋放入尼龙袋中或用纱包包好(注意袋或包的容积要大些,每袋不要装太多种蛋,以便摊开),一层用纱包包好的炒谷(38℃～39℃)一层种蛋放入孵桶中,上盖竹匾盖或棉被。

(二)孵化期的管理　孵化过程中,根据胚胎发育情况,决定炒谷温度和数量。每 8～12 小时换炒谷 1 次,同时对调上、下层胚蛋,使孵化温度保持在 37.5℃～38℃。经 11～12 天桶孵后,上摊床继续孵至出雏。摊床期管理与炕孵法相仿。

四、嘌 蛋

把孵化后期的胚蛋,从一地运到另一地,上摊床继续孵化至出雏的孵化技术称嘌蛋。这也是我国独创的传统孵化法,多在南方地区应用,它比直接运输初生雏禽,既管理方便,又少受损失。

嘌蛋方法。挑选直径 60～80 厘米、高 15～20 厘米的竹圐,圐底铺一层纸,再铺 2～5 厘米厚的碎稻草。将胚蛋装入,再在胚蛋上覆盖棉毯或被单。早春天气较凉爽,竹圐壁糊纸,胚蛋可装 2～3 层。夏季竹圐壁不必糊纸,胚蛋仅装 1～1.5 层,起运时间一般应以临出雏时能到达目的地为准(如鸡胚为第十九胚龄,鸭胚为第二十五胚龄,鹅胚为第二十八胚龄以前)。一般胚龄越大效果更佳。最早可在胚胎发育至尿囊绒毛膜"合拢"之后(鸡胚第十一胚龄、鸭胚第十四胚龄、鹅胚第十六胚龄之后),最好在胚胎发育至"封门"时(鸡胚第十七胚龄、鸭胚第二十三胚龄、鹅胚第二十六胚龄)。起运前应照蛋剔除死胚蛋,到达目的地后也应照蛋,剔除死胚蛋,上摊床继续孵化至出雏。

为了尽量减少胚蛋在运输过程中的损失,最好用船只或火车快速运输。运输途中还应密切注意温度是否合适,可通过掀盖棉毯、被单,翻调上下里外胚蛋位置来调节温度。此外,对提前运输的胚蛋还应 3～4 小时转蛋 1 次,鸡胚第十六胚龄(鸭胚第十九胚龄、鹅胚第二十二胚龄)后可停止转蛋。

五、传统孵化法管理的革新

为了克服传统孵化法种蛋破损率高、劳动强度大、长时间在高温条件下操作和眼皮测温较难掌握等缺点,各地做了许多改革,如用温度计测温代替眼皮感温以及平箱孵化法和温室孵化法等。

(一)平箱孵化法的操作技术 种蛋入孵前 2～3 天烧火试温,要求箱内温度达 40℃以上。孵化温度的标准见表 1-10-2。

表 1-10-2　平箱孵化温度

室　温	1～5 胚龄		6～10 胚龄	
	箱内温度	蛋温感觉	箱内温度	蛋温感觉
18.3℃	39.4℃～40℃	稍感烫眼	38.3℃～38.9℃	有热度

注：上述孵化温度指孵满 6 筛，顶筛中部温度。如果筛数少，则 1～5 胚龄温度降低 0.5℃～1℃

　　平箱孵化没有均温设备，各处胚蛋受热不均匀，正确的转筛和调筛，眼皮测温（温度计测温）辅助定温，是平箱孵化成败的关键。方法是：入孵后每 4～6 小时转筛 1 次（有人要求 12 次/天），转动蛋筛架使活动蛋架转 180°，每天调筛 4～6 次（筛数少可减少次数），即调换箱内 6 层蛋筛的上下位置（有的人提出春季调筛 6 次/天，夏季 4 次/天）。眼皮或温度计测温，检查胚蛋温度，如感觉烫眼，约 39.4℃。

　　转蛋可结合调筛进行，每天 4～6 次。上摊床后结合"心蛋"（摊床中心胚蛋）与"边蛋"（摊床四周胚蛋）互调并进行转蛋，至第十六胚龄左右止。晾蛋可根据具体情况确定，尤其是孵化中后期，当眼皮测温超过"有热度"（约 38.3℃）时，应将装胚蛋的蛋筛端出箱外，适当晾蛋。

　　孵化至第十一胚龄上摊床孵化，方法与炕孵法相同。如果筛数少，也可以继续在箱中孵至出雏。

　　(二)温室孵化法　在供电不正常或无电地区，用烧煤、烧柴草供热，将室温保持在 39℃～40℃。种蛋在孵化架（温室架孵法）或蛋盘、摊床（温室蛋盘孵化法，分固定和活动式两种）上孵化至出雏。

　　1. 孵化前的准备

　　(1)孵化用具　干湿球温度计（每室 1 支）、温度计（每室 2～4 支）、水盘、照蛋灯、消毒药品等。蛋盘孵化法（活动式），要检查各个销钉是否牢固，转蛋是否自如。

(2)消毒　试温前1天,对孵化室彻底消毒(方法见前),并在地面洒2%氢氧化钠溶液。

(3)试温　一切准备工作就绪后,即可试温。首先校正温度计,然后烧火试温1~2天。试温期间,主要是摸索烧火次数及时间对室温影响的规律。并测孵化架或蛋盘架上下左右各点的温度,观察温差大小。一般要求"热房"(孵化前半期)的室温保持在39℃~40℃,"温房"(孵化后半期)的室温保持在38℃~39℃。室内各点温差以不超过0.5℃为宜,若超过1℃,则孵化时"新蛋"放在温度高的一端,"老蛋"放在温度低的一端。一切正常方可入孵。

(4)种蛋预热与消毒　同上述传统孵化法。

2. 孵化技术操作

(1)温度调节　根据温度高低和胚胎发育情况,决定烧火次数及时间,并通过调节火道与烟囱连接处的铁皮闸板、开闭门窗,来调节温度。为了尽量保持室温稳定,烧火时注意掌握"大火不烧,小火不断"的原则,并观察室温变化,提前烧火,不要等到温度下降后才升温。每小时记录1次温度。

(2)湿度调节　一般湿度容易偏低,可通过放置水盘、挂湿麻袋片、地面洒水、通风换气等调节。

(3)通风换气　可通过开闭门窗、风斗换气。孵化前期窗户、风斗开小些,孵化后期还可定期开门换气,但注意不要让风直吹胚蛋。

(4)晾蛋、转蛋与移蛋

①晾蛋。温室孵化法,胚蛋通风良好,可不晾蛋。孵化后期或鸭、鹅等孵化中后期,可加大通风量。

②转蛋。转蛋除结合移蛋进行外,每4~6小时转蛋1次,并将"心蛋"、"边蛋"互调,至第十六胚龄停止。

③移蛋。孵至第十一胚龄左右照蛋后,将胚蛋移至"温房"的孵化架上继续孵化至出雏。

④蛋盘孵化法(固定式)的移蛋与转蛋。蛋盘上的每行蛋各少放1枚,码蛋时蛋向一侧呈大于45°倾斜。转蛋时抽出蛋盘,用手掌将蛋抹向另一侧。为了使胚蛋受热均匀,1~2天进行1次对角线倒盘。孵化至第十六至第十七胚龄,经照蛋后移至摊床上继续孵化至出雏。

⑤蛋盘孵化法(活动式)的移蛋与转蛋。转蛋时,将一角的销眼钢筋抽出,轻轻推动活动蛋盘架至另一侧,再插上销眼钢筋,使蛋盘呈45°倾斜。1~2天进行1次对角倒盘。孵至第十六至第十七胚龄,经照蛋后,移至摊床上出雏。

(5)摊床期的管理

①架孵法的摊床期管理。第十一胚龄后,胚蛋移至"温房"的孵化架上。在此期间需每4~6小时转蛋1次,至第十六胚龄左右停止转蛋。转蛋的同时将"边蛋"、"心蛋"对调,停止转蛋后,每天仍需对"边蛋"、"心蛋"对调1~2次。并定期抽照(结合眼皮测温或温度计测温),掌握胚胎发育情况。第二十一胚龄后,每2~4小时捡1次雏和蛋壳。架上的胚蛋少时,要集中胚蛋,以利于出雏。每次出雏后,要对"温房"及孵化架进行认真消毒。

②蛋盘孵化法的摊床期管理。移蛋时可以将胚蛋捡到摊床上,也可以将蛋盘直接放在摊床上,使蛋盘与摊床有5~8厘米的间隙,破壳后雏鸡可直接掉到摊床上。此时不必转蛋,但每天仍需进行"边蛋"、"心蛋"对调或将蛋盘里外调向。21天后,每2~4小时捡1次雏和蛋壳(蛋盘直接放在摊床上,整个出雏期分3次捡雏即可)。当摊床上(或蛋盘上)胚蛋少时,要集中胚蛋,适当增温以利于保温出雏。

第十一节　家禽胚胎病的诊断

家禽胚胎病是家禽繁殖的严重障碍,是养禽业的拦路虎。人们一般注重对家禽本身疾病的防治,而往往忽视家禽胚胎病的预防。大量的生产实践证明,胚胎病不仅仅直接影响孵化率和雏禽品质,而且幼雏生长发育受阻、死亡,育雏育成率下降,还可能造成疾病的扩散,这些均降低生产者的经济效益。因此,无论孵化成绩的好坏,都应经常检查和分析孵化效果,找出关键病因,指导孵化生产和种禽的饲养管理。

一、衡量孵化效果的指标

在每批出雏后,根据照蛋检出的无精蛋、死胚蛋、破蛋,出雏的健雏数、残弱雏数、死雏数及死胎数等完整的记录资料,按下列各主要孵化性能指标,进行资料的统计分析。

(一)受 精 率

$$受精率(\%) = \frac{受精蛋数}{入孵蛋数} \times 100\%$$

受精蛋包括活胚蛋和死胚蛋。一般水平应在90%以上。

(二)早期死胚率

$$早期死胚率(\%) = \frac{1\sim5\ 胚龄死胚数}{受精蛋数} \times 100\%$$

通常统计头照(5胚龄)时的死胚数。正常在1.0%~2.5%范围内。

(三)受精蛋孵化率

$$受精蛋孵化率(\%) = \frac{出雏的全部雏禽数}{受精蛋数} \times 100\%$$

出雏的雏禽数包括健雏、残弱雏和死雏。高水平应达92%以上。此项是衡量孵化场孵化效果的主要指标。

(四)入孵蛋孵化率

$$入孵蛋孵化率(\%) = \frac{出雏的全部雏禽数}{入孵蛋数} \times 100\%$$

高水平达到88%以上。该项反映种禽场和孵化场的综合水平。

(五)健 雏 率

$$健雏率(\%) = \frac{健康雏禽数}{出雏的全部雏禽数} \times 100\%$$

高水平达到 98% 以上。孵化场多以售出的雏禽数视为健雏。

(六)死 胎 率

$$死胎率(\%) = \frac{死胎数}{受精蛋数} \times 100\%$$

死胎蛋一般指出雏结束后扫盘时的未出雏的胚蛋(俗称"毛蛋")。一般为 3%~7%。

(七)入孵蛋健雏孵化率 指健康的混合雏(或售出的健康母雏)占入孵蛋比例。尤其是附属于种禽场的孵化场应统计此项技术指标。它是衡量种禽场的重要经济指标之一。对于商品代蛋鸡,因公雏没有多大的商业价值,所以该项指标是指售出的健康母雏占入孵蛋比例。

$$入孵蛋健雏孵化率(\%) = \frac{健康混合雏禽数}{入孵蛋数} \times 100\%(商品代肉鸡)$$

$$入孵蛋健康母雏孵化率(\%) = \frac{健康母雏禽数}{入孵蛋数} \times 100\%(商品代蛋鸡)$$

除此以外,目前国内外种禽还有一项生产性能指标——每只入舍的种母禽可提供的健康雏禽数(蛋用种,则为健康的母雏数;肉用种,则为健康的混合雏禽数)。这一指标,一般是指平均每只入舍种母禽在规定的产蛋期内(蛋用种鸡 72 周龄内,肉用种鸡 68 周龄内;蛋用或肉用鸭 72 周龄内;鹅 70 周龄内)提供的健康雏禽数。这一生产性能指标对饲养种禽的单位很有意义。它综合表明种禽的生产性能(产蛋数、合格种蛋数、种蛋的受精率和种禽的存活率)以及孵化效果(入孵蛋健雏孵化率),即种禽的综合生产水平,从而反映种禽场的经济效益。种鸡群不同周龄的正常孵化效果指标(按入孵蛋计)见表 1-11-1。

表 1-11-1　种鸡群不同周龄的正常孵化效果指标　（按入孵蛋计）

项　目	种鸡群周龄（周）				
	24～30	31～39	40～49	50～59	59 以上
入孵蛋孵化率(%)	80.0	88.0	87.0	80.0	77.0
受精率(%)	95.0	98.0	96.0	92.0	90.0
早期死胚率(%)	9.0	3.5	4.0	4.5	5.0
中期死胚率(%)	0.6	0.6	0.6	0.6	0.6
晚期未啄壳死胚率(%)	1.5	3.0	3.0	3.0	3.0
已啄壳(活+死)胚率(%)	1.5	1.5	1.5	1.5	1.5
弱、残、死雏率(%)	0.5	0.5	0.5	0.5	0.5
破、裂蛋率(%)	0.5	0.5	0.5	0.5	0.5
霉菌污染率(%)	0.1	0.1	0.1	0.1	0.1

资料来源:North Carolina State Universtity at Raleiglr Poultry Science

二、胚胎病的诊断程序

胚胎病的诊断程序是:①种禽场和孵化场调查→②照蛋检查→③测蛋失重→④出雏观察→⑤残、弱雏和死雏的外表观察及病理解剖→⑥死胎蛋的外表观察和病理解剖→⑦微生物检查→⑧胚胎死亡曲线分析→⑨雏禽跟踪等 9 项。根据实际情况选项或全部检查、综合分析。并以此作为改善种禽的饲养管理、种蛋管理和调整孵化条件的依据。

(一)种禽场和孵化场的调查

1. 种禽场的调查

(1)种鸡质量调查　从生产记录了解,包括品种、周龄、饲养管理水平、健康状况、营养及光照、公母比例、配种及防疫卫生等方面进行调查,注意可能的异常情况。因属种禽饲养管理方面的内容,在此不一一赘述。

（2）种蛋管理调查　从每天集蛋时间、次数、锐端向上、污染蛋、不合格蛋等方面调查。详见本章第六节的"种鸡场鸡群的种蛋质量监测"。

2. 孵化场的调查　从孵化效果各项指标的水平、种蛋品质和孵化厅的管理技术三方面进行调查。既重视同期的比对（例如同期的不同孵化器、不同种禽群、同一品种的不同周龄、同一孵化器的不同种蛋来源等的对比），又注重不同时期的相应情况的比较，还应通过询问、查阅资料发现各种异常情况，以供综合分析时参考。

（1）孵化效果达标情况　查阅孵化统计资料，了解种蛋受精率、孵化率（受精蛋孵化率、入孵蛋孵化率）、健雏率和死胎率以及种蛋失水率等，并与该批的前些批次的水平作比较。有必要的话，可了解往年同期的水平，并详细记载异常情况。

（2）调查种蛋质量　从种禽管理和种蛋管理两方面，调查入孵前种蛋的品质，以便界定问题是出现在孵化厅还是孵化厅以外。

①种禽生产管理。调查种蛋来源的种禽场情况（见前述）。

②调查种蛋管理。从种蛋来源、品质、消毒、保存、运输等环节了解可能的操作失误。

（3）调查孵化厅的管理　通过查阅孵化记录和询问工作人员，主要是了解孵化工作是否正常，有无出现异常情况或操作失误，并评估其影响程度。

①调查孵化器运行状况。机械系统有无出现故障，控制系统是否失控，提供的孵化温湿度、通风换气、转蛋控制是否适宜、正常。

②调查操作管理。有无消毒操作失误，如在孵化 24～96 小时内消毒种蛋或剂量超标、消毒超时或种蛋不消毒；有无超温现象，若有，则超温持续时间、最高温度值、超温时胚胎所处的胚龄，并采取了哪些措施；了解孵化厅的卫生防疫状况。

③调查异常情况。有无出现风机停转，是否发生停电。若有，

则了解其持续时间、所处胚龄和采取了哪些措施。

（二）照蛋（验蛋）　用照蛋灯透视胚胎发育情况，方法简单效果好。一般整个孵期进行 1～3 次（表 1-11-2）。

表 1-11-2　照蛋日期和胚胎特征

照蛋	孵化胚龄			胚胎特征（俗称）
	鸡	鸭	鹅	
头　照	5	6～7	7～8	黑眼点（俗称"黑眼"）
抽　验	10～11	13～14	15～16	尿囊绒毛膜"合拢"
二　照	19	25～26	28	"闪毛"

1. 照蛋目的与合适时间

（1）照蛋的目的　照蛋的主要目的是观察胚胎发育情况，并以此作为调整孵化条件的依据。头照挑出无精蛋、死胚蛋，特别是观察胚胎发育是否正常。抽验仅抽查孵化器中的不同位置的胚蛋发育情况。二照在移盘时进行，挑出死胎蛋。一般头照和抽验作为调整孵化条件的参考，二照作为掌握移盘时间和控制出雏环境的参考。

（2）照蛋的合适时间　除上述 3 次照蛋之外，还可在第三、第四、第十七和第十八胚龄进行抽验。这对不熟悉孵化器性能或孵化成绩不稳定的孵化场，更有必要。对孵化率高又稳定的孵化场，一般在整个孵化期中，仅在第六至第十胚龄照 1 次蛋即可。孵化褐壳种蛋，可以在第十至第十一胚龄进行头照。采用我国传统孵化法，抽验的次数可适当增加。

（3）照蛋注意事项

第一，为了避免统计资料的缺失，每次检测取出的胚蛋，都要按禽群号分门别类登记入册，以备查阅。对少量的抽验，可仅作记录而不取出胚蛋。

第二，建议制订统一表格，发放孵化场，以利于统一管理。笔者经常碰到一些孵化场,虽然也进行照蛋,但往往缺乏规范的记录资料,失去很多重要信息。

2. 发育正常的胚蛋与各种异常胚蛋的区别　一般观察第五、第十至第十一和第十七胚龄胚胎的发育情况。

(1)发育正常的活胚蛋　剖视新鲜的受精蛋,肉眼可见蛋黄上有一中心位置透明、周围浅暗的圆形胚盘(有明显的明暗之分)。头照可看到明显的黑眼点,血管呈放射状,蛋色暗红(插页 2 的第五胚龄照蛋彩图及图 1-11-1A)。抽验时,尿囊绒毛膜"合拢",整个蛋除气室之外布满血管(插页 4 的第十胚龄照蛋彩图)。二照时,气室向一侧倾斜、有黑影闪动,胚蛋暗黑(插页 7 的第十九胚龄照蛋彩图)。

(2)弱胚蛋　头照胚体小,黑眼点不明显,血管纤细(图 1-11-1B),或甚至看不见胚体和黑眼点,仅仅看到气室下缘有一定数量的纤细血管。胚蛋色浅红。抽验时,胚蛋的锐端淡白(尿囊绒毛膜未"合拢")。二照时,气室比发育正常的胚蛋小,且边缘不整齐,可看到红色血管。因胚蛋锐端仍有少量蛋白,所以照蛋时,胚蛋锐端浅白发亮。

(3)无精蛋(俗称"白蛋")　剖检新鲜种蛋时,仅见一圆形透明度一致的胚珠(插页 1 彩图);照蛋时,蛋色浅黄、发亮,看不到血管和胚胎。蛋黄影子隐约可见(图 1-11-1C);头照多不散黄,而后黄散。

(4)死胚蛋(俗称"血蛋")　头照只看到黑色的血环(或血线、血点、血弧)紧贴壳上,有时可看到死胚的小黑点贴壳静止不动,蛋色浅白,蛋黄沉散(图 1-11-1D)。抽验时,看到很小的胚胎与蛋黄分离,固定在蛋的一侧,蛋的锐端发亮。二照时,气室小而不倾斜,其边缘模糊,色粉红、淡灰或黑暗。胚胎不动,见不到"闪毛"。

(5)破蛋　照蛋时可见破孔或呈树枝状裂纹,有时气室跑到一侧。

(6)腐败蛋(污染蛋)　整个蛋色褐紫,有异臭味,有的蛋壳破裂,表面有很多颗粒状的黄黑色渗出物。

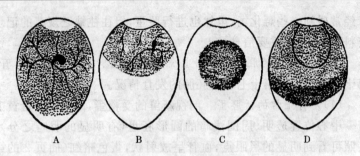

图 1-11-1　发育正常活胚与各种异常胚蛋　（鸡胚，头照）
A. 正常活胚蛋　B. 弱胚蛋　C. 无精蛋　D. 死胚蛋

3. 照蛋时的剖检　头照胚蛋的剖检可用裂纹蛋、无精蛋和死胚蛋，其目的是了解胚胎发育及早期胚胎死亡原因，尤其应重视死胚蛋的病理剖检。表 1-11-3 的统计，仅适用于机械（真空吸蛋器）码盘，种蛋从种禽场运输到孵化场，直接经真空吸蛋器将种蛋码到孵化蛋盘中，未经孵化厅工作人员手工选择、码放。因此，出现的不规范操作，均属于种禽场原因。从表中的数据、项目可以了解到如下信息：种蛋受精蛋（数）率、死胚（数）率、裂纹蛋（数）率、锐端向上放置（数）率和不合格蛋（数）率，据此了解种禽场的种蛋管理问题。但国内仅有极少数孵化场采用真空吸蛋器码盘，若采用表 1-11-3 的统计项目，则无法分辨表中的"裂纹蛋（数）率、锐端向上放置（数）率和不合格蛋（数）率"等项，是种禽场还是孵化场的操作失误。

笔者建议：凡是种蛋采用人工码盘法的孵化场应：①接收种蛋后验收时，随机抽测几盘（或 10%）种蛋，统计裂纹蛋（数）率、锐端向上放置（数）率和不合格蛋（数）率，再统计这批种蛋各项的总数和发生率，并反馈给种禽场；②人工码盘过程中，统计裂纹蛋（数）率、锐端向上放置（数）率和不合格蛋（数）率；③照蛋后，统计受精率、死胚（数）率、裂纹蛋（数）率、锐端向上放置（数）率。前两次数据，系种禽管理随意所致，并分析前两次数据的一致性程度，以便了解接收种蛋后验收时的抽测的代表性。照蛋时的裂纹蛋(数)率、锐端向上放置(数)率,则是孵化场管理问题。至于受精率、死胚(数)率,需作具体分析。例如受精率低绝大多数是种禽管理原因,但也有可能是孵化管理不当造成的(孵化早期遇到高温)。同样,死胚率既可能是种蛋收集、保存、运输的问题也可能孵化早期温度过高所致。

　　另外,有人主张将剖检新鲜种蛋作为孵化场有效的管理方法,笔者认为,该法仅可大致辨认受精蛋,但由于误差大、难辨别和耗种蛋,故它仅在种禽开产后要留种蛋之前或种禽患病治疗及病愈恢复期或突然受精率骤降等特殊情况下,作为非常规的应急调查。

表 1-11-3　照蛋检查统计表

入孵时间及批次:　　　　　　　入孵器号:　　　年　月　日

禽群号	入孵蛋数	受精蛋		死胚蛋		裂纹蛋		锐端向上		不合格蛋	
	(枚)	(枚)	(%)	(枚)	(%)	(枚)	(%)	(枚)	(%)	(枚)	(%)
合　计											
平均(%)											

品种(周龄):　( )；　( )；　( )；　( )　孵化场 _____

注:①本表设计同时入孵 3 个禽群；②按禽群照蛋,并各类蛋分别放置、统计

　　(三)胚蛋在孵化期间的失重　　在孵化过程中,由于蛋内水分蒸发,胚蛋逐渐减轻,其失重多少,依孵化器内的相对湿度、蛋重、蛋壳质量及胚胎发育阶段而异。

　　孵化期间胚蛋的失重不是均衡的,孵化初期失重较小,第二周失重较大,而第十七至第十九胚龄(鸡)失重很多。第一至第十九胚龄,鸡胚胎失重 12%～14%。蛋在孵化期间的失重过多或太少

均对孵化率和雏鸡质量不利。我们可以根据失重情况，间接了解胚胎发育和孵化的温、湿度是否恰当。

蛋失重的测定方法有：蛋重称量法、照蛋目测法、外观观察法（观察喙壳位置，观察初生雏绒毛、体型和喙、胫、趾）和公式计算法等。

1. 蛋重称量法　一般称 100 枚以上的胚蛋。先称一个空载孵化盘重量，再称码盘后总重量，减去空载孵化盘重量，得出入孵前种蛋的净重。某一胚龄称该盘蛋重量，减去孵化蛋盘重量，得出蛋重，计算该胚龄胚胎的失水率。

此外，鸡第十四至第十八胚龄失水与整个孵化期的每天平均失水相近。因此，若仅测 1 次，可在孵化的第十四至第十八胚龄进行。但为了比较有代表性，一般整个孵化期可在第七和第十四胚龄和移盘时（如第十九胚龄）共 3 次监测失水。可见此法虽然测量精确，但较繁琐。还应注意，有时在相同湿度下，蛋的失重可能相差悬殊，而且受精蛋与无精蛋的失重并无明显差别。所以，不能以失重的多少作为胚胎发育是否正常或影响孵化率的惟一标准，要参考其他因素综合分析。

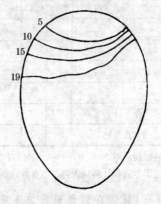

图 1-11-2　孵化期间气室的变化（鸡）

2. 照蛋目测法　一般有经验的孵化人员，可根据照蛋时气室的大小以及孵化后期的气室形状，来了解孵化湿度和胚胎发育是否正常。图 1-11-2 的曲线和数字，表示正常胚蛋不同胚龄气室的大小。该法快速可行，但需一定经验才较准确。

3. 外观观察法　在出雏期间，可通过察看种蛋啄壳部位以及出雏后雏鸡的状态,来评估种蛋的失水率。该法也能较准确地了解种蛋的失水率,但已经无法改变现状。仅可作为以后定湿时参考。

(1)观察啄壳位置　如果70%以上的胚蛋啄壳部位处于蛋壳的中部最大横径附近,说明胚蛋失水合适,若啄壳部位处于蛋壳上部或下部,则表明胚蛋失水偏低或偏高。若啄口多黏液,系孵化湿度过高、胚蛋失水不够。

(2)观察初生雏　雏鸡绒毛蓬松、长短适中,体躯既不臃肿又不干瘪,总之凡属健雏都说明胚蛋的失水适度。倘若初生雏禽体躯或臃肿或干瘪、蛋白或蛋壳碎块或壳膜黏身、脐部愈合不良、"钉脐"严重等,均说明胚蛋失水或过多或太少。若雏鸡跗关节(踝关节)红肿,表明孵化期间种蛋水分失重不够(详见本节后述内容)。

4. 公式计算法　Phillips(1992)建立了计算孵化期胚蛋失水的公式。可通过测定蛋横径(W)以及气室直径(ACD)即可算出失水率(图1-11-3)。

$$失水率(\%) = 常数 \div 0.55495 \times 100\%$$

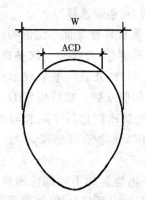

图1-11-3　蛋横径和气室直径的测量

测定时,根据蛋的横径和照蛋灯下测量气室直径,算出ACD÷W值,再查气室直径与蛋横径(ACD/W)比值的相应常数"(见附录四),得出相应常数,然后根据公式算出失水率。

该公式适用于孵化第三至第十六胚龄的失水率计算,与蛋重称量法的绝对误差不超过2%。

(四)出雏期间的观察　观察出雏时间和持续期、啄壳情况、出雏器内的出雏状况和初生雏状态。

1. 出雏时间和持续期　孵化正常时,出雏时间较一致,有明显出雏高峰,俗称出得"脆",鸡胚一般 21 天全部出齐。孵化不正常时,或提前或拖延出雏,无明显出雏高峰,出雏持续时间长,至第二十二胚龄仍有不少未出雏的活胚。

2. 观察啄壳情况

(1)啄壳时间　发育正常的鸡胚一般在第十九胚龄开始啄壳,并在第十九胚龄又 18 小时出现啄壳、出雏高峰。

(2)啄壳位置及形状　孵化正常时,啄口位置应在胚蛋中部附近(最大横径处附近),而且啄口的蛋壳裂痕呈梅花状并逐渐向两侧啄出细缝。

(3)啄口状态　主要观察有无出血、流黏液和蛋壳膜是湿润还是干燥发黄,是否出现粘连现象。

3. 观察出雏器内的出雏状况　主要了解出雏器内不同位置、不同出雏盘的破壳出雏是否一致。

4. 观察初生雏　主要观察脐部愈合、精神状态和体型等(详见本章第九节中"出雏后的管理"的"初生雏选择")。

(五)残、弱雏和死雏的外表观察和病理解剖　无论孵化效果如何,至少每 2 周应对所有鸡群的残弱雏、死雏做一次抽样监测,种蛋品质差或孵化条件不良时,残弱雏、死雏一般表现出病理变化。例如,维生素 B_2 缺乏时,出现脑膜水肿。缺维生素 D_3 时,出现皮肤水肿。孵化温度短期强烈过热或孵化后半期长时间过热时,则出现充血、溢血现象。因此,应定期抽查残弱雏、死雏。残弱雏、死雏监测步骤如下。

1. 抽样　出雏结束后,从同一出雏器的不同部位随机抽样,每个鸡群 4 盘,取出所有死胎蛋(统计、分析见后述"死胎蛋的外表观察和病理解剖"),将残弱雏、死雏留在出雏盘中,并标记好盘号、鸡群号,抽测 50~100 只。

2. 统计　统计每个出雏盘中的残弱雏、死雏的数量。另按鸡群号统计残、弱、死雏的数量。

3. 观测 首先外表观察,然后病理解剖。记录项目见表 1-11-5。

(1)外部观察和记录项目 察看雏禽的精神状态、体型、绒毛、卵黄囊吸收状态、脐部愈合状况和畸形等方面。

①反应。敏捷或呆滞。

②站立姿态。稳健或蹒跚、趴伏、劈叉。雏跗部着地蹲坐头颈后拱向上,俗称"望星"。

③绒毛。绒毛长短适中、洁净蓬松或绒毛过长、过短、污乱、蛋白或蛋壳粘贴("胶毛")。

④体型。适中或干瘪、臃肿。

⑤卵黄囊吸收状态。良好或部分裸露体外俗称"拖黄"。

⑥脐部愈合状况。良好、干燥或未愈合有淤血("钉脐")、脐炎。

⑦畸形雏。Ⅰ. 头小,头呈"望星"状,头盖骨未愈合,脑外露。突眼、单眼、瞎眼。短喙、交叉喙、"鹦鹉喙"、缺上喙、缺下喙、无喙;Ⅱ. 脖子弯曲,脊柱扭曲,侏儒体型;Ⅲ. 跗关节(踝关节)红肿,多腿、腿外张或劈叉,趾弯曲,无翅、多翅、多趾;Ⅳ. 绒毛结节状(俗称"珍珠毛"),绒毛短小。

(2)病理剖检 主要观察皮肤、心、肝、肾、卵黄囊等。

①皮肤。水肿、出血。

②心、肝、肾病变。肿大、充血、出血、尿酸盐沉淀。

③卵黄囊。血管充血、卵黄黏稠。

4. 分析 通过外部观察和病理解剖并综合其他信息,初步确定雏禽死亡的主要原因。

(六)死胎蛋的外表观察和病理解剖 无论孵化效果如何,至少每 2 周对所有鸡群的死胎蛋(俗称"毛蛋")做一次抽样监测(从上述检出的死胎蛋中随机抽检 50~100 枚),有异常情况更应及时检测。其监测步骤如下。

1. 抽样　出雏结束后,从同一出雏器的不同部位随机抽样,每个鸡群 4 盘,取出所有死胎蛋,包括啄壳未出的胚蛋,放在蛋盘上,大头朝上,标记好盘号、鸡群号。

2. 统计　统计每个出雏盘中的死胎蛋的数量。另按鸡群号统计死胎蛋的数量。

3. 观测　从检出的死胎蛋中随机抽样 50～100 枚,首先是外部观察,其次是照蛋检查,最后是病理解剖(也先从外部观察,再做组织器官剖检)。

(1)胚蛋外部观察和记录项目　从啄壳、蛋壳表面和胚雏状态三方面观测。

①啄壳状况。未啄壳或已啄壳。

②啄口形状。啄口蛋壳裂纹呈梅花状或啄口呈深洞。

③啄口状况。蛋壳膜干燥、干净或蛋壳膜干黄、粘连。有淤血,俗称"血嘌";或无淤血、有黏液,俗称"吐清";或无黏液、有蛋黄液流出,俗称"吐黄";或无蛋黄液流出。

④啄口位置。胚蛋中部附近(最大横径附近)的上、中、下。

⑤胚雏状态。活雏或死雏,雏湿润、干爽或雏被蛋白黏住,俗称"胶毛"。

⑥蛋壳表面。外壳有无破裂、粘壳,干净或有血污。蛋色褐紫,甚至有黑色颗粒状渗出物、有异臭味。

(2)胚蛋照蛋观察和记录项目　从尿囊绒毛膜、蛋白吸收、气室和照蛋时胚蛋颜色及透明度四方面观测。

①尿囊绒毛膜发育。照蛋时,该囊血管达到蛋的锐端,俗称"合拢";或未达到蛋的锐端,即未"合拢"。

②蛋白吸收情况。照蛋时,蛋的锐端见不到发亮,俗称"封门";或蛋的锐端淡红、暗红,即未"封门"。

③气室大小及形状。正常或过小、太大或气室倾斜,俗称"斜

口"。

④胚蛋颜色及透明度。蛋色浅白或暗红或暗黑。

照蛋时,若胚蛋颜色暗黑,要注意正确判断胚蛋是腐败蛋还是一般的死胚蛋。照蛋时,孵化达第二周死亡的胚胎呈暗黑色,是循环系统中的血液被氧化所致;而绝大多数腐败蛋呈暗黑色且气孔呈点状黑色、蛋壳表面可能有黑色颗粒状渗出物,尤其是胚蛋具有恶臭味。

(3)解剖胚蛋的观察和记录项目　剥离蛋壳后,先外部观测,检测胚胎发育、确定死亡胚龄和胚胎异位及畸形胚胎;然后剖开,观看组织器官是否有病变。

先用镊子轻轻敲破胚蛋气室处的蛋壳,剥离蛋壳。首先观察内壳膜有无霉斑点,然后剥离内壳膜,进行下列观测。若是活胚,有条件的话,应使用二氧化碳让其安乐死。

①确定胚胎死亡时间。先看是否有鲜红、清晰的血管和胚胎"长相",胚雏喙是否进气室。若看不到胚胎,则用镊子向下剥离蛋壳,将胚蛋的内容物倒入平皿中,观察胚胎组织器官发育(结合上述照蛋),确定胚胎死亡时间。

鸡胚一般按三阶段(第一至第七胚龄,第八至第十四胚龄,第十五至第二十一胚龄)划分胚胎死亡时间(详见本章第七节的"家禽胚胎发育"中的"鸡胚胎发育的主要特征")。

Ⅰ.第一至第七胚龄死亡

ⅰ.第一至第三胚龄前。看不到胚胎、血管或仅见黑色血线、血点、血弧。

ⅱ.第三至第四胚龄。胚体很小,看不到"黑眼"。

ⅲ.第五至第七胚龄。眼睛可见明显的黑色素沉着(俗称"黑眼")、翅与脚可区分。上喙前端可见一白色小点(卵齿)、可见鼻孔、口腔、肌胃,胚胎显示鸟类特征。

Ⅱ.第八至第十四胚龄死亡

ⅰ．第八胚龄。肋骨、肝脏、肺脏和胃明显可辨认。

ⅱ．第九胚龄。雏胸腹腔封闭。

ⅲ．第十胚龄。背与颈、大腿都覆盖羽毛乳头突起、可见龙骨突。

ⅳ．第十一至第十四胚龄。第十一胚龄可见腺胃，冠呈锯齿状，鸡胚开始长出绒毛，分别从背部、身躯、头及身体，至第十四胚龄全身覆盖绒毛。第十二胚龄开始经浆羊膜道从蛋白羊水中吞食蛋白。所以，从第十二胚龄开始的煮熟胚蛋可见蛋白裹身，胃中也见蛋白。

Ⅲ．第十五至第二十一胚龄死亡。分别为，翅成形；见肉垂（肉髯）；胚蛋锐端黑暗，说明蛋白已输送完（俗称"封门"）；气室倾斜（俗称"斜口"）；翅、喙和颈突入气室（俗称"闪毛"）；剩余蛋黄与卵黄囊全部缩进腹腔；雏鸡出雏完毕。

②观察胚胎异位。胚雏正常胎位是，头部埋在右侧翅膀的下面，两腿呈抱头姿势。较常见的胚胎异位有：Ⅰ．头部位于两腿间；Ⅱ．头部位于蛋的锐端；Ⅲ．头在左翼下；Ⅳ．头没朝向气室方向；Ⅴ．两腿在头部的上部；Ⅵ．喙在右翼上。

③畸形雏。畸形雏有：Ⅰ．头小，头呈"望星"状，头盖骨未愈合、脑外露。突眼、单眼、瞎眼。短喙、交叉喙、"鹦鹉喙"、缺上喙、缺下喙、无喙；Ⅱ．脖子弯曲，脊柱扭曲，侏儒体型；Ⅲ．跗关节（跗关节）红肿，多腿，腿外张或劈叉，趾弯曲（俗称"鹰爪"），无翅，多翅，多趾，第三、第四趾有蹼（连趾）；Ⅳ．绒毛结节状（俗称"珍珠毛"），绒毛短小；Ⅴ．卵黄囊外露。

④组织器官的病变。观察绒毛、皮肤、卵黄囊、尿囊绒毛膜、羊水、尿囊液是否混浊，胸腔、腹腔以及内脏等有何病理变化，如充血、出血、水肿、畸形、雏体大小、绒毛生长等。

4. 分析　通过上述的外部观察和病理解剖，初步确定胚胎死亡时间及主要原因，并做好准确的记录（表1-11-4）。出雏日解剖记录表（表1-11-5，表1-11-6）。

表 1-11-4　出雏日胚蛋解剖记录表

（××年××月××日）

鸡群号：　父系：　母系：　周龄：　入孵时间及批次：　出雏器号：

出雏盘号	死胎蛋数			啄壳后		残弱雏	死雏	腐败蛋	备　注
	1～7胚龄	8～14胚龄	15～21胚龄	活	死				
合　计									
（%）									

其他：①受精率　②入孵蛋孵化率　③受精蛋孵化率　④入孵蛋健雏率　⑤死胚（+死胎)率　⑥蛋壳质量问题

孵化场：＿＿＿＿＿＿＿＿＿

注：①本表用于鸭(火鸡)、鹅时，"死胎蛋数"三阶段应为：鸭(火鸡)：1～8～8.5胚龄、9～9.5～18胚龄和19～27.5～28胚龄；鹅：1～9～9.5胚龄、10～10.5～20胚龄和21～30.5～32胚龄。②"其他"项目的计算公式，见本节的"衡量孵化效果的指标"

表 1-11-5　出雏日残、弱雏和死雏外表观察与剖检

记录表 （××年××月××日）

鸡群号：　父系：　母系：　周龄：　入孵时间及批次：　　出雏器号：

外表观察																	
反应呆滞	站立蹒跚	趴伏	劈叉	望星坐姿	绒毛细长	绒毛短小	珍珠毛	胶毛	体型干瘪	体型臃肿	侏儒体型	露卵黄囊	脐未愈合	脐部炎	脐部淤血	头小	单眼	瞎眼

续表 1-11-5

外表观察													病理解剖					
突眼	交叉喙	鹦鹉喙	无喙	多腿	多趾	连趾	趾弯曲	多翅	无翅	皮肤出血	皮肤水肿	脑外露	心脏肥大	心脏出血	肝脏肥大	肝脏充血	肾尿酸盐	肺脏淤血
合计																		
%																		

孵化场：＿＿＿＿＿＿＿＿

注:"统计"中的每项以画"正"字(5次)统计,最后"合计"和计算百分率

表 1-11-6 出雏日-死胎蛋外表观察与剖检记录表 （××年×月×日）

鸡群号： 品种:父系: 母系: 周龄： 入孵时间及批次： 出雏器号：

外表观察与照蛋	未啄壳	已啄壳	啄口梅花状	啄口呈深洞	啄口干爽	啄口有黏液	啄口有淤血	啄口吐黄	啄口在上方	啄口在中部	啄口在下方	胚雏粘连	湿润或干爽	活胚	死胚	腐败	尿囊合拢	尿囊未合拢	蛋锐端封门	蛋锐端浅红	蛋锐端暗红	气室过大	气室过小	气室倾斜	蛋色浅白	蛋色暗红	蛋色暗黑
合计																											
%																											

续表 1-11-6

病理剖检	胎位状态							畸形胚胎													
	头在右翼下	头在两腿间	头在蛋锐端	头在左翼下	头未朝气室	两腿在头上	喙在右翼上	小头	头骨未愈合	突眼	单眼	瞎眼	短喙	交叉喙	鹦鹉喙	无喙	缺上喙	缺下喙	望星坐姿	侏儒体型	踝关节红肿	卵黄囊外露
统计																						
合计																						
%																						

续表 1-11-6

病理剖检	胎位状态						畸形胚胎									组织病变				胚胎死亡时间		
	畸形胚胎																					
	趾弯曲	多趾	多腿	多翅	无翅	结节状绒毛	绒毛短小	绒毛黏着	皮肤水肿	皮肤出血	卵黄囊出血	尿囊出血	胸腹腔闭合	心充血出血	肝充血出血	肾脏尿酸盐	1~7 天	8~14 天	15~21 天
统计																			
合计																			
%																			

孵化场：

注："统计"中的每项以画"正"字(5 次)统计,最后"合计"和计算百分率

(七)死雏和死胚的微生物学检查　详见本章第三节"孵化厅

的微生物学监测"。

1. **微生物学检查的抽样**　定期抽验死雏、死胚及胎粪、绒毛等，做微生物检查。当种禽群有疫情或种蛋来源较复杂或孵化效果较差时尤其要取样化验，以便确定疾病的性质及特点。

2. **微生物学检查的程序**　①病料采集→②涂片染色镜检→③病原微生物分离、培养和鉴定→④实验动物接种或必要时的免疫诊断试验等。

3. **注意事项**　①不用死亡已久的胚蛋；②病料取不同时期的羊水、尿囊绒毛膜和卵黄囊。

（八）死亡曲线分析　孵化正常时的胚胎死亡率较低，早期≤4％，中期≤1％，最后2～3天≤3％～5％。详见下述的"胚胎死亡原因分析"。

（九）雏禽质量跟踪　孵化的最终产品是初生雏，其质量是其重要指标之一，所以，要对雏禽质量进行跟踪。首先检查雏禽颈部以确定免疫部位是否正确和有无漏液。有的单位对出场的雏禽建立质量跟踪卡制度。由饲养员检查弱雏数和1～2周雏禽死亡（数）率、死亡类型及死亡原因，尤其是1～3日龄的情况更反映孵化厅或种禽场的问题。将上述情况反馈给孵化场和种禽场，以便他们采取相应措施。

总之，依据上述9项胚胎病诊断程序，进行综合对比分析，采取排除法，并抓住关键信息，以便最终找出胚胎死亡原因。例如，同一台孵化器的不同种禽舍号（或不同品种）的孵化效果有较大的差异，而且胚胎发育表现营养缺乏现象，说明问题不在孵化厅，也不是种蛋管理问题，而是种禽场的原因。又如同一台孵化器的不同种禽舍号（或不同品种）的孵化效果均很差，则可能问题出在孵化厅。再有，某饲养场向笔者反映，从某孵化场购买商品代蛋雏鸡，孵化场免费赠送100只公雏，结果母雏1日龄开始发病，第一周大量发病和死亡。发病雏鸡表现精神不振，不吃不喝，闭眼垂翅,而公雏仅死了 2 只。因条件所限未做实验室检查。我告诉他们,雏鸡可能是感染了绿脓杆菌病。该病无特殊的临床症状,但从仅感染母雏可以初步诊断为绿脓杆菌病,因为孵化场仅给商品代蛋用母雏注射马立克氏疫苗,公雏不注射疫苗,其原因是注射针头及塑胶管消毒不严所致。后来他们送去做药敏试验时证实该批雏鸡确实感染了绿脓杆菌病。

三、胚胎病的产生原因及分类

(一)胚胎死亡一般原因的分析

1. 整个孵化期胚胎死亡的分布规律　据研究无论是自然孵化还是人工孵化,是高孵化率或是低孵化率鸡群,胚胎正常发育过程中的死亡在整个孵化期不是平均分布的,而是存在两个死亡高峰:第一个高峰出现在孵化前期,鸡胚在孵化第三至第五胚龄;第二个高峰出现在孵化后期,鸡胚在孵化第十八胚龄以后。一般来说,第一个高峰的死亡率约占全部死胚数的 15%,第二个高峰约占 50%。但是,对高孵化率鸡群来讲,鸡胚多死于第二个高峰,而低孵化率鸡群,第一、第二高峰期的死亡率大致相似(图 1-11-4)。其他家禽在整个孵化期中胚胎死亡,也出现类似的两个高峰。鸭胚死亡高峰在第三至第六胚龄和第二十四至第二十七胚龄。火鸡胚死亡高峰在第三至第五胚龄和第二十五胚龄。鹅胚死亡高峰在第二至第四胚龄和第二十六至第三十胚龄。

2. 胚胎死亡高峰的一般原因　第一个死亡高峰正是胚胎生长迅速、形态变化显著时期,各种胎膜相继形成而功能尚未完善。胚胎对外界环境变化是很敏感的,稍有不适,胚胎发育便受阻,以至夭折。第二个死亡高峰正是胚胎从尿囊绒毛膜呼吸过渡到肺呼吸时期。胚胎生理变化剧烈,需氧量剧增,其自温猛增,传染性胚胎病的威胁更突出。对孵化环境(尤其是氧气)需求高,若通风换气、散热不好,势必有一部分本来较弱的胚胎不能顺利破壳出雏。

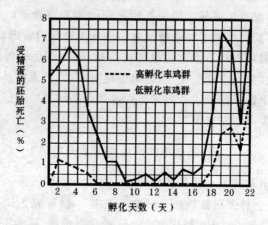

图 1-11-4 白来航鸡的高、低孵化率品系的胚死亡分布曲线

孵化期其他时间胚胎死亡,主要是受胚胎生活力的强弱所左右。

孵化率的高低受内部和外部两方面因素的影响。在自然孵化的情况下,胚胎的死亡率低,而且第一、第二高峰死亡率大体相同,主要是内部因素的影响。而人工孵化,胚胎死亡率高,特别是第二高峰更显著。胚胎死亡是内外因素共同影响的结果。从某种意义上讲,外部因素是主要的,内部因素对第一个死亡高峰的影响大;外部因素对第二个死亡高峰的影响大(图 1-11-5)。

(1)内部因素 影响胚胎发育的内部因素是种蛋内部的品质(胚盘、蛋黄、蛋白),它们是由遗传和饲养管理所决定的。

(2)外部因素 包括入孵前的环境(种蛋保存)和孵化中的环境(孵化条件)。

一般来讲,胚胎的死亡原因是复杂的,较难确认。简单地归于某一因素是困难的,也是不客观的,往往是多种因素共同作用的结果。倘若出现两个死亡高峰超出正常范围或出现其他胚龄的死亡高峰情况,就必须调查分析异常原因。

Gayner R. McDanic(1990)指出,15%孵化率损失的分析结果

是：在全部损失中，7％是蛋破裂和淘汰，40％是无精蛋，27％是胚胎早期死亡，6％是胚胎中期死亡，20％是胚胎晚期死亡。其中无精蛋的损失，主要发生在种鸡开产后最初4～6周和产蛋期后半段时期内，在这两个时期正确地管理好公鸡可以把无精蛋降低到最低限度。

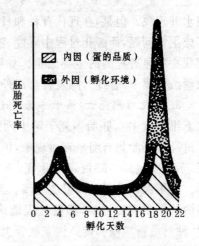

内因（蛋的品质）

外因（孵化环境）

胚胎死亡率

0 2 4 6 8 10 12 14 16 18 20 22
孵化天数

图 1-11-5　人工孵化胚胎死亡原因

（二）孵化各期胚胎死亡原因

1.孵化前期死亡（第一至第六胚龄）　种禽的营养水平及健康状况不良，如缺维生素 A、维生素 B_2 和缺硒；种禽患支原体、新城疫、传染性支气管炎等疾病，种禽饲料加药，如球虫净等；孵化前期温度过高或过低，未转蛋；种蛋保存时间过长，保存温度过高或受冻，种蛋熏蒸消毒不当（在孵化 24～96 小时内消毒、熏蒸过度、时间过长），蛋壳质量低劣造成过度脱水和污染，种蛋运输受剧烈震动，裂纹蛋、窝外蛋、"发汗蛋"。遗传因素，遗传性低孵化率种禽。另外，种蛋受精率和胚胎早期死亡也有关联，受精率愈低，胚胎早期死亡率愈高。事实表明，在输卵管中精子数量很少时，此种关系表现最为明显，这是由于种公鸡超重，精液品质下降和有效交配次数减少的缘故。胚胎早期死亡率应不高于 4％。

2.孵化中期死亡（第七至第十二胚龄）　一般中期死亡率低（通常不高于 1％）。遗传和营养两大因素曾一度是造成胚胎中期死亡的主要原因。如种禽的营养水平及健康状况不良，缺乏维生素 B_2，胚胎死亡高峰在第九至第十四胚龄。缺乏维生素 D_3 时，出现水肿现象。但是,在现代育种和日粮配合条件下,上述两因素已不成主要问题,而孵化过程中温度、湿度和转蛋不当是引起胚胎中期死亡率显著提高的主要因素。如孵化温度过高、通风不良。若尿囊绒毛膜未"合拢",除发育落后外,多系转蛋不当所致。

3. **孵化后期死亡**(第十三至第十八胚龄) 种禽营养不良,如缺乏维生素 B_{12},胚胎多死于第十六至第十八胚龄。气室小,系湿度过高。胚胎如有明显充血现象,说明有一阶段高温,发育极度虚弱,系温度过高。胚蛋锐端啄壳,系通风换气不良或锐端向上入孵。种蛋保存时间长或温度过高。另外,地面蛋、"发汗蛋"和孵化期内的爆裂蛋的污染,移盘过程造成的裂纹蛋,种蛋小头朝上放置,种鸡患新城疫和传染性支气管炎等因素,均影响孵化效果。由于种鸡造成的蛋壳质量不良,不仅能显著提高胚胎后期死亡率,而且影响雏鸡质量。

4. **出雏期异常**(第十九至二十一胚龄)

(1)闷死壳内 ①出雏时温、湿度过高,通风不良。②胚胎软骨畸形,胚位异常。③卵黄囊破裂。④颈、腿麻痹软弱等。

(2)啄壳后死亡 ①若啄口多黏液,系高温高湿所致。②第二十至第二十一胚龄通风不良,二氧化碳浓度过高。③在胚胎利用蛋白时遇到高温,蛋白未吸收完,尿囊合拢不良,卵黄囊未完全进入腹腔。④移盘时温度骤降。

(3)啄壳处有淤血 出雏前3~4天孵化温度偏高,促使鸡胚提前啄壳,扯断未完全枯萎的尿囊绒毛膜血管,造成出血,俗称"血嫖"。

(4)啄口处有外溢的蛋白或蛋黄 前者是出雏期高温,鸡胚反胃吐出蛋白,俗称"吐清";后者是鸡胚受热挣扎,踢破卵黄囊,蛋黄液流出啄口,俗称"吐黄"。

(5)啄壳后无力破壳 雏喙在啄壳洞口,但无力继续啄壳或喘气或已经死亡。原因是:孵化温度低、湿度高、通风不良、转蛋不当、种鸡缺磷以及种蛋锐端向上孵化。

（三）营养性胚胎病　种禽缺乏某些营养物质,其所产的种蛋也营养缺乏,这样的种蛋绝大多数在外观上很难分辨,若孵化则严重影响孵化效果。

胚胎营养不良症状的主要特征是:骨骼软骨早期发生变性,因而产生胚胎肢体短缩,骨骼发育明显受阻。与此同时,其他组织器官营养不良,如羊水稠度高,蛋白、蛋黄利用不完全,蛋黄极度黏稠,皮肤水肿,结节状绒毛(俗称"珍珠毛"),脑膜水肿,肝脏呈灰黄色且质脆,肾脏尿酸盐、磷酸盐沉积。形态学上表现为:胚体小,两肢短缩,关节肿大、畸形,骨干弯曲,上喙向下弯曲呈鹦鹉嘴状,俗称"鹦鹉喙",颅骨开裂,下颌短缩,颈弯曲等。

综合性营养不良胚胎病的特征是:鸡胚不能充分发育,表现为头部膨大,躯体短小,足肢和颈弯曲,"鹦鹉喙",蛋白和蛋黄不能充分利用,蛋黄黏稠,胚胎死亡率增加,相当多的鸡胚出雏前就已经死亡,孵出的雏鸡站立不稳,脐部愈合不良但干燥,足肢粗短,呈"骨短粗症"特征。

1. 缺乏维生素 A　维生素 A 缺乏,导致家禽产蛋率下降,受精率、孵化率降低,肾、眼异常。

(1)新鲜种蛋　蛋黄淡白,血斑蛋增多。

(2)5~6 胚龄　无精蛋多,2~3 胚龄死亡率高,色素沉着少。

(3)10~11 胚龄　胚胎发育略为迟缓。

(4)19 胚龄　发育迟缓,肾有尿酸钙、尿酸结晶沉积物,死胚脚爪、趾颜色变淡。

(5)死胎　眼肿胀,肾有尿酸钙、尿酸结晶沉积物,胎位不正,有活胚但无力破壳而闷死。

(6)初生雏　出雏时间延长,有很多瞎眼、眼病的弱雏。多数器官有尿酸盐、尿酸结晶沉积,尤其是肾脏(肾型痛风)。

2. 缺乏维生素 D_3

(1)新鲜种蛋　蛋壳粗糙,壳薄而脆,易破,蛋白稀薄故蛋黄移动性大,软壳蛋增多。

(2)5～6 胚龄　死亡率稍为增加。

(3)10～11 胚龄　尿囊发育迟缓,10～16 胚龄出现死亡高峰。

(4)19 胚龄　死亡率显著增高,喙畸形,骨骼发育不良,肋骨椎端膨大,荐椎、尾椎向下弯曲。

(5)死胎　胚胎有营养不良特征,足肢短小,生长发育受阻,胚体皮肤出现极为明显的浆液性大囊泡状水肿,皮下结缔组织呈弥漫性增生,肝脏脂肪浸润,肾脏肥大。

(6)初生雏　出雏时间拖延,初生雏软弱,10 日龄雏鸡可发生佝偻症。

3. 缺乏维生素 E　营养不良主要在孵化 7 胚龄前,头照死胚多,胚胎死亡高峰在 1～3 胚龄,第一周与第三周的死亡率相似。鸡胚血管系统异常,出现渗出性素质(水肿)和出血,腹腔积水,皮下结缔组织积聚渗出液。单眼或双眼突出,眼睛的晶体混浊和角膜出现斑点,胚体弯曲。有时胚颈、背部水肿、出血,卵黄囊出血。幼雏失明、呆滞,骨骼肌发育不良,脑软化症,渗出性素质。

4. 缺乏维生素 K　种禽维生素 K 营养不良、种蛋维生素 K 贮备不足时,胚胎在第十八胚龄至出雏期间,因各种不明原因出血而导致死亡。胚胎出血和血凝固时间延长,胚外血管中有血凝块。

5. 缺乏维生素 B_2

(1)新鲜种蛋　蛋白稀薄,蛋壳表面粗糙。

(2)5～6 胚龄　死亡率稍高,第一死亡高峰出现在 1～3 胚龄。

(3)10～11 胚龄　胚胎发育略为迟缓,9～14 胚龄出现死亡高峰,尿囊"合拢"慢,蛋白利用不完全。

(4)19 胚龄　死亡率增高,死胚有营养不良特征,软骨、绒毛卷缩呈结节状("珍珠毛")。

(5)死胎　胚胎有营养不良特征,躯体短小,关节明显变形,颈弯曲,绒毛卷缩呈结节状("珍珠毛"),脑膜水肿,肾脏变性,短喙。

(6)初生雏　侏儒体型,水肿,绒毛卷缩呈结节状("珍珠毛"),雏颈和脚爪麻痹,趾内弯(卷爪麻痹症,俗称"鹰爪"),歪嘴,跗关节(跗关节)着地,雏瘫痪。

6. 缺乏维生素 B_{12}(钴胺素)　胚胎第一周出现死亡,第二、第三周连续出现死亡,死亡高峰出现在 8～14 胚龄和 16～18 胚龄。胚胎体型小,胎位不正,大量胚胎头部位于两腿之间,啄壳难而闷死壳内。鸡胚生长缓慢,皮肤呈弥漫性水肿,肌肉萎缩,缺乏骨骼肌,双肢细小。脂肪肝,心脏扩大并且形态异常。弥漫性出血,卵黄囊、心脏、肝脏均见出血。眼周水肿,骨短粗,短喙、弯趾。

7. 缺乏维生素 B_1(硫胺素)　此病多发生于鸭,尤其是放牧时鸭采食鱼、虾、蛤、蚬,而谷物饲料供应不足时最易发生。因为鱼、虾、蚬肉中含有硫胺酶,能破坏维生素 B_1。其缺乏时,家禽发生多发性神经炎,胚胎 4～5 胚龄后,发育缓慢,逐渐衰竭,死亡率高。胚胎啄壳困难,无法出壳而亡。

8. 缺生物素　鸡胚死亡高峰在 1～7 胚龄和 18～21 胚龄,中期也发生死亡。胚胎体型小,胫骨短缩、弯曲,腿骨、翅骨、颅骨及肩胛骨短缩并扭曲,头在两腿间,第三、第四指间有蹼,"鹦鹉喙",雏绒毛生长不良,肌肉运动失调。

9. 缺泛酸　对种鸡产蛋无明显影响,但种蛋孵化率降低,在孵化 14 胚龄时死亡。胚胎短小,肝脏变性,死胚皮下出血和严重的水肿。轻度缺乏的初生雏极度虚弱,很难存活。

10. 缺叶酸　鸡胚死亡高峰在 18～21 胚龄。其他症状与缺生物素相似。上颌骨畸形,胫骨、跗骨(大跖骨)弯曲,腿弯曲,骨短粗,喙变形、弯曲,第三、第四指间有蹼,"鹦鹉喙",许多胚外表正常,但喙入气室后很快死亡。雏火鸡表现特征性的颈麻痹,且 2 天内死亡。

11. 缺钙　蛋壳薄而脆,蛋白稀薄。胚胎 1 周和后期死亡高。腿短粗,翼与下喙变短,翼与腿弯曲,额部突出,颈部水肿,腹部肿大突出,矮小雏,骨或喙太软。

12. 缺磷　鸡胚 14～18 胚龄死亡高。喙和腿软弱。

13. 缺锌　羽毛、骨骼发育不良,大量胚胎畸形,胚胎躯体和腿肢发生变形,长骨短而粗,绒毛呈簇状。当种禽日粮含有过量的钙、磷和高水平的植酸时,呈现营养缺乏的胚胎异常。缺锌胚胎可能只有 1 个头和完整内脏,但除了几个脊椎外无脊柱,并且没有翅膀、体壁或腿。

14. 缺锰　鸡胚死亡高峰在 18～21 胚龄,孵化率极低。胚胎软骨营养不良,短翅,腿短粗,短下颌,"鹦鹉喙",球形头,水肿,腹下陷或外突、有腹水,绒毛异常,短呈棒状。雏神经功能紊乱,类似脑软化病。

15. 缺硒　鸡胚渗出性素质(水肿)。雏伏卧在地,双腿后伸并弯曲向上,生长不良和羽毛发育不良。幼龄火鸡的肌胃与心脏呈白肌病。

16. 硒过量　硒过量造成畸形,矮小,下喙太短或缺失,翅骨、腿骨过短。弯趾,水肿,死亡率高。

17. 烟酸缺乏或过量　存在品种差异,如白来航鸡胚胎主要死于孵化后期,洛岛红鸡胚胎主要死于孵化早期,若继续缺乏,孵化后期也死亡。若烟酸过量也会造成胚胎死亡和孵化率下降。

18. 缺镁　孵化率严重下降,19～20 胚龄出现死亡高峰。雏鸡生长缓慢,经常发生短暂的惊厥并伴有气喘,最终进入昏迷状态,有时以死亡而告终。

19. 蛋白中毒

(1)新鲜种蛋　蛋白稀薄,蛋黄流动。

(2)19 胚龄　死亡率增高,脚短而弯曲,"鹦鹉喙",蛋重锐减。

(3)死胎　胚胎营养不良,脚爪短而弯曲,腿关节变粗,"鹦鹉喙",绒毛基本正常。

(4)初生雏　弱雏多,并且脚和颈麻痹。

禽营养性胚胎病见表 1-11-6。

表 1-11-6　营养缺乏与胚胎病

缺乏现象	早期胚胎死亡	中期胚胎死亡	晚期胚胎死亡	水肿	骨骼发育不良	绒毛不正常	趾弯曲	鹦鹉喙	绒毛不正常	出血血管问题	矮小雏	短喙	头在两腿之间	突眼	三四趾间有蹼	骨或喙太软
缺维生素 A	*									*						
缺维生素 D₃					*											
缺维生素 E	*														*	
缺维生素 K										*						
缺维生素 B₂		*			*		*						*			
缺维生素 B₁₂		*	*								*					
缺生物素	*	*	*				*							*		
缺泛酸								*	*							
缺叶酸			*		*				*						*	
缺　钙			*		*											*
缺　磷			*													*
缺　锌					*	*										
缺　锰			*	*	*											
缺　硒					*											

资料来源:North Carolina State Universtity at Raleiglr Poultry Science

(四)传染性胚胎病

1. 分类及主要的胚胎病

(1)分类　按病原可分为细菌性、病毒性和霉菌性 3 类。病原体传染途径又分为垂直传染和水平传染。垂直传染,即蛋形成过程以内源性途径侵入蛋内;水平传染,即蛋产出禽体外之后,以内源性途径侵入蛋内或附着于蛋壳表面。

(2)主要的胚胎病　①垂直传染的有沙门氏杆菌病(雏白痢和

鸡沙门氏杆菌)、马立克氏病、白血病、传染性喉气管炎、副伤寒、禽脑脊髓炎、产蛋下降综合征；②水平传染的有葡萄球菌、大肠杆菌、绿脓杆菌、副伤寒杆菌和多种霉菌。

2. 胚胎病变　胚胎因传染病死亡时，一般病变有：①尿囊肿大并积水，其中有细小的组织增生病灶或污斑状坏死；②蛋黄、蛋白和羊水均呈浑浊，羊水还常混有血液；③胚胎体表充血；④皮肤与皮下结缔组织出血；⑤心脏、肝脏及其他内脏器官坏死、心包积水；⑥脐部发炎。

3. 胚胎病的固有特征　在病理形态学上具有区别于其他胚胎病的固有特征：①可分离出病原体；②胚胎进行性、破坏性病变较明显；③胚胎反应和渗出现象较强烈；④部分胚胎肿大。

另外，传染性胚胎病的诊断仅靠临床症状和解剖检查往往是不够的，应尽可能通过微生物学检查加以确诊。

4. 传染性胚胎病的分类及病变

(1)细菌性胚胎病

①沙门氏杆菌病。经种蛋垂直传播。死亡高峰出现在 19～20 胚龄。孵化早期死亡的可见蛋黄凝结，胚胎发育受阻，孵化后期大量死亡，肝、脾肿大，并且在这些脏器和心、肺出现细小的坏死结节。胆囊肿大数倍，其内充满浓稠的墨绿色胆汁。尿囊、输卵管、肾、直肠和泄殖腔有白色的尿酸盐沉积。雏鸡 7 日龄前发生白痢病。从胚内可分离出沙门氏杆菌。

②副伤寒。主要发生于水禽，经种蛋垂直传播。胚胎主要在孵出前死亡，可高达 85％～90％。胚胎尿囊肿胀、充血，肝脏颜色不均，并且有灰白色的坏死点，脾脏肿大，胆囊因胆汁蓄积而充盈，心、肠偶有点状出血。从肝、脾、心、胆囊和蛋黄接种培养时，可分离出病原体。

③慢性呼吸道病。胚胎死亡高峰在 18～21 胚龄。胚胎可见关节化脓肿大，肝脏、脾脏肿大，肝坏死，心包膜炎，全身水肿。气

囊粘连,囊内多有灰白色伪膜沉积物。生长发育迟缓,体型短小,因呼吸道内干酪样渗出物堵塞气管,导致胚胎啄壳时死亡。实验室培养,在尿囊绒毛膜和卵黄囊中可发现霉形体。

④大肠杆菌病。胚胎各部位出现广泛性坏死灶,蛋白、蛋黄变稀薄。孵化15胚龄死亡,表现皮肤充血,羊膜腔出血,肝脏坏死。

⑤绿脓杆菌。绿脓杆菌广泛存在于自然界中,很容易污染种蛋、孵化器、雏鸡疫苗接种用具等。在国内有大量报道关于初生雏鸡感染绿脓杆菌病,其中绝大多数是由于马立克氏病免疫时,注射针头及塑胶管消毒不严以及免疫环境不卫生所造成的。该病给孵化场带来很大的经济损失。

该病无特征性的临床症状与病理变化,病雏一般表现精神不振之类症状,一般24小时内发病,2～4日龄雏鸡大批死亡。该病确诊必须做实验室检查。取病死雏的肝脏做革兰氏染色,镜检可见革兰氏阴性杆菌,细菌分离培养可见圆形光滑的菌落,产生绿色水溶性色素和芳香气味。通过对致病菌的分离培养,根据其形态、染色特性,以及在普通培养基上能产生绿色水溶性色素和散发出特殊的生姜气味,可确诊。该菌易产生耐药性,因此,投药前需做药敏试验,筛选出对该菌株敏感的药物用于临床治疗,以减少经济损失。

(2)病毒性胚胎病

①禽脑脊髓炎(AE)。是由禽脑脊髓炎病毒引起的胚胎病。经蛋垂直传播。孵化1胚龄和19～21胚龄出现死亡高峰,表现为"血环死胚蛋"增加。侵入鸡胚3～4天后,病胚发育不全、瘦小、躯体出血、卵黄囊出血、脑软化、水肿和胶质细胞增生、肌肉萎缩、肿胀、断裂、横纹消失和坏死。雏鸡在出雏后7天内出现目光呆滞,出现由于肌肉不协调引起的渐进性共济失调,跗关节(跗关节)坐姿或行走,头颈震颤等神经症状。

②鸡新城疫(NDV)。死胚器官充血,头水肿,肢体有许多出

血点,羊膜腔充满淡红色或暗红色液体,肝脏、胸膜腔浆膜布满出血点,重症病例,全身充血。

③鸡产蛋下降综合征(EDS)。经蛋垂直传播。种鸡产蛋明显减少,蛋壳质量降低,壳薄易破碎,软壳和无壳蛋增多,种蛋锐端出现环形带状隆起,并常有细小的裂纹。鸡胚发育不良,胚体卷缩,死胚充血、出血。

④鸭病毒性肝炎(DHV)。经种蛋垂直传播,亦有认为仅水平传播。种蛋带病毒率为 10%～60%,死亡率可高达 50%。死胚尿囊液增多呈淡绿色,卵黄囊缩小,其内容物黏稠,肝脏呈灰黄色或暗灰色,并披有青绿色或淡黄色的纤维素性条状物,以致病变部位呈现网状结构外观。心脏为淡玫瑰色。胚外膜水肿。

Ⅰ.死于 10～15 胚龄时。胚胎点状出血、水肿(出血多在头、腿、羽毛乳头),卵黄囊血管扩张、充血。

Ⅱ.死于 15 胚龄之后。尿囊液呈浅绿色或乳白色、黏稠而透明,胚发育不全,有时后肢肌肉萎缩,头部淤血,肝肿大色浅褐或暗绿,色泽不匀,尿囊绒毛膜血管充血,卵黄囊充血,蛋黄暗绿色。

(3)细菌和霉菌性胚胎病

①脐炎。葡萄球菌、大肠杆菌、曲霉菌、变形杆菌、伤寒杆菌等微生物都可以导致脐炎,甚至营养缺乏或孵化失误,尤其是卫生状况较差时,都可能促进脐炎的发生。

病理剖检可见:脐部愈合不良、潮湿有异味,脐部发炎,其周围呈现炎性肿胀,局部皮下有胶样浸润和黏液,有时出现出血性浸润。病灶周围呈紫红色水肿且有坏死灶。卵黄囊壁肿胀、血管充血,卵黄青绿色或污褐色。1 日龄雏禽腹大,泄殖腔肿胀,卵黄吸收不良。有时脐带口被黑色的结痂掩盖或脐孔未完全愈合,被血凝块堵塞。细菌培养可发现病原体。

②曲霉菌病。水禽易感。胚蛋感染后多在 36～48 小时死亡。种蛋保存和孵化时,曲霉菌可由蛋壳气孔侵入蛋内,受感染的种蛋

的蛋壳膜可见曲霉菌菌落的黑点，气室有呈暗绿至黑色的真菌膜状的菌落，湿度低时，气囊中的真菌形成小绒毛状的菌丝体。胚胎水肿，有时出血，羊水呈暗绿色或黑色，内脏器官有浅灰色结节。由于霉菌大量繁殖，使鼻孔和耳管发生典型性阻塞，眼角膜表面有时也出现霉菌增殖的现象。蛋保存过程中也可能受到感染，使种蛋腐败和蛋内容物出现蓝绿色的斑点，孵化中、后期腐败蛋破裂，污染其他种蛋和孵化设备。

③卵黄囊感染。卵黄囊感染是由于种蛋和孵化设备消毒不严，沙门氏杆菌、大肠杆菌、葡萄球菌和变形杆菌侵入造成的。病胚表现：卵黄囊膜变厚，血管出血，蛋黄呈青绿色或污褐色，且吸收不完全，脐部肿胀。弱、死雏多，腹大皮薄、色青紫，脐孔破溃、污秽。幼雏大多于 7 日龄内死亡。

(五)遗传性胚胎病　利用纯系时，鸡的畸形和缺陷可达 20%～30%，多见于孵化 19～20 胚龄。病胚表现：上、下喙变短，眼增大，脑疝，胚胎发育不全，四肢短缺，缺羽，翅萎缩，骨骼佝偻和神经麻痹。

(六)种蛋管理和孵化管理原因引起的胚胎病

1. 种蛋管理原因引起的胚胎病

(1)种蛋保存时间长

①新鲜种蛋。气室大，系带和蛋黄膜松弛，壳质变脆，pH 值低。

②5～6 胚龄。很多胚胎死于 1～2 胚龄，受精率下降。剖检时胚盘表面有时有泡沫。

③10～11 胚龄。胚胎发育迟缓。裂纹蛋被细菌污染而出现腐败蛋。

④19 胚龄。胚胎发育迟缓，胚体不能分化。胎位不正。

⑤初生雏。出雏持续时间长，出雏提前或拖延。雏品质不一致。绒毛黏有蛋白。

(2)种蛋受冻

①新鲜种蛋。很多蛋的外壳冻裂,蛋壳表面有时可看到冻结的蛋白。

②5～6胚龄。孵化头几天胚胎大量死亡,尤其是1胚龄。卵黄膜破裂。

(3)种蛋运输不当 种蛋搬运撞裂对孵化的危害是很明显的。通常孵化率降低2%～3%。孵出的雏鸡质量也会下降20%左右。许多雏跗关节磨破。雏鸡的跗关节红肿发炎,是撞裂蛋或蛋壳膜脱水蛋孵出的雏鸡的重要特征。

①新鲜种蛋。气室流动,系带断裂,甚至蛋黄沉散、蛋壳破裂,蛋白外流。

②5～6胚龄。胚胎死亡率高。

2. 孵化管理技术原因引起的胚胎病

(1)孵化温度控制失误

①入孵器孵化温度控制失误。胚胎早期或中期死亡,很多胚胎未啄破气室死亡,提前出雏,但有时推迟出雏,有时胎位不正。蛋白粘雏,脐炎腹大雏软,短绒毛。

②出雏器孵化温度控制失误。胚胎啄破气室或啄壳后死亡率高,脐部愈合不良,出雏推迟。

(2)1～2胚龄的孵化温度过高

①5～6胚龄。部分胚胎发育良好。畸形多,粘贴壳上,死胚暗红色。

②19胚龄。头、眼和腭多见畸形。

③死胎。头、眼和腭多见畸形。

④初生雏。出雏提前,多畸形,如无颅,脑外露,无眼或独眼,缺上喙,交叉喙,无肢体。

(3)3～5胚龄的孵化温度过高

①5～6胚龄。多数发育良好,亦有充血、溢血、异位现象。

②10～11 胚龄。胚胎发育偏快,尿囊绒毛膜"合拢"提前。

③19 胚龄。异位,心、肝和胃变态、畸形。

④死胎。异位,心、肝和胃变态、畸形。心、肾肥大。

⑤初生雏。出雏提前,但出雏时间拖延。

(4)孵化短期高温

①5～6 胚龄。胚胎干燥而黏着壳上。

②10～11 胚龄。尿囊绒毛膜血管高度充血、血液呈暗黑色,且凝滞。

③19 胚龄。皮肤、肝脏、脑和肾脏等脏器,有点状出血或弥漫性出血。出雏器短时间超温或低温时,啄壳中途停止,胚胎或活或死。

④死胎。异位,头弯曲于左翼下或两腿之间。皮肤、心脏有点状出血。

⑤初生雏。出雏提前,残、弱雏多。

(5)孵化后半期长时间温度过高

①5～6 胚龄。胚胎发育正常。

②10～11 胚龄。胚胎发育正常。

③19 胚龄。啄壳早,内脏充血。

④死胎。破壳时死亡多,蛋黄吸收不良,心脏、肠和卵黄囊充血。

⑤初生雏。出雏较早但拖延,先出壳的雏鸡脱水,到饲养场后因抢水弄湿羽毛,扎堆而产生过热最终成僵鸡。雏腹大、弱小、粘壳、绒毛短。脐部潮湿、愈合不良且出血,壳内有血污。

(6)孵化温度偏低

①5～6 胚龄。气室过大,胚胎发育很迟缓。

②10～11 胚龄。胚胎发育很迟缓,尿囊绒毛膜充血、未"合拢"。

③19 胚龄。胚胎发育迟缓,气室边缘平齐,蛋白利用不完全。

④死胎。很多活胚但未啄壳。尿囊绒毛膜充血,心脏肥大,蛋黄吸入呈暗绿色,胚蛋锐端残留胶样蛋白。

⑤初生雏。出雏晚且拖延。雏弱(俗称"棉花鸡"),脐带愈合不良,腹大有时腹泻,颈部水肿,蛋壳表面污秽。

(7)孵化相对湿度控制失误

①入孵器孵化相对湿度控制失误。早期死亡,未啄破气室或啄破气室后死亡,或多(或少)啄壳后死亡,出雏大多拖延也有提前出雏,蛋白粘身,雏太大或太小。

②出雏器孵化相对湿度控制失误。胚雏啄壳后死亡,出雏拖延,脐部愈合不良,脐炎,雏软弱,腹大。

(8)孵化湿度过高

①5~6胚龄。气室过小。

②10~11胚龄。尿囊绒毛膜"合拢"迟缓,种蛋失水不足、气室过小。

③19胚龄。气室边缘平齐且小。蛋重减轻少。羊水黏稠、胶冻样。

④死胎。啄壳时啄口多黏液,喙和体表粘贴壳上或闷死壳内。嗉囊、胃和肠充满气体或黏性液体。

⑤初生雏。出雏晚且拖延。出雏困难导致雏鸡跗关节(踝关节)红肿,雏或无力破壳而亡或成弱雏,造成生长不良,饲料转化率低,且雏常会发生股骨头坏死,最终导致加工厂的废弃率升高。此情况多出现在冬季,而夏季较少见。绒毛长且与蛋壳黏着,腹大软弱无力(俗称"棉花鸡"),站立不稳,脐部愈合不良,卵黄囊破裂蛋黄流出,俗称"拖黄",增加脐部感染,影响雏鸡质量。

(9)孵化湿度偏低

①5~6胚龄。胚胎死亡率高,充血并黏附壳上。气室大。

②10~11胚龄。蛋重损失大,气室大。

③19胚龄。蛋重损失大,气室大。

④死胎。蛋壳膜干黄并与胚胎黏着,破壳困难,绒毛干短。出雏器内湿度偏低时,啄壳中途停止,胚胎或活或死。

⑤初生雏。出雏早,雏弱小、干瘪、活力低,绒毛干燥、污乱、发黄,雏禽脱水。

(10)20～21胚龄温度偏高,湿度偏低　雏体粘贴蛋白(俗称"胶毛")或粘有蛋壳,双眼闭合(出雏器内绒毛飞扬或熏蒸消毒,也会引起雏禽双眼闭合)。雏脱水(雏禽在出雏器内停留时间过长也会造成雏禽脱水)。

(11)通风换气不良　可能造成胚胎早期、中期死亡,未啄破气室或啄破气室后死亡或啄壳后死亡。胎位不正,弱雏,出雏不一致。若通风不良湿度过高,孵化器内二氧化碳不易排出,新鲜空气不易进入孵化器内,使雏鸡缺氧,导致腹水症,而造成大量死亡。通风不好,出雏过程温度过高会造成气囊炎和败血症,也降低法氏囊病的免疫功能。

①5～6胚龄。死亡率增高。

②10～11胚龄。在羊水中有血液。

③19胚龄。在羊水中有血液。内脏充血,胎位不正。

④死胎。胚胎在蛋的锐端啄壳,多闷死于壳内。啄壳中途停止,胚胎或活或死。

⑤初生雏。雏鸡出雏不集中且品质不一致。雏腹大、站立不稳、脐部吸收不良,蛋白黏着绒毛。

(12)转蛋不正常　可能胚早期、中期死亡,啄壳后死亡,胎位不正。

①5～6胚龄。卵黄囊黏附于壳膜。

②10～11胚龄。尿囊绒毛膜"合拢"不良。

③19胚龄。尿囊绒毛膜外有黏着剩余蛋白。胚胎异位,胚雏锐端啄壳。啄壳中途停止,胚胎或活或死。

④初生雏。雏体表与蛋壳粘连。

(13)卫生条件差

①5～6 胚龄。胚胎死亡率增加。

②10～11 胚龄。腐败蛋增加。

③19 胚龄。胚胎死亡率增加。

④死胎。胚胎死亡率明显增加。

⑤初生雏。雏软弱无力（俗称"棉花鸡"），脐部愈合不良、潮湿有异臭味，脐炎。

（七）孵化中不正常现象与其产生的原因

1. 腐败蛋（污染蛋）

（1）危害　孵化场是细菌等微生物生长繁殖的理想场所，当种蛋和孵化环境受到污染时，就会产生腐败蛋或胚胎后期感染造成胚胎大量死亡。一般在 12～13 胚龄前后或移盘时发生爆裂。正常胚蛋受爆裂蛋的污染，主要特征是造成 15 日龄以后的鸡胚死亡及引起刚孵出的雏鸡脐部和卵黄囊感染。雏鸡出壳之后，曲霉菌病或雏鸡肺炎是后期污染的主要结果。

（2）原因　污染因素有：①脏蛋、破蛋或裂纹蛋，蛋被细菌污染；②蛋未消毒或消毒不当，洗蛋方法不当或洗蛋液、用具高度污染；③种蛋保存时间太长；④孵化器污染；⑤喷水降温时，水珠溅到种蛋上；⑥其他因素有，湿的出雏盘、湿的雏鸡传送带、潮湿雏鸡盒或垫料。

2. 无精蛋　无精蛋应不超过种蛋总数的 5%，主要发生在种鸡开产后最初 4～6 周和产蛋后期。

主要原因：①产蛋早期受精率低下的主要原因是公鸡未性成熟；②而产蛋后期受精率低下则是公鸡死亡过多或体重过大，导致有效交配率下降；③蛋未受精，公母比例不合适，或体型相差悬殊或公鸡腿脚问题，造成不能正常配种，种禽年龄大或患病或营养不良；④公禽精液品质差，采精操作不当或输精操作失误；⑤种蛋保存期太长，种蛋消毒过度或在孵化 24～96 小时内消毒或消毒时间过长；⑥胚胎在入孵前或入孵30小时内、血管未形成之前就已经死亡，误认为无精蛋。

3. 胚胎死于7～14胚龄　①种禽营养不良、患病；②孵化器内温度过高或过低，入孵前种蛋未经冷却；③供电故障；④未转蛋；⑤通风不良，二氧化碳过高。

4. 气室过小　移盘时气室未小于种蛋的1/3。①种禽营养不良；②蛋重太大；③1～19胚龄相对湿度过高或温度过低；④青年种鸡种蛋因致密度高，故蛋内水分损失小，因而气室小。

5. 气室过大　①蛋重太小；②1～19胚龄相对湿度过低或温度过高。

6. 雏鸡提前出雏　蛋重太小。温度计不准确，1～19胚龄温度过高或相对湿度过低。种蛋保存期间温度过高，胚胎已发育。

7. 雏鸡延迟出雏　①蛋重太大；②室温多变，温度计不准确；③种蛋保存时间长；④整个孵化期温度过低或相对湿度过高；⑤若出雏持续时间长，是种蛋大小不一致，种禽品种和周龄各异。

8. 死胚充分发育但喙未进气室　①种禽营养不良；②1～10胚龄温度过高，19胚龄相对湿度过高；③种蛋锐端向上孵化。

9. 死胚充分发育并且喙在气室内　①种禽营养不良；②通风换气不良；③20～21胚龄孵化温、湿度太高；④1～18胚龄孵化相对湿度太低；⑤胚胎受感染，软骨畸形，颈、腿麻痹、软弱；⑥胎位不正；⑦卵黄囊大部分未缩入腹腔里，胚胎未啄壳，在18～21胚龄死亡。

10. 雏提前啄壳　①种蛋重太小；②种蛋保存期间胚胎已发育；③1～19胚龄温度过高或相对湿度过低。

11. 雏啄壳后死亡　①种禽营养不良,缺磷、硒、叶酸、泛酸、生物素；②蛋壳太薄；③种禽患病；④1～14胚龄未转蛋；⑤种蛋锐端向上孵化；⑥1～19胚龄孵化温度不当，20～21胚龄温度过高、相对湿度太低或太高,若啄口多黏液系高温高湿;⑦20～21胚龄通风不良、二氧化碳过高;⑧遗传上的缺陷,存在致死基因;⑨胚雏虽然已经啄壳但无力扩大啄口,雏禽极度虚弱。

12. **胚胎异位** ①种蛋营养不良;②畸形蛋;③孵化温度过高或过低,通风不良,转蛋不当,种蛋锐端向上孵化;④种蛋保存时间长、条件不适或运输受损;⑤药物毒素影响;⑥遗传因素。

13. **不同出雏盘的孵化率和雏禽质量不一致** ①种蛋来源于不同品种、禽群、周龄,不同保存时间、条件;②通风不良,孵化器内温差大。

14. **出雏持续时间长** ①种蛋保存时间长,胚衰竭;②大蛋与小蛋、新鲜蛋与陈旧蛋、年轻种禽与老龄种禽所产的种蛋,混杂一起入孵;③孵化中长时间高温或低温,通风不良。

15. **胚胎"胶毛"**

(1)危害 孵化后期常见胚胎身躯被黏稠的胶状物质包裹或粘贴蛋壳的现象,俗称"胶毛"。尤其是夏天。由于胚雏无法转身啄壳,因此大多闷死壳内或啄壳后无力挣脱出雏,死亡率高。即便有少数能出雏,也大多数是干瘪瘦弱的"胶毛"弱雏,无饲养价值。可见"胶毛"严重影响孵化效果(表1-11-7)。

表1-11-7 不同孵化温度对胚胎尿囊绒毛膜的"合拢"率和孵化率的影响

批次	252小时机内温度(℃)	入孵蛋数	受精蛋数	受精率(%)	10.5天"合拢"数	"合拢"率(%)	雏鸡数	受精蛋孵化率(%)	粘胶和弱雏数
1	38.3	450	415	92.2	240	57.8	320	77.1	26
2	37.8	450	418	92.9	406	97.1	395	94.5	3
3	37.6	450	414	92.0	135	32.6	338	81.6	8

注:①资料来源:刘亮(2000);②孵化温度:10.5～18.5天为37.8℃,18.5～21天为37.2℃;③孵化湿度:0～18.5天为50%RH,18.5～21天为65%RH

(2)原因 "胶毛"是家禽孵化中的常见现象,是因蛋白吸收不完全,残留蛋白粘贴胚体,使胎儿转身受阻,导致无法啄壳或啄壳后无力挣脱出雏。"胶毛"产生的主要原因是孵化的温、湿度和转蛋不当。

第一,温度过高或过低使蛋白酶无法正常活动,破坏胚胎正常的物质代谢,胚胎发育受阻,均影响 $10\sim11$ 胚龄尿囊绒毛膜"合拢",导致一部分蛋白遗留在该膜外面,而无法被胚雏吞食,这些蛋白最终变成黏稠性很大的黏胶状物质,粘贴胚雏。

第二,当孵化相对湿度过低时,胚蛋内水分蒸发过速,胚雏严重脱水、过分干燥,也推迟尿囊绒毛膜"合拢",形成尿囊绒毛膜外的胶状蛋白物质,引起胚胎和壳膜粘连。

第三,转蛋不当。转蛋次数太少或角度不够,鸡胚长时间与蛋壳内膜接触,产生粘连。转蛋角度不够,转蛋时间间隔长,位于蛋底部的蛋白在尿囊绒毛膜"合拢"时,易受排挤而产生上述黏稠蛋白不被尿囊绒毛膜所包围的现象,导致鸡胚粘壳(表 1-11-8)。

另外,通风不良也可能造成胚雏"胶毛"。

表 1-11-8　不同转蛋角度和时间间隔对孵化率的影响

转蛋角度	转蛋间隔(小时/次)	入孵种蛋数(枚)	出雏数(只)	入孵蛋孵化率(%)
25°	4	450	326	72.4
35°	3	450	366	81.3
45°	2	450	394	87.5

注:资料来源,刘亮(2000)

刘作功等(1991)也证明孵化温度对胚胎"合拢"率的影响:采用 37.65℃,37.8℃和37.8℃ 3 种不同温度孵化,结果发现,过高的孵化温度也会显著影响胚胎的"合拢"(表 1-11-9)。

表 1-11-9　3 种孵化温度的胚胎"合拢"率

温度(℃)	37.65	37.8	38.3
"合拢"率（%）	31.93	96.89	57.31

注:资料来源,刘作功等(1991)。孵化 10 胚龄又 8 小时的胚胎"合拢"率

16. **雏禽脱水**　雏禽脱水是孵化生产常见的问题。种蛋保存的湿度过低,导致种蛋失水过多;另外,孵化相对湿度过低、雏禽在出雏器中滞留时间过长、雏禽从出雏到送至饲养地的时间太长等,都可造成雏禽脱水。雏禽脱水表现跗关节发红,绒毛干黄,喙和胫部、脚趾干瘪、无光泽,上喙的顶端有一小溃疡。雏禽进育雏室时,争先恐后地抢水喝,弄得全身湿漉漉。值得注意的是,若严重脱水,对幼雏的生长发育、成活都是不可逆转的损害,应引起高度重视。

第十二节　提高家禽孵化率的途径

近年来我国家禽业迅速发展,尤其是养鸡生产发展更快。有了优良的禽种,并得到了精心的饲养管理,家禽孵化就成了关键问题。

我国有些孵化场,不论使用进口孵化器或国产孵化器,也不论使用恒温或变温给温制度,孵化成绩都达到了国际先进水平。但目前也有不少孵化场的孵化效果不理想,究其原因,虽有孵化技术方面的因素,但很大程度上是孵化技术以外因素的影响。下面介绍提高孵化率的途径。

一、饲养高产健康种禽,保证种蛋质量

种蛋产出后,其遗传特性就已经固定。从受精蛋发育成一只雏禽,所需营养物质,只能从种蛋中获得。所以,必须科学地饲养

健康、高产的种禽,以确保种蛋品质优良。一般受精率和孵化率与遗传(禽种)关系较大,而产蛋率、孵化率也受外界因素的制约。影响孵化率的疾病,除维生素 A、维生素 B_2、维生素 B_{12}、维生素 D_3 缺乏症外,还有新城疫、传染性支气管炎、副伤寒、曲霉菌病、黄曲霉素中毒、脐炎、大肠杆菌病和喉气管炎等。必须指出,由无白痢(或无其他疾病)种禽场引进种蛋、种雏,如果饲养条件差,仍会重新感染疾病。同样,从国外引进无白痢等病的种禽,也会重新感染。只有抓好卫生防疫工作,才能保证种禽的健康。必须认真执行"全进全出"制度。种禽营养不全面,往往导致胚胎在中后期死亡。

一般开产最初 2 周的种蛋不宜孵化,因为其孵化率低,雏的活力也差。

由于夏季种禽采食量下降(造成季节性营养缺乏)和种蛋在保存前置于环境差的禽舍,使种蛋质量下降,以至 7~8 月份孵化率低 4%~5%。

为了减少平养种鸡的窝外蛋(严格讲,窝外蛋不宜孵化)及脏蛋,可在鸡舍中设栖架,产蛋箱不宜过高,而且箱前的踏板要有适当宽度,不能残缺不全。踏板用合页与产蛋箱连接,为了保持产蛋箱清洁,傍晚驱赶出产蛋箱中的种鸡,然后掀起踏板,拦住产蛋箱入口,以阻止种鸡在产蛋箱里过夜、排便,弄脏产蛋箱,晚上 9 时后或第二天亮灯前放下踏板。肉用种鸡产蛋箱应放在地面上或网面上,以利于母鸡产蛋。种鸭产蛋多在深夜或凌晨,要及时捡蛋保存。

二、加强种蛋管理,确保入孵前种蛋品质优良

人们较重视冬、夏季种蛋的管理,而忽视春、秋季种蛋保存,片面认为春、秋季气温对种蛋没有多大影响。其实此期温度是多变的,而种蛋对多变的温度较敏感。所以,无论什么季节都应重视种

蛋的保存。

实践证明，按蛋重对种蛋进行分级入孵，可以提高孵化率。主要是可以更好地确定孵化温度，而且胚胎发育也较一致，出雏更集中。

必须纠正重选择轻保存、重外观选择（尤其是蛋形选择）轻种蛋来源的倾向。照蛋透视选蛋法可以剔除肉眼难以发现的裂纹蛋，特别是可以剔除对孵化率影响较大的气室不正、气室破裂（或游离）以及肉斑、血斑蛋。虽然这样做增加了工作量，但从信誉和社会效益上看，无疑是可取的。

三、创造良好的孵化条件

提高孵化技术水平所涉及的问题很多。但只要抓好下面两个方面，就能够获得良好的孵化效果。概括为两句话："掌握三个主要孵化条件，抓住两个孵化关键时期"。

（一）掌握三个主要孵化条件 掌握好孵化温度、孵化场和孵化器的通风换气及其卫生，对提高孵化率和雏禽质量至关重要。

1. 正确掌握适宜的孵化温度

（1）确定最适宜孵化温度 温度是胚胎发育的最重要条件，而国内各地区的气候条件及使用的孵化器类型千差万别，给正确掌握孵化温度增加了难度。在"孵化条件"中所提出的"变温"或"恒温"孵化的最适温度，是所有种蛋的平均孵化温度。实际上最适孵化温度，除因孵化器类型和气温不同而异外，还受遗传（品种）、蛋壳质量、蛋重、蛋的保存时间和孵化器中入孵蛋的数量等因素影响。所以，无论本书介绍的，还是孵化器生产厂家所推荐的孵化温度，仅供孵化定温时参考。应根据孵化器类型、孵化室（出雏室）的环境温度灵活掌握，特别是新购进的孵化器，可通过几个批次的试孵，摸清孵化器的性能（保温情况、孵化器内各点温差情况等），结合本地区的气候条件、孵化室（出雏室）的环境，确定最适孵化温度。

　　国外孵化器制造厂家所建议的孵化温度,都属于恒温孵化制度,而且定温都比上面所提的温度低些。例如,美国霍尔萨公司的鸡王牌孵化器,1～19 胚龄定温为 37.5℃,20～21 胚龄定温为 36.9℃;比利时皮特逊孵化器,孵化温度分别为 37.6℃ 和 36.9℃。其原因是:①国外一般都不照蛋,不存在因照蛋而降低孵化器及胚蛋的温度;②采用完善的空调装置,保证孵化室温度为 24℃～26℃;③孵化器里各处温差小,保温性能也更完善;④不采用分批入孵方法,不会因开机门入孵和新入孵种蛋温度低而降低孵化器里的温度;⑤孵化器容量较大,孵化器里胚胎总产热量也多。由于上述诸多因素的影响,虽然孵化定温比国内的较低些,但胚胎发育的总积温并不低。

　　(2)孵化操作中温度的掌握

　　①保持适宜、稳定的室温。尽可能使孵化室温度保持在 22℃～26℃,以简化最适孵化温度的定温。

　　②保证孵化温度计的准确性。用标准温度计校正孵化温度(包括"门表"温度计及水银导电温度计),并贴上温差标记。注意防止温度计移位,以免造成胚胎在高于或低于最适温度下发育。

　　③确定适合本地和孵化器类型的孵化温度。依本地区的气候及入孵季节、禽蛋类型、胚胎发育、出雏状况(有无出雏高峰、雏禽状况)和孵化效果(主要是孵化率和健雏率)等,因地、因时制宜,确定适合本地区和孵化器类型的最适孵化温度。

　　④灵活掌握。尤其是新孵化器的头 3～4 批或大修后的孵化器,需要校正温度计,测定孵化器里的温差,求其平均温度。然后将控温水银导电表的孵化给温调至 37.8℃(或变温孵化,或按孵化器厂家推荐的温度),试孵 1～2 批。另外,室温多变或变化太大以及孵化效果不稳定时,都应根据胚胎发育(主要标准是 5 胚龄"黑眼"、10～11 胚龄"合拢"、17 胚龄"封门")和孵化效果,调整孵化温度。

（3）掌握孵化温度应注意的几个问题

第一，不能生搬硬套"恒温"、"变温"孵化给温方案或孵化器厂家推荐的孵化温度。机械地照搬，其结果有时孵化效果很好，但有时却很差，不能做到稳产高产。

第二，缸孵法的"三起三落"给温法的正与误。流传在江浙一带的缸孵法，曾强调"三起三落"的给温方法，认为这是获得高孵化率及健雏的关键措施，并认为孵化第一胚龄是关键，应给予较高的孵化温度，即所谓"新缸高"（如鸡胚给温 39.4℃），对以后防止"胶毛"等有利。鸡胚第三胚龄和第七胚龄（鸭第四胚龄和第八胚龄，鹅第五胚龄和第九胚龄）应 2 次降温（如鸡胚给温 37.2℃），否则增加散黄蛋、死胚蛋。鸡胚 11～12 胚龄（鸭 13～14 胚龄、鹅15～16 胚龄），要提高孵化给温（如鸡胚 39.4℃），对防止"大肚雏"（即卵黄吸收不良）有利。鸡胚 13～14 胚龄（鸭 17～18 胚龄，鹅 20～21 胚龄），孵化温度要降低（如鸡胚 36.9℃），以利于刺激绒毛生长，俗称"养毛摊"。鸡胚 15～16 胚龄（鸭 19～20 胚龄、鹅22～23胚龄），需提高孵化温度（如鸡胚 39.7℃），俗称"起摊"，以促进骨骼、肌肉生长，使出壳雏禽健壮结实，并强调此期的升温是关键中的关键。

目前这种"三起三落"的给温方法，在江浙一带有一定影响。笔者认为，孵化期采用这种给温方法，有的是由孵缸这一特定孵具所决定的，有的是由孵化操作所决定的。但有的缺乏科学的依据。如孵化第一胚龄温度要高，这是孵缸所决定的。因种蛋装笼，热源（木炭等）在缸底，此时笼的上面、四周和里面（俗称"面、边、心蛋"）的温度不同，"面蛋"和"边蛋"高于"心蛋"，为促进"心蛋"胚胎发育，就需提高温度。而第三胚龄，"心蛋"已达到孵化温度，如果再保持第一胚龄的高温孵化，使"面蛋"、"边蛋"温度过高，当"面蛋"翻入中间位置，使蛋温更高，将导致胚胎血液循环过速，死胚蛋增加。所以，第三胚龄需降低温度。而鸡胚第十一至第十二胚龄提高孵化温度,除了是对第三胚龄和第七胚龄降温的补偿外,主要是为孵化操作(上摊床)做准备,提高温度有利于自温孵化。鸡胚孵化第十五至第十六胚龄提高温度,主要是对前一阶段(第十三至第十四胚龄)降温的补偿,以调整胚胎发育及有利于胚胎利用蛋白。对鸡胚第七胚龄降温,只能视为调节胚胎发育,防止发育过速增加死亡。至于鸡胚第十三至第十四胚龄降温能促进绒毛发育的说法,尚缺乏科学依据。

"三起三落"给温法不适合机械电孵法,因种蛋之间的距离显然比缸孵法大得多,而且有鼓风设备,温度均匀,所以不存在"面蛋"、"边蛋"与"心蛋"的温度差别,即使无鼓风设备的"平箱"孵化、温室架孵化等传统孵化法,也不例外。实际上江浙一带缸孵法也不是完全按"三起三落"给温,他们主要是结合胚胎发育的"长相",尤其是抓住第五胚龄"黑眼"、第十胚龄"合拢"和第十七胚龄"封门" 3 个主要发育特征给温。因此,传统孵化法,也不能生搬硬套"三起三落"的给温法。

第三,采用分批入孵方法,注意新、老胚蛋在孵化器中插花放置,不仅有助于调温和提高胚胎发育整齐度,还能使活动转蛋架重力平衡。在出雏器出雏时,应根据情况适当降低孵化温度,以利于出雏。

第四,孵化器温差大,将严重影响孵化效果,也给孵化操作带来诸多不便。如孵化器温差过大,应及时查明原因(包括检查电热管的瓦数及布局),并在入孵前解决好。如温差较大,最好采用"变温"孵化制度,并在照蛋和移盘时做对角倒盘,必要时还可以增加倒盘次数,在一定程度上可解决胚胎发育不齐问题。

2. 保持空气新鲜清洁

(1)胚胎发育的气体交换和热能产生　孵化过程中,胚胎不断与外界进行气体交换和热量交换。它们是通过孵化器的进出气孔、风扇和孵化场的进气排气系统来完成的。胚胎气体交换和热量交换,随胚龄的增长成正比例增加。胚胎的呼吸器官尿囊绒毛膜的发育过程,是同胚胎发育的气体交换渐增相适应的。第二十一胚龄尿囊绒毛膜停止血液循环,与此相衔接的是鸡胚在第十九胚龄时,进入气室以后又啄破蛋壳,通过肺呼吸直接与外界进行气体交换。

从第七胚龄开始胚胎自身才有体温,此时胚胎的产热量仍小于损失热量,第十至第十一胚龄时,胚胎产热才超过损失热。以后胚胎代谢加强,产热量更多。如果孵化器各处的孵化率比较一致,说明各处温差小、通风充分。绝大部分孵化器的空气进入量都超过需要,氧气供应充分。在孵化过程中也应避免过度的通风换气,因为这样孵化器里的温度和相对湿度难以维持。笔者曾使用过每分钟 1 410 转的鼓风扇的入孵器、出雏器,由于通风过度,受精蛋孵化率仅 61.7%～85.5%,而且雏鸡体小、干瘪。天津某种鸡场孵化厅的孵化器原来用排风机直接抽气,孵化率一直不理想,后来拆去排风机,并提高孵化室温度,结果孵化率明显提高。

(2)通风换气的操作　种鸡蛋整个 21 天孵化期,前 5 胚龄可以关闭进出气孔,以后随胚龄增加逐渐打开进出气孔,以至全打开。用氧气和二氧化碳测定仪器实际测量,更直观可靠。若无仪器,可通过观察孵化控制器的给温或停温指示灯亮灯时间的长短,估测通风换气是否合适。在控温系统正常情况下,如给温指示灯长时间不灭,说明孵化器里温度达不到预定值,通风换气过度,此时可把进出气孔调小。若恒温指示灯长亮,说明通风换气不足,可调大进出气孔。

若孵化第一至第十七胚龄鸡胚发育正常而最终孵化效果不理想,有不少胚胎发育正常但闷死于壳内或啄壳后死亡,可能是孵化第十九至第二十一胚龄通风换气不良造成的。可通过加强通风措施改善孵化效果。有些孵化器设有紧急通风孔,当超温时,能自动打开紧急气孔。

高原地区空气稀薄，氧气含量低。据测定，海拔高度超过
1 000 米，对孵化率有较大影响。如果增加氧气输入量（用氧气
瓶），可以改善孵化效果（详见本章第十三节的"提高高海拔地区的
孵化技术"）。

3. 孵化场卫生　若分批入孵，要有备用孵化器，以便对孵化
器进行定期消毒。如无备用孵化器，则应定期停机对孵化器彻底
消毒。孵化场卫生详见本章第八节的"孵化场的卫生"。

以上简单介绍了影响孵化效果的 3 个主要问题，但不是说孵
化期中的转蛋及相对湿度等是不重要的。关于转蛋问题，至今没
有突破性改变，仍是转蛋角度前后 45°～60°，每天转蛋 8～12 次
（或 24 次/天），移盘后停止转蛋等操作规程。而关于胚胎发育不
同阶段对相对湿度的要求，则众说不一。我们认为，气候干燥的北
方地区，还是采取加水孵化法为好，尤其是出雏期间。孵化鸭、鹅、
火鸡和鸵鸟蛋，应重视孵化的相对湿度。晾蛋并不是鸡（鹌鹑、鹧
鸪等）胚胎发育必需条件，倘若有必要的话，仅作为孵化中后期调
节胚胎温度的措施。对鸭、鹅胚胎，一般需晾蛋，甚至将孵化盘抽
出和往胚蛋上喷冷水降温。

（二）抓住孵化过程中的两个关键时期　整个孵化期，都要认真
操作管理。但是根据胚胎发育的特点，有两个关键时期：鸡胚的第一
至第七胚龄和第十八至第二十一胚龄（鸭、火鸡第二十四至第二十八
胚龄，鹅第二十六至第三十二胚龄）。在孵化操作中，尽可能地创造适
合这两个时期胚胎发育的孵化条件，即抓住了提高孵化率和雏禽质量
的主要矛盾。一般是前期注意保温，后期重视通风。

1. 第一至第七胚龄　为了提高孵化温度，尽快缩短达到适宜
孵化温度的时间，有下列措施：①种蛋入孵前预热，既有利于鸡胚
的"苏醒"、恢复活力，又可减少孵化器中温度下降，缩短升温时间；
②鸡胚孵化第一至第五胚龄（鸭、火鸡第一至第六胚龄，鹅第一至
第七胚龄），孵化器进出气孔全部关闭；③用福尔马林和高锰酸钾

消毒孵化器里种蛋时,应在蛋壳表面凝水干燥后进行,并避开24～96小时胚龄的胚蛋;④第五胚龄(鸭、火鸡第六胚龄,鹅第七胚龄)前不照蛋,以免入孵器及蛋表温度剧烈下降,整批照蛋应在第五胚龄以后进行;⑤提高孵化室的环境温度;⑥要避免长时间停电,万一遇到停电,除提高孵化室温度外,还可在水盘中加热水。

2. 第十八至第二十一胚龄　鸡胚第十八至第十九胚龄(鸭、火鸡第二十四至第二十八胚龄,鹅第二十六至第三十二胚龄)是胚胎从尿囊绒毛膜呼吸过渡到肺呼吸时期,需氧量剧增,胚胎自温很高,而且随着啄壳和出雏,壳内病原微生物在孵化器中迅速传播。必须强调,此期的通风换气要充分和出雏后的管理问题(详见本章第九节的"出雏期间的管理"和"出雏后的管理")。解决供氧和散热问题,有下列措施。

(1)移盘适宜时间　避开在第十八胚龄(鸭、火鸡第二十二至第二十三胚龄;鹅第二十五至第二十六胚龄)移盘到出雏盘转入出雏器中出雏。可提前在第十七胚龄(鸭、火鸡第二十至第二十一胚龄,鹅第二十三至第二十四胚龄),甚至第十五至第十六胚龄(鸭、火鸡第十九至第二十胚龄,鹅第二十一至第二十三胚龄),或延至第十九胚龄(鸭、火鸡第二十四点五至第二十五胚龄,鹅第二十七点五至第二十八胚龄),在约10%鸡胚啄壳时移盘。

(2)啄壳、出雏时提高湿度,同时降低温度　一方面是防止啄破蛋壳,蛋内水分蒸发加快,不利于破壳出雏,另一方面可防止雏禽脱水,特别是出雏持续时间长时,提高湿度更为重要。在提高湿度的同时应降低出雏器的孵化温度,避免同时高温高湿。第十九至第二十一胚龄时,出雏器温度一般不得超过 37℃～37.5℃,出雏期间相对湿度提高至 70%～75%。

(3)注意通风换气　必要时可加大通风量。

(4)保证正常供电　此时即使短时间停电,对孵化效果的影响也是很大的。万一停电的应急措施是:打开机门,进行上下倒盘,并测蛋温。此时,"门表"温度计所示温度绝不能代表出雏器里的温度!

(5)捡雏时间的选择　一般在 $60\%\sim70\%$ 雏禽出壳、绒毛已干时第一次捡雏。在此之前仅捡去空蛋壳。出雏后,将未出雏胚蛋集中移至出雏器顶部,以便出雏。最后再捡 1 次雏,并扫盘。有的人提出:适当推迟捡雏时间,让雏鸡在出雏器停留更长时间,对雏鸡以后的生长有利。而有的人认为雏鸡颈部潮湿时就应捡出。

(6)观察窗的遮光　雏鸡有趋光性,不遮光将导致已出壳的雏鸡拥挤到出雏盘前部,不利于其他胚蛋出壳。所以,观察窗应遮光,使出壳雏鸡保持安静。

(7)防止雏禽脱水　雏禽脱水严重影响成活率,而且是不可逆转的,所以雏禽不要长时间待在出雏器里和放在雏禽待运室里。雏禽不可能同一时刻出齐,即使较整齐,最早出的和最晚出的时间也相差 $32\sim35$ 小时,再加上出雏后的一系列工作(如分级、接种疫苗、剪冠、鉴别),时间就更长。因此,从出雏到送至饲养者手中,早出壳者,可能已超过 2 天。所以,应及时送至育雏室或送交用户。

此外,如果种禽健康、营养好,种蛋管理得当,在正常孵化情况下,则两个关键时期以外的胚胎死亡率很低。要了解胚胎发育是否正常,鸡胚可在第十至第十一胚龄(鸭、火鸡第十三至第十四胚龄,鹅第十五至第十六胚龄)照蛋,若尿囊绒毛膜"合拢",说明孵化前半期胚胎发育正常;鸡胚还可抽照第十七胚龄(鸭、火鸡第二十至第二十一胚龄;鹅第二十三至第二十四胚龄)胚蛋,如胚蛋锐端"封门",说明胚胎发育正常,蛋白全部进入羊膜腔里,并被胚雏吞食。

经常对孵化效果进行分析。不论孵化好坏,都应经常分析孵化效果,以指导孵化工作和种禽饲养管理。在分析孵化效果时,应将受精率与孵化率分开研究,以便发现问题的症结。

第十三节　提高孵化效果的尝试与措施

　　高而稳定的孵化率、优质的雏禽和其后的饲养效益,是种禽场、孵化场乃至饲养者永远追求的目标。孵化效果受种禽的饲养管理(种蛋质量之一)、种蛋管理(种蛋质量之二)和孵化场管理等三方面的影响,实际上是牵涉养禽生产系统工程中诸多生产环节。我国家禽孵化效果良莠相差极大,高水平者达到国际先进水平,但还有相当数量的孵化单位却远低于平均水平,国内平均水平也与国际平均水平有一定差距。究其原因是养禽诸多生产环节的差距,其中尤其是孵化方式落后、孵化设备陈旧、环境卫生脏乱差。孙希琪等(1995)的报道可以佐证。

一、影响我国孵化效果的因素与对策

　　(一)孵化场调查结果　孙希琪等(1995)报道,发函调查 114家养鸡场孵化情况(集体养鸡场 43 家占 37.7%,个体户 37 家占32.5%,国营 34 家占 29.8%)。调查结果:①平均受精率为92.75%(87%~97.09%);②平均孵化率为 87.87%(74.59%~94%);③晾蛋,不晾蛋占 75%,晾蛋占 25%(1~2 次/天,26℃~33℃);④孵化温度,有恒温孵化(37.8℃)和变温孵化(37.2℃~37.8℃,最高达 38.7℃,一般分 4 个阶段降温);⑤孵化湿度,第一周 55%~65%,第二周 50%~60%,第三周 60%~70%,个别达75%;⑥转蛋,最多的至第十九胚龄停止转蛋,其次是第十八胚龄和第十六胚龄,最少仅第十五胚龄,转蛋次数最高为 24 次/天,最少仅 2 次/天(表 1-13-1)。

表 1-13-1　转蛋次数与停止转蛋天数对孵化率的影响

转蛋次数（次/天）			2	6	12	18	24
停止转蛋胚龄	15	孵化率（%）	—	—	87.29	—	92.83
	16		—	—	88.09	90.48	92.01
	17						
	18		—	—	87.23	88.94	92.60
	19		79.13	83.44	86.91	90.09	—
平均孵化率（%）			79.13	83.44	87.24	90.08	92.27
占调查总数的比例（%）			3.51	8.77	51.75	24.56	11.40

注：上表为发函调查 114 家养鸡场孵化资料的统计之一

（二）影响我国孵化效果的因素　据调查分析，我国鸡的受精率接近世界先进水平（先进水平为 93％～98％）；孵化温、湿度及晾蛋与否，这两方面不是影响我国孵化率的主要因素。影响我国孵化率的主要因素如下。

1. 转蛋次数不足　我国家禽孵化转蛋 24 次/天仅占 11.4％，还有 12.28％转蛋仅 2～6 次/天，而从表 1-13-1 可见，转蛋次数越多孵化率越高。

2. 孵化方式落后　有部分孵化个体户仍采用传统孵化法（炕孵、缸孵等），每天手工转蛋不足 6 次，转蛋角度也难保证 45°，手工转蛋劳动强度大，且增加破蛋。

3. 孵化设备陈旧　有部分孵化场仍使用 20 世纪 60 年代的半自动孵化器，手工摇把转蛋，尤其是夜间难保证转蛋次数、控温控湿精度差，孵化器内温差大，故障率高。

4. 技术管理粗放　规章制度不健全，无章可循或有章不循，尤其是环境卫生差。

（三）提高孵化率的对策

第一，增加转蛋次数，保证每天转蛋 24 次。国外研究表明，关键时期每小时转蛋 1 次,其他时期 2 小时转蛋 1 次。

第二,停止转蛋时间。第十八或第十九胚龄后停止转蛋,甚至可提前到第十五胎龄后停止转蛋,既节能又减少设备的磨损。

第三,加强培训,严格按规程操作。

第四,加强技术交流,召开研讨会,互相学习,共同提高。

第五,更新或改造孵化设备。

二、提高高海拔地区的孵化技术措施

(一)高海拔地区的环境条件对孵化的影响 高海拔地区属高寒干燥缺氧环境,如西藏高原平均海拔 4 500 米,低压(57.7 千帕)、低氧(氧分压为 11.9 千帕)、低温(夏季平均气温为 7℃～19℃)和干燥(湿度只有海平面绝对湿度的 1/4)。又如青海省东北部,海拔 2 500 米,气压低(78.5 千帕),缺氧(氧分压为 16.6 千帕),仅为海平面氧分压的 78.3 %,寒冷(年平均气温 3.5℃左右),干燥(年降水量在 250～450 毫米)。海拔越高,空气越稀薄,单位立方容积的空气中含氧量较少(表 1-13-2)。

表 1-13-2 海拔、空气中氧含量和气压之间的关系

海拔高度(米)	0	609.6	1219.2	1828.8	2438.4	3048	3657.6
气压(帕)	39.89	27.82	25.84	23.98	22.22	20.58	19.03
空气(或氧)减少量(%)	0	5.1	11.2	16.4	21.4	26.2	30.7

资料来源:North(1990)

随着海拔的增高,种蛋的孵化率也随之下降。不过,海拔在760 米以下时,对孵化率几乎没有影响。海拔高于 1 067 米时,孵化率明显下降。至 1 217 米,孵化率仅 74%;在 1 829 米,孵化率仅62%;在 2 430 米,孵化率降至 55%;至 3 048 米时,孵化率仅

35％。此外，随着海拔的上升，孵化时间也增加，这是由于二氧化碳过分丧失而减少二氧化碳刺激雏鸡啄壳和出雏的缘故。海拔对受精率不产生影响。

高海拔对孵化率产生很大影响，是由于氧气利用率降低、二氧化碳过度流失和处于孵化过程中的胚蛋的失水率过多3个因素综合的结果。从种蛋本身而言，鸡蛋在高原孵化时，胚胎的高原生活力是成功出雏的最主要因素，其次是蛋壳的气体传导力（图1-13-1）。

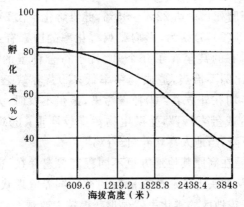

图1-13-1　海拔高度与孵化率的关系

（二）从源头上改善高海拔地区的孵化效果

1. **彻底改变落后的种鸡饲养管理状况**　总的说来，高海拔地区经济比较落后，自然环境条件很差，养禽业严重滞后，种鸡饲养管理落后，禽品种单一，生产性能不高。据史新利报道，西北地区的养鸡和孵化情况如下。

（1）养鸡情况　①鸡舍多数采用平屋顶，冬季屋顶内表面凝水滴下弄湿鸡身、网面及地面，造成室内相对湿度很高，也有利于霉菌孳生。若改为"人"字形（两面坡）屋顶，内装保温隔层，可避免平顶屋之弊端;②冬季鸡舍内需加温,但煤炉应放舍外,用地下(或地上)烟道取暖;③鸡舍简陋、低矮,通风不良,舍内二氧化碳、氨气浓度很高,相对湿度达 80%~90%;④饲料配方不合理,饲料品质无保障,如用变质的鱼粉;种鸡饲养管理不善,大肠杆菌、沙门氏菌严重孳生,靠抗菌药物控制鸡群生病与死亡。

(2)高原孵化状况　西北地区(海拔 2 250 米的青海西宁,海拔 1 500 米的兰州)蛋雏供应季节性强,一般 1~5 月份为旺季,故种蛋应在 12 月份至翌年 5 月份供应。受精蛋孵化率 70%~80%,后期胚胎死亡率达 22%~35%,健雏孵化率仅 21%~35%。

唐晓惠等(2003)认为,影响藏鸡孵化率的因素有:①种蛋存放时间过久,有的甚至存了几个月,且不符合种蛋的存放条件;②种鸡公母比例不恰当,造成受精率低;③营养缺乏,粗放的散养,甚至全年均在外放养;④种蛋污染,捡蛋不及时,大部分种蛋是窝外蛋,造成蛋壳污秽,受微生物污染较严重;⑤鸡的年龄较大,蛋品质下降,当地人喜欢养"长寿鸡"。

上述问题在高原其他地方也不同程度普遍存在,有的还较突出。如果不从源头上彻底改变落后的种鸡饲养管理状况,保障种蛋质量,高海拔地区的孵化率就很难获得较大改观。

2. 高原型孵化器的开发利用　目前,高海拔地区使用的孵化器都是平原地区所使用的孵化器,而这些孵化器都是根据平原地区条件设计的,迄今为止,还没有哪一个孵化器生产厂家研制出适合高原地区的孵化器。张浩等(2005)研制了试验级的"自动化低氧模拟孵化器",现介绍如下。

(1)概况　为了开展禽类胚胎期高原适应生理和遗传基础研究,设计并研制了自动化低氧模拟孵化设备(容蛋量 288 枚)。设备结构包括温度控制系统、湿度控制系统、氧气控制系统、二氧化碳控制系统和蛋架及转蛋系统(图 1-13-2)。经过常氧孵化试验(氧气含量因无内外分压差而降到 18.4%),结果显示,鸡胚发育

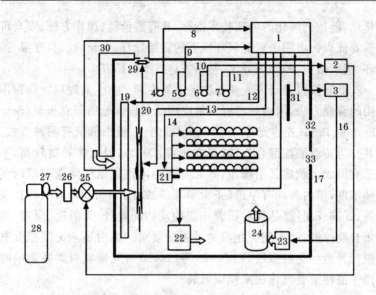

图 1-13-2 自动化低氧模拟孵化器系统

1. 温度、湿度、转蛋系统单片主机 2. 氧气系统主机 3. 二氧化碳系统主机
4. 温度探头 5. 湿度探头 6. 氧气探头 7. 二氧化碳探头 8 温度信号传入
9. 湿度信号传入 10 氧气浓度信号传入 11. 二氧化碳信号传入 12. 温度
信号输出 13. 启动信号输出 14. 转蛋信号输出 15. 湿度信号输出 16. 氧
气浓度信号输出 17. 二氧化碳信号输出 18. 蛋架和蛋盘 19. 电加热丝
20. 轴流风扇 21. 小电动机 22. 小加湿器 23. 小鼓风机 24. 二氧化碳吸
收剂容器 25 电磁阀 26. 流量计 27. 减压阀 28. 高压氮气钢瓶 29. 小排
气扇 30. 气体冷却管道 31. 水银导电表 32. 观察窗 33. 取样孔

正常,受精蛋孵化率 87%,与普通孵化机孵化相似。又低氧孵化
试验(设定氧气浓度 13%、温度 37.8℃、相对湿度 60%、转蛋 12
次/天,连续低氧 22 天),结果是藏鸡受精蛋孵化率 45.3%,隐性
白羽鸡受精蛋孵化率只有 3.3%。可见,低氧是影响鸡蛋孵化的
关键因素。该设备能够在低海拔常压下模拟不同海拔高度的低氧
分压,温度、湿度、氧气和二氧化碳浓度均实现自动控制,氮气消耗

量低,能达到孵化的各项技术指标,具有造价低、操作方便、安全可靠等优点。可用于对低氧环境下的胚胎发育、生长、代谢、呼吸、循环、组织结构、神经内分泌、基因表达方面的研究。

低氧模拟是研究人和动物的低氧生理、生化、病理以及药物作用的常规方法,国内外都有大量应用低氧饲养舱的研究报道(Sekhon 等,1996;齐建光等,2001)。目前为止,模拟低氧有两种方式:其一为持续灌注混合气体(瓦龙美等,2002),但气体耗费较高,不适宜做成大舱或长期模拟;其二是利用电路控制气路调控箱内气体浓度,国内外均有报道(张少华等,1993;Eddahibi,1998;胡良冈等,2003),但都是针对饲养小实验动物而设计,无温度、湿度、转蛋自动控制,达不到孵化家禽种蛋的要求。国内还未见模拟低氧进行种蛋孵化的报道,E dward 等(2002)研究低氧对鸡胚影响时用了灌注混合气体法来模拟低氧。

(2)自动化低氧模拟孵化器的构造及控制系统设计

①孵化器外壳、密封及规格。低氧模拟孵化设备的箱壁用冷压彩色钢板,中间填充隔热材料,厚为 50 毫米,板材连接处用三角铝合金连接,并用密封胶封闭。箱门四周垫密封条,以免过多的外界空气渗入箱内而增加氮气用量。箱体外部尺寸为 1 100 毫米×1 100 毫米×720 毫米,内部空间约 0.72 立方米,内设 4 层蛋盘,1 次孵化 288 个鸡蛋。

②控温要求。温度控制范围 30℃~39℃,控制精度±0.2℃,数字显示精度±0.01℃,箱内部温度场差<0.2℃,低于设定温度值1℃和超出 0.5℃,系统自动报警。

③控湿要求。相对湿度控制范围 40%~85%,控制精度<5%,数字显示精度±1%,低于设定湿度值 10%自动报警,高于设定值 10%时,数字显示闪烁。

④氧气浓度的控制。当氧气浓度高于设定值时,减压后的高纯氮气通过阀门进入箱内。进入箱内的氮气立即被轴流风扇与箱

内气体混合,使氧气浓度均匀降低。

⑤二氧化碳浓度的控制。当二氧化碳浓度达到或高于0.5%时,小鼓风机将箱内气体吹进二氧化碳吸收容器内,被氢氧化钾吸收,使箱内二氧化碳浓度降低,达到自动控制。

(三)高海拔地区家禽孵化的基础研究与措施　国内学者对孵化温度、湿度、通风、转蛋、失水率、洗蛋、输氧等对高海拔地区孵化率的影响进行了大量研究,也分析蛋形指数、蛋重、种蛋存放时间和方式等对高海拔地区孵化率的影响。国外学者通过模拟条件分析了氧浓度、二氧化碳浓度和孵化失水率等对高海拔孵化的影响。

1. **高原地区孵化胚胎死亡曲线**　张浩等(2005)利用两阶段增长曲线模型拟合藏鸡和两种低地鸡及其杂交种蛋在2 900米(西藏林芝)和3 650米(西藏拉萨)海拔的孵化胚胎死亡曲线,分析海拔高度对不同鸡种胚胎死亡的影响。结果表明该模型适宜拟合藏鸡蛋高海拔孵化时的胚胎死亡规律,拟合度高。藏鸡是高原适应品种,在两个海拔环境中胚胎死亡率均较低,在2 900米海拔孵化时,各品种胚胎第一死亡高峰出现在$2.30\sim4.05$胚龄,第二高峰期出现在$17.20\sim17.68$胚龄,品种间相差不大。但藏鸡的第一高峰期持续时间相对较长,为$4.04\sim9.92$天,低地鸡和杂种鸡为$2.59\sim3.93$天。海拔从2 900米升高到3 650米,胚胎死亡率增加$33.48\%\sim54.12\%$。杂交鸡第一高峰期死亡比例增加了$5.55\%\sim7.34\%$,持续期延长$0.15\sim0.66$天。同时,藏鸡第二高峰期死亡比例增加$7.70\%\sim15.65\%$。低地鸡第二高峰持续期延长$13.71\sim15.44$小时。

藏鸡引入低地饲养数年后,虽然仍含有高原适应基因,但由于其生活在平原常压常氧环境中,可能是由于产下的种蛋缺少了抗高原低压低氧生理特性,在高海拔孵化胚胎死亡率比低地鸡种低,但比高原环境饲养的藏鸡高。这说明除了鸡本身的遗传基础外,种鸡饲养环境也很大程度影响孵化期胚胎发育。藏鸡与低地鸡的杂交种(藏鸡×矮小隐性白和藏鸡×寿光鸡)对高原的适应性具有不同杂种优势,尤其是藏鸡×矮小隐性白杂种优势很高。

田发益等(2000)研究发现,在高海拔地区伊莎褐鸡、拉萨白鸡的胚胎死亡主要发生在孵化早期(1~7胚龄)和孵化晚期(15~21胚龄),占整个孵化期死亡的70%~80%。原因除了鸡胚在贮藏期间,大部分的二氧化碳因高原低压从蛋内逸出(经测定蛋内pH值上升超过9),形成低碳酸血症,造成孵化早期死胚外,主要是由于氧分压低引起胚胎死亡。

在孵化早期,胚胎细胞迅速分化,新陈代谢旺盛,西藏林芝地区氧分压只占海平面的73.9%,满足不了胚胎每天所需的氧量(每枚每天640毫升),加之在此阶段胚胎尚未形成具有一定功能的组织、器官,功能性抵抗缺氧的代偿应答反应不健全,造成缺氧死亡。因此,此阶段输氧可以降低胚胎大量死亡。在胚胎发育中期,大部分的器官和系统均已形成,其功能性代偿作用包括心脏、肝等功能加强,血液量、血红蛋白、红细胞数等增多,对缺氧的环境不太敏感,胚胎死亡也较少。在孵化后期(孵化第三周),鸡胚新陈代谢旺盛,需氧量增加,但壳内外氧分压仅占海平面的约70.6%左右,更增加了胚胎利用氧的难度,胚胎死亡也明显增加。经解剖,发现心脏体积增大,心壁增厚,心肌苍白,心房聚积大量的血液,肝脏体积增大,网织红细胞增多,这些都是由缺氧引起的明显症状。

2. 高海拔地区鸡胚发育关键因素研究　张浩等(2005)对藏鸡(T)、饲养在北京的藏鸡(T_B)、矮小隐性白(D)、农大小型蛋鸡商品代种蛋(M)、寿光鸡(S)、藏鸡×矮小隐性白(TD)、藏鸡×寿光鸡(TS)各组种蛋在西藏林芝进行孵化研究,通过胚胎阶段死亡率、孵化率、失水率等数据分析了影响高海拔地区胚胎发育的关键因素。

(1)高海拔地区鸡胚发育关键因素　张浩等人的试验结果表

明,种蛋的孵化率与其失水率相关不强,特别是失水率较高的 TD 组,出雏率却很高。但可以看出,出雏率与胚胎是否带有藏鸡基因、是否有杂种优势有很强的关系。可见,鸡蛋在高原孵化时,胚胎的高原生活力是成功出雏的最主要因素。另外,也与蛋壳的气体传导力有一定的关系。

D,M,S 组中,同一品种(胚胎生活力相同)低失水率有利于高原孵化。

造成胚胎死亡率和出雏率差别的原因可能只有胚胎生活力和蛋壳传导力两个因素。低海拔环境,胚胎生活力是低遗传力性状,受遗传和环境共同影响。在高海拔条件孵化时,由于低压和低氧,氧气供应不足而二氧化碳散失过快,导致胚胎代谢功能衰退,生活力下降,而胚胎对这种环境的抵抗能力可以称为胚胎高原适应性。蛋壳传导力是气体通过蛋壳内外壳膜的能力,主要由蛋壳有效气孔数和蛋壳厚度决定的,可以用蛋失水率来衡量。孵化过程中,氧气、二氧化碳和水汽是通过蛋壳传导的,其中氧的传导方向是向内,而二氧化碳和水汽是向外。高原孵化时,蛋壳传导力高有利于氧气的进入,但会造成二氧化碳和水分过多散失。

(2)提高胚胎的高原生活力的方法　①利用高原适应性基因和杂种优势;②提高氧气浓度,增加胚胎氧的供应量,提高其生活力,完成胚胎发育和出雏。

(3)控制高原孵化蛋壳传导力的方法　①通过增加孵化器内相对湿度减少失水;②通过控制孵化器气体流通,增加二氧化碳浓度来避免低碳酸血症;③也可以对蛋壳部分覆盖来控制水分和二氧化碳的散失。这些方法有待于进一步验证。

据 Packard 等(1977)和 Carey 等(1983)指出,在海拔3 000～3 500米,避免水分过量丢失是最重要的,在这个范围分布的野生鸟类已经完全适应当地气候。对高原环境适应能力较强的藏鸡失水率最小,与其他各组差异显著($P < 0.05$),移入平原饲养 3 代后

的北京藏鸡(T_B)失水率显著增加,这与 Rahn 等(1982)研究结果一致。因此,种蛋孵化期失水率是胚胎高原适应性的重要指标。

3. 种蛋特性对高原孵化的影响

(1)藏鸡种蛋特性对高原孵化的影响   魏泽辉等(2005)为研究藏鸡种蛋的蛋重、蛋形指数和蛋内组成成分等特性,以及这些特性对高原孵化的影响,分别在平原(海拔 100 米的北京)和高原(海拔 2 900 米的西藏林芝)两个海拔高度对藏鸡和农大小型鸡进行了种蛋特性的测定和孵化试验。结果显示,在高原孵化的本地饲养的藏鸡受精蛋孵化率为 74.63%,而低地品种农大小型鸡种蛋运到高原孵化,受精蛋孵化率由平原的 88.24 %下降到 37.25%,说明藏鸡对高原存在明显的适应性。通过分析藏鸡与农大小型鸡种蛋的蛋重、蛋形指数、蛋壳厚度及蛋内容物和蛋壳占总蛋干物质的比例等性状的差异,发现虽然藏鸡的蛋重(42.90 克)显著($P <$ 0.05)小于农大小型鸡(60.95 克),蛋形指数(1.35)也显著($P <$ 0.05)小于农大小型鸡(1.38),但两者在含水率、蛋壳厚度上无显著差异。结果表明种蛋的蛋重、蛋形指数及蛋内组成等特性可能不是导致藏鸡与农大小型鸡在高原孵化率差异的主要因素。

(2)种蛋气控贮存法对孵化率的影响   田发益等(2001)在海拔 2 960 米,氧分压 14 692.08 帕的西藏高寒缺氧、气候干燥地区,用伊莎褐蛋鸡和拉萨白鸡做种蛋气控贮存法对孵化率影响的试验。结果表明:蛋在贮存期间,由于高海拔因素,蛋壳内(包括气室和绒毛尿囊内)和外界二氧化碳的压力差较大,二氧化碳的传导力增强,导致二氧化碳过度丧失,蛋内 pH 值升高。pH 值的升高虽具有一定的杀菌作用,但过高的 pH 值会造成蛋白质功能下降,从而降低孵化率(表 1-13-3)。

表 1-13-3　高海拔地区种蛋的气控贮存方法对孵化率的影响

品　　种	不包装	不同塑料袋包装的孵化率（%）				
		空　气	袋内充氮气	袋内充二氧化碳	袋内无气体	袋内充氧气
拉萨白鸡	69.1	73.4	78.5	32.0	75.4	62.3
伊莎褐鸡	30.4	41.0	45.8	9.3	41.5	27.4

注：种蛋贮存温度为 15℃，相对湿度为 75%，贮存时间不超过 5 天，种蛋水平放置

由表 1-13-3 可知，袋内充氮气贮存后，其在常规孵化条件下孵化率最高。

4. 高海拔地区鸡的孵化条件及孵化期间种蛋失水率的研究

高原地区，因中、后期死胎较多，多余热量少，故基本不出现超温现象。通过增加湿度可提高孵化率。

张玲勤（2002）在青海省某县种鸡场测定"882"黄羽肉鸡种蛋失重。结果表明：相对湿度设定在 50%±2%，孵化 19 胚龄，平均失重为 13.7%，入孵蛋孵化率为 77.7%；相对湿度设定为 55%±2%，孵化 19 胚龄，平均失重 12.54%，孵化率为 82.2%；相对湿度设定为 60%±2%，孵化 19 胚龄，平均失重 11.67%，孵化率率为 82.7%。

唐晓惠等（2004）报道，采用表 1-13-4 的孵化温、湿度方案孵化藏鸡种蛋，在孵化 11 胚龄累计失重率为 12.12%，19 胚龄种蛋累计失重率为 17.53% 的情况下，孵化率高达 88%。

表 1-13-4　孵化期间的温、湿度方案

胚龄（天）	1~6	7~14	15~20	21
温度（℃）	37.59	37.56	37.50	37.40
相对湿度（%）	60.12	60.36	61.12	62.33

此试验结果可否揭示：①上述温、湿度基本适合藏鸡的胚胎发育；②高原地区孵化藏鸡种蛋的失水率可以较高（此结论需进一

步探索）。

李长春(2004)对高原地区藏鸡种蛋进行了孵化试验,测定不同的孵化温度和相对湿度对胚胎发育、受精蛋孵化率及健雏率的影响。试验结果表明,林芝地区藏鸡种蛋在不同的人工孵化温度、湿度条件下,受精蛋孵化率和健雏率均存在着一定的差异。通过对比筛选出孵化的最佳条件(表 1-13-5):①孵化温度要低些,即1~6胚龄为 37.68℃,7~14 胚龄为 37.65℃,15~20 胚龄为 37.56℃,21 胚龄为 37.48℃;②藏鸡的孵化相对湿度与内地鸡相比前期要稍低,中、后期要稍高,21胚龄要求稍低。即 1~6 胚龄为 54%~56%,7~14 胚龄为 61%~63%,15~20 胚龄为 64%~65%,21 胚龄为 63.8%。其受精蛋孵化率可达 88.9%,健雏率达 97.0%。

表 1-13-5　不同孵化温度、湿度的孵化效果

组别	1~6 胚龄		7~14 胚龄		15~20 胚龄		21 胚龄		健雏率 (%)	孵化率 (%)
	温度 (℃)	相对湿度(%)	温度 (℃)	相对湿度(%)	温度 (℃)	相对湿度(%)	温度 (℃)	相对湿度(%)		
1	37.58	60.03	37.53	60.94	37.50	62.00	37.40	64.56	76.0	78.5
2	37.67	57.20	37.56	57.39	37.36	60.33	37.30	64.72	95.0	88.8
3	37.68	54.15	37.65	55.67	37.56	61.66	37.48	63.86	97.0	88.9
4	37.59	60.12	37.56	55.67	37.50	61.12	37.40	62.33	95.0	87.9

注:孵化率为受精蛋孵化率

总之,藏鸡的孵化温、湿度都略低于内地鸡的温、湿度。这主要是藏鸡种蛋总重量轻,表面积小,蛋壳较厚(0.356 毫米),蛋壳比重大(12.69%),蛋壳气孔数多而小(1/4 钝端为 354.2 个,1/4 锐端为 313.2 个)等原因使水分蒸发慢,温度升高快而造成。

5. 高海拔地区孵化期间给孵化器内输氧的研究　据美国 Christensen 等(1988)报道:对火鸡孵化期全过程进行输氧,可增加蛋壳的通透性,加强蛋壳的气体交换能力,使胚胎的肝、心发育加快,从而克服了缺氧对胚胎发育造成的影响,有助于胚胎成活。

Bagley(1990)等发现在孵化期进行输氧能促进组织间糖原的贮存及糖原的合成,而缺氧则加速其消耗,啄壳前组织内贮存一定的糖原是胚胎成活所必需的,出雏期鸡心肌糖原消耗过度会导致死亡。胚胎晚期大部分死亡是由心肌缺氧而引起的,通过输氧可降低糖原的消耗,提高良种蛋鸡的孵化率。在孵化期间采用给孵化器内输氧则是较为可行办法。将孵化器中的氧含量增加到23%～24%,可提高高海拔地区的孵化率。

　　输氧是通过带有压力表的氧气钢瓶上的管子将氧气注入入孵器和出雏器中。要配备氧气分析仪,每天几次测定孵化器内的氧气浓度,并进行适当调整。

　　田发益等(2000)报道:在海拔2 900米以上、氧分压低于14.69千帕的西藏林芝地区,在一般常规孵化条件下,内地良种蛋鸡的孵化率极低,仅为37.5%。通过对整个孵化期输氧(氧浓度控制在24%左右、氧分压约19.86千帕),可使良种禽蛋的孵化率提高到68.0%以上。试验结果表明,高原缺氧对孵化中期(8～14胚胎龄)影响不大,但在孵化期的1～7胚龄和15～21胚龄输氧能显著提高内地良种蛋鸡在西藏高原的孵化率。拉萨白鸡种蛋孵化期间输氧也有类似结果(表1-13-6)。

表 1-13-6　高海拔地区输氧对蛋鸡孵化效果的影响

品种	组　别	测定氧的浓度(%)	胚胎死亡率(%)			孵化率(%)	健雏率(%)
			1～7胚龄	8～14胚龄	15～21胚龄		
拉萨白鸡	对照组	19.6	15.3	6.1	7.8	70.8	89.0
	试验组	24.0	11.0	4.7	5.2	79.1	92.0
伊莎褐鸡	对照组	19.6	31.5	3.6	32.6	32.3	91.0
	试验组	24.0	19.7	2.8	9.5	68.0	94.1

　　从表1-13-6可见,孵化期输氧比不输氧显著降低胚胎死亡

率,如伊莎褐鸡胚胎早期死亡率从 31.5% 降低到 19.7%,差异极显著(P<0.01)。后期死亡率从 32.6% 降低到 9.5%,差异也极显著(P<0.01)。而孵化率则从 32.3% 上升至 68.0%,差异极显著(P<0.01)。

输氧对降低胚胎死亡伊莎褐鸡较拉萨白鸡更明显,一方面是由于伊莎褐鸡的蛋壳较厚,胚胎较大;另一方面是由于进行机体代偿性的应答反应较差。因此,输氧是提高内地良种蛋鸡在高海拔地区孵化率的关键,尤其在孵化早期和末期输氧,可使内地良种鸡的孵化率提高 35.7 %,达 68.0%。

佘永新等(2001)对饲养于西藏农牧学院牧场的伊莎褐鸡和拉萨白鸡的孵化率、蛋形指数、胚胎和雏鸡的血液生理指标进行了对比试验分析。结果表明,伊莎褐鸡胚和拉萨白鸡胚在同一孵化阶段的耗氧量、血液中血红蛋白含量、红细胞数等血液生理指标都有极显著差异(P<0.01)。伊莎褐鸡的蛋壳较厚,壳膜的气体交换能力差,胚胎死亡主要集中在孵化早期(1~5 胚龄)和晚期(15~21 胚龄),分别于这两个阶段输氧,在氧气浓度达 24% 左右,氧分压接近 19.9 千帕,同时提高孵化相对湿度至 65%;控制孵化器内的气体流通量,使二氧化碳浓度达 0.3%~0.5%,可提高良种鸡蛋的孵化率 30% 以上,达到 68%。试验证明,缺氧是导致西藏高原良种鸡种蛋孵化率低的主要原因之一。

程珏益(2002)提出了洗蛋、加大通风量和输氧等措施提高高海拔地区孵化率:①开大孵化器的进气口或延长换气时间,让鸡胚吸收更多的氧气,但孵化器中的相对湿度要保持在 55%~60%,防止鸡胚的失重会上升至 12.14% 这一临界值;②洗去蛋壳上的胶质层,增加蛋壳的通透性,有利于气体以被动扩散的方式进出胚蛋(但也会增加孵化期间污染的概率,并使鸡胚水分减少);③通过向孵化器内输氧的方法来提高氧气分压,将含氧量提高到 25% 左右,每天数次测孵化器内的氧气含量,以确保所需的氧气浓度;

④尽可能选择在低海拔处建造孵化场；⑤孵化器中的温度提高0.15℃，相对湿度保持在60％，有助于提高高海拔孵化时的孵化率。

6. 采用洗蛋措施提高蛋壳的通透性 丁保安等(1994)在海拔2 200米的青海西宁试验表明：种蛋分别采用0.5％过氧化氢或0.1％高锰酸钾溶液，在35℃～40℃下浸泡2分钟，可分别提高孵化率7.3％和4.58％，与对照组比差异极显著(P＜0.01)，且过氧化氢比高锰酸钾效果好(P＜0.05)。因既洗掉蛋壳表面的胶质膜，从而增加蛋壳的通透性，有利于吸收氧气和排出二氧化碳，又起到消毒种蛋的作用。但也发现在孵化早期(前6天)两试验组的死胚率均高于对照组(分别高0.8％和1.2％)，可能是氧化剂和水温增加弱胚死亡。笔者认为主要原因可能是洗蛋后增加胚蛋受污染机会，二氧化碳过分丧失和使胚蛋失水过多。

(四)提高孵化效果的综合措施 根据高海拔地区高寒、干燥、缺氧的恶劣自然环境和养鸡技术比较落后的具体情况以及诸多研究结果，提高高海拔地区的孵化效果，可采取下列措施。

1. 改善种鸡管理水平，保证种蛋质量

(1)提高种鸡质量 ①利用藏鸡独有的低氧功能突变基因(高原适应基因)，用藏鸡(公)×低地良种鸡(母)，提高良种鸡的孵化率；②利用杂交优势，用低地良种鸡(公)×藏鸡(母)或低地良种鸡(公)×拉萨白鸡(母)，提高高原杂交鸡孵化率。改变品种单一，生产性能低下的状况。

(2)加强种鸡管理 ①改善种鸡饲养管理条件，改造鸡舍，合理通风，喂给营养全面的饲料，及时捡蛋尤其是要防止种蛋受冻和污染；②推广人工授精技术；③防病治病。

2. 加强种蛋管理，保障入孵前种蛋质量 对种蛋进行合理选择，严格消毒。建立种蛋贮存室，让种蛋保存在适宜的环境下，必要时，采用种蛋锐端向上保存或充氮保存。

3. 采取适当措施,改善鸡胚发育环境

(1)输氧　输氧是提高内地良种蛋鸡在高海拔地区孵化率的关键,尤其在孵化早期(1～7胚龄)和后期(15～21胚龄)输氧。在孵化期间采用给孵化器内输氧是较为可行的办法。将孵化器中的氧气含量增加到24%,增加胚胎氧气的供应量,提高胚胎的生活力,顺利完成发育和出雏,以提高高海拔地区的孵化率。

(2)采取单台孵化器加压措施　给孵化器增加1个小加压室,使其模拟海拔760米处的环境条件,进行常规孵化。何铭等(1995)指出,目前关于高原孵化率低的原因及对策有两种观点:一种认为是氧含量不足,应采用加氧的办法提高氧分压,但因制氧、加氧等措施难以操作,而未得到推广;另一种认为除氧分压影响外,还受二氧化碳含量的影响,因此应采用增加气压方法。有些地方(某肉鸡场孵化厅)曾采用给整个孵化室加压的办法,但因室大,密封困难,收效甚微。何铭等人在研究、分析了上述两种观点及采取的措施存在的问题之后,提出了单台孵化器加压方案,即每台孵化器增加1个小加压室,并把温、湿度等参数统一由微电脑控制,以提高控制精度,保证最佳孵化条件。该气压室不仅提高了气压,还形成循环气流,使其模拟海拔760米处的环境条件,完全与平原地区的孵化条件相同。

笔者建议:有必要对"单台孵化器加压"与"输氧"进行对比试验,比较两者的孵化效果(孵化率、健雏率)和费用支出与增收比例及其可操作性,以评估它们的推广应用前景。

(3)保持鸡胚19胚龄失水率12%左右　通过提高孵化器内的相对湿度,控制胚蛋的失水率。一般前期为55%～60%,中期为60%～65%,后期为65%～70%。相对湿度决定胚蛋的失水率,而胚蛋的失水率影响孵化率和健雏率。所以,孵化过程中可通过测失水率来调整供湿水平。强巴央宗等(1999)提出:"在常规孵化温度的基础上提高0.5℃,相对湿度后期提高到70%"的措施。

(4)保持孵化器内适当的二氧化碳浓度 通过控制孵化器气体流通,增加二氧化碳浓度以避免低碳酸血症,既降低胚胎早期死胚率,又有利于刺激后期胚胎啄壳、出雏。一般二氧化碳浓度控制在 $0.3\% \sim 0.5\%$ 为宜。

(5)"洗蛋"与"覆盖部分蛋壳" 有些人用过氧化氢或高锰酸钾溶液、稀盐水、碘液等洗蛋,甚至用稀盐酸对蛋的钝端气室处进行擦拭。洗(或擦拭)掉蛋壳表面的胶质膜,增加蛋壳的通透性,以利于胚胎吸收氧气和排出二氧化碳。相反,有的人提出:"可以对蛋壳部分覆盖来控制水分和二氧化碳的散失"。有的人却做从钝端到锐端用明胶涂上 1/4 蛋壳表面(耿照玉,1996)试验,结果表明:用明胶封闭部分蛋壳降低蛋壳通透性,显著降低了失水率,影响胚胎气体交换,导致受精蛋孵化率较低,出雏重增大(P＞0.05)。笔者认为,采取"洗蛋"措施,应重视卫生消毒、提高孵化湿度和防止二氧化碳过分丧失。而"覆盖部分蛋壳"法不宜采用,因此法阻碍胚胎获得发育所需的氧气。

(6)尽量在低海拔地方建孵化场 如果"输氧"、"加压"方法难以实施的话,在可能的情况下,尽量选在较低海拔地方建孵化场,以降低海拔高度对家禽胚胎发育的影响程度。

三、提高肉种鸡蛋的孵化效果

(一)肉种鸡及其种蛋的特性及提高孵化率措施 由于肉鸡选育目标是生长速度和产肉量,导致种母鸡体重硕大,产蛋率较低,种公鸡笨重,多患腿疾,限制其交配能力,精液质量较差,以至受精率较低。种蛋较大,胚胎产热多,散热困难,胚胎温度容易超出正常范围,尤其是孵化后期,种蛋孵化率稍低。李树平(1988)报道:蛋鸡蛋重较小,孵化率较高,平均为 92.1%;而肉鸡蛋重较大,孵化率亦较低,平均为 85.2%,两者差异极显著。有人指出了低孵化率与肉种鸡的关系:①肉鸡种蛋受精率比蛋鸡低;②肉鸡的青年鸡与老龄鸡的比较,受精率分别为 98% 与 93%,早期死精率分别为 3.0% 与 5.0%~7.0%,后期死胎率分别为 2.0% 与 3.0%~4.0%,中期死亡及裂纹蛋破蛋率分别为 2.0% 与 2.0%~3.0%,孵化率分别为 91% 与 81%,受精蛋孵化率比入孵蛋孵化率分别相差 7% 与 12%。有人认为,种鸡周龄存在差别,刚开始产蛋的青年母鸡或接近淘汰的老龄母鸡其受精率与孵化率相差 10%,而产蛋高峰期时仅差 5%~6%。根据上述问题应采取如下措施。

1. 加强种鸡管理,保证种蛋质量

(1)公母分开饲喂、控制体重　肉种鸡育成期至配种前,公母应分开饲养,以避免因公鸡抢食超重,而母鸡发育受阻。配种期公母混养,但公鸡料桶吊高,母鸡料桶(或料槽)隔栅变窄,公母喂不同饲料,做到公母分槽、分料饲喂。肉种鸡不要采用自由采食,而应根据各自体重进行适当限制饲喂,严格控制体重。

(2)加强种鸡管理　适宜的公母比例,保障鸡群健康,不使用影响种鸡健康和鸡胚发育的抗生素、磺胺类药物。

(3)选择母鸡喜爱的产蛋箱颜色　Jon T. Brake(1993)指出,人们以为肉种鸡喜欢在暗处产蛋,所以产蛋箱都漆成黑色,但发现种鸡并不太愿意进去产蛋。后来发现母鸡更喜爱不染色的白铁板产蛋箱,也许不染色的产蛋箱颜色与育成鸡舍到处可见的白铁板相仿的缘故。

Hurnick 等(1973)研究表明,母鸡喜欢它熟悉颜色的产蛋箱。分别在白铁板产蛋箱中用褐色、灰色、绿色和黑色的产蛋箱垫,试验结果是灰色垫的产蛋箱中产蛋数比褐色垫的多(表 1-13-7),差异极显著(P<0.001),这说明母鸡偏爱它熟悉的灰色。

表1-13-7　不同颜色产蛋箱垫的产蛋箱中的产蛋数

周　龄	褐色对黑色		褐色对绿色		褐色对灰色	
28～49	15.9	15.0	16.7	15.2	14.5	18.4*
50～64	10.3	9.8	9.1	10.2	8.0	11.2**

*产蛋箱为白铁板　**产蛋箱垫颜色交叉排列,50周时调换位置

(4)加强种鸡产蛋后期管理,改善蛋壳质量　在肉种鸡产蛋周期中,蛋重比蛋壳增长快,这是老龄鸡蛋壳质量差和孵化率低的原因。老龄鸡的蛋重大,但相对于胚胎(蛋重)大小,大蛋比小蛋的单位蛋重的蛋壳表面积少,而蛋壳变薄仅是部分补偿,使得蛋壳通透性降低。通过提高产蛋率,可控制母鸡体重,以防种蛋变得过大,从而保持适宜的蛋壳的通透性。这种蛋重与蛋壳表面积不平衡现象亦存在于给料量增加但产蛋量尚未增加的产蛋初期。有资料表明,通过给老龄种鸡补钙,并不能增加蛋壳强度,也并不能提高孵化率。因此,不建议在产蛋后期额外补钙,但种蛋保存时间长的话,种鸡需要含钙比较高的饲料。有人建议将种蛋的比重作为鸡群孵化潜力的最重要指标。

(5)重视受精率问题　通过观察公鸡状态、腿疾问题、交配次数和频率、公母比例以及母鸡过肥等情况,便可捕捉到影响种鸡群受精率的症结。

①公鸡配种能力差的原因及措施。主要出现在45周龄以后。

Ⅰ.劣势公鸡问题。因公鸡过肥或比母鸡晚熟2周,以至在种鸡群中处于劣势(即"公鸡怕母鸡"),导致配种不能正常进行。可采取公鸡比母鸡提前2周增加光照和喂料方法解决,但也要防止公鸡超重。

Ⅱ.公鸡在种鸡群中处于过强优势与优势等级的平衡问题。虽说过强优势对受精率无影响,但因这样的公鸡攻击性太强,会造成母鸡死亡率增加。另外,种鸡群中优势等级高的公鸡,每每干扰其他公

鸡配种,如果优势等级高的公鸡的"霸道"已达到了破坏鸡群内的优势等级平衡程度或优势等级低下的公鸡,不仅难以获得配种机会,甚至不能正常获得饲料和饮水时,这类公鸡均应淘汰更新。

Ⅲ. 公鸡腿疾问题。由于垫料粗硬、饲养密度过大、料桶不足和公鸡肥胖以及疾病等因素,造成公鸡患腿疾,不能进行正常交配。除了改善饲养管理之外,应更换有腿疾公鸡。

Ⅳ. 公母比例失调。自然交配的公母比例为 10 只公鸡：100 只母鸡已足够。到产蛋后期要更换补充公鸡,以保持较理想的受精率。

②母鸡对受精率的影响。一般 45 周龄以后开始出现这个问题,原因是过肥和繁殖力下降以及蛋壳质量降低。通常伴随产蛋率和蛋壳质量下降,受精率亦降低。除加强饲养管理,尽量延缓产蛋率下降的速度之外,可采用淘汰年老体衰的公鸡补充新公鸡,即"新公鸡×老母鸡"的办法予以缓解。也可采用强制换羽方法,消耗母鸡体内脂肪和让鸡只得到休息、恢复元气。

③推广人工授精技术,提高受精率。目前,肉种鸡仍广泛采用自然交配繁殖技术,也就带来上述公鸡配种能力差的诸多弊端。而采用人工授精技术,以上问题基本上也迎刃而解了。

2. 肉种鸡种蛋管理　肉种鸡与蛋种鸡的种蛋管理大同小异。如果要说有差别的话,肉种鸡种蛋的保存温、湿度及保存时间比蛋鸡要更苛刻些。依据种鸡年龄,确定种蛋的贮存温度、湿度以及贮存时间,以获得最佳孵化率。

有人指出肉种鸡种蛋最佳保存时间为 2 天。实践资料表明,由于新鲜种蛋的蛋白阻碍胚胎气体的交换,入孵新鲜种蛋(贮存短于 2 天),会导致孵化率下降、出壳推迟及雏鸡质量降低。故青年种鸡所产的蛋,需在较高温度和较低相对湿度条件下(如 18.3℃,80%)保存 2 天,以使蛋白质量(哈氏单位)适度下降,以降低早期死胚率。而在较低温度和较高相对湿度保存(如 12.8℃,80%)会引起早期死胚率升高。相反,年老鸡群所产的蛋则早期死胚率降低。年老鸡群所产的蛋应早入孵,最好不保存即入孵,保存也勿超过 7 天。否则,孵化效果较差。

R. Meijerhof 等(1994)研究"孵化前的不同处理对肉鸡种蛋的孵化结果的影响"。试验结果表明:在整个孵化过程中,老龄鸡的受精蛋死亡率较高,且孵化率也较低。除年龄外其他处理对受精率没有影响(表 1-13-8)。

表 1-13-8　种蛋入孵前不同处理对受精率和孵化率的影响

项目		鸡群周龄		产蛋箱温度(℃)			保存时间(天)				保存温度(℃)			预热温度(℃)	
		37	59	30	20	10	12	9	6	2	20	15	10	27	20
受精率(%)		98.1	94.9	96.8	96.6	96.1	96.2	97.2	96.3	96.3	96.2	96.6	96.7	96.8	96.2
孵化率(%)		92.1	87.0	88.9	90.4	89.4	84.6	90.2	91.3	92.2	88.1	89.4	91.2	88.3	90.8
死亡率(%)	0~7胚龄	3.4	5.1	4.9	4.1	3.7	6.7	3.4	3.4	3.4	4.9	4.2	3.6	4.6	3.9
	8~18胚龄	0.6	2.1	1.5	1.1	1.5	1.9	1.4	1.2	0.9	1.4	1.4	1.1	1.7	1.0
	19~22胚龄	3.2	4.3	3.6	3.7	4.0	5.5	3.5	3.2	2.8	4.3	4.1	2.9	4.1	3.4

(1)产蛋箱温度的影响　产蛋箱温度对孵化结果的影响很小,但产蛋箱温度为 30℃组在 0~7 胚龄期间的死亡率比 10℃处理组明显增加。试验结果表明,37 周龄时,产蛋箱温度与孵化率无明显相关,而 59 周龄时,产蛋箱温度 30℃的种蛋孵化率比 20℃的明显低,这说明老龄鸡对产蛋箱温度较敏感。

(2)种蛋保存时间的影响　表 1-13-8 表明,孵化率随保存时间的延长而下降,37 周龄,保存 12 天比保存 2~9 天的孵化率显著降低,保存 2~12 天孵化率下降 5.1%。在 59 周龄,保存超过 8 天孵化率显著降低,保存 2~12 天孵化率下降 10.1%。两个年龄的孵化率下降主要是 0~7 胚龄的死亡率的增加。延长保存时间的危害老龄鸡比青年鸡更甚(孵化率下降更多,且下降开始得早)。Mayes(1984)报道,保存 7 天后孵化率每天下降 1%。本试验平均每天下降 1.1％，与文献较一致。

（3）种蛋保存温度的影响　表 1-14-8 表明，保存温度为 10℃比 15℃和 20℃受精蛋的孵化率高，这是在 0～7 胚龄和移盘后的胚胎死亡率较低。保存 9 天内保存温度对两个年龄组的孵化率均无明显的影响。一般孵化率下降始于保存 6～9 天。保存 12 天时，对 37 周龄的鸡群，保存温度为 15℃或 10℃的孵化率高于20℃。而对 59 周龄的鸡群，则保存温度为 10℃时的孵化率高于15℃或 20℃时。保存超过 12 天时，保存温度高温与低温之间孵化率相差很大，且高温对老龄鸡的种蛋比青年鸡种蛋的影响更大。短期保存时温度为 10℃有利于老龄鸡的孵化。

（4）种蛋预热的影响　表 1-14-8 表明，对青年鸡的种蛋入孵前预热 16 小时使蛋温达 27℃，对孵化率的影响不明显，而对老龄鸡种蛋，将导致受精蛋孵化率显著下降。Mayes（1984）认为，保存温度较低时，预热改善了成活率和孵化率。预热可去除蛋壳上的凝水。

（5）种鸡不同年龄产蛋箱温度的影响　表 1-13-9 表明，在 37周龄，各组间受精蛋孵化率无显著差异。在 59 周龄，30℃组的受精蛋孵化率比 20℃组显著下降 2.4％，这是 0～18 胚龄死亡率增加的累积结果。在两个年龄，10℃组与其他两组无显著差异。

表 1-13-9　产蛋箱温度对受精蛋死亡率和孵化率的影响

年　龄		37 周龄			59 周龄		
产蛋箱温度（℃）		30	20	10	30	20	10
死亡率（%）	0～7 胚龄	4.0	3.1	3.0	5.8	5.0	4.5
	8～18 胚龄	0.6	0.6	0.6	2.4	1.6	2.5
	19～22 胚龄	2.9	3.1	3.5	4.4	4.3	4.4
孵化率（%）		91.6	92.3	92.3	86.1	88.5	86.5

总之，试验表明，青年鸡种蛋对不利因素的敏感性比老龄鸡要

小,而老龄鸡的受精蛋孵化率下降与种蛋对入孵前不利处理的敏感性增加有关。

3. 产蛋周龄、蛋重、蛋形指数与孵化率关系　赵月平等(2003)试验表明,取产蛋周龄分别为 33 周龄和 55 周龄的艾维茵父母代种鸡所产种蛋,根据产蛋周龄、蛋重、蛋形指数分组。在相同孵化条件下孵化,结果表明 33 周龄种蛋孵化效果比 55 周龄种蛋孵化效果好,33 周龄种蛋蛋重、蛋形指数对种蛋孵化率影响比 55 周龄大,并认为接近平均蛋重和标准蛋形的孵化效果最好。

(二)影响肉种鸡孵化效果的研究

1. 肉鸡种蛋孵化期间胚胎死亡规律的研究　张慧林等(2003)研究分析艾维茵肉鸡种蛋在孵化期胚胎死亡的基本规律发现:整个孵化期间,胚胎死亡主要有两个高峰,第一高峰在孵化前期的 4~6 胚龄,占全部死亡胚胎的 22% 左右。第二高峰期在孵化后期的 17~19 胚龄,占全部死胚的 34%。把剩下的各胚龄分为 3 个阶段,即 1~3 胚龄、7~16 胚龄和 20~21 胚龄,这 3 个阶段的胚胎死亡均差异不显著。

2. 关于肉鸡雏卵黄囊膨大问题的研究　Peter Winn Martin(1996)报道:把来自 35 周龄、36 周龄的种鸡群的种蛋、同一出雏盘中干透了的雏鸡,其中的一部分继续留在出雏器中 12~15 小时,另一部分即取出(比前者早 15 小时),观察雏鸡出壳干透后长时间置于出雏器环境中与 2~3 日龄雏鸡的卵黄囊膨大之间的关系。此前许多研究认为,雏鸡出壳时卵黄囊中存在过量液体的主要原因是湿度过高。也有人认为,雏鸡出壳时以及数天内,卵黄囊中存留过量液体,是造成雏鸡出壳后未能充分利用蛋黄物质的原因。而试验结果表明:3 日龄的问题与湿度无关,在任何情况下 1 日龄时卵黄囊较大并未导致 3 日龄卵黄囊吸收迟缓。但雏鸡充分干燥后即从出雏器中取出而不长时间留置于出雏器中,可以降低雏鸡早期死亡率。另外,卵黄囊的细菌感染也是被认为 7 日龄内雏鸡卵黄囊膨大的原因之一,细菌感染是雏鸡卵黄囊吸收时间延长的主要原因。但本研究的结果,也不能支持"卵黄囊的细菌感染所致"的观点。本研究表明,卵黄囊吸收减慢的雏鸡都来自两个较年轻的种鸡群(一个是 35 周龄,另一个为 36 周龄),这说明了种鸡群年龄与这一问题之间存在明显的关系。本研究表明,可以通过加强管理,密切观察雏鸡干燥过程,相应调整雏鸡从出雏器取出时间,从而解决 3 日龄雏鸡卵黄囊膨大的问题。

3. 改变蛋壳通透性对肉鸡种蛋失水率及出雏影响的研究
耿照玉(1996)报道:在肉鸡种蛋孵化的 0 胚龄、5.5 胚龄、10.5 胚龄和 15.5 胚龄用稀盐水洗蛋(2 500 毫克/升,洗 5 分钟,再用清水冲洗 3 分钟)和从钝端到锐端用明胶涂上 1/4 蛋壳表面,研究其对种蛋失水率及出雏的影响。结果表明:用稀盐水清洗种蛋增加蛋壳通透性不能显著提高种蛋失水率,对出雏重、出雏重占蛋重比率及孵化时间没有影响。原因是胚胎自身具有渗透压调节作用,但对提高受精蛋孵化率有利。用明胶封闭部分蛋壳降低蛋壳通透性,显著降低了失水率,影响胚胎气体交换,导致受精蛋孵化率较低,出雏重增大($P > 0.05$)。

(三)肉种鸡的孵化技术 长期以来,肉鸡种蛋的孵化条件要么沿用蛋用种鸡的方法,要么认为要比蛋鸡高,以至一定程度上影响肉鸡种蛋的孵化效果,或虽说对孵化率的影响不明显,但从外观和饲养期肉仔鸡的生长速度和饲料转化率均有不同程度的影响。一般所说的理想孵化温度、湿度和通风是相对于最佳孵化率而言的,但对于高产肉鸡,更重要的是确定能孵出高质量雏鸡的适宜孵化温度、湿度和通风。

1. 肉鸡种蛋的孵化温度调控

(1)关于肉鸡种蛋孵化温度是否要比蛋鸡种蛋高的问题 张兴文等(2003)认为:长期以来,大多数观点认为肉鸡种蛋孵化温度应比蛋鸡高。其理由是,肉用型比蛋用型胚胎发育慢,孵化期长,

故应该用较高的温度。但张兴文等人 10 多年的孵化生产实践和
试验结果都证明稍低于蛋鸡的孵化用温更适合肉鸡胚胎发育。开
始时,将肉鸡种蛋孵化温度设定高于蛋种鸡蛋,结果是,肉鸡种蛋
孵化期较依莎褐蛋鸡缩短 8.9 小时,但雏鸡质量较差,多表现绵软
无力,脐部吸收不良,"钉脐",健雏率仅为 94.2%。孵化率也没有
达到该品种要求。而依莎褐种蛋孵化基本达到了品种标准。之后
几年,通过逐步降低肉鸡种蛋的孵化温度,孵化率最终达到了品种
标准,有些甚至超过标准,雏鸡质量也有了很大改善。1990 年肉
鸡种蛋孵化用温实行与蛋鸡种蛋相同制度后,孵化率基本接近各
自的品种标准。这就说明,稍低的用温对于肉鸡种蛋的孵化是适
宜的。经过多次的对比试验,总结出了最适合肉鸡种蛋的孵化施
温方案:1～6 胚龄 37.9℃,7～18 胚龄 37.8℃,19～21 胚龄
37.3℃。原因有:①肉鸡种蛋壳薄(依莎褐、海赛克斯蛋鸡种蛋比
艾维茵、爱拔益加肉鸡的蛋壳厚)而且气孔稀疏,温度比较容易透
过蛋壳对胚胎发挥作用,使胚胎发育加快;②肉鸡种蛋较蛋鸡稍
大,其胚胎也比较大,因而呼吸量大,前期吸热面大,后期自产热
多,所以孵化温度应该稍低一些;③可能由于肉鸡产蛋量少,在每
个蛋中沉积的营养物质相对较为丰富,使胚胎发育得到充分的营
养,使其发育较快,孵化期缩短。

Pas Reform 公司在与柏林的 Humbolt 大学合作进行的试验
中证明,孵化至 18 天时,罗斯 308 肉鸡的代谢热产量比某种白来
航品种高 26%。

Marleen Boerjan(2004)也提出肉鸡胚胎的最佳孵化温度应该
低于蛋鸡胚胎。他在试验中发现,肉鸡胚胎和蛋鸡胚胎在孵化 40
小时的时候,都处于 Hamburger 和 Hamilton 标准的第十期,但
是,在孵化至 48 小时的时候,肉鸡胚胎发育到了第十三期,而蛋鸡
胚胎则仅仅发育到第十二期。这些结果表明肉鸡胚胎的高生长率
在孵化 80 小时的血环期之前就已出现。肉鸡和蛋鸡之间不同的

生长率就会导致两者不同的产热量,故肉鸡胚胎与蛋鸡胚胎的孵化条件也应有所区别。由于肉鸡对高胸肉产量和低腹脂量的持续不断选育结果,使肉鸡胚胎生长发育的差别还会进一步扩大。这就需要各种具有品种特异性的孵化方案。为了避免现代肉鸡胚胎较高的代谢热增加热应激的危险,孵化器的孵化温度应该使胚胎的温度总是保持在正确的水平上。为此,可将蛋壳表面温度(视为无法直接测定的"胚胎温度")作为孵化温度设定的主要参数。试验结果表明,肉鸡胚胎的较高热产量在较大程度上是取决于较高的生长率而非较大的胸肉产量。总之,肉鸡胚胎的最佳孵化温度应该低于蛋鸡胚胎(表 1-13-10)。表中可见,4~10 胚龄前与 10 胚龄后,肉鸡种蛋的孵化温度比蛋鸡分别低 0.1℃~0.2℃和 0.3℃~0.6℃。

表 1-13-10 褐壳蛋鸡和肉鸡推荐的孵化温度(整批入孵法)

孵化天数 (天)	胚龄时间 (小时)	平均蛋壳温度(℃)	蛋鸡(℃)	肉鸡(℃)
1	0	37.8	38.0	38.0
4	72	37.8	37.9	37.7
7	144	37.8	37.8	37.7
10	216	37.8	37.8	37.6
13	288	37.8	37.6	37.3
16	360	38.3	37.4	36.8
19	432	38.8	36.9	36.4

资料来源:Marleen Boerjan(2004),Pas Reform 公司孵化器推荐的蛋鸡、肉鸡孵化温度。"蛋壳温度"系因无法直接测量鸡胚胎温度,以蛋壳表面温度代之

(2)肉鸡孵化必须降温降湿 Gib Taylor(1999)指出:高产肉鸡胚胎肌肉含量高,在孵化过程中胚胎代谢产热增加。若不通过通风或降温驱散这些余热,胚胎发育加快,孵化期缩短,这样绝不

可能孵出高质量的幼雏。因此必须调整孵化方案,防止过早出雏。有研究也表明,高产肉鸡种蛋的蛋壳水汽通透性降低,过去确定的蛋鸡适宜孵化条件不再适合于高产肉鸡,故必须调整孵化温度、湿度及通风,以提高孵化效率。

①孵化温度的调整。从原来的 37.5℃～37.6℃,降至 37.3℃～37.5℃。仅将温度降低 0.1℃～0.2℃,雏鸡脐部就不会出现黑块、黑线。有些孵化场甚至正在试用 37.2℃ 的低温,另外,孵化室要凉爽。高产肉鸡种蛋低温孵化,虽然孵化期延长,但可提高雏鸡质量。

②孵化相对湿度的调控。高产肉鸡种蛋蛋壳水汽通透性低,意味着蛋内水分不易散失。为了获得好的孵化效果,种蛋的失水率应达 11.5%～12%。因此,应采用 48%～52% 的较低相对湿度。朱一忠(1996)提出应采用整批入孵变温孵化法。夏天还采用调整入孵时间和出雏时间等应变措施。

(3)高温对肉仔鸡的饲料转化效率影响　①Dr. Wineland 证实,发生在孵化前 3 天的高温,可增加脑和中枢神经管的异常。发生在 10～19 胚龄的高温,造成垂体和下丘脑的异常,这两个脑组织影响甲状腺的发育,影响出雏期和生产期的代谢调节,影响肉鸡生产期的饲料转化率。②D. Hill(1997)试验表明,达到相同体重的饲料转化率,38.3℃ 的胚胎温度比 39.4℃ 的好 3%～5%。③G. Gladys(1999)报道,控制最后 5 天的胚胎温度分别为 37.5℃、38.6℃、39.7℃,结果达到相同体重的饲料效率,38.6℃ 比其他两个温度要好 5%～7%。

(4)移盘时的胚胎温度与孵化率　Meijehof(2001)研究表明,移盘时胚胎温度影响孵化率(表 1-13-11)。胚胎温度高,孵化率亦低。

表 1-13-11　移盘时胚胎温度与孵化率的关系

组　别	1		2		3	
移盘时 胚胎温度(℃)	38.4	39.0	38.8	39.5	38.8	40.3
孵化率(%)	86.9	87.7	87.6	84.3	85.1	74.3

2. 肉种鸡的孵化相对湿度调控　由于不同的种鸡类型(蛋鸡或肉鸡)、品种或品系(肉鸡常规系或宽胸系),不同育种场推荐的孵化相对湿度也各异,从 46%到 60%。有的认为 19 胚龄的种蛋失水率应以 11%～12%为宜,有的认为应 12%～14%更好,有的认为宽胸肉鸡种蛋失水率应达到 15%。各育种公司(场)都是根据孵化效果(孵化率、健雏率)来确定本品种(品系)的最佳孵化温、湿度的。孵化生产者不妨先按推荐的湿度试孵 2～3 批,再依据孵化效果,进行适当调整,最后确定适合本地区、本孵化器的最佳温、湿度组合。

John T. Brake 认为:对 20～40 周龄种鸡所产的蛋,降低孵化器湿度,可降低早期死胚率,该时期蛋壳最厚、蛋白质量最好。但对 40～48 周龄种鸡所产的蛋,降低孵化器湿度,则引起后期死胎增多。可能是蛋壳变薄、蛋白变稀而造成过分失水的缘故。因此,40 周龄为第一个转折期,48 周龄是第二个转折期。而 48 周龄以后的结果变得难以预测。在 52～60 周龄,低湿会引起胚胎早期和后期死亡增加。

后来研究表明,年轻种鸡种蛋在孵化前期(入孵器内)用较低湿度,后期(出雏器中)用较高湿度,而年老种鸡却相反,入孵器用较高湿度,孵化后期用较低湿度。

一般种蛋失水是前 3 天和 15～18 天增快。若孵化 1～6 胚龄孵化器内湿度过高,将降低种蛋失水和氧气吸入的速度。建议提高大蛋在啄破气室(16 胚龄)后的失水速度。这与移盘时是相一致的。

3. 肉种鸡的孵化期间的通风换气　整个孵化期都要注意通风换气,提供充足的氧气,排出二氧化碳,尤其是孵化后期。还应重视孵化器内温度场的均匀度,避免出现局部高温。否则,此处胚蛋温度可能达到 $40℃\sim41℃$,即便有的能出雏,也多为弱雏,雏鸡脱水。为利于孵化器内空气流动,可在 15 胚龄时将孵化盘保持水平方向(此时已经停止转蛋)。还应注意孵化厅内的通风换气,要避免冬季孵化室内新鲜空气不足和夏季湿度过高以及不适当地调节或使用不干净的均温风扇。否则,不能有效地通风换气。总之,肉鸡胚胎大,代谢产热多,驱除孵化器中的余热是十分必要的。

4. 产蛋周期的三阶段种蛋特性和管理方法　John T. Brake 根据肉种鸡产蛋周期种蛋的特性,提出了三阶段种蛋保存和孵化管理方法。

(1)第一阶段(20～40 周龄)

①种蛋的特性。初产蛋小,但在 50% 产蛋率之前钙吸入量最大,形成蛋壳较厚及较厚的胶护膜(胶质层)。蛋白抗降级的能力强。此期早期死胚率高、雏鸡质量较差,孵化期长于 21 天,偶尔出现后期与啄壳后期死胎问题。

②管理方法:可延长保存时间或提高保存温度。

(2)第二阶段(40～48 周龄)

①种蛋的特性。此阶段种蛋的蛋壳厚度、胶护膜和蛋白是最理想的。孵化时间为 21 天。

②管理方法。种蛋存 2～5 天,在正常所推荐的保存条件与孵化温、湿度条件下,会获得较好的孵化成绩。保存温度降低,保存时间延长,孵化效果仍不错。

(3)第三阶段(52～60 周龄)

①种蛋的特性。此阶段蛋白变稀薄(但若产蛋率较低时,蛋壳会厚一些),蛋易失水,因而早期胚胎死亡率较高,且蛋壳相对表面

积小，导致孵化后期和啄壳后期死亡率升高。

②管理方法。在正常保存条件下，种蛋保存不超过 2 天。此期保存时间应尽量缩短。若预计保存时间将超过 4 天，则应降低保存温度。入孵器内的湿度应比第二阶段推荐值高些，而出雏器内湿度应调低，尤其是移盘后 12～36 小时。但也要防止因湿度过低，造成雏鸡脱水。

5. 孵化器入孵量的考虑　采用分批入孵用早入孵胚蛋的产热孵化晚入孵胚蛋（即"老蛋孵新蛋"），以降低成本。另外，孵化量太少（如仅入孵孵化器的容蛋量的 1/3～1/2）比整批入孵的孵化效果差。但整批入孵也带来孵化早期加热负荷大而孵化后期散热压力大的问题。孵化生产计划受市场需求的影响而往往出现孵化量增多或减少现象，导致种蛋保存时间有长短。分批入孵若后面批次入孵量少，孵化器内大胚龄的胚蛋相对多，产热不成问题，但若后批次入孵量大时，会致使热量过多和氧气不足问题，导致许多胚胎死亡可能还有种蛋保存过长的影响。此现象在第三阶段最明显，此期受精率低且对保存最敏感，故应尽快入孵。

6. 其他　每周更换湿度计上的棉纱，且加蒸馏水，并用风速仪检查风机。另外，孵化场中可能会遇到几次机器故障问题，及时排除故障有助于稳定孵化成绩。

(四) 肉种鸡产蛋后期种蛋的孵化技术　肉种鸡产蛋后期产蛋量明显下降，蛋重更大，蛋壳较薄，蛋白浓度较低且胚胎较脆弱，鸡胚对保存和孵化的环境条件更敏感。故孵化要求必须有别于年轻种鸡。总体来说，产蛋后期种蛋保存期间要短些、保存温度要低些、相对湿度要高些。而孵化期间的孵化温度要低些，相对湿度也要低些。

1. 产蛋后期种蛋的保存　产蛋后期种蛋对保存期和温、湿度更敏感，故种蛋最好不保存直接入孵为宜。如果必须保存，则保存温度要较低些，以 16℃ 左右为宜，而且尽量保持稳定，切勿忽高忽低。降低保存期间种蛋的水分损失率至关重要,因此相对湿度要较高,一般为 75%~80%。有条件的话,种蛋保存 4 天或 4 天以上时,采用塑料袋包装保存种蛋。据试验显示,产蛋后期种蛋不保存直接入孵与塑料袋包装保存 4 天或无塑料袋包装保存 4 天,受精蛋孵化率分别为 90.7%±0.89%、90.9%±0.89% 和 86.7%±0.89%。种蛋不保存直接入孵与塑料袋包装保存 4 天的受精蛋孵化率差异不显著。

2. 产蛋后期肉鸡种蛋的孵化

(1)较低的孵化温度,以防止胚胎超温 胚胎温度是影响孵化率和雏鸡质量的直接因素之一。在孵化前期,胚胎较小、产热较少,胚胎温度低于或接近孵化器内空气温度。而孵化后期恰恰相反,胚胎温度高于孵化器内温度 1℃~1.5℃,可达到 39℃~39.5℃。蛋重或胚龄越大胚胎也越大,胚胎产热也就越多。胚胎产热大小的顺序是:肉鸡宽胸系品种＞肉鸡常规系品种＞蛋鸡品种。有关研究证明,宽胸系胚胎的产热量是常规系的 1.5~2 倍,在同样的孵化温度下,宽胸系胚胎的温度比常规系的高 0.2℃~0.4℃,宽胸系的出雏时间比常规系的早 10~12 小时。肉用种鸡随着周龄的增长,种蛋也愈大,但是种蛋的热传导性能却反而下降了。这些因素都会使肉鸡胚蛋温度较高,控制孵化后期胚蛋的温度是孵化成功的关键所在。为了尽量避免肉鸡胚胎温度超出胚胎发育正常范围,肉种鸡产蛋后期种蛋的孵化温度比蛋鸡要低些。

(2)较低孵化相对湿度,保持适宜的失水率 必须强调的是,虽然产蛋后期的蛋壳变薄,单位表面积的气体通透性增大,但是由于蛋重较大,单位蛋重的表面积较小,致使整个蛋的通透性变小。为了使种蛋失去较多的水分(12%),应给予较低的相对湿度。

(3)加强通风换气,避免热应激 高产肉鸡胚胎肌肉含量高,代谢产热更多,驱除孵化器中的余热是十分必要的。有条件的话,移盘前测量胚蛋温度,以作为出雏器控温、通风的参考。

（4）产蛋后期种蛋孵化的建议　郭均（2002）对肉种鸡产蛋后期种蛋的孵化,提出了具体建议。

①种蛋贮存。最好不贮存,产出后直接入孵,若贮存宜采用低温（16℃）、高湿（75％）。

②分批入孵的箱式孵化器。Ⅰ.温度,较低温度,37.4℃～37.6℃；Ⅱ.湿度,兼顾前后期的低湿；Ⅲ.移盘,可在18胚龄前移盘；Ⅳ.温度场,每2个月检查风扇速度,更换变形扇叶。

③整批入孵的箱式孵化器。Ⅰ.温度,前高后低；Ⅱ.湿度,前高后低；Ⅲ.转蛋,入孵15天后停止转蛋；Ⅳ.温度场,移盘后检查大风扇的转速。

④巷道式孵化器。Ⅰ.温度,较低的温度,37.1℃～37.2℃；Ⅱ.湿度,兼顾前后期的低湿；Ⅲ.移盘,可在18胚龄前移盘；Ⅳ.转蛋,入孵时将蛋车摆平,入孵15天后停止转蛋。

（五）解决大蛋带来的孵化问题　对肉鸡来说,大蛋是蛋重大于70克的蛋。由于选育的结果,现在小蛋的重量接近过去的平均蛋重,而大蛋则越来越大,胚胎相应也越大,产热量亦越多。与此相关的是现在孵化器的容蛋量越来越大,且每个种蛋所占的空间却变得越来越小,从而限制空气的流通和蛋与空气之间的热交换量。这两个因素使得大蛋孵化问题更显得突出。大蛋在现有孵化器中难以获得好的孵化效果。通过种蛋选择,剔除大蛋,虽然解决了上述问题,可是每只种母鸡提供的可入孵的种蛋减少了,这意味着需要多养种鸡和提前淘汰母鸡,增加了成本。这就需要权衡利弊。

D.C.Dceming（1996）提出了孵化大蛋应降低孵化器的容蛋量,也可将大蛋放在孵化火鸡的蛋盘中,以减少每盘容蛋量,也就降低了产热量,有利于更多活胚存活到出雏。某场孵鸡的孵化器出现故障,将种蛋移到火鸡的孵化器中继续孵化。虽然降低了容量,但孵化率和雏鸡质量却达到该场历史最高水平。孵大蛋要将孵化器孵化蛋盘之间的距离加大,从而有利于蛋与空气的热交换,防止蛋温升高,提高了孵化率和雏鸡质量。由此带来的问题是,需要更多的孵化器。看来最佳的选择可能是既严格选蛋,又降低孵化器的容量。

许正金(2002)报道:由于后备种鸡跟不上,或为了赶上好行情等原因,会把60周龄以上的肉种鸡强制换羽,在较短时间内获得第二次产蛋高峰期。这些种蛋较大,平均每枚蛋重在65克以上。这些种蛋如果按一般的方法孵化会得不到最佳的孵化率和健雏率。经过多次的AA鸡大种蛋孵化实践取得了较好的效果。实践表明:新鲜大种蛋的理想孵化的累积时间是510~516小时。只要能把出雏时间控制在21天零6小时至21.5天这一范围内,就能获得较理想的孵化率和健雏率。19天内失重12%~13%孵化效果最好。前5天的种蛋孵化时用48%的相对湿度,以后每5天提高1%的相对湿度。

四、提高夏、冬季的孵化效果

一般来说,夏季和冬季的孵化效果都稍差些。这是因为气温要么炎热要么寒冷,这对种鸡的营养物质的摄入、精神状态、繁殖力(公鸡的配种授精能力、母鸡的产蛋率)以及蛋产出后在炎热或寒冷环境下滞留等,都会造成不利影响,导致种蛋的内、外质量较差,胚胎生活力容易受损。再加之在这两个季节,孵化场一般很难创造胚胎发育最适的温、湿度和通风换气环境。可见在较差的孵化环境下孵化质量稍差的种蛋,其孵化效果亦较差。因此,在种鸡管理和孵化的管理应采取相应措施。

(一)夏、冬季的环境条件对鸡胚胎发育的影响　A. A. Qureshi (1993)指出,多数情况下,胚胎死亡造成孵化损失常超过10%(欧美国家肉鸡父母代损失5%~6%)。另外,10%~15%的损失是无精蛋造成的。夏季1%~2%的损失是公鸡缺乏性欲所致。因此,有 20%～25% 的入孵蛋无法孵出雏鸡。冬、夏季孵化率常波动,一般年平均入孵蛋孵化率为 70%～75%。控制光照、公母分饲、避免体重过大,控制性成熟等措施,使肉用父母代种蛋孵化率比过去 10 年提高了 5%～6%。发展中国家由于种鸡低受精率、蛋壳质量、母鸡开产过早、公鸡腿部疾病等因素的影响,更进一步降低孵化场的利润。有报道,公母鸡分开饲养(给公鸡特殊饲料),1 只母鸡可额外生产 5～6 只雏鸡。另外,母鸡患输卵管炎和磺胺中毒也会导致孵化率降低。

孵化 0～7 胚龄胚胎死亡率占整个胚胎损失的 50%～60%。这些损失一般是蛋受冻或天气过热,熏蒸消毒不当,保存不当,孵化技术低,鸡群营养不良,母鸡抱窝、疾病,产蛋箱太脏等造成的。另外,转蛋不当使蛋的破损增加、胚胎失水过多,导致早期胚胎死亡。这常发生在高温低湿时。在热带地区,中期胚胎死亡一般超过 1.3%(欧美国家为 0.5%～1.0%),占总胚胎死亡的 13%,主要是蛋受细菌污染、孵化器不干净、水质差(微生物污染)的原因所致,营养和遗传因子也被认为是影响中期死亡率的因素。8～14胚龄的孵化温度、转蛋、通风不当,也是造成胚胎死亡的原因。后期胚胎死亡(15～21 胚龄)约占 3.7% 以上(欧美国家为 2.0%～2.5%),占整个胚胎死亡的 37%。其影响因素有孵化温度、湿度、转蛋、蛋保存、疾病以及营养不良等。

孵化率的损失只有通过改善种鸡群和孵化场的管理水平才能解决。因为 30%～33% 的种蛋不能孵出是由于这两个因素造成的。入孵蛋早期胚胎死亡的 10% 是因种蛋选择不当(如砂皮蛋、畸形蛋、蛋过小等),而这些现象又多出现在夏季或种鸡患病。在热带地区,整个母鸡繁殖期种蛋中约有 10% 是无精蛋。总之,对孵化结果要进行全面分析,以找出孵化率降低的真正原因。

杨桂片等(1996)对东北地区季节(月份)与北京鸭受精率和孵化率影响的研究。结果表明:2～5 月份是种蛋高受精率、高孵化率的月份,平均受精率为 87.82%、孵化率为 81.03%。而 7～8 月份最差,受精率与孵化率分别为 81.11% 和 65.97%。受精率和孵化率的遗传力分别为 0.05 和 0.10,说明这两性状主要受环境因素的影响。东北地区 7～8 月份是高温高湿季节,而 2～5 月份气温凉爽适宜,恰好反映季节对繁殖性能的影响。

李玉德等(1997)调查某罗曼父母代肉种鸡场不同月份孵化率。结果是入孵蛋数、受精率、受精蛋孵化率,从高到低的次序为春季＞夏季＞秋季＞冬季。受精率分别为 92.64%,92.25%,87.74% 和 78.70%;受精蛋孵化率分别为 87.72%,85.51%,84.19% 和 83.48%。秋、冬季繁殖性能较低,是因气温低且多变,致使母鸡产蛋下降,公鸡精子活力明显减弱和种蛋可能受冻。

(二)加强夏季种鸡管理的主要措施

1. 种鸡管理要点

(1)集蛋 增加捡蛋次数,严禁种蛋在鸡舍过夜。

(2)补料 提高种鸡采食量。可在晚上延长 1 小时光照并喂料。

(3)温度和通风 夏季抓防暑降温,加强通风换气。冬季抓防寒保温,适当通风换气。任何季节都要保持鸡舍的干燥。

(4)饮水 夏供流动的清凉饮水,冬防饮冻水、冰水。

(5)喂料 夏防饲料发霉变质,冬防饲料结霜、结冰。

(6)输精 缩短输精间隔时间,3～4 天输精 1 次。尽量提高输精速度,缩短输精时间。

2. 夏季饲料添加剂

(1)夏季添加抗高温添加剂的作用 薛占永等(1999)试验表明,蛋鸡日粮添加 0.4% 的"抗高温添加剂"(由黄芪、党参、藿香、当归、淫羊藿、苍术、石膏、麦芽、神曲、酸枣仁等中药及氯化钾、维生素 C、维生素 E 等组成),使鸡抵抗力增强,采食量增加,产蛋率提高、破蛋率降低,对种蛋孵化率、健雏率和育雏成活率都具有良好的效果。

(2)夏季添加碳酸氢钠对蛋鸭繁殖性能的影响　柯祥军等(2003)选择 36 周龄的父母代天府种鸭进行夏季添加碳酸氢钠对蛋鸭孵化性能的影响试验。试验结果表明,在持续高温(32℃以上)的热应激条件下,蛋鸭日粮中添加一定水平的碳酸氢钠($NaHCO_3$)对提高产蛋率,降低畸形和破损率,提高受精率、孵化率及健雏率,有较显著的作用。本试验以添加 0.35% 最佳。

①试验:1组 0.25%、2组 0.35%、对照组不添加;饲喂 5 周。

②结果(1组、2组比对照组):Ⅰ.产蛋率,分别提高 5.35%,6.03%,差异显著($P<0.05$);Ⅱ.蛋破损率,分别降低 5.52%,5.98%;Ⅲ.受精率,分别提高 4.42%,5.28%,差异显著($P<0.05$);Ⅳ.入孵蛋孵化率,分别提高 3.95%,5.36%,差异显著($P<0.05$);Ⅴ.健雏率,分别提高 8.63%,9.88%,差异极显著($P<0.01$)。

(三)夏季孵化技术管理措施

1.夏天孵化的温、湿度和通风换气的调控　吉布·泰勒提出夏天孵化时温、湿度调节办法:夏天湿度太高,湿热天气影响孵化器正常运行,使种蛋失水率不够,导致孵化率和雏鸡质量下降。可采取措施弥补室外高温、高湿的影响。

(1)孵化厅内的温度调节　孵化厅内空调的温度不宜过低,以免进孵化器内的温度过低。

(2)短时间关闭湿度控制器　在入孵或落盘时将湿度控制器关闭,可使孵化器尽快达到正常的孵化温度。但时间不要超过1.5 小时,否则会拖延出雏时间且出雏不一致。孵化温度恢复正常后才将湿度控制器打开。

(3)孵化器内的降温控制　孵化器的水冷却装置可在孵化器内超温时起降温作用。注意其流量阀门不要开得过大,以免浪费电,以"打开至刚好不报警"为宜。如果"加热"与"冷却"交替太频繁,这说明流量阀开度太大。孵化器加热时也使湿度降低,增加种蛋水分损失。

(4)保持孵化厅地面干燥　当清洗出雏室时,立即用刮水器或拖布去除多余的水。不要让水进入到孵化器,地板潮湿会使室内及设备冷却,增加相对湿度,并且提供孳生细菌的环境。

(5)码盘后蛋车的放置　不要将装满种蛋的蛋车放置在孵化厅走道上,这样阻碍气流,导致种蛋周围可能超温而对种蛋造成损伤。如果必须这样做,可将蛋车均匀摆放在风扇下方,但时间不能超过 15～20 分钟。

(6)降温设备的控制　在炎热天气和季节,屋顶安装的湿帘冷却器,能提供廉价过滤、凉爽的新鲜空气,但也会增加室内的湿度。在使用湿帘冷却器的同时,侧墙上带有自动挡风板的风扇将混浊的室内空气排出。湿帘冷却器和侧墙排风扇以互动的方式运转,且必须在 1 分钟之内使孵化厅的空气完成一次交换。在极为潮湿、炎热的天气里,最好加装空调设备。空调在冷却新鲜空气的同时还可以除湿。若是孵化器有水冷却装置,在炎热的天气里,通过冷却水管的冷水可有效地带走多余的热量。为达到冷却效果,进孵化器的冷却水的温度应低于 15.6℃,若当湿球的最高温度超过 25℃,全年都应使用 22.2℃ 的冷却水。这需要配备水冷却装置,冷却水可循环使用,以降低水消耗。

2. 夏季孵化技术管理要点　高玉时(1996)提出"夏季孵化技术管理要点"如下。

(1)及时捡蛋并消毒　因湿度大,为防霉菌,保存时要通风,相对湿度不超过 80%,保存 3 天内,不能超过 7 天。炎热夏季 AA 鸡种蛋保存 3 天孵化率 90.2%,而保存 7 天为 82.6%。

(2)种蛋消毒时间及次数　收集后消毒液浸泡;孵化室码盘后臭氧消毒 30 分钟送蛋库 20℃ 保存。入孵后 3 胚龄用福尔马林第一次熏蒸消毒,12 胚龄用福尔马林第二次熏蒸消毒,19 胚龄移盘后用减半剂量的福尔马林第三次熏蒸消毒。

（3）采用分批恒温孵化法　既防止孵化后期超温又缩短种蛋保存时间。在保持正常孵化温度的前提下，孵化后期尽量增大通风量，以防止自温超温和氧气不足。

笔者认为，高温季节应适时捡雏，避免雏鸡在出雏器内停留时间过长。否则，将导致雏鸡脱水。在孵化期间还可以适度晾蛋，以防止胚胎受到热应激。

3. 高湿地区孵化的湿度控制技术　车培新（1996）指出，高湿地区在高湿季节，即便关闭所有加湿设施，若不进行湿度控制，湿度往往超标，孵化率效果也不理想。因此，需要根据不同的气候条件采取不同的技术措施。

（1）种蛋保存及入孵前的湿度控制　在高湿地区，种蛋保存较注重防霉菌侵害，而忽略湿度的调控，在梅雨季节时，其危害多不被觉察。此时大气的相对湿度可达 90%，蛋库内湿度更高。若种蛋保存 3～4 天，蛋库温度可比往常提高 2℃，但勿超过 19℃～20℃。如果种蛋保存时间较长（如 14～18 天），则要增加蛋库内的相对湿度。高湿地区的其他季节仍须重视蛋库湿度的调控。

（2）孵化前期的湿度控制（1～6 胚龄）　不要全关闭风门，应根据天气情况调节风门大小，来调控相对湿度。

（3）孵化中、后期的湿度控制　7 胚龄后，室内相对湿度应该稍低，至 12 胚龄时，相对湿度保持 55% 左右。如相对湿度仍然大于 60%，风门可开大些。15 胚龄后，风门可开至最大，并借助于通风管道，负压强制抽气。

在非高湿季节，应根据天气情况，保湿又通风降温。不能因为相对湿度过低而忽视通风。干燥季节控制湿度以采用加湿器的方法较好，这样可保证通风。

在高湿季节，孵化器内的相对湿度控制在 55% 左右。如果相对湿度仍然大于 66%，在保证孵化温度的前提下，延长通风的时间即可满足达到相对湿度要求。此时仅需从经济上考虑健雏数的增加对电耗增加的边际效益。

(4)移盘后的湿度控制　出雏器在大部分情况下都要求增加湿度。从19天后慢慢增加,达到出雏高峰时增至75%～78%。在出雏器提高湿度的同时还需降低温度,在高湿地区出雏器的相对湿度通常偏高,此时需要稍稍降低温度。

(5)出雏后的湿度控制　95%左右的雏鸡出壳后,应立即降温降湿,加大通风,促使羽毛干燥。相对湿度从78%降至55%。在高湿季节,大气湿度很高,一定要关闭加湿器。如果靠加大风门还不能满足降温降湿的要求,就要将雏鸡从出雏器取出。否则,雏鸡会"潮毛"。最经济实用的防止潮毛的方法是在出雏盒底部垫上一层垫料,如消毒后的刨花、草纸等。

(四)冬季孵化技术管理措施

1. 冬天孵化温、湿度的调控

(1)根据环境温度调节孵化温度　张伟(2000)认为,一般来说,冬季及早春寒冷季节,室温较低,孵化温度应提高0.2℃～0.3℃;而夏季室温较高,则应降0.2℃～0.3℃。如有条件,可按表1-13-12来调整环境条件。夏季孵化时,在孵化接近3/5孵化期之前进行较大幅度的降温,是防止夏季孵化中、后期超温的关键。

表1-13-12　整批入孵用温基本方案

孵化胚龄	不同室温下的孵化温度(℃)				
(天)	10	15	20	25	30
1～5	38.2	38.1	38.0	38.0	38.0
6～11	38.0	37.9	37.9	37.8	37.8
12～18	37.6	37.6	37.5	37.4	37.3
19～21	37.3	37.3	37.2	37.2	37.1

(2)冬天孵化的定温　王云峰(2003)报道,随着气候变冷,孵

化场出现了部分雏鸡干爪、腹部干瘪等脱水现象,又有部分雏鸡腹大,出壳延迟,死胎率上升 1%～2%,总健雏率下降 2%～3%。对此,有人认为是孵化器内的温差较大造成的,高温部位胚蛋发育过快,提前出雏,致使部分雏鸡脱水,上下温差和左右温差造成发育快慢不一,低温区出壳推迟和死胎率提高。也有的则认为孵化器总体温度偏低,处于高温区的胚蛋正好能正常出雏,其余部分出壳拖延,致使出现出雏不集中的现象,早出的必然干爪、脱水,迟出的腹大瘫软。

为了找出原因,分别在两个孵化场做对比试验:一个孵化场采用保持原孵化定温,并设法调节左右温差,控制高温点;另一个场,采用马上调高出雏器温度,入孵器也调高 0.1℃～0.2℃。试验结果:后者孵化成绩逐渐上升,孵化率恢复正常,健雏指标也达到"良"以上;而前者的孵化成绩则呈现波动状态,孵化率与健雏率均未达到要求。生产实践证明了根本原因是孵化器总体温度偏低的缘故。

在冬季,孵化器保持一个稳定的温度场是至关重要的,而如何判断孵化器的稳定却是一个待明确问题。目前一般都以控制第一车温度来控制整个孵化器的温度场,这略显不足。对上面提到的批次,分析测温记录时发现,当孵化器总体温度场偏低时,第五车的温度变化有很好的参照性。我们设计了这样一种方案来监测孵化器的温度场:取第一车温度定温,则最高点温一般出现在第三车;取第五车为参照,规定出以上三处温度在一定时期内的波动范围,当有一处温度超出范围而另两处未超,则不对孵化器温度做调整,当有两处或三处温度超出范围,则结合情况做适当调整。这一方法运用以来的生产效果显示,该方法是有效的。

(3)低环境温度下鸡变温孵化施温方案 刘光华等(1998)用38～40 周龄罗曼蛋鸡父母代所产种蛋,做低环境温度(平均11.5℃,最低 5℃,最高 15℃)下的不同孵化施温方案试验,在孵化总积温接近时,比较"处理1"(孵化总时数较短,但每阶段给温较高)与"处理2"(增加孵化总时数,而每阶段给温较低)的两种施温方案对孵化效果的影响(表1-13-13)。

表1-13-13　试验施温方案及其孵化效果

分　组	不同胚龄的孵化温度(℃)				孵化总时数	≥37℃的	孵化效果	
	1~6	7~12	13~18	19~21	(小时)	总积温(℃)	孵化率(%)	健雏率(%)
处理1	38.3	38.0	37.9	37.4	507	18795	88.45	97.80
处理2	38.0	37.8	37.6	37.4	510	18811	91.26	98.40

注:①处理1比处理2提前3小时入孵;②总积温以≥37℃为计算基点

试验结果表明,在低环境温度条件下使用立体电孵化器,采用增加孵化总时数,适当降低每阶段孵化温度,相对目前多数孵化场采用较大幅度提高孵化温度的方法而言,可以获得更好的孵化效果。"处理2"比"处理1"孵化率提高3.18%(91.26%与88.45%)。健雏率提高0.61%(98.4%与97.8%)。虽然"处理2"多耗3小时电,但因多出雏,两相抵偿其经济效益也是明显的。

(4)孵化器加湿用水需加温　吴守兴认为,常规冬季孵化器加湿用冷水,造成孵化器内温度下降1℃~2℃,这是冬季孵化时间延后,孵化率下降的重要原因。因此,最好用37℃~39℃恒温水箱供给加湿温水。

2.冬天孵化通风换气的调控　冬季孵化厅的通风换气是一个老大难问题,很难处理好通风与温度、湿度三者的关系。要么为了保温而关闭进风口,造成室内空气污浊、氧气不足、湿度超标。要么重视通风,使室内温度很低。这些都影响孵化效果。正确做法是:冬季在满足氧气最低需要量的前提下,减少进气量。总之,冬季要对进入孵化厅的空气升温。可采用热风炉或中央空气处理设备(详见本章第三节的"解决好冬季供暖夏季降温措施")。

五、改造旧孵化场,提高孵化效果

目前国内各地仍有相当数量的中、小型旧孵化场,大多孵化效果不佳,经济效益低下。为此,必须通过认真调查分析,找出症结,进行力所能及的改造。

(一)旧孵化场普遍存在的问题

1. 孵化厅设计不合理

(1)选址不当 某地种鸡场、孵化场原建于城郊但后来被发展扩大的城市包围,只好靠增加消毒防疫用药种类、剂量和频率来预防疫病暴发,种鸡的健康和孵化效果都差。有的孵化场与种鸡场仅一墙之隔,甚至孵化场建在种鸡场中心。国内类似情况很普遍。既污染环境又威胁孵化场自身的安全。故选址要慎重。

(2)孵化厅工艺流程和布局的缺陷 主要问题是:①"净区"、"污区"分区不明确,到"污区"工作及下班的人员都必须穿行"净区";②仅有一个"人员入口","净区"与"污区"人员共用一套更衣、淋浴室,同走一个消毒通道;③没有专用的"废弃物出口",废弃物与种蛋,甚至与人员、雏鸡同用一个出入口;④孵化室与出雏室仅一门之隔,没设缓冲间,更有甚者入孵器、出雏器同置一室(这种情况多出现在小型孵化场);⑤入口处没有设消毒设施;⑥孵化厅外设简易垃圾场等,造成严重的环境污染和交叉感染。

(3)孵化厅建筑选材及安装不当 目前孵化厅多采用砖木结构,主要是:①顶棚、墙壁涂料选材不能适应长期潮湿环境和不耐冲洗消毒;②电线选材和敷设不规范,如明线布置、开关不能防水、线径与负荷不匹配,都会造成安全隐患;③孵化厅的门、窗年久失修,保温隔热效果很差。

(4)通风换气系统设计不合理 ①大多采用窗户进风,孵化器内排出的浊气先排到孵化室内和(或)出雏室内,再由侧墙排风扇排至厅外。更没有通过精确计算进、排气量确定合适的通风换气量,也没有设计进、排气管道进行通风换气。故使孵化厅内通风不良,空气污浊,导致孵化器内空气质量差;②孵化厅环境温、湿度变化较大,受季节、气温变化的影响大,超温和低温现象严重等。

2. 孵化环境脏乱差　由于设施陈旧,故障率高,孵化厅内外环境脏乱差,严重威胁胚胎发育,造成臭蛋增加,胚胎死亡率居高不下,孵化率和健雏率显著降低。据施万球等(1996)报道:调查某地 3 个鸡场孵化后期死胎,查出菌率分别为 80%,60%,21.7%,其中大肠杆菌胚胎分别占 51%,54%,0,鸡白痢胚胎分别占 10%,0,0。从两场分离出的大肠杆菌,做纸片法药敏试验,结果常用的磺胺＋三甲氧苄氨嘧啶(TMP)和丁胺卡那霉素等药物,均无抑菌作用,而庆大霉素仅有微抑菌作用。这表明大肠杆菌对上述药物有耐药性。可见其垂直传播可能是大肠杆菌病发病率高的主要原因之一。

3. 孵化设备落后陈旧

(1)孵化设备落后　在用的孵化器控制系统设计不合理,存在以下问题:①供湿设备简陋,采用水盘加水自然蒸发供湿的办法,控湿的精度和准确度差,操作管理不便;②有的转蛋角度不够;③控温精度低;④有的仍使用透气性差、不便消毒的木质孵化盘或钢网出雏盘。

(2)孵化设备陈旧

①控制系统故障率高。旧孵化场的孵化设备多数使用超过 7~8 年甚至达 10 多年之久。控温、控湿、转蛋和通风换气系统因零部件老化,经常发生控制失灵或不准确,致使孵化中故障频频,严重影响胚胎正常发育。

②孵化器老化、破旧。经长时间使用,孵化器外壳腐蚀、变形,造成密封不严,保温性能差,影响孵化器内温度均衡性、温差大。均温风扇皮带松弛,使均温效果差、通风换气不足。孵化器内出现冷、热点,导致胚胎发育不一致。

综上所述,由于诸多因素的综合影响,大多旧孵化场的孵化效果差,经济效益徘徊在微利、保本的边缘。

(二)旧孵化场的改造措施

1. 废弃选址不当的孵化场　像上述建场选址不当的孵化场,与其苦苦经营又污染环境,不如将孵化场改作他用(如改作仓库),另选址建场。新建孵化场选址要慎重。

2. 改造孵化厅的布局

(1)解决交叉污染问题　改造原设计不周的孵化厅,原则方案如下:①原来只有一个"人员入口",可在适当地方,再建一个入口,两个入口分别供"净区"和"污区"人员进出;②有可能的话,最好设"种蛋入口"、"人员入口"、"雏鸡出口"和"废弃物出口",并各行其道,以解决交叉污染问题;③在孵化场增设进入孵化厅用品的消毒室,以阻断病原微生物进入孵化厅;④"净区"和"污区"之间设消毒池,以尽量降低交叉感染。

(2)规范废弃物处理操作　设专用的废弃物出口,所有的废弃物需装入塑料袋中密封经废弃物出口运至远离孵化场的垃圾场,孵化厅外不设垃圾场,以防污物污染孵化厅及周围环境。

(3)增设"移盘室"　①杜绝入孵器和出雏器同室孵化、出雏。②对入孵器、出雏器同室孵化、出雏的孵化厅的改造问题,于守德(1993)采用在入孵器与出雏器之间,用3个木(或钢材)框架的玻璃屏风,分隔成一间缓冲间和两条隔离通道,并设两扇门,平时两门均关闭,只有移盘出雏盘(车)到达时才开门,出雏盘(车)通过后即关闭。这样将原来的孵化、出雏室分隔成孵化室和出雏室(图1-13-3)。

胚蛋在孵化室移盘,然后拉着出雏盘(车),经隔离通道1进入缓冲间再通过隔离通道2,进入出雏室,在出雏器内继续孵化至出雏。其优点是占用面积小,仅7.2平方米左右,改善了卫生防疫条件。

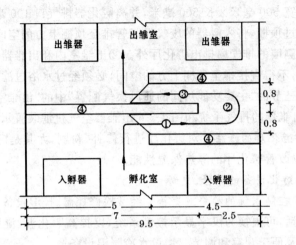

图 1-13-3　孵化与出雏之间的缓冲间及隔离通道示意图　（单位：米）

①隔离通道 1　②缓冲间　③隔离通道 2　④玻璃屏风

［笔者根据于守德（1993）描述资料绘制，按孵化厅宽度 9.5 米、

出雏盘（车）长 1.52 米×宽 0.57 米设计］

　　笔者建议：①"玻璃屏风"从地面至离地高 1～1.2 米，用铝合金隔板代替玻璃，以防蛋车不慎碰破玻璃；②如果有可能的话，扩大缓冲间面积（一般可每列拆除 2 台入孵器），改为移盘室。并做好与出雏室相邻门的密封性，防止出雏室的污浊空气污染移盘室和孵化室。

　　3. 孵化厅的建筑改造　①"人"字形（两面坡）屋顶可吊装顶棚，平屋顶要做好防水隔热层。这样既保温、隔热，防冬季结露，还利于排气安排，吊顶材料应选用铝材或塑料。②电线、电缆选材要符合负荷标准，并且穿入塑料管中埋入墙内或顶棚上方，还应选用防水开关。

　　4. 通风换气系统的布置　①孵化室内的入孵器排气口设 200 毫米×200 毫米的方形竖管，近孵化器的一端做成漏斗形，高 200

毫米×宽 500 毫米×长 500 毫米,并离孵化器排气口 100 毫米,另一端穿过顶棚,将入孵器的废气经竖管排至顶棚上方的空间,再经山墙或侧墙的排气扇排出孵化厅外。②出雏室内和出雏器内的污浊空气,不得直接排至顶棚上方的空间,必须经过水浴过滤。详见本章第三节的"主要功能房间的通风换气配置"中的"出雏室"及图1-3-4 出雏器的排气系统和图 1-3-5 出雏器空气过滤装置示意图。

5. 孵化厅的修缮　对孵化厅进行修补、粉刷,尤其是门、窗的修理,以改善孵化厅的隔热保温性能。

6. 孵化设备的维修、更新

(1)控制系统的检修或更新　经常检修控温、控湿设备。经济宽裕的话,可更换为汉字显示控制系统,以提高孵化温、湿度的控制精度及便于观察和调节。增设水冷降温设备。

(2)更换孵化盘、出雏盘　若使用木质孵化盘、出雏盘(或钢网出雏盘),应逐步改用塑料制品。以提高透气性,有利于胚胎受热均匀、发育一致以及便于清洗消毒。若塑料孵化盘、出雏盘开裂、变形,应及时修理或更新。

(3)改变供湿方式　废弃原始落后的水盘自然蒸发供湿方法,改装叶片轮式自动供湿装置,以提高供湿的精度。

(4)维修孵化器的外壳等　①修复变形、腐蚀的外壳和门,门的缝隙贴密封条。②调整或更换均温风扇皮带。维修后要测孵化器内温差情况,尽量缩小冷、热点的温差。

7. 增设升温、降温设施　冬季用热水锅炉加散热片(暖气)加热升温。夏天可设湿帘降温设备。笔者建议采用北京"云峰"的在夏季(或冬季)对进入孵化器的空气进行局部预降温(或加温)的水冷(暖)系统设备[详见本章第三节的"北京云峰"的降温、加温系统及插页 14 彩图"进入孵化器的空气降温(加温)的水冷(暖)系统示意图"]。

（三）旧孵化场生产管理的特殊措施

1. 孵化条件的调控　旧孵化场的室温很难维持在 24℃～26℃，在一定程度上受到季节、气温变化的影响，应根据具体情况对孵化条件进行调整。原则上室温越低，孵化温度越高，并以变温孵化为宜。根据胚胎发育状况，确定定温、调温范围，如胚胎发育慢半天，可提高孵化温度 0.1℃～0.2℃，2～3 天后胚胎发育可达标准。

（1）冬季　气温低室温亦低，为了避免孵化早期升温较慢，达到设定的孵化温度时间过长，可采取：①开启孵化器的辅助加热器；②1～5 胚龄关闭孵化器的进气口；③孵化温度适当提高0.2℃～0.5℃，但要密切观察胚胎发育情况；④不要企图通过关闭孵化厅的通风换气系统来提高室温，以免胚胎缺氧，湿度过高，有条件可通过暖气提高室温；⑤采用整批入孵恒温孵化方式。

（2）夏天　对应高温、高湿环境，可采取以下措施：①启动湿帘降温设备；②孵化温度适当降低 0.2℃～0.5℃；③采用分批入孵变温孵化方式；④预防孵化后期超温。

2. 降低温差对胚胎发育的影响　孵化器内温差大，是旧孵化场孵化效果差的主要因素之一。可采取：①查明温差大的主要原因，尤其要检查孵化器门的密封性，设法缩小温差；②查明温差程度以及冷、热点的具体位置，供在整个孵化过程多次（包括照蛋时）调换孵化蛋车位置及孵化盘作对角线调盘；③移盘时通过照蛋将发育较快的胚蛋放在出雏器下方，发育较慢的胚蛋放在出雏器上方，使胚胎发育一致。

3. 孵化器内增氧　一般来说，通风条件比较差的旧孵化场孵化厅和孵化器的通风换气性能都较差，可通过增氧措施改善孵化效果。

刘富来（1997）试验表明：通风条件比较差的孵化场，通过向孵化器进气孔补充氧气可提高鸭种蛋的孵化率，增加经济效益。

输氧组受精蛋孵化率为 90.35％,不输氧组为 89.22％,差异显著(P＜0.05);每增加 1 元氧气费用,可产生 8.6 元效益。

孙福胜等报道:种蛋入孵 1～18 胚龄的胚胎发育正常,但移盘后的出雏阶段却有大量胚胎死亡,是孵化后期缺氧所致。于是在 19 胚龄移至出雏器后做冷却系统每 2 小时抽风 2 分钟与常规孵化的对比试验。结果是抽风供氧组,入孵蛋健雏孵化率、受精蛋健雏孵化率分别为 85.1％和 95.8％,而常规组分别为 83.9％和 93.9％。可见抽风供氧效果明显。但用冷却系统抽风时,应注意外环境温度对孵化器内温度的影响。

4. 重视雏鸡出雏后至运输前的管理　由于旧孵化场的各种条件都比较差,故必须强调应对旧孵化场的取暖、降温、通风换气及环境卫生做一番改造,以便给雏鸡创造温、湿度适宜、空气新鲜和暗光、宁静的舒适的环境(详见本章第九节的"出雏后管理")。

5. 做好环境卫生和消毒防疫工作　详见本章第三节的"孵化厅的环境卫生监控"。

六、影响巷道式孵化效果的因素及措施

(一)控制系统的选择　采用大液晶智能化调温的控制系统,无须人工干预(详见第二章第一节的"控温、控湿、报警和降温系统")。

(二)孵化器内的气流　应设计为"O"形气流。若气流短路,会造成孵化器内温度梯度异变。避免气流短路的措施有:①避免蛋车变形;②蛋车帘的作用(采用聚碳酸酯材料,使用轻便、寿命长,不变形)。

(三)密封性能　若密封不严,会导致气流利用率低,影响温度场平衡。入口处、蛋车周围、门和两巷道间的小门的密封措施(详见第二章第一节的"主体结构"中的"孵化器外壳")。

(四)左右巷道的温度偏差　若左、右巷道加热、加湿不均,会

造成温度偏差。避免左右巷道温度偏差的措施有：①保证加湿喷头的雾化效果及喷头方向一致；②检测发热管的对称性（发热管距离不对称，也会造成偏温）；③确保左右蛋车上的种蛋发热量一致（种蛋数量及码放位的安排）。

（五）**孵化厅和孵化器的通风换气**　通风、排气是否合适也会影响孵化温、湿度及空气质量。采用竖管将入孵器内的废气排至顶棚上方（或管道）再排出室外，出雏器的浊气需通过管道排至水槽滤去大部分雏禽绒毛，再排至大气中。注意排气竖管需离开孵化器出气口 10 厘米（详见本章第三节的"通风换气的调节"）。

七、孵化操作失误的教训与补救措施

（一）**种禽饲养管理失误**

1. 种鸡患病的影响

（1）种鸡白痢感染　潘贵毅等（1996）试验表明，鸡白痢病对受精率、孵化率有明显影响，能使受精率下降 11%，孵化率下降 14.6%。

（2）种鸡群感染葡萄球菌　魏建平（1996）报道，某孵化场连续 5 批种蛋出现受精蛋孵化率、健雏率降低，新生雏鸡死亡率高的现象。经对种鸡、种蛋、孵化过程的各环节全面调查确认，孵化率降低的原因是种鸡群感染葡萄球菌后污染种蛋，孵化至 15～20 胚龄间，葡萄球菌大量繁殖引起鸡胚的葡萄球菌性肺炎和气囊炎而死亡，从而导致孵化率、健雏率大幅度下降。后对鸡舍环境消毒，增加捡蛋次数并及时消毒，移盘后出雏器内消毒胚蛋，以及出雏后对出雏室、出雏器、出雏盘认真消毒，控制了葡萄球菌在孵化厅内感染，收到了较好效果。

（3）种鸡感染大肠杆菌病　郑勤等（2000）报道，某种鸡场孵化场 11 胚龄照蛋时发现，有 15%～20% 的胚胎不"合拢"，至 17 胚龄有 25% 未"封门"，受精蛋孵化率仅 75.8%。剖检死胎蛋发现有

1/3 死于 12～14 胚龄,1/3 死于 17～19.5 胚龄,移盘前,1/3 无力啄壳或啄壳后死亡,但均没有因高温或通风不良致死的现象。此后 5 周,种鸡出现产蛋率下降、腹泻、冠髯苍白,死亡率增高。经剖检化验,种鸡感染了大肠杆菌病。

  2. 种鸡饲养管理失误

  (1)鸡食入霉变饲料 石传林等(1999)报道,某种鸡场饲养的海兰 W-36 父母代种鸡,发现种鸡产蛋率度下降、雏鸡腹泻,种蛋受精率和孵化率大幅度下降。第一批种鸡受精率降至 89%,比正常减少 2%,孵化率降至 54%(正常为 88%)。第二批种蛋受精率降至 85%,孵化率降至 35%。临床症状和病理剖检,鸡群采食下降,饮水增多,多数鸡出现不同程度的腹泻,蛋壳品质不良,有血斑蛋。剖检病死鸡,肝、脾肿大,肝易碎,肠道有出血点,肺、肋骨浆膜及气囊污黄,有白色结节,鸡皮下有出血点。实验室检查,经新城疫检测结果为阴性。后经询问是因鸡群采食霉变饲料中毒引起。立即采取更换新鲜饲料,维生素用量加倍,每天用百毒杀进行带鸡消毒 1 次等防治措施,种蛋受精率和孵化率逐步回升。

  (2)种鸡喂药导致胚胎畸形 葛继正报道,山东省某良种场,为给种母鸡预防禽副伤寒,在其日粮中添加 0.3% 的磺胺二甲嘧啶和 0.1% 的三甲氧苄氨嘧啶(TMP),1 日 2 次,连用 8 天。从添加药物的第二天起,产蛋率由 64% 下降到 15.6%,孵化率降为 68%。最突出的变化是畸形雏比例高达 10%,其中脚爪弯曲呈握拳状的"拳爪型"畸形雏占 7%,颈部扭曲的"曲颈型"畸形雏占 3%,并先后于数日内死亡。查找原因,排除无关因素,最后确定系因三甲氧苄氨嘧啶引起鸡胚畸变所致。三甲氧苄氨嘧啶有致鸡胚畸形的作用,应为种母鸡禁用的药物。

  姜世金等报道,山东省日照市某养鸡场,为预防病毒性疾病,在种母鸡的日粮中按 2 千克/吨饲料,添加金刚烷胺。种蛋孵化出现 4.1% 的畸形雏(双腿明显变粗,呈外"八"字形,跗关节屈曲,瘫瘫卧地,翅膀变短,向两侧平展,呈划水状,单目或双目失明者各占一半)。但产蛋种母鸡未表现异常症状。经死亡畸形雏病理剖检、病料化验、种母鸡饲料化验,未发现其他可疑致畸原因。况且种母鸡停止添加金刚烷胺后,种蛋孵化未发现畸形雏。最后确定鸡胚畸形系金刚烷胺所致。

种鸡用药不当会影响种蛋品质,如在产蛋期使用了磺胺类药物,导致蛋壳变薄变软,使种蛋外观出现畸形、白壳、薄壳或砂壳等质量较差的种蛋。另外,使用链霉素、敌菌净、金霉素、氨茶碱、有机氯杀虫剂等药物,除剂量过大能引起中毒外,即使在安全剂量内也会不同程度影响蛋壳形成,引起破损增加或蛋壳变白,造成种蛋质量下降,影响入孵率。总之,种鸡用药要慎之又慎,以免波及种鸡的繁殖性能。

(3)种鸡饲料添加剂问题　王云方等(1998)报道,某种鸡场孵化过程中鸡胚死亡,怀疑是由于种鸡饲料中的酵母、氯化胆碱和复合维生素质量有问题,故采用饲养试验进行探查。结果表明,原日粮成分中的酵母、氯化胆碱和复合维生素,均为假冒伪劣产品。建议:①种鸡场不要购买劣假饲料或饲料添加剂,否则,因缺乏饲料分析检测设备,而造成重大经济损失;②应从大、中专农业院校和科研所获得技术支持,以减少损失和风险,没有条件的也可先试用,没有问题之后再大规模应用;③最好从大型饲料厂购买饲料原料或种禽用的全价饲料。

3. 种禽营养缺乏或过量对孵化的影响

(1)肉种鸡饲料缺锰　许正金(1998)报道,某孵化场孵化 AA父母代种鸡种蛋出现孵化后期胚胎死亡率高,尤其是 20～21 胚龄。剖检死胚发现,腿骨短粗、翅短、歪嘴(上、下喙成燕尾形,约占死胚蛋的 30%),球形头(把死胚的头皮剖开可见到在头皮和脑颅骨之间有一层淡黄色浓稠物累积,个别胚胎没有脑颅骨)、腹外突,有些有腹水,绒毛短呈棒状。初步诊断为锰缺乏症。遂在每吨饲料中增加 35 克锰,2 周后孵化率开始回升,5 周后达到正常孵化水平,受精蛋孵化率达 92％～96％。

(2)种鸡饲料生物素缺乏　马翠然等(1999)报道,某种禽场 43 周龄海兰褐的孵化率从 7 月份的 89％降至 9 月份的 85％,而本场正常批次为 92％。10 日龄雏鸡成活率也下降 3％～5％。经调查,孵化中、后期死胚率增加,后期胚体小,胫骨短粗,毛弯曲,个别皮下出血、水肿,"鹦鹉喙";残雏体小,肝肿大,绒毛粗糙卷曲,胫骨短粗,眼被分泌物黏住。种鸡产蛋率和受精率无明显变化,个别种鸡出现羽毛粗糙,嘴角和口出现裂口、发炎,眼睑出现小结痂,脚裂口出血。经分析初步确定为维生素缺乏,即生物素、维生素 D_3 和泛酸缺乏。

该场生物素缺乏原因:①生物素贮存时间长;②保存和加工条件差;③种鸡防应激补喂维生素 C 可能影响生物素的利用。进一步确诊生物素缺乏导致孵化率降低。

采取的措施:购买新生物素,单独补充生物素,2 周后上述症状消失,孵化率也恢复到 90％。

(3)饲料缺乏泛酸　衣鹏等(2000)报道,某种鸡场孵化率从 8 月份的 89％降至 9 月份的 81.0％,10 日龄雏鸡成活率也下降 4％～6％。经剖检发现:①孵化中期死胚率 1.4％,后期死胎率 5.6％,分别高于正常的 1％～3％;②胚体小,绒毛弯曲,个别皮下出血、水肿;③残雏肝肿大,绒毛粗糙卷曲,眼被分泌物黏住,弱雏体轻小,最初 24 小时死亡达 30％;④种鸡产蛋率、受精率有所下降,个别鸡出现神经障碍,皮肤粗糙,皮炎,羽毛蓬乱,口角结痂,肛门和爪开裂。故初步确定为泛酸缺乏所致。后来了解到泛酸原料在天气潮热下久存,进一步确诊是泛酸缺乏导致受精率和孵化率下降。通过换新泛酸、补充泛酸,2 周后上述现象消失,孵化率、雏鸡成活率和种鸡产蛋率均恢复正常。

(4)鸡饲料缺乏维生素 A、维生素 D_3　赖思纯等(2003)报道,某孵化场出现无精蛋、中期死胚明显比以往增多,分别占入孵蛋的28%、32%,孵化率普遍降至 45%～52%;雏鸡弱小,卵黄吸收不完全。该场曾用抗生素治疗,但没有明显效果。

①临床症状。种鸡食欲正常,精神活泼,观其面部、腿部皮肤略感粗糙,蛋壳质量较差。孵化弱雏较多,部分弱雏眼眶水肿,有流泪现象。濒死的弱雏粪便正常,但行走吃力、跛行、步态不稳,伴有一定的神经症状,其后陆续出现死亡。

②病理变化。剖检 15～17 胚龄的中、后期死胚,可见颈部皮下严重水肿,但出血不明显。脑膜水肿、充血、淤血,卵黄囊充血、内容物极稀薄,腹腔内有黏性渗出液,可见肝、肾出血。部分死胚小肠肿胀、积液。剖检死亡的弱雏,喙柔软、不易折断,脑膜肿胀、充血,骨骼钙化不良。

③实验室检验。经镜检、培养均未见细菌。饲料成分检测,发现维生素 A、维生素 D_3 含量明显不足,并且不同样本间维生素 A、维生素 D_3 含量差别较大。

④调查分析。饲料原料及配合料保存或使用时间长,保存条件差。据该场技术员反映,一般都购买 1～2 个月的原料自配日粮,但是各种饲料使用时间较长。根据临床症状、病理变化、实验室检测和调查分析,确诊为种鸡维生素 A、维生素 D_3 缺乏症。遂更换优质饲料,特别对复合维生素及维生素 A、维生素 D_3 酌量增加,使维生素 A、维生素 D_3 的含量略高于正常水平,同时用电解多维连续饮水 5～6 天。经过上述措施,种鸡的受精率和孵化率逐渐上升到正常水平。

(5)种鸡饲料中维生素 B_{12} 不足　尹风琴(2004)报道,某孵化户第一批入孵蛋孵化率仅为 71.4%,第二至第三批孵化率仍下降。为此,孵化户从第四至第六批,将自己鸡场的种蛋和 3 家养鸡户的种蛋同机入孵。结果,另 3 户的入孵蛋孵化率达 84.7%～86.2%,而本场仅为 50%～60%。18 胚龄时死胎率高,16～18 胚龄死胎可见侏儒胚、胚体出血、眼周水肿、短喙,约一半死于胚位不正,头下垂于两脚之间,腿部肌肉萎缩,双脚外观细小如铁丝状。经调查种鸡群 30 周龄,产蛋率达 94％,受精率为 96％。但据孵化户称,5％的预混料购入后放置露天时间已长,维生素可能被氧化损失。综上所述,认为维生素 B_{12} 不足导致孵化率降低。除补足维生素外,对产蛋母鸡肌内注射维生素 B_{12},此后孵化正常。

(6)高氟饲料引起鸭胚死亡　王学玲等(1999)报道,某种鸭场购入劣质骨粉或未脱氟的磷酸氢钙作为种鸭饲料的钙磷补充剂,配合的饲料被种鸭采食了月余,发现种蛋的受精率下降,死胚增加,孵化率降低。正常种蛋与高氟种蛋的受精率分别为 93.5％ 和 88.3％,孵化率分别为 79.6％ 和 53.2％ ,死胎率分别为 13.9％ 和 35.1％。遂采取更换饲料、饮水中添加 0.5％口服补液盐水,地面上撒些贝壳粉供自由采食,以调节机体内的电解质代谢,恢复平衡。2 周后种鸭产蛋率恢复,受精率、孵化率均逐渐恢复到原来较好的水平。

张若寒等(1997)试验,在种鸡日粮中添加 300 单位植酸酶替代磷酸氢钙,提供 1.8 克无机磷。结果表明:种鸡的产蛋率、日耗料量、破蛋率、不合格种蛋、种蛋受精率等均得到改善,但差异不显著($P>0.05$);而入孵种蛋健雏率(＋ 1.89％)、残次雏率(－16.11％)均优于对照组,差异极显著($P<0.01$)。可见,种鸡日粮中可用商品植酸酶替代磷酸氢钙,既避免由磷酸氢钙导致的氟中毒问题,又大幅度降低粪便中的含磷量,减少对自然环境的污染。

(7)种鸡饲料中棉籽粕含量偏高　尹风琴(2004)报道,某孵化户连续 6 批入孵蛋孵化率突然从 86.4％降至 43.9％。孵化到 7 胚龄和 12 胚龄发现死亡率较高,最高可达 37.2％。经调查,种鸡产蛋率达 93％、受精率达 94％～96％;种蛋选择及孵化均正常,但发现前期死亡的胚蛋蛋黄呈油灰样黏稠且蛋白桃红色。饲料购自本地某饲料厂生产的浓缩料,按厂家饲料配方的要求配制成全价饲料,调查几户使用该厂浓缩料的养鸡户,其产蛋鸡群产蛋率达94%～96%,但养的是商品蛋鸡。根据以上调查结果分析,排除鸡群、种蛋保存和孵化等因素的影响,认为浓缩料中棉籽粕含量偏高,其中的棉酚可引起胚胎死亡。后经换料,入孵蛋孵化率达86%。

薛凌壮等(1994)也曾报道过,某孵化场入孵种鸡喂给含8%未脱毒的棉仁饼饲料的种蛋,雏鸡5%～12%瘫痪,90%死亡。由此可见,虽说棉籽粕、棉仁饼含蛋白质高,价格低廉,但未脱毒时,含有危及受精率和胚胎生活力的有毒物质——棉酚。种鸡日粮应严格禁用。

(二)与孵化厅有关的操作失误

1. 疫苗污染导致雏鸡感染绿脓杆菌　绿脓杆菌广泛存在于土壤、肠内容物,极易污染种蛋、孵化器、雏鸡疫苗接种用具等。倘若孵化环境、疫苗接种用具、运输工具等消毒不彻底,极易发生绿脓杆菌感染。国内此类报道很多。应加强综合卫生防疫措施,减少乃至杜绝绿脓杆菌病的发生。因该病无特征性的临床症状与病理变化,所以要确诊必须做实验室检查。通过对致病菌的分离培养,根据其形态、染色特性及在普通培养基上能产生绿色水溶性色素和特殊气味,可做出初步诊断。绿脓杆菌易产生耐药性,因此要做药敏试验,筛选出高敏的药物用于临床治疗。

曹旺斌等(2000)报道,某孵化场雏鸡在注射马立克氏病疫苗到达饲养场后6小时左右,雏鸡发病,死亡快,病程不到24小时,死亡率达20%左右。在实验室无菌取新鲜病死雏鸡的肝脏和未吸收卵黄,革兰氏染色后镜检,发现多量的大多散在或偶见成双排列的细长而直的革兰氏染色阴性杆菌。经细菌分离培养,在普通琼脂平板上,菌落圆形、扁平、边缘不整齐,表面光滑湿润,并有明显的水溶性色素形成。培养基上呈蓝绿色,散发出特殊的生姜气味。并做了动物回归试验。用普通营养肉汤培养的菌液每只肌内注射 0.4 毫升,隔离饲养观察,以发病或死亡作为感染判定指标,同时对病死鸡及时剖检并进行接种菌的分离回收。结果表明,接种后 24 小时内死亡,剖检死亡雏鸡所见病变基本同自然感染病例。根据药敏试验结果,该菌对氟哌酸、环丙沙星、妥布霉素和新霉素高敏,遂对发病鸡群采用环丙沙星 0.25 克/千克体重饮水,鸡群临床症状消失后再用药 3 天,浓度为 0.15 克/千克体重。种鸡场在出雏后给雏鸡肌内注射环丙沙星 5 毫克/千克体重,可控制雏鸡发病。

李艳苹等(1989)报道,某孵化场雏鸡的孵化率、健雏率均正常(分别为 89.1% 和 98.5%),但注射马立克氏病疫苗后 24 小时左右发现死鸡,2~4 日龄雏鸡大批死亡。经实验室镜检和细菌分离培养结果,诊断为绿脓杆菌感染。原因是注射针头没有经过严格消毒即使用。病鸡应用恩诺沙星治疗。前 2 天每天 2 次给病鸡滴服,而后用该药混入饮水,让鸡只自由饮用 3 天,病情很快得到控制。

蒋晓(2004)报道,某孵化场雏鸡注射马立克氏病疫苗,第二天雏鸡死亡率达 10%。经病理变化观察、实验室诊断、生化试验和动物试验确诊为雏鸡绿脓杆菌病。通过药敏试验:该菌对庆大霉素、氟哌酸高敏。采取防治措施:①庆大霉素按 5~10 毫克/千克体重肌内注射,2 次/天,连用 3 天;②5%氟哌酸饮水,50 克+100升水,连饮 3 天;③用百毒杀带鸡消毒。

2. 诱发感染　主要是孵化场卫生条件差或建筑问题造成孵化厅、蛋库内结露、滴水,诱发霉菌孳生危及胚胎。

李华明(1997)报道,某孵化场鸭种蛋孵化到 17 胚龄后,照蛋发现死胚剧增,到 23~25 胚龄死胚达到高峰,死胚率高达 15% 左右。照蛋时开始发现气室内壁有小的黑色阴影点,随着孵化天数增多,黑色阴影逐渐扩大,最后可布满气室或整个鸭胚内部,以至照蛋时不能看见蛋内结构。剖检死胚时,蛋壳颜色灰暗,打开气室可见充满灰绿色或灰黑色霉菌,壳膜有灰黑色霉菌斑点。死胚可见水肿、出血等病变。检测入孵前的种蛋未见有霉菌,但检测孵化室内环境发现大量霉菌。结果确诊是孵化室被霉菌严重感染。随后用 5 倍剂量的甲醛多次重复熏蒸消毒(70 毫升福尔马林+35 克高锰酸钾/立方米),直到检测不到霉菌为止。此后未出现霉菌性胚胎病,孵化率恢复正常。

袁立岗(2000)等报道,乌鲁木齐市某孵化场连续有 4 批种蛋入孵后死胚率居高不下,严重影响了出雏率和健雏率。在整个孵化期中,1～8 胚龄头照死胚率平均为 16.45%,9～18 胚龄平均死胚率达 37.27%。从雏鸡的饲养跟踪观察发现 1～4 周死亡率也较高,达 14.3%。经调查证明种鸡群健康和营养状况良好、孵化情况正常。但发现:①蛋库相对湿度偏大,种蛋壳表面潮湿,蛋库屋顶滴水,墙壁上附着霉斑;②孵化厅环境温度偏低为 11℃,湿度偏高为 85%,且屋顶因潮湿滴水,墙壁有霉斑,厅内封闭不严有寒气进入,通风换气不好,有霉味;③进一步调查发现,死精、死胚蛋蛋壳颜色变暗,壳内膜有灰色斑点,8 胚龄死胚可见水肿、出血等病变。

分别取熏蒸前后种蛋、蛋库种蛋、死精蛋以及 18 胚龄死胚蛋,接种培养和孵化环境采样培养。结果发现有大量霉菌菌落生长。综上所述,引起此次死胚率明显升高的主要原因是:该年度北方霜冻提前,气温突然下降,孵化厅内供暖不及时,寒气通过不密封的窗户和换气孔进入孵化厅、蛋库内,由于内外温差偏大,致使屋顶、墙壁形成水珠,加上厅内长期不消毒,从而使霉菌大量繁殖,污染种蛋,侵害胚胎,造成孵化期胚胎大量死亡。通过采取对应措施:立刻供暖,保持厅内温度在 20℃。对种蛋、蛋库、孵化厅、孵化器等进行严格的卫生消毒。停孵 20 天恢复孵化后,孵化率不仅回升,而且较以前有很大提高。

施复寿报道，某年冬季，在山东省某地炕孵时，因室温与炕温差距较大，入孵后，蛋面一度凝结水珠，使转蛋时胚受到污染。孵至二照时，在气室处的内壳膜上，发现青色霉斑点，随孵化胚龄增大而逐渐蔓延整个气室，胚胎跟着霉斑的扩大而日益表现衰弱，发育迟缓，终至死亡，最后，孵化率仅为30％。又如某年夏季，在山东省寿光市温室孵化中也出现了上述类似病例，并波及全体孵化人员遍身出现脓疮。后经地区防疫站化验，鉴定为双球菌所致。遂将75％～85％的相对湿度纠正为60％左右并经过全面消毒后，孵化恢复正常。

何连琪等（2001）报道，某乡有人使用传统的多层摊床烟道加温法孵鹅孵化率仅50％～60％，自认为是旧孵坊保温性能不好，于是新建了孵坊，但孵化率仍然很低，最低仅27％。经剖检17～18胚龄的死胚蛋，气室内布满暗灰色的霉菌孢子，用镊子一触即呈烟雾状飞扬。诊断胚胎死亡的直接原因是孵坊环境及种蛋被曲霉菌污染所致。虽说后来迁入新孵坊，但仍然使用旧的棉被、垫席、隔条等用具。隔条内填装肮脏的锯屑或谷壳，以上污染物成为新孵坊的污染源。遂立即销毁被污染的棉被、垫席、隔条，更换经过消毒的新用具，对死胚蛋全部深埋，对孵坊内外环境每天彻底清扫消毒1次，杀灭环境中的霉菌孢子。经上述方法处理后，种蛋的孵化率达85.6％。

总之，孵化厅的温暖、潮湿环境以及拥挤和存在绒毛、出雏废弃物，都可能促使发生感染。有人认为育雏期90％以上的曲霉菌性肺炎与孵化场有关。由此可见，孵化场要严格清扫消毒包括环境、通风管道中的有机物、微生物和蒸发降温设备的霉菌。必须强调，尤其是传统孵化和旧孵化场要高度重视杜绝此类问题的发生。

3. 孵化操作管理失误与孵化率的关系

（1）孵化中高温或低温的影响

①孵化后期局部高温。杜森有（1998）对鸡胚孵化后期死因调

查,通过剖检对孵化后期死胚蛋和出雏的健雏、弱雏比较、观察及分析结果表明:孵化后期的死胚常见心脏充血和淤血,肝脏呈土黄色,胆囊肿大,肺发育不完整,鸡胚残余卵黄平均重只有 2.5～3.5克,个别死胚卵黄囊呈黄绿色。孵化后期的局部高温和缺氧可致鸡胚代谢失常。因此,孵化后期严防机内局部高温,注意通风是降低死亡、提高孵化率的关键技术措施。

②控制系统故障引发高温。梁锦新等(2002)报道,因孵化器出现不加热、不加湿、不转蛋等严重故障,所有控制失灵,一直维修不好,用的是应急系统。故障整整 2 天,孵化器内的胚蛋受到忽高忽低温度的影响(最高达 39.5℃)。17 胚龄受高温影响,孵化率最差,出鸡少,粘毛严重,残雏多,死胎率高达 21%(其他孵化器平均为 7.2%);14 胚龄胚蛋的死精率高达 9.32%,是其他孵化器的 2倍,死胎率达到 21.56%,比其他孵化器高出 14%,孵化率降低18.5%;10 胚龄和 7 胚龄的胚蛋也受到一定程度的影响,死精率和死胎率分别高出 2%和 3%。

③温控系统故障,导致孵化温度超常。江永辉等(2004)报道:某场一批种蛋头照时突然出现受精率大幅下降的情况(无精率达37.9%,死精率达 8.8%;分别比前一批的 5.7%,3.3%,增加了32.2%,5.5%)。经调查,种鸡饲养管理和种蛋管理无异常。基本排除此批受精率大幅下降,系种鸡质量和种蛋管理所致,初步确认问题应出在孵化场。为此,照蛋检查了后两批种蛋,无精率分别为3.9%和 3.7%,比受精率大幅下降批次分别下降了 34.0%和34.2%,死精率均为 2.9%,分别均下降了 5.9%。由此可见,这批种蛋在孵化过程中出了与孵化温度有关的问题,而且可能是受了高温的影响。很多原来应是受精蛋,因遇到高温造成胚胎死亡。照蛋时,因看不见胚胎或血弧、血管,被误为无精蛋,故"无精蛋"率特别高,死精率亦比正常的高。此判断后来被孵化场的工作人员所证实。原来入孵初期,孵化器的温控系统出现故障,又没有听到

超温报警声,温度超常,待工作人员发现时,已不知过了多长时间。

④冬季因停电造成孵化温度大幅度下降。宁中华等(2003)报道:北京冬季(12月中旬,最高气温−8℃,风力6至7级)停电5小时造成孵化温度下降至10℃左右。低温使胚胎死亡率上升,孵化率降低,雏鸡弱,出雏时间延迟且拖长。胚龄越大受低温的影响越大:受低温影响分别为19胚龄、12胚龄、8胚龄和2胚龄,孵化率分别为24.1%、38.6%,60.8%,63.8%。雏鸡质量,19胚龄的全是弱雏,其他胚龄雏鸡绒毛短,雏弱,死亡率高。

(2)孵化中相对湿度过高的影响　刘保国(2001)报道,为解决山鸡蛋壳较厚,往往孵化效果不理想状况,某孵化场从孵化的第十天开始,每天2次用喷雾器向蛋面喷水(水温约20℃),以蛋面全湿为准,一直喷至第二十三天。企图采用人工额外加湿的办法,来提高孵化器内湿度,以促进雏鸡的啄壳。但事与愿违,孵化率仅6.28%,而且所出雏鸡均为残雏、弱雏。剖检死胎蛋可见90%鸡胚死于10胚龄左右。其原因是每次喷水后,孵化器内温度下降5℃~8℃,需2~3小时才能恢复到正常的孵化温度,造成蛋温急剧下降,鸡胚在温度忽高忽低中夭折。所以,喷水应在16胚龄后,且水温达40℃~45℃,喷水也不宜太多。地面经常洒水,以提高孵化室内的湿度。另外,鸡胚从尿囊绒毛膜呼吸转为肺呼吸的20~21胚龄,也不要喷水。

(3)孵化厅通风不良的影响　许学标(1999)报道,入孵5万余枚种蛋,平均入孵蛋孵化率仅65.62%,健雏率仅89.53%。经调查孵化器的控温、控湿正常,解剖死胚蛋,发现死亡集中在孵化18天后(即尿囊绒毛膜呼吸转为肺呼吸后)。检查孵化厅发现,孵化器、出雏器同在一大厅内。大厅除一正门外,无其他门窗及进、排气孔或通风管道。胚胎排出的二氧化碳及种蛋消毒、孵化器消毒排出的甲醛废气,均聚积厅内无法排出室外。经测定,厅内的氧含量仅为19.8%,二氧化碳为1.39%。根据上述情况分析认为,造成孵化率低的根本原因是孵化厅通风不良。后经安装进、排气管道,及时调节风门,掌握通风量,注意通风与温、湿度的协调和保持孵化厅环境的卫生等五项改进措施,入孵蛋孵化率达83.78%,健雏率达98.72%。

(4)孵化中种蛋消毒失误的影响 侯小林(1999)报道,某孵化场每立方米容积采用7克固体甲醛消毒种蛋达1小时之久,导致胚胎早期死亡高,入孵蛋孵化率仅7.8%,同孵化器内8天前入孵的种蛋孵化率也仅7.1%。一般采用固体甲醛消毒种蛋,每立方米容积剂量不得超过7克,消毒时间为30分钟,不得超过40分钟。

(5)孵化中转蛋角度不够的影响 石传林(2001)报道,某单位自孵化以来,孵化成绩一直不理想。先后查找原因,均不见效果。后来对其中的两台孵化器进行大修,无意间测得孵化器转蛋角度为80°,遂把转蛋角度改为90°,并与未改造的孵化器做对比试验,结果经改造后的两台孵化器种蛋孵化率明显好于未改进的两台孵化器。前者平均孵化率为94.5%,后者平均孵化率为90.7%。后又对另两台孵化器进行了改造,把翻蛋角度加大到90°,此后孵化成绩都十分理想。

(6)孵化中风扇停转,导致雏鸡窒息及其补救 李长江等(1996)报道,某孵化场因出雏器的主风扇停转30分钟,导致雏鸡61.2%不同程度的窒息。经立即拉出出雏车,加强通风换气,清理雏鸡。按窒息程度分类处置:将5 509只不同程度窒息的雏鸡,放入温度为37.2℃,相对湿度为70%的出雏器中,另将1 213只放在室温为32℃的房间里。结果发现,放在出雏器内完全恢复的雏鸡共5 047只,占91.6%;弱雏269只,占4.9%;死亡193只,占3.5%。放室内的完全恢复的雏鸡693只,占57.1%;弱雏190只,占15.7%;死亡330只,占27.2%。可见,放在出雏器内比放在室内的恢复快、效果好。其原因是放入出雏器有利于雏鸡尽快恢复呼吸功能,且使雏鸡的生理功能不再继续恶化。而放室内,因雏鸡代谢慢,可能导致体温下降而死亡。

(7)持续震动和噪声致使孵化失败 胡全心等(2001)报道,某孵化场室内进行下水道改造时,用 8 磅铁锤砸碎水泥地面和山墙基础,产生了持续 3 小时以上的强震动和噪声,导致不同胚龄的鸡胚受到不同程度影响。7～8 胚龄的孵化率仅 7.28%,1～2 胚龄的孵化率仅 7.84%,影响后入孵(但部分种蛋受影响时存于孵化室的蛋库中,也受到强震动和噪声的影响)的为 68.72%。究其原因是:①1～2 胚龄时羊膜尚未发育,不具有缓冲震动的功能;②7～8 胚龄时虽然羊膜腔已形成,但砸击产生的无节律性震动和噪声的零乱频率破坏了胚胎羊膜表面的平滑肌细胞原来所固有的节律性收缩,同样对胚胎也造成伤害;③影响后入孵,但有部分种蛋存放于强震动和噪声处近在咫尺的种蛋库中,这相当于长途运输的剧烈颠簸,可使一些种蛋蛋黄系带断裂或受损。有报道可以佐证:有人用传感器(60 瓦,3 000 赫)震动产生超声波对汉普夏父母代种蛋的重复试验,孵化第一小时进行刺激,孵化率低于未受刺激组,两次试验分别为试验组 62.66%±5.2%,73.81%±4.14%,未受刺激组 86.6%±2.62%,83.34%±5.32%,差异极显著(P<0.01)。另外,据美国在声暴对家禽生产力影响的有关 101 项试验中表明,有 72 项涉及降低孵化率。

(三)运雏失误的教训 有报道,1993 年 11 月,天津某鸡场从北京运输 2 万只雏鸡,因路途近未重视保温,结果冻死 1 000 只;1994 年 2 月,山东某鸡场用改装的加长"130"卡车运输 2 万只雏鸡,并用双层帆布密封保温,卡车行驶 6 小时后才检查雏鸡,结果闷死 3 000 多只。某场,夏季运雏,忽视车内通风,又遭太阳直晒,导致车内高温、缺氧,因没有及时检查,致使雏鸡闷死高达 80%,造成很大的经济损失。另外,某客户运雏途中停车吃饭,忘记将车窗打开,且未派人留守、检查雏鸡,雏鸡因高温、缺氧,闷热死亡约

60%。飞机托运出现"闷舱"现象也并不少见。

八、提高孵化效果的一些尝试

(一)种鸡与种蛋管理

1. 输精间隔时间与产蛋后期蛋种鸡的受精率和孵化率　孙占田等用 55 周龄"京白"父母代蛋种鸡进行输精间隔时间对产蛋后期蛋种鸡的受精率和孵化率影响的对比试验。结果表明,输精间隔时间为 3 天,4 天,5 天和 6 天,受精率分别为 95.35%,94.68%,89%和 84.38%。虽然输精间隔时间 3 天的受精率最高,但与间隔时间 4 天的差异不显著($P > 0.05$),而间隔 5 天、6 天的受精率显著低于 3 天、4 天的($P < 0.01$)。输精间隔时间对受精蛋孵化率无明显影响。故在产蛋后期,输精间隔时间以 4 天为宜。

2. 国外孵化场预防曲霉菌病的措施　①增加集蛋次数,减少窝外蛋、破裂蛋和污染。②定期清除结块的脏垫料,垫料勿弄湿,并可用 1% 的硫酸铜喷洒被污染地方,以杀灭真菌。③保持产蛋箱干净、干燥。④剔除窝外蛋、脏蛋和破、裂蛋。⑤定期清洗消毒料槽、水槽。⑥避免在种鸡场附近处理鸡粪或使用过的垫料。⑦防止种蛋表面凝水。⑧勿重复使用纸蛋托,塑料蛋托、孵化盘、出雏盘和种蛋运输工具应保持干净、清洁。⑨保持鸡舍、孵化厅的良好通风,以减少空气中尘埃和微生物。清除可能存在曲霉菌、霉菌孢子的物品,如发霉饲料等。⑩每出完一批鸡后认真清洗、消毒出雏器。进鸡前用抗霉菌剂处理鸡舍和新垫料。总之,控制霉菌必须从种鸡场、孵化场、肉仔鸡饲养场和实验室等入手,严格要求。

3. 种蛋浸泡营养液的效果

(1)种蛋浸泡复合维生素 B 的效果　王建平等(1999)利用不同浓度的复合维生素 B 溶液浸泡罗斯商品代种蛋,探讨外源营养因素对胚胎发育及孵化效果的影响。结果如下。

①孵化率。试验组的孵化率均比对照组高,其中浓度为 3%

的差异极显著,浓度为 4％的差异显著。

②胚胎死亡率。试验各组在孵化 1～10 胚龄,胚胎死亡数均高于对照组,其中浓度为 4％的最多。此期试验组胚胎平均死亡率占整个孵化期胚胎死亡率的 36.65％,对照组为 12.31％。孵化 11～17 胚龄,试验组胚胎死亡数明显低于对照组,试验组胚胎平均死亡率占整个孵化期的 15.15％,对照组为 40％。孵化 18～21 胚龄,试验组胚胎死亡数平均比对照组少 8.29 枚,但胚胎死亡占整个孵化期死亡比例两者却非常接近。造成这种胚胎死亡规律的原因是,1～10 胚龄,使用复合维生素 B 处理种蛋,造成胚胎应激而引起弱胚死亡。11～17 胚龄,复合维生素 B 使试验组胚胎生活力增强,死亡率显著降低。18～21 胚龄,复合维生素 B 的作用亦不明显,因而试验组与对照组的死亡情况开始接近。

③出雏时间与雏鸡状况。试验组的出雏时间高峰在 21 天的 10 时至 20 时之间,而对照组出雏时间的高峰集中在 21 天的 20 时至 22 天的上午 12 时之间。试验组出雏早且集中。

(2)种蛋浸泡蛋氨酸的效果　周勤宣(1993)在种蛋入孵 12 小时、24 小时和 48 小时,分别将种蛋浸泡在 1％～1.5％,16℃～18℃的蛋氨酸溶液中 5 分钟,结果提高孵化率 5％。

4. 种蛋的消毒

(1)臭氧消毒种蛋效果　张贵义等(1996)用臭氧消毒种蛋结果表明,在温度 28℃、相对湿度 88％条件下消毒种蛋 30 分钟,细菌杀灭率和受精蛋孵化率均优于常规的福尔马林、高锰酸钾熏蒸消毒法。用臭氧消毒种蛋与福尔马林加高锰酸钾消毒的细菌杀灭率分别为 87.46％和 85.03％,受精蛋孵化率分别为 87.46％和 86.29％。臭氧消毒成本仅为福尔马林加高锰酸钾消毒的 1/10,且操作简单、安全可靠。

(2)种蛋碘液浸泡消毒　周勤宣(1993)用 3 克碘化钾和 2 克碘溶于 400 毫升 40℃温水中,种蛋浸泡 5 分钟,晾干后孵化,结果提高孵化率16％。

（3）紫外线照射种蛋　刘衡（1986）用紫外线灯在入孵前距离蛋面50～60厘米照射种蛋3～5分钟,结果使孵化率提高8％～18％,雏鸡成活率提高4％。

（4）抗生素药液浸泡种蛋　马玉胜等（1992）在25升25℃～30℃温水中加入800万单位的青霉素和2 000万单位的链霉素的溶液中浸泡种蛋,晾干后孵化。结果孵化率、健雏率和成活率分别提高3.3％,4.6％和4.5％。

5. 激光照射种蛋　契仲原等（1988）用"扫描增孵机"对入孵前1～2天的种蛋照射,结果孵化率提高9.35％,中死率和死胎率分别为1.15％和8.09％。

6. 氦氖激光辐射种蛋　刘喜生等（1998）采用氦氖激光直接辐照（即水平方向的激光束经激光反射镜变成垂直向下的光束,照在胚盘上方的蛋面上）和散焦辐射种蛋,辐照的距离为3厘米和6厘米。结果表明,一定剂量的激光能显著提高种蛋的孵化率（7.68％～13.26％）和雏鸡的体重及生活力。

7. 光照照射种蛋　马玉胜试验认为,孵化器内用11瓦日光灯管照射种蛋,不仅能明显提高孵化率,缩短孵化时间,而且能提高雏鸡重量及日增重,对肉仔鸡饲料转化率、成活率也有一定效果。

8. 种鸡日粮营养的调控

（1）适量降低日粮含钙量提高褐壳种蛋孵化率　马玉胜等通过喂给38周龄的罗曼褐父母代蛋鸡适量含钙日粮（钙为3.13％、磷为0.72％。原含钙、磷分别为3.52％和0.74％）,以降低蛋壳厚度,提高孵化率。试验结果:适量含钙日粮与原含钙日粮的种鸡产蛋率、蛋重和受精率等,均差异不显著（P＞0.05）;而蛋壳厚度分别为0.351毫米±0.018毫米和0.367毫米±0.012毫米,孵化率分别为89.0％和86.5％,两者差异均显著（P＜0.05）。

（2）硒和维生素 E 对建昌鸭孵化的影响　李建等（1998）报道，饲料中添加硒和维生素 E 对建昌鸭孵化的影响。结果表明：投药 10 天后，加硒和维生素 E 比对照组的受精率提高 3.89％，孵化率提高 3.40％，同时蛋重提高 0.23 克，还延长产蛋期，值得推广。

（3）维生素 C 可提高鸡种蛋质量　维生素 C 有提高母鸡产蛋率、种蛋受精率和受精蛋孵化率的作用，它能促进钙从骨骼中分泌出来，使鸡的血浆中的钙含量增加，有利于形成蛋壳，提高种蛋的质量。因此，在饲料中添加维生素 C 是非常重要的。一般在饲料中添加 0.02％～0.03％维生素 C 即可满足需要。

（4）饮水加速溶多维　杨治田等（1999）在使用以玉米、豆粕为主的无鱼粉基础日粮的基础上，通过在饮水中添加不同比例的"万象牌"速溶多维，研究其对罗曼褐父母代种鸡受精率和孵化率的影响。试验结果表明，添加 1∶2 500 的速溶多种维生素，受精率和孵化率极显著地高于对照组（P＜0.01）。

（5）亚油酸对孵化的影响　袁建平（2000）报道，用 99％常规饲料＋1％结合亚油酸（CLA）喂鸡，虽然母鸡的采食量、产蛋量无变化和健康状况无异常，但是种蛋的胚胎大多死于早期，孵化率仅 13.1％，而正常组却达 92.8％。这可能是蛋黄中脂肪酸分布发生变化，而影响其生理特性的缘故。

（6）大蒜素对肉种鸡产蛋、孵化的影响　李建民等（2001）报道，给 28 周龄的岭南黄肉种鸡日粮添加适量的大蒜素，可显著提高种鸡的产蛋率、饲料转化率和经济效益，而对种蛋孵化效果无不良影响，其中以添加 84 毫克／千克饲料大蒜素的上述各项均最优。

9. 修补裂纹蛋的孵化效果

（1）蛋清涂抹修补裂纹蛋　李文春（1994）采用鸡蛋清两遍涂抹裂纹蛋后保存。受精蛋孵化率虽然比正常蛋低约 10％，但也达到 81.5％，经济效益可观，且简便易操作，值得推广。

（2）多种材修补裂纹蛋　邸怀忠（1994）介绍，用白乳胶、骨胶、涤纶黏合胶带、蛋清和塑料透明胶带等材料修补裂纹蛋或孔径小于 0.1 厘米的破蛋，其中涤纶黏合胶带黏贴法的孵化率最高，达85％。但应消毒蛋壳表面、涂抹要密封，并不要久存，应及时入孵。

（3）涤纶黏合胶带修补裂纹蛋　王洪国用涤纶黏合胶带修补裂纹蛋，获受精蛋孵化率 85.6％的良好效果。

（4）胶水贴纸法修补裂纹蛋　许学标（1997）采用带油性的薄纸用胶水粘贴裂纹蛋，并与正常种蛋和不做处理的裂纹蛋分组试验。结果是正常种蛋、贴纸和不做处理的受精蛋孵化率分别为83.4％，82.8％和 52％，效果显著。

（5）医用橡皮膏修补裂纹蛋　孙协军等（2004）用医用橡皮膏修补裂纹蛋，结果受精蛋孵化率为 82.52％，正常种蛋为 83.6％，而不作处理的仅 54％。

（二）孵化技术的若干措施

1. 大、中型孵化器的小批量孵化措施　王开飞报道，大、中型孵化器若入孵量不足 1/3～1/2 时，孵化率不理想。经试验表明，相对风速增大、通风换气过度，是影响小批量孵化率的最主要因素。可采取相应措施：①在拐角处保持种蛋密度，以降低种蛋周围的风速（但也要注意温差不宜过大）；②相对减小风门的开启量（或延迟开启时间或最大开至"中挡"），以减少通风量；③照蛋后均并盘和上下调盘。采取以上措施后，孵化率从没有采取措施前的80.11％逐步提高至 90.96％，提高了 10％以上。

2. 及时纠正种蛋放置位置　众所周知种蛋锐端向上孵化严重影响胚胎成活和孵化效果，孵化率仅 20％左右。克服方法除了重视码盘操作，尽量降低种蛋锐端向上的比例之外，还可在"头照"（8 胚龄前）时，将锐端向上的种蛋及时纠正过来，一般对孵化率不会产生明显影响。孙启德等试验认为，采取上述措施后，与钝端向上组比较，两者的受精率和死胚率（孵化 8 天）的差异不显著（P>

0.05)。表明在孵化前期种蛋锐端向上码盘孵化,对孵化率无明显影响。

3. 出雏时间的调控

(1)解决出雏一致性 产蛋初期和后期的种蛋,胚胎发育期较长(约 21 胚龄又 10.5 小时),要先入孵。产蛋中期的种蛋,胚胎发育期约 21 胚龄又 5 小时,可晚入孵 5 小时。这样能达到出雏整齐。

(2)白天出雏法 一般孵化正常时,个别鸡胚 19 胚龄又 10 小时左右开始啄壳,19 胚龄又 18 小时大批啄壳并大量出雏,21 胚龄出雏完毕并扫盘。为使白天大批出雏以便进行雏鸡处置,一般可在当天 16~17 时入孵。但也要根据胚胎发育情况及用户要求的接雏时间进行调整。以确定适合本场的具体情况。

4. 音乐孵鸡法 在雏鸡孵化时播放雏鸡出壳时的鸣叫声(或母鸡带小鸡觅食时的叫声),能使雏鸡出雏整齐一致,提高孵化率。

5. 孵化温度的调控

(1)小型孵化器应提高孵化温度 韩凌云(1993)介绍利用小型孵化器恒温孵化时,因为加热功率低或密闭不严以及开门降温快等,可能推迟出雏现象。建议可提高孵化温度 0.1℃~0.2℃,予以克服。从目前看,有孵化器越大,孵化温度越低的倾向,可能与热惯性及通风有关。

(2)弱胚蛋"调位"促孵法 于洋等将 5~6 胚龄照蛋时发现的弱鸡胚(比正常发育的鸡胚小 1/3~1/2)放置在孵化器温度最高的位置,促其发育的促孵法。结果是弱胚蛋出雏率达 70% 以上。

6. 调节孵化湿度促"封门" 韩凌云(1993)提出 ,为促进胚胎"封门",胚胎孵至 16~18 胚龄时,可将相对湿度从 53%~57% 降至 50%~55%,在 19~21 胚龄相对湿度再升至 65%~70%,这样以改善雏鸡腹部吸收状况。

7. 预防正常胚的啄壳前死亡 欧阳健(1997)报道,在禽蛋孵化生产中常出现胚胎啄壳前死于壳内的现象。剖检发现要么是发育不良的胚胎,要么发育正常而闷死蛋内。后者与种鸡营养不良和码盘、转蛋、控温(湿)度不当以及通风不良等操作不当有关。可采取下列措施:①注意种鸡营养;②尽量避免种蛋小头向上孵化,且照蛋时予以纠正;③重视转蛋,尤其3~11胚龄时转蛋;④加强通风换气,特别是孵化后期;⑤避免孵化后期高温、高湿;⑥适当助产。

8. 按胚蛋啄壳与否分开孵化　王金合发现,移盘后总有5%左右不能啄壳的死胎。经解剖发现雏鸡喙已进气室,除蛋黄未完全吸收外,其他发育正常,胚是啄壳前遇超温窒息而亡。为此,可采取从啄壳开始,每1~2小时将啄壳与未啄壳胚蛋分开,前者保持正常孵化,后者放较低温度孵化。结果使移盘后的出雏率达99%~100%。出雏器内的死胎率从5%降至1%左右。

9. 消除"水肿雏"现象　车培新(1996)报道,华东某种鸡场6月份外发两批蛋鸡雏,客户反映有部分雏鸡的腿相对较粗,怀疑混入了"肉鸡雏"。但1周后,客户的所谓"肉鸡雏"消失了,原来是雏鸡胫部水肿。有些严重的会出现内脏水肿。这显然是湿度太高造成的。为了消灭"水肿雏"现象,首先降低出雏器的相对湿度、加大通风量,结果"水肿"现象有了改观,但晚出壳的雏鸡喙黏毛。后来又尝试在孵化的前期、中期、后期都加强湿度控制,结果不再出现"水肿雏"现象,雏鸡也不黏毛。成功地控制了湿度,提高了孵化率。

九、综合科技的进展促使孵化技术发生变化

目前,国内孵化施温方案虽说分恒温孵化法和变温孵化法(阶段降温),但定温五花八门。例如,变温孵化的阶段划分及定温方案有近10种之多,且大多都获得良好的孵化效果。另外,孵化温度也有下降的趋势。为此人们产生了困惑,究竟孵化应如何定温?也有一些人询问孵化施温方法。出现这些孵化定温多样化现象的

因素是多方面的。

（一）环境条件、设施和孵化设备的差异　我国各地自然条件和孵化厅（室）的隔热保温、通风换气以及使用的孵化器性能千差万别，必然会产生五花八门的适合本地区、本孵化场和孵化器的施温方案。

（二）综合科技进展的必然　目前，孵化器设计的一些标准和孵化温度、湿度和通风等孵化数据的设定标准，大多采用 Harry Lundy（1969）的《母鸡蛋的受精率和孵化率》所收集的有关种蛋大小、胚胎发育规律等数据。但由于遗传学、营养学、畜牧环境工程学的深入研究，以及饲养管理和综合卫生防疫措施、鸡场和孵化场卫生的不断改善，现代肉鸡和蛋鸡的性能发生很大的改变，必然对孵化条件产生了影响。如有数据表明，哈伯德肉鸡蛋在移盘期（18胚龄）时的耗氧量测量值为 30 毫升/枚·小时，而公布的标准值为22.5～25 毫升/枚·小时。鸡蛋的产热量至少比孵化器的设计规格高 20%～33%。故必须重新认识种蛋，对传统的孵化器的孵化条件的设置数据必须予以重新评估。科学研究和新技术提供了能够更好地满足现代鸡种需要的孵化设备。

1. 科技发展极大改善家禽的生产效率　现代肉仔鸡的饲养周期从 30 年前的 84 天减少到了现今的 42 天。在 20 世纪 70 年代，肉鸡雏鸡的孵化时间占从蛋到屠宰整个期间的 20%，而今则占其整个生命周期的 33%。很显然，孵化效果越来越影响着肉仔鸡的生长速度和饲料转化效率，从而也决定其生产效益。

2. 专门化品种（品系）导致种蛋类型的多样性　由于选育的结果，现在小蛋的重量接近过去的平均蛋重，而大蛋则越来越大，胚胎相应也越大，产热量亦越多。简承松等（1999）的试验证实了"大蛋越来越大"：试验所测 1 800 个蛋中，蛋重最小的为 57.0 克，最大的 80.9 克。多数蛋分布在 63.0～68.9 克以及 69.0～74.9 克范围内，此 2 组共计占到蛋总数的 80.9%，而小于 63.0 克及大于 74.9 克者均为少数。若按通常认为的以 69.0 克为界,蛋重在 69.0 克以上的过大蛋(表 1-13-14 中 3 组、4 组)占 40.1%。赵月平等(2003)在研究肉种鸡不同周龄对孵化效果的影响时,也从另一角度佐证了现代鸡种"蛋重越来越大"的观点。他们的研究资料表明,33 周龄蛋重大于 65 克的受精蛋孵化率仍然达到 92.6%。而 55 周龄蛋重在 65~70 克的受精蛋孵化率最好(92.2%),且大于 70 克的受精蛋孵化率仍然达到 91.4%。并指出接近平均蛋重的孵化效果最好。

3. **蛋的多样性与胚胎的变化**　蛋用型与肉用型之间最明显的差别就在于两者生长率的差别。蛋用型母鸡 42 日龄时体重为 500 克,而肉鸡在 42 日龄时的体重则达到 2 300 克,是蛋用型的 4 倍多。这种差别也明显反映到胚胎发育阶段。Pal(2002)证明,对生长率的遗传选育不但影响了肉鸡在饲养场内的生长,而且还影响到了其孵化第二周胚胎的生长和躯体成分。Clum(1995)则更进一步证明了,高生长率伴随着骨量、羽毛量和脑量的减少。比如鹌鹑,对新生鹌鹑高生长率的选育则伴随着消化器官的早期快速发育。而腹水症这样的代谢紊乱,也可从胚胎期找到其来源。Marleen Boerjan(2004)指出,在孵化 48 小时的时候,肉鸡胚胎发育到了 13 期,而蛋鸡胚胎则仅仅发育到 12 期。肉鸡和蛋鸡之间不同的生长率就会导致两者不同的产热量。总之,鸡胚生长速率的提高、蛋重的增加,均使胚胎重量增大、胚胎发育加快,胚胎产热量增多。

(三)种蛋选择标准和孵化设备需做相应的变化

1. **种蛋选择标准应调整**　简承松等(1999)对艾维茵种蛋按 57.0~62.9 克、63.0~68.9 克、69~74.9 克、75~80.9 克分成 4 组进行孵化试验。孵化结果表明,各组蛋重均取得了较好的孵化成绩(表 1-13-14),以第二组的孵化率显著或极显著地高于其余各个组,是该肉鸡种蛋的最适宜蛋重范围;第三组虽其蛋重(69.0~

74.9 克)是通常的所谓"过大蛋",但其受精蛋孵化率与第一、第二组(蛋重为 57～69.9 克)差异不显著(P ＞ 0.05)。若将第一、第二、第三组(蛋重为 57～74.9 克)合并统计,受精蛋孵化率为 93.12 ％,占所测种蛋的 94.44％,是该肉鸡种蛋的适宜蛋重的范围。这样使合格种蛋比通常观点(69.0 克为上限)提高了 34.5％。即便第四组(蛋重为 75～80.9 克)的入孵蛋孵化率也达到 82.0％(受精蛋孵化率为 87.23％),从生产的角度来看并不为差,若将它们淘汰作为食用蛋实属可惜。所以,将这部分蛋作为种蛋,也应属合理。从该试验看,"过大蛋"的受精率并未受影响,仍达到 94％以上。

表 1-13-14　蛋重与种蛋受精率和孵化率的关系

组别	蛋重范围(克)	入孵蛋数(枚)	受精蛋数(枚)	受精率(％)	出雏数(只)	受精蛋孵化率(％)
1	57.0～62.9	243	221	90.95	199	90.05
2	63.0～68.9	835	787	94.25	747	94.92
3	69.0～74.9	622	591	95.02	543	91.88
4	75.0～80.9	100	94	94.00	82	87.23
合计	57.0～80.9	1800	1693	94.06	1571	92.79

简承松等(1999)根据上述试验结果提出了艾维茵父母代种蛋的选择思路:试验结果似乎都提示了这样一种信息,即在实际的孵化生产上,对于种蛋的适宜蛋重和适宜蛋形指数,看来都存在着一个较宽的范围。其原因,既与现代肉鸡的遗传改进(对生长速度的选育,导致种鸡的体型加大、蛋重加大)有关,也与采用了先进的孵化设备有关。总之,以本试验的结果看,若以蛋重 69.0 克为合格种蛋的上限,则有 40.1％的蛋被淘汰;若以蛋形指数为 0.71～0.76 为合格,则近 70％的蛋都要被淘汰。这样,显然无论从经济上还是从生产上,都是不可接受的。可见必须对于适宜蛋重和适

宜蛋形指数的标准做出相应的调整。

2. **孵化条件应做相应调整**　Gib Taylor(1999)指出,高产肉鸡胚胎肌肉含量高,在孵化过程中胚胎代谢产热增加。若不通过通风或降温驱散这些余热,将对胚胎发育不利。因此,肉鸡孵化必须降温降湿。张兴文等(2003)提出,稍低的用温对于肉鸡种蛋的孵化是适宜的。Marleen Boerjan(2004)也提出,肉鸡胚胎的最佳孵化温度应该低于蛋鸡胚胎。

3. **提高孵化设备的控温、控湿和通风能力**　孵化器必须具有充分的加热、降温和通风能力,以加热孵化初期的胚蛋和驱散孵化中、后期的胚胎余热,这就应加大孵化器中孵化盘之间的间距,降低单位体积的容蛋量。最好能根据不同品种的蛋鸡和肉鸡胚胎的不同孵化阶段,自动监控和自动调整相应的最佳蛋壳温度值、失水率和通风率(二氧化碳含量)。

4. **种蛋供应者研究和提供符合本品种(品系)的孵化参数**　种蛋供应者应向孵化场提供该品种(品系)的种蛋选择标准和每一孵化阶段的孵化条件,最好能提供胚胎发育的最佳胚胎温度、湿度和通风量,以便孵化场进行个性化孵化,以提供具有该品种特性的优质雏禽。

综上所述,出现孵化定温多样性现象是我国各地自然条件等因素和综合科技进展的综合结果。除了孵化器生产厂家提供性能更好的孵化设备和种蛋供应者提供更全面的种蛋信息之外,目前孵化生产者可根据孵化器生产厂家提供的孵化条件试孵2～3批,根据孵化效果,确定适合本地区环境条件、本孵化器以及不同种蛋的最佳孵化条件。总之,通过孵化器生产厂家、种蛋供应者、孵化生产者三方面通力合作,进行深入研究,以使孵化生产更上一层楼。

十、孵化场废弃物的处理及利用

（一）**孵化废弃物的构成与营养成分**　孵化废弃物包括不留种（或蛋用品种）的公雏、残弱雏、死雏、死胎蛋、蛋壳和绒毛。孵化场的废弃物的湿度高（含 60％水分）、容积大、容易腐败，若不经过无害化处理而随意抛弃，将造成环境的严重污染。但研究也发现，孵化废弃物中含有与鱼粉相媲美的营养物质（表 1-13-15，表 1-13-16），弃之实在可惜，若经适当加工，则可化害为利、变废为宝。

表 1-13-15　**孵化废弃物与家禽常用饲料原料中氨基酸成分计算值的比较**　（按干物质计，％）

氨基酸名称	常用饲料			孵化废弃物混合物 *	孵化废弃物
	玉 米	豆 粕	鱼 粉		
精氨酸	0. 42	3. 80	0. 77	2. 96	1. 70
赖氨酸	0. 22	3. 54	1. 69	2. 70	1. 45
蛋氨酸	0. 27	0. 88	0. 57	0. 70	0. 67
半胱氨酸	0. 13	0. 99	0. 23	0. 75	0. 39
甘氨酸	0. 29	2. 81	1. 29	2. 46	1. 95
组氨酸	0. 21	1. 51	0. 51	1. 18	0. 70
异亮氨酸	0. 56	3. 13	0. 94	2. 38	1. 27
亮氨酸	1. 31	4. 17	1. 35	3. 36	2. 16
苯丙氨酸	0. 43	2. 76	0. 74	2. 15	1. 24
酪氨酸	0. 52	2. 08	0. 74	1. 57	0. 81
苏氨酸	0. 31	2. 03	0. 86	1. 69	1. 20
色氨酸	0. 05	0. 73	0. 14	0. 62	0. 46
缬氨酸	0. 46	2. 76	1. 17	2. 36	1. 77

　* 为挤压膨化；引自 B. K. Shingari(1995)

表 1-13-16 孵化废弃物与家禽常用饲料原料的化学组成的比较 （%）

原 料	干物质	粗蛋白质	粗脂肪	粗纤维	灰 分	无氮浸出物	钙
玉 米	89.13	9.00	3.66	2.63	1.31	83.40	0.02
豆 粕	90.49	52.19	1.47	3.66	5.76	36.92	0.32
鱼 粉	89.94	40.68	4.58	1.03	20.83	2.91	7.03
孵化废弃 混合物*	92.16	45.59	4.24	9.19	8.27	32.71	8.39
孵化废弃物	94.66	35.49	11.43	6.37	25.40	21.31	0.60

*为挤压膨化；引自 B.K.Shingari 等（1995）

（二）孵化废弃物的处理与利用

1. 孵化废弃物的处理

（1）当垃圾处理 国内一般将孵化废弃物当垃圾处理。出雏器中的绒毛经排气管道排至有水的排水沟（国内大多直接排到大气中）。其他废弃物装入塑料袋中密封运至垃圾处理场。

（2）利用前的预处理 孵化废弃物含有强烈异味和大量微生物，在加工利用前需进行降低臭味、脱水或降低水分处理。

①降低臭味。可采用甲基溴化物（溴化甲烷）和乙烯氧化物（氧化乙烯）等气体消毒法。但若废弃物湿度高、温度低时效率太低。另外，这些药物的残留必须保持在安全水平上。

②脱水处理。先经碾碎，在 80℃条件下加热，干燥，使最终水分为 5%左右。这样既使废弃物缩小体积又可杀灭病原体。

③用湿热法降低水分含量。根据装载容器的类型和废弃物量的不同，在温度 107.2℃下蒸煮 2.5～10 小时。但需较高的资金投入和燃料消耗。

2. 孵化废弃物的加工利用

（1）孵化废弃物加工做家畜饲料 B.K.Shingari 等（1995）

提出几种加工利用方法。

①废弃物加糖蜜保鲜贮存。Ⅰ. 加入 10％饲料级浓缩糖蜜，在 22℃条件下保鲜贮存 1 周；Ⅱ. 孵化废弃物、糖蜜和碎玉米按 10：1：1 的比例混合可贮存 14 天，但微生物特别是厌氧菌不能被杀灭。

②废弃物高压蒸汽消毒。在干物质未达到 92％之前，对废弃物高压蒸汽消毒。此前预先充分粉碎并加入 0. 02％的食用抗氧化剂 BHA 或 2.6 叔丁基对甲酚混合以进行适当的防护。

③发酵。将废弃物粉碎后，加入植物乳酸杆菌和粪便链球菌培养物混合发酵 21 天，发酵期间产生高温可杀灭好氧菌。

④挤压膨化做饲料。

第一，用氯仿杀死废弃物中的活胚胎和雏鸡，然后放入粉碎机内粉碎，并与碎玉米以 1：3 的比例搅拌 5 分钟。这些混合物经过挤压膨化作用可杀灭所有微生物。混合物含粗蛋白质 16％，可用作家禽饲料，是很好的能量来源。

第二，将 5％玉米、17％豆粕、0.15％丙酸和 77. 85％孵化废弃物混合，通过挤压膨化调制后饲喂家禽。

第三，用废弃物与碎玉米(25：75)或废弃物与大豆粕(25：75)混合，通过以下规格的挤压膨化机进行调配：孔径 9 毫米、转速 550 转/分、出料效率 819 千克/小时。挤压膨化机内挤压点处的温度可达 148℃～160℃。混合物经过挤压膨化后终产品中的好氧菌和厌氧菌及真菌均被杀灭。

(2)孵化产生的蛋壳的利用　王明萱等(1998)报道：孵化废弃物蛋壳的综合利用，变废为宝，既提高经济效益，又减少了环境生态的污染。

①制成蛋壳粉。做畜禽补钙的饲料。

②制成畜禽微量元素添加剂。蛋壳粉 100 千克加硫酸锌 200 克、硫酸锰 150 克、硫酸铜 150 克、硫酸亚铁 150 克、碘化钾 50 克、

食盐 200 克、土霉素 100 克混匀。

③制成蛋壳血粉。蛋壳粉与畜禽血混合、干燥、粉碎,既可喂家畜、养鱼,又是果木、盆栽花木的优质肥料。

(3)"毛蛋"粉在肉仔鸡日粮中的应用　马翠然(1998)试验表明,在肉仔鸡日粮中用 2% 的"毛蛋"粉代替 2% 的秘鲁鱼粉,其生产性能无明显变化,但却降低了饲料成本。这样既减少了环境污染,又提高了经济效益。

(4)孵化废弃物加工利用的注意事项

第一,蛋壳用途。孵化废弃物的蛋壳不宜做其他用途,如化妆品、护肤霜、食品膨化助剂、提取中药"凤凰衣"或蛋粉药等。

第二,收集运输与处理厂。由于孵化废弃物可能带有病原微生物,故不宜建立收集站,可在离大型孵化场 5 千米以上的下风向处建立孵化废弃物处理厂。孵化废弃物务必用密封车厢的车辆运至处理厂,绝对不能产生抛撒或泄漏,以免污染环境、传播疾病。

第三,加工的产品除挤压膨化产品外,最好不用作家禽饲料,以免因消毒不慎造成交叉感染。

第四,加工的产品若做畜禽饲料,最好测营养成分。

第十四节　孵化技术新进展

近 10 多年来以及今后几十年,孵化技术的改进主要围绕着以下几方面:①提高种蛋质量(如提高种蛋合格率、受精率等);②创造更适合、更安全可靠的孵化环境;③更深入研究孵化过程中胚胎发育的生理学问题,并依此调整相应的孵化条件;④提高种蛋收集及孵化操作管理的自动化水平,如需要更精密的系统来进行蛋的收集、码盘、入孵转移、孵化、移盘、捡雏及雏禽分级,自动装卸设备减轻转移蛋时的劳动强度等;⑤机器视觉在禽蛋质量检测中的应用;⑥蛋内免疫注射技术的研究;⑦家禽性别控制技术的研究。

一、孵化设备的改进

（一）国外孵化设备生产概况　　在国外，主要是欧、美、日等国，随着 20 世纪 60 年代中期肉用仔鸡的发展，大、中型孵化器迅速发展，并向自动化、标准化、配套化方向发展。同时，将孵化器推销到亚非拉发展中国家。国外著名孵化器厂家以美国的霍尔萨"鸡王牌"、加拿大的詹姆斯威（Jamesway）和比利时的彼得逊（Petersine）为代表。国外孵化技术革新的中心环节是逐步完善孵化器的安全可靠性和自动化程度，研制改善孵化环境的装置（如孵化器和孵化场的供暖、通风换气系统）和报警装置。具体有以下几个方面。

1. 孵化控制器广泛采用集成电路　　随着孵化器容量的增加及对胚胎发育生理的不断研究，要求孵化控制器的控制精度越来越高。国外孵化器生产厂家尽量运用现代技术和新的元器件，对孵化控制器进行了一系列的重大改革：①感温元件从原来的乙醚胀缩饼、双金属片调节器至目前仍常用的水银电接点温度计、热敏电阻，发展到使用铂电阻集成感温元件等高精密的感温元器件；②感湿元件由湿球温度计到湿敏电容（或电阻）；③继电器从空气继电器、交流接触器发展到现在的可控硅固态继电器；④控制部分由电子管、晶体管、集成电路、大规模集成电路到 CPU（中央处理器），用电脑控制温湿度、通风换气和转蛋等，增加多点温、湿度的数字显示和自动打印记录装置。

大型孵化场使用电脑集成控制系统，可提供标准的串行通信口，用 20 毫安电流环方式与 PC 机联网，形成主从式群控系统，由 PC 机对每台孵化器的运行状态进行巡回监视，还可以通过键盘操作，对任何一台孵化器的孵化条件进行设定。在中心控制室中，每台计算机能集中控制 100 台孵化器，大大简化了日常孵化的操作管理。

目前,大多数孵化器或有测试二氧化碳的监测系统或用便携式二氧化碳测定仪检测孵化器内的二氧化碳含量。孵化器具有一定的设计通风率,可对孵化器起到气体交换作用,但无法根据胚胎发育需要,精确地控制二氧化碳含量。不过彼得逊(Petersine)公司已推出一种二氧化碳控制系统。该系统在孵化器内安装以红外线技术为基础的二氧化碳感应器,其基本工作原理是:感应器将有关二氧化碳含量的信号传送给 Petersine 可视控制器,经控制器处理后,对孵化器的通风率进行调整。这样不仅对二氧化碳进行监测(测定及记录二氧化碳含量),而且可自动控制二氧化碳含量。这种二氧化碳含量或整个孵化期的不同孵化阶段的相应二氧化碳含量,可由孵化人员设定后,孵化器便可按照设定自动调节通风量,以达到设定标准。这更有利于胚胎发育,使种蛋更一致破壳出雏,其结果是孵化率的提高和雏鸡质量更优。

2. 采用风冷与水冷相结合的冷却装置　详细内容请阅第二章第一节的"超温报警及降温冷却系统"。

3. 改进孵化器内部的气流,增加换气量和降低孵化器内的温度场极差　采用低热阻、低热惯性加热系统和混流式均温风扇等构成加热均温系统。当均温风扇转动时,产生旋转气流,并边旋转边前进,将加热系统产生的热量和吸入的新鲜空气搅拌得更均匀,使孵化器内温度场极差等于或小于 $0.5\,^{\circ}\mathrm{C}$,温度场标准差等于或小于 $0.1\,^{\circ}\mathrm{C}$。这样使种蛋受热更均匀,胚胎发育更趋一致。

4. 合理安排进出气孔位置　进气口由原来放在孵化器侧壁下方,改为设在孵化器顶上,既可让较低的新鲜空气经过孵化器内上部的较高温度预热,有利于孵化器内温度的均衡,又可使孵化器之间不需留有间隙,可连机排列,节约建筑面积。入孵器内的空气直接排出室外,出雏器排出的污浊空气须经过装有消毒液的水槽后才排出室外。

5. 改进转蛋机构　并装有报警和转蛋次数的数字显示装置。增加蛋盘车的刹车装置。为预防停电时控制器的超温报警系统无法工作,增加用蓄电池为电源的报警装置。

6. 完善孵化场的配套设备　包括照蛋器、种蛋分级器、码蛋(真空吸蛋)器、倒盘器、吸尘器、蛋雏盘清洗机以及其他孵化场内运输车辆。

7. 配备专用仪器　对孵化器内的氧和二氧化碳含量、通风量、风速和风机转速等进行测定。

8. 售后配套服务　为了推销产品,国外一些著名的孵化器生产厂家,除了提供孵化器和孵化场的配套设备外,还为用户提供孵化场址选择、孵化场的土建设计和通风换气设备等孵化场建设的承包业务,作为发展生产和业务的一个重要方面。

(二)国内孵化设备生产的概况　随着我国家禽业的迅猛发展,孵化器生产也迅速发展。从 20 世纪 70 年代以前的小规模、传统孵化法,下出雏和旁出雏立体孵化器,到 80 年代初的中、小型现代孵化器,发展到 80 年代末的大、中型孵化器。进入 21 世纪,研制了巷道式孵化器。但国内孵化设备的技术水平除了少数厂家达到国际先进水平外,大多数仍存在这样或那样问题。

我国现代孵化设备以依爱电子有限责任公司的"EI"系列孵化设备为领头羊,其自动化、标准化、配套化等方面技术已经接近或超过国际先进水平。他们 1990 年自行设计系列型号孵化器,1994年研发了巷道式孵化器,1995 年开发出世界上第一台模糊电脑控制孵化器,1999 年在模糊电脑控制技术的基础上,推出汉显智能型孵化器控制系统。该系统的汉字屏幕提示,直观明了,控制性能优异,可靠性高、易维修。具有和计算机进行远程联网能力,用计算机和一条信号线可以监测和控制 200 台孵化器,并可通过电讯网和 BP 机连通,及时在 BP 机上显示每台孵化器的信息。电子打印机,打印各种监测数据。1999 年开发出节能型箱式孵化器,与模糊电脑控制孵化器相比,每天节省 10 千瓦小时电。1999 年开发出鸵鸟孵化器,2000 年开发出了自动喷雾晾蛋孵化机、大型巷道式鸭孵化机、节电王孵化机、洗蛋机等新型设备。依爱(EI)系列孵化设备采用无木结构全塑高性能保温箱体、低热惯性加热器技术、重力自动冷却风门技术、自动蒸发滚动式加湿器技术、脉宽调制控温技术,集成电路和微电脑控制技术。

该公司建立完善的售后服务体系:①配备工程巡访车,进行区域巡访,上门为用户提供服务;②建有维修点和备件供应点;③建立一支专业服务队伍,随时提供维修服务;④每月 1 次免费为用户培训孵化器操作、维修人员;⑤建立用户档案管理系统;⑥免费设计孵化厅和提供孵化技术指导。1998 年"依爱"孵化设备全面通过国际质量体系 ISO 9001 的认证。

目前,我国孵化器生产厂家星罗棋布,生产的孵化器类型是大中小并举,豪华型和普及型共存。根据我国种鸡场、商品鸡场的规模和孵化器生产的现状,今后孵化器的生产应注意以下几个问题。

1. 孵化器容量及型号　仍应是大中小型和豪华型、普及型并举,以满足不同层次用户的需要。巷道式孵化器主要用于大型肉仔鸡孵化场和大型蛋鸡孵化场,所以只能适度发展。此外,还应适当生产孵化出雏两用机。依爱电子有限责任公司已生产不同容蛋量、型号的集成电路或微电脑控制的孵化器。北京"云峰"孵化器、北京海江"海孵"牌孵化器等厂家也生产各种容蛋量、型号的孵化器及孵化出雏一体机(见"产品介绍"及插页 9～13 彩图)。

2. 提高安全可靠性　目前国产孵化器的控制器有的采用晶体管电路(有的加有集成块),感温元件为水银电接点温度计,感湿元件系水银电接点湿度计。均存在提高控温、控湿精确度和提高无故障使用时间问题。采用集成电路或电脑的孵化器厂家,也应在减少故障,为用户培训使用、维修电控人员等方面下功夫。此外,有的厂家需增设电机过载、缺相及停转保护装置和蓄电池报警器。总之,要提高安全可靠性。

3. 提高工艺水平

(1)采用新工艺、新型材料　不少孵化器外壳采用胶合板(或致密板)刷漆或喷塑,使用一段时间后出现掉漆,会缩短使用寿命、影响保温性能,应采用新工艺、改用新型材料或 ABS 工程塑料。北京"云峰"的巷道式孵化器采用玻璃钢外壳,北京海江"海孵"牌孵化器有专为生物制药厂和科研单位制造的钢化玻璃门孵化出雏一体机(插页 13 彩图)。

(2)采用夹层新材料　孵化器箱体外壳夹层应采用聚苯板材料填充,"依爱"孵化器箱体外壳夹层采用注塑工艺。

(3)改进孵化盘、出雏盘的原料配方　有些塑料孵化盘、出雏盘的塑料原料没有加抗老化剂或配方不合适,出现断裂和变形现象,应加以改进。

(4)解决"烂底"问题　国内有的孵化器孵化架采用固定方式(翘板式),多属有底孵化器,使用一段时间后容易出现"烂底"问题。除了研制新材料、新工艺(如玻璃钢底包板、箱底部采用"U"形材防腐设计,可防止箱底部锈蚀)予以解决之外,建议改为无底式。

4. 完善孵化场配套设备　孵化场配套设备问题,是我国孵化器生产中的一个薄弱环节,应予逐步完善。依爱电子有限责任公司的系列孵化设备已有较齐全的孵化场配套设备。如真空吸蛋器、蛋雏盘自动清洗机、宽范围交流稳压电源、立式自动洗蛋机、孵化器群控系统、巷道水处理加湿系统、巷道照蛋车、照蛋器、臭氧消毒器、灭菌消毒系统(次氯酸钠)等。北京"云峰"孵化器、北京海江"海孵"牌也有部分配套设备。

5. 研制开发利用其他能源孵化器　为了解决无电(或无全日电)地区的孵化问题,应研制利用太阳能、风能、地热、沼气为热源的孵化器。我国已有一些单位对此做了有益的探讨。1980 年福建省农业科学院地热利用研究所、江西省崇仁县农业局温泉孵化站、天津市里自沽农场、河北省雄州肉种鸡场,利用地热孵化。1980 年,山西省运城市盐湖区建成 474 平方米的太阳能孵化楼。1981 年四川省宜宾县杜溪镇红卫种鸡场研制了容量 8 000 枚蛋的沼气孵化器。"依爱"孵化设备开发出"水加热二次控温系统",其控温效果可与电加热的控温效果相媲美(详见本章第十四节的"水加热二次控温系统"及图 1-14-8)。北京"云峰"孵化器、北京海江"海孵"牌也有类似的"水加热二次控温系统"(插页 13 彩图)。

　　6. 研制珍禽和鸵鸟孵化器　随着珍禽、鸵鸟的发展,应研制开发相应的孵化器。"依爱"、北京"云峰"孵化器、北京海江"海孵"牌孵化器等厂家已研制生产了鹌鹑、鸵鸟、土鸡、山鸡、三黄鸡和鹧鸪等专用孵化器。

二、提高孵化率技术的研究

　　(一)提高种蛋合格率　有人在产蛋鸡入舍前 1 周,给产蛋箱涂以红色、绿色、暗灰色处理和不染色处理,观察 3 个月,其中暗灰色组的地面蛋(窝外蛋)发生率为 7.1%,比其他处理组降低 4%～14%。另有人在产蛋鸡入舍前 2 周,用金属产蛋箱代替木制产蛋箱,给产蛋箱涂以红色、绿色、浅灰色和不染色处理,到 390 日龄时,地面蛋发生率分别为 2%,1.6%,0.5% 和 1.7%。从上述试验可见,母鸡偏爱在暗灰色和浅灰色的产蛋箱中产蛋,可能是这类产蛋箱创造昏暗宁静的环境。红色产蛋箱组的地面发生率比其他各组均高,其原因也许是红色属暖色调,过于强烈、耀眼而且具有刺激性的缘故。所以,产蛋箱应染成暗灰或浅灰色,而且要放置在光线较暗的地方,这样给母鸡创造一个安静的环境,有利于吸引母鸡进产蛋箱中产蛋。总之,母鸡喜欢在它熟悉颜色的产蛋箱中产蛋(详见本章第十三节的"选择母鸡喜爱的产蛋箱颜色"),有利于提高种蛋的清洁度(严格上讲,产在产蛋箱外的窝外蛋不宜作合格种蛋用)。

(二)孵化期间晾蛋的应用 Sarpony 等(1985)报道,将 16 胚龄的肉用种鸡的种蛋晾蛋到 22℃,可提高孵化率。在 24 小时范围内,随着晾蛋时间的增加,受精蛋孵化率也随之上升,以晾蛋 24 小时组达到差异显著水平。他们认为,晾蛋降低了鸡胚的代谢率,减缓代谢热过量的热应激。Lancaster 等(1988)试验发现,鸡胚在 16 胚龄晾凉到 22℃并持续 24 小时,对孵化率没有显著影响,但超过 30 小时会降低雏鸡质量。他们认为,在 14~18 胚龄都可晾蛋至 22℃,但低于 21℃会降低孵化率。他们还观察到,因晾蛋延长出雏的时间约等于将胚蛋置于 22℃的时间。因此,晾蛋可以作为孵化操作中的一项有效管理措施(如调整出雏时间,以适应用户接雏时间)。

(三)根据蛋壳水汽通透性来调节孵化的相对湿度 蛋壳上有约 7 500 个直径 4~40 微米的气孔,它是胚胎气体交换(吸入氧气、排出二氧化碳)的通道,也是蛋内水分蒸发的必由之路。孵化期种蛋的失重率影响孵化率和雏禽重量及其强弱。通过调节孵化器中的相对湿度,可以调节种蛋的失重率。一般认为,以使出雏前啄壳时胚重的平均失重约等于鲜蛋重的 12％为宜(Tullett,1981)。孵化过程中胚蛋的水分损失量,主要受蛋壳的水汽通透性和孵化器中的相对湿度两个因素影响。

一般来说,蛋壳水汽通透性随蛋重的增加而增加,即重量大的蛋在孵化过程中损失的绝对重量相应较大。因此,必须按蛋重对水汽通透性做校正。将蛋壳水汽通透性与鲜蛋重之比定义为重量特异的水气通透性,用来表示单位蛋重的相对水汽通透性。重量特异水汽通透性相同的蛋,在孵化过程中的失重率相同。通过"基准蛋"技术和入孵种蛋的平均蛋重,即可求得蛋的重量特异水汽通透性,并用图 1-14-1 所示来预估出使胚蛋失重率为 12％的孵化器内最佳相对湿度。

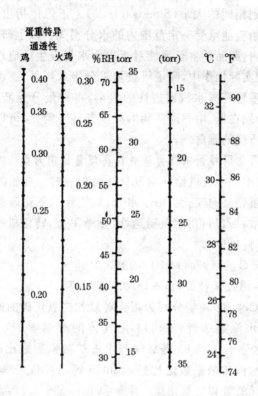

图 1-14-1　鸡、火鸡和鸭的蛋重量特异性和水汽通透性
与所需的孵化温度　（蛋失重率 12％ 时）

在孵化实践中,同批入孵的种蛋在蛋壳水汽通透性和蛋重上都有很大变异。同一群体中蛋的失重率或蛋重特异水汽通透性的变异系数一般在 15％～20％(Tullett 等,1982)。文献报道的数字为:鸡蛋为 22％,鸭、鹅和火鸡为 18％。但实际上,当胚胎所处的失重率不同时,它们可以改变其吸收尿囊液中的水分的速率进行渗透调节(Hoyt,1979)。胚胎通过再循环利用蛋白的水分来供给胚胎生长到相同的大小(Simkiss,1980)。正像他指出的那样,发育着的胚胎应能承受一定范围内的水分损失。以上研究表明,在一定范围内,胚胎的生长率能对蛋内含水量发生适应性变化。所以,在孵化实际操作中,除了可按蛋重分级入孵外,还可以进一步根据蛋的重量特异水汽通透性的大小,将种蛋分为低、中和高三组,然后分别在低、中和高的相对湿度条件下孵化,可以获得高的孵化率和质优的雏禽。

(四)孵化时种蛋水汽通透性偏高或偏低的对策 在孵化过程中,孵化器中的空气供给胚胎发育所需的氧气。胚胎的气体代谢的通道是蛋壳上的气孔。由于水分、氧气和二氧化碳都通过蛋壳上气孔扩散,所以可由水汽通透性(重量单位)转化成呼吸气体的通透性(容量单位)。

$$G_{O_2} = G_{水} \times (22.414 \div 18.02) \times 0.85$$
$$G_{CO_2} = G_{水} \times (22.414 \div 18.02) \times 0.67$$

式中 G_{O_2} 和 G_{CO_2} 分别为蛋壳对氧和二氧化碳的通透性;$G_{水}$ 为蛋壳的水汽通透性;22.414 是气体的摩尔容积(摩尔/升);18.02 是水分子量;0.85 是氧气与水汽扩散系数之比;0.67 是二氧化碳与水汽扩散系数之比(Poganelli 等,1978)。然后,用下式来计算耗氧量和二氧化碳产生量:$V_{O_2} = G_{O_2} \times (P_{孵\ O_2} - P_{蛋\ O_2})$

$$V_{CO_2} = G_{CO_2} \times (P_{孵\ CO_2} - P_{蛋\ CO_2})$$

式中 V_{O_2} 和 V_{CO_2} 分别代表每天的耗氧量和二氧化碳产生量(单位为立方厘米);$P_{孵\ O_2}$、和 $P_{孵\ CO_2}$ 分别是孵化器内的"有效"氧分压(帕)和二氧化碳分压(帕);$P_{蛋\ O_2}$ 和 $P_{蛋\ CO_2}$ 分别是蛋内氧气和二氧化碳的分压(帕)。

蛋壳水汽通透性高的种蛋由于蛋内水分蒸发过快,故胚胎有脱水的危险。这可以通过提高孵化器内的相对湿度予以解决,但不能解决蛋内二氧化碳的损耗过大,造成血液缓冲能力的下降和酸碱平衡的变化。但是1987年Tullett等及Gi-rarol等的试验指出,低碳酸血症并不显著地影响胚胎发育、耗氧量及孵化率。Meir等(1984,1987)根据蛋壳水汽通透性将种蛋分组,并在不同的相对湿度下孵化,发现蛋壳水汽通透性高的种蛋在高湿度下孵化时受精蛋孵化率最高。这一结果表明,要想成功地将蛋壳通透性高的种蛋孵出雏鸡,只需校正水分的损失,而不必补偿二氧化碳的过多损耗。

孵化蛋壳水汽通透性差的种蛋,会出现蛋的失水少和供氧不足,蛋内蓄积过多的二氧化碳,导致血液氢离子浓度上升(pH值下降)等问题。失水过少可使胚胎"淹死"或阻碍对氧气的摄入量。解决的办法有以下两种。一是在孵化中期起(如14胚龄起)增加氧气的供给量,以此来对抗蛋内高水平的二氧化碳。虽然胚胎可以通过蛋壳的重吸收和滞留胚体内产生的碳酸氢盐来提高其血液碳酸氢盐的水平,并以排泄尿酸来发挥肾脏的代偿作用,以不断提高胚胎对二氧化碳的耐受性。但在生产实践中,仍建议二氧化碳水平一般以不超过0.5%为宜。不过实际上经常出现高于0.5%的现象,尤其是在出雏器中。故必须重视提高孵化后期的通风量。二是对胶护膜大大妨碍气体交换的种蛋,可用浓氯溶液除去,使蛋壳水汽通透性增加,但此时应相应提高孵化器内的相对湿度和改善卫生条件。

(五)孵化期间转蛋作用机制的研究 以前多认为,转蛋的目的主要是防止胚外膜与蛋壳内壳膜粘连而导致胚胎发育畸形,甚至中途死亡。近来的研究集中探讨转蛋对胚蛋不同腔室的影响。如Deeming等(1987,1989)认为,不转蛋会妨碍局部小脉管的扩张和胚胎体液的形成,使羊水、尿囊液量和孵化后期蛋白利用量减少,从而导致胚胎发育缓慢。胚胎发育受阻的原因有:①尿囊绒毛膜发育迟缓,不能"合拢"(Tullett等,1987),使胚膜气体代谢率降低(Tazawa,1980);②局部小脉管扩张受阻,限制了胚胎对营养物质的摄入量(Deeming,1989);③胚胎不能利用剩余蛋白(Tullett 等,1987)。

(六)胚胎的脂肪代谢及某些饼类对孵化率的影响 Noble 等 (1986,1989)研究指出,青年肉种母鸡与成年鸡比较,蛋黄中蓄积磷脂和胆固醇较少,而甘油三酯多。因此,青年肉种鸡可以通过调节日粮中脂肪组成来提高孵化率。

日粮中添加棉籽饼、棉籽油或木棉籽饼,严重影响孵化率。Tullett(1987)调查发现,孵化率一直保持在 70%～80%的祖代肉种鸡群,到 12 月初孵化率接近零,而后孵化率徘徊在 10%～40%。尽管孵化率大幅度下降,但移盘数却接近正常水平。解剖死胚时发现,死于 3 胚龄的胚胎血管形成很差,死于 5 胚龄的则看不到卵黄囊血管。死于 12 胚龄的胚胎,虽然存在尿囊绒毛膜及血管,但因红细胞是无色的,所以肉眼观察几乎看不到尿囊绒毛膜及血管,胚胎也显得很苍白(贫血)。如果是由日粮缺铁影响血红蛋白的形成,则种鸡也应受到影响,但事实上种鸡正常,产蛋率也正常。看来可能是与铁的转运出现问题有关。从 Landauer(1967)书中一段话得到了证实:"在日粮中掺入棉籽饼或棉籽油,将降低种蛋的孵化质量,……。对胚胎成活的不利影响,最终可追踪到环丙烷脂肪酸的存在。尽管这些化合物作用的确切方式还未知,不过看起来它们是通过增加膜的渗透性、干扰脂肪类代谢、从蛋黄中转运出铁,也可能通过改变蛋黄的内部结构而产生作用"。恰好 Noble 从调查食品蛋中进一步证实了"蛋黄内部结构的变化"的看法:一些食品蛋的蛋黄呈浅灰褐色,很结实,是夹起来不会将其捏破的所谓"高尔夫球"蛋黄(也称为"橡皮蛋"),其原因是日粮中使用了含环丙烷脂肪酸的原料,最可能是棉籽饼和木棉籽饼。

Tullett 又对不同农场的鲜蛋蛋黄样本作了广泛的调查分析。研究确信,当硬脂酸占蛋黄总脂肪酸的比例高于 12%、油酸低于 40%时,孵化率会受到影响。在另一试验中,在肉种鸡正常日粮中分别加入 0,1%,2%,4%,8%的木棉籽饼,发现当木棉籽饼添加量达 8%时,即出现"高尔夫球"蛋黄综合征。综上所述,种鸡日粮中不应加入棉籽饼或木棉籽饼。

(七)种蛋保存前预热可提高孵化率　有试验发现,产蛋后6～7 小时捡蛋比产出后 1 小时捡蛋胚胎发育早(Fasenko,1991)。在种蛋保存 5 天情况下,产蛋后 1 小时捡蛋比 5 小时后捡蛋孵化率稍低,但保存 8 天无此差异。一般蛋产出后,胚胎多处于原肠前期,其孵化率低,而原肠后期则孵化率高。所以,可于产蛋后在37℃下放置 1 小时或 7～8 小时或常温下放置 2～4 小时后再保存,这样可以提高孵化率。有试验表明:保存 3～4 天的种蛋,在37.8℃下加热 4～5 小时,比不加热的种蛋孵化率高;产后 2～4 天的种蛋加热效果最好,过晚加热失去效果。

三、机器视觉在禽蛋质量检测中的应用

机器视觉是用计算机实现人眼的视觉功能,属于计算机、自动化、光学、视觉学、心理学、脑研究等多学科的交叉领域。利用机器视觉进行检测的优点:①用机械代替手工,既提高速度又降低破损和污染;②排除人的主观因素的干扰,且指标可以量化;③可一次性完成蛋形、蛋重、新鲜度、蛋壳表面裂纹、污斑面积(清洁度)、血斑、肉斑乃至判别孵化中的胚胎的成活性等的综合检测。而肉眼是无法分辨血斑、肉斑蛋及胚胎的成活性的。

20 世纪 80 年代,美国率先运用计算机视觉技术对禽蛋品质检测与分级进行研究。此后日本、西班牙等国也相继开展了这方面的研究工作。机器视觉技术研究在我国起步较晚,尤其是机器视觉技术在检测蛋品品质的研究与应用上,与先进国家相比,还有很大差距。

(一)剔除无精蛋　于景滨等(2002)利用自行设计制作的光电测试装置,分别用一次照蛋法和二次照蛋法测试,结果表明根据透

光率（经电压表显示电压值），两种方法都可以在孵化早期剔除无精蛋。前者只需种蛋在入孵后 96 小时（4 胚龄）一次测试便可剔除无精蛋，准确率达 90％以上（褐壳蛋）。而后者则需在入孵前和入孵后 72 小时（3 胚龄）各测 1 次才能剔除无精蛋。准确率达99％。

沈林生等（1996）对种蛋生物电与其受精关系的研究表明，孵化 48 小时后的无精蛋电信号的波幅很小，其频域信号大多近似于直线，而大部分受精蛋其直流电位的波形呈方波。根据此特性，研制了一种用生物电无损鉴别装置。该装置包括电极、鸡蛋夹紧装置、放大器、A/D 采集器、计算机和监控示波器等。电极从蛋壳外采集的电信号送入放大器后，经三通，一路接示波器，一路接 A/D采集器。采样后数据送入 PC 机，供处理分析用（图 1-14-2）。

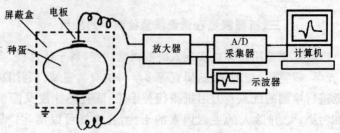

图 1-14-2　种蛋生物电测试系统

在采样延时内，将鸡蛋电信号的最大与最小值之差的幅值与阈值信号进行比较，由单片机把判别的结果传递给发光二极管。一旦发送高电平的片脚使二极管导通发光即显示鸡蛋受精；反之，不亮的管对应为无精蛋或弱精蛋。

用生物电鉴别种蛋受精与否，为无损检测受精蛋提供了新的技术思路。该研究研制成反映种蛋电位变化的无损测试系统，解决了种蛋等微弱生物电信号的测试手段。通过在种鸡场对受精蛋检测装置的实测考核,其判别第三胚龄孵化受精蛋的准确率为91.7%。

王吉恒等(1997)根据孵化期间鸡胚发生规律性的变化,其透光也必然发生规律性的变化这一特性,设计了一套光电测试装置,将通过种蛋的光信号转变为电信号,并对632枚早期胚蛋进行测量和数据处理。结果证明:孵化48~72小时的无精蛋测试电压变化小于1.6伏的概率为99%以上。说明该装置可在种蛋入孵后72小时剔除无精蛋,其准确率达99%以上,比人工照蛋提前了2~3天(图1-14-3)。

(二)剔除裂纹蛋

Sinha(1992)通过对鸡蛋敲击所产生的声学共振特性来分析鸡蛋的蛋壳小孔和裂纹;Goodrum等(1992)利用视觉与图像处理来检测蛋壳裂纹。检测正确率高达94%。Patel(1994)等通过获取图像的直方图,来训练神经网络,检测有裂纹的鸡蛋和A级鸡蛋,模型准确率为90%。公茂法等(1995)采用机械敲击法所

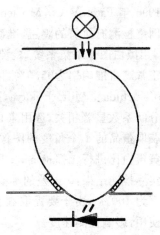

图1-14-3 测试端

产生的声音大小与频率,实现了简单的自动检测蛋壳裂纹的方法。无裂纹蛋,声音较大。裂纹蛋,声音较小。Coucke等(1997)研制蛋壳裂纹检测仪。1997年杨秀坤,用自适应聚类神经网络对鸡蛋表面缺陷(裂纹蛋)进行检测,综合判断误差不高于5.2%。Nakano K.J.(1998),用彩色图像采集系统,检测有裂纹鸡蛋准确率为96.8%,检测破裂鸡蛋准确率为98.5%,检测脏蛋准确率为

97.3％,检测正常鸡蛋准确率为 96.8 ％,总体准确率为 97.2％,虽然准确率较高,但该系统只能检测白壳蛋。Ketelaere 等(2000)研究,利用振动鸡蛋的球形动态特性测量是有效的检测鸡蛋裂纹的方法,检测误差小于 0.5％。M. C. García -Alegre(2000),用提取彩色分量的办法检测鸡蛋裂纹,准确率为 92％。

（三）剔除血斑蛋 利用光的透射、折射、反射与鸡蛋内部品质的关系,通过数学模型建立其检测鸡蛋品质的方法。美国在 20 世纪 50 年代就研究用光学技术探测蛋内的血斑,现已在实际中得到应用。

1996 年 Patel, V. C., McClendon, R. W. and Goodrum, J. W. 用神经网络检测有血斑的鸡蛋,准确率为 92.8 ％。1998 年 Nakano K. J.,用黑白图像采集系统,检测有血斑的鸡蛋准确率为95.8％,检测正常鸡蛋准确率为95.0％,但只适用于检测白壳蛋。1999 年 Keigo Kuchida , Miho Fukaya,指出蛋黄蛋白比与图像的红、绿、蓝成分间系数显著相关,选用来自 4 条生产线的不同种源的蛋品,通过获取蛋品的 4 个角度的图像,利用计算机图像统计分析方法对蛋黄蛋白比进行无损检测,将预测和实际检测结果分为 5 级,预测和实际检测结果:0 误差的准确率为 76.1％ ,误差为0～1 ％的准确率为 100％ ,由于要提取红、绿、蓝成分分量以及统计分析方法的使用,影响检测速度。

（四）孵化的胚蛋成活性判别和剔除死胚蛋 2001 年陈佳娟等,将计算机视觉技术与遗传神经网络相结合,建立一套适合于孵化鸡蛋可成活性自动检测的计算机视觉系统(图 1-14-4),通过计算机视觉技术获取了孵化鸡蛋的色度直方图,并提取了孵化鸡蛋表面颜色特征。采用遗传算法优化了多层前馈神经网络的拓扑结构与权值,提高了神经网络的质量和速度,实现了孵化鸡蛋可成活性的自动检测。试验结果表明,该方法准确率较高,速度快。试验结果表明:孵化鸡胚可成活性判别遗传神经网络的训练时间,在

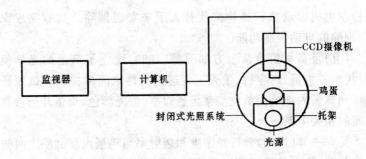

图 1-14-4　孵化鸡胚成活性自动检测计算机视觉系统示意图

586 兼容机上不超过 12 秒。对孵化 3 胚龄以上的鸡胚,判别准确率达 91％以上(对孵化 2 胚龄以上的鸡胚,判别准确率达 76％)。

2001 年张俐等介绍了以 AT89C51 单片机为核心的家禽孵化过程无精蛋、死胚蛋的自动剔除控制系统(图 1-14-5)。首先,将装有种蛋的种蛋盘准确运送到识别控制系统定位;然后,识别控制系统根据照蛋光源照蛋后透光度的不同,利用光敏二级管接收透过

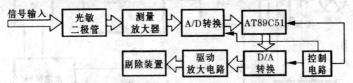

图 1-14-5　家禽孵化过程种蛋识别控制系统

蛋体的微弱光线,经过信号放大后,再经 A/D 转换进入单片机与存储的数据进行比较,如果数据符合剔除数据范围,单片机输出数据经 D/A 转换、放大后驱动执行机构,捡出无精蛋、死胚。最后,将识别后的蛋盘移出"识别区",与此同时将新的装有种蛋的种蛋盘准确运送到识别控制系统定位、识别。总之,用传感器来代替人的眼睛,通过识别电路来判别无精蛋、死胚和受精蛋;以 EPROM 中存贮的程序功能来模仿人的思维过程,利用继电器的开关作用

来控制电机带动执行机构来代替人手来实现剔除。具有完成识别、剔除的自动控制功能。

（五）蛋品质的检测 方如明等（1993）建立了鸡蛋的光学模型，找出了整蛋、内容物、蛋壳三者透射特性之间的关系。试验研究得到鸡蛋内部哈氏单位与整蛋透射率、蛋壳颜色、鸡蛋几何参数之间的相关关系。

吴守一等（1989）分析光密度和透射率与鸡蛋内部品质之间的相关关系，找出了鸡蛋透射率值与新鲜度指标（哈氏单位、蛋黄指数、挥发性盐基氮）之间的对应关系，建立了鸡蛋的新鲜度因子，并得出了相应的等级分界值，为鸡蛋无损检测标准和设计鸡蛋新鲜度分级装置提供了参考。

测试系统由光源（卤钨灯）、透镜、单色仪、样品室、光电倍增及信号的放大和记录处理装置等组成（图1-14-6）。

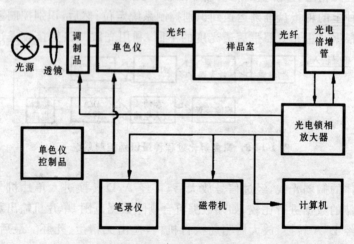

图 1-14-6　种蛋测试系统框图

光源发出的光经调制后聚焦于单色仪的入射狭缝，经色散后由光纤传至被测样品,使光沿蛋的纵向透射。单色仪按预置的波长范围和速度进行扫描,透过样品的光经光纤和透镜汇聚到光电倍增管的接收窗,转换成电信号经锁相放大(其频率调制品频率相同),再由笔录仪(或磁带机、计算机)记录,录下的电信号强度与样品的透射率成正比。种蛋的透射率与保存的天数之间有高度的相关性。可见,利用种蛋的光特性对其新鲜度进行无损检测与分级是可行的。

苏臣等(1995)研究了根据蛋白、蛋黄、蛋壳在光照中的特征,分新鲜蛋、散黄蛋、活胚蛋、无精蛋等 6 种鸡蛋品质的数字图像特征,为建立相应的自动化分选系统提供了依据。

(六)禽蛋品质检测的展望　国内外科研工作者对种蛋的检测进行了大量的研究。检测手段也由简单的人工检测向机械化的方向发展。但国内的研究比较少,且机器视觉技术对种蛋品质的检测大多停留在理论研究阶段。不久的将来会取得突破性进展。

四、蛋内免疫注射技术的研究

蛋内注射技术是指对一定胚龄的鸡胚接种疫苗,使雏鸡出雏就具有特异性主动免疫力,以防止雏鸡早期感染特定传染病。该项技术已获美国专利(专利号为5311841)。自从 Thaxton 教授研制出卵黄囊内免疫注射器,并且确保这种免疫的方式能安全、有效,1992 年第一部自动化蛋内注射系统在美国问世的 10 多年来,由于蛋内注射系统有可提早免疫、应激反应低、注射量精确、劳动效率高、疫苗污染小、应用范围广等优点,目前已广泛应用于肉鸡业的马立克氏病疫苗和其他疫苗的注射,并已在 30 多个国家使用。在国外已有多个公司研制出该系统,Simon M. Shane(2004)介绍了 4 个公司的"蛋内注射系统"。

Embrex 蛋内注射系统。有 36 个国家使用 Embrex 蛋内注射系统,在美国,超过 80% 的肉鸡用它做马立克氏病免疫。Embrex

的蛋内注射使用双针系统,外针用于蛋壳穿孔,内针用于注射疫苗或其他物质。该公司研制了一次能注射168个胚蛋的设备,每小时可处理5万个蛋。

Servo蛋内注射系统。该系统是气动装置,使用单针穿破蛋壳并注射疫苗,疫苗剂量的精确度达到0.05毫升,拥有清洗和净化专利,中央计算机系统控制了注射系统和疫苗输送系统。

Intelliject蛋内注射系统。单针系统,完成一次注射为8～12秒,注射剂量为0.05～0.2毫升,在每次注射完之后对针头和设备进行清洗和消毒。

Breuil蛋内注射系统。单针系统,能准确地控制剂量,在疫苗注射前有一照蛋装置,可剔除无精蛋、死胎蛋,以节省疫苗,降低污染蛋传染。每小时能处理457盘鸡蛋,注射全程由计算机控制。

(一)蛋内注射系统的构造及功能　蛋内注射系统包括注射设备和真空传输设备共7个系统:孵化盘输送、消毒、注射头、疫苗输送、针头及打孔器的清洗消毒、真空输送和电力系统(图1-14-7)。

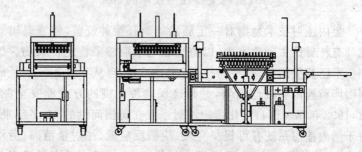

图1-14-7　蛋内注射系统

1. 孵化盘输送系统　将装有胚蛋的孵化盘准确输送到针头下方正确的位置。

2. 消毒系统　在疫苗配送之前以及整个接种完成后自动清洗和消毒内外针及蛋壳。

3. 注射头系统　当装有胚蛋的孵化盘与蛋定位后,注射头会固定蛋并同时自动用"打孔针"在蛋壳钝端上打一个小孔,然后"空气压缩针头"经此孔插入每一个蛋内一定位置,并注入疫苗(或其他生物活性物质),然后注射针头从蛋上缩回移开。每一个针头和打孔装置都会自动被彻底清洗消毒。

4. 疫苗输送系统　能准确保证每个针头可以注射等量的疫苗,并保证疫苗处于无菌状态。

5. 打孔针的清洗消毒系统　在每次注射循环结束后、下一个循环开始之前,注射针头自尾部到针尖都被彻底消毒和清洗。

6. 真空输送系统　当胚蛋注射完成后,蛋会自动被吸出孵化盘,移送蛋盘人员取走空孵化盘,将出雏盘放在吸盘的下方,吸盘自动将蛋放入出雏盘内,再送入出雏器内继续孵化出雏。

7. 电力系统　它控制整个系统的各项工作程序的协调运行,尤其诸如疫苗、消毒液的压力和流量以及每次输出的时间和准确度等关键控制点。一旦发生故障,设备会自动停机,并将故障原因显示在电脑屏幕上,便于操作者校正。

(二)人员配备与操作程序

1. 人员配备和工作量　1 位疫苗配制员兼负责监督操作和协调、2 位操作员和 1 位移送蛋盘人员共 4 人,每小时可处理达 4 万个蛋以上。

2. 操作程序　蛋内注射机由电脑自动控制,操作人员可从屏幕监控机器的运作状况。其操作步骤如下。

(1)送蛋　种蛋孵到 18 胚龄移盘时,由操作员将装有胚蛋的孵化盘放在输送带上,输送带自动将孵化盘和蛋传送到针头下方正确的位置。

(2)吸蛋、打孔　胚蛋大头朝上,由真空吸蛋器自动将孵化盘上的蛋全部吸住。针头部分轻轻放下,打孔针先在蛋壳上打 1 个小孔。

（3）注入疫苗　空气压缩针头通过此孔按设定深度（注射器会根据蛋的大小自动调整位置和高低）插入蛋内，并注射一定量的疫苗或其他生物活性物质。注射液板随时检验注射针有无100％注射。

（4）退针、放蛋　注射后针尖缩回，胚蛋被自动放进出雏盘内（针孔不封口），送入出雏器继续孵化出雏。

（5）清洗消毒　针尖缩回同时有高效消毒液流出，在每次注射的间隔，都会有消毒液自动清洗消毒内外针及蛋壳，以避免污染。

（6）自动记录　全部操作都是连续和自动进行。数据系统自动记录胚蛋的数量。

（三）使用注意事项　蛋内注射技术的关键在于控制微生物的污染、掌握胚蛋的胚龄和移盘时间的把握等。

1. 在无菌环境下操作　在做蛋内注射前，先监测孵化场中空调系统、孵化器及孵化室走道入口处和移盘室等的含菌量，主要检测曲霉菌的含量。在干净的疫苗配制室的无菌环境下按无菌操作步骤配制疫苗。以尽量避免微生物经疫苗或种蛋注射孔感染鸡胚。

2. 选择蛋内接种时间和地点

（1）蛋内接种时间　有效、安全的接种时间一般是孵化17胚龄又12小时至19胚龄又2小时。理想的接种时间，应根据胚胎发育情况而定，掌握啄壳的胚蛋在1％以下为宜。

（2）蛋内接种地点　蛋内接种地点一般在孵化室内近出雏室一端。有移盘室的孵化厅，可在移盘室内进行接种和移盘。我们认为在移盘室内进行接种更合适：一是移盘室内更便于清洗消毒，并采用正压通风；二是蛋内注射系统的设备可存放该室内；三是可在移盘室内配制疫苗。

3. 剂量要准确　要求每个胚蛋注射的剂量要一致、精确，这样既安全、有效又节约疫苗。

4. 适用禽类　目前多用于肉鸡业,而种鸡和蛋鸡由于或大部分公鸡或所有公鸡无饲养价值均淘汰,给没有作雌雄鉴别的鸡胚注射疫苗等物质意味着浪费 50%。另外,其他禽类(如鸭、鹅)的应用未见报道,似乎肉鸭和鹅等亦可应用该技术,但要从注射时间、剂量和插入蛋内深度等方面进行深入探讨。

5. 可用于蛋内注射的物质　目前可用于蛋内接种的疫苗有细胞结合的马立克氏病疫苗(所有的血清型)、传染性法氏囊病(IBD)疫苗、鸡新城疫活毒疫苗(Newplex)、球虫疫苗和抗生素(沙拉沙星、庆大霉素、四环素、头孢噻呋、青霉素、恩诺沙星)及生长促进剂、免疫促进剂、基因物质等。

(四)发展前景　由于良好效果和广泛用途,该技术有着无限的发展前景。今后的发展目标如下。

1. 扩大应用范围

(1)应用于其他禽类　研究适合于其他家禽的蛋内注射全套技术。

(2)使用更多物质　探讨更多疫苗、抗生素、促进胚胎发育营养物质(维生素、氨基酸、无机盐)等生物活性物质,安全、有效地用于蛋内注射。

(3)一次注射多种物质　探讨一次注射多种疫苗或物质的可行性。

(4)探讨不同胚龄的注射效果　日本和美国科技人员研究了向孵化 7 胚龄的胚蛋卵黄囊内注射 0.5 毫升与蛋内相同的 18 种氨基酸,对胚胎发育及孵出鸡雏体重的影响。注射后用石蜡封住针孔,并将蛋继续孵化。结果表明,对孵化率没有影响,而雏鸡体重显著提高。这可能是注射增加了卵黄中氨基酸的含量或者是提高了鸡胚对氨基酸的利用。

2. 应用综合技术,提高效率与效益

(1)应用性别控制技术　在家禽性别控制技术发展的基础上,

先从种蛋或孵化中胚胎发育早期的胚蛋中,剔除蛋用家禽的全部"公禽蛋"以及区分肉用禽类的"公禽蛋"、"母禽蛋",然后再进行蛋内注射,这将极大提高该技术的效率和效益。

(2)应用机器视觉控制技术　在机器视觉技术发展的基础上,先剔除无精蛋、死胚蛋、弱胚蛋以及破蛋、裂纹蛋,再进行蛋内注射,以提高该技术的效率和效益。

3. 探讨早期雌雄鉴别及控制家禽性别　借鉴蛋内注射技术的操作模式,通过改注射针头为超微型探头窥视胚胎发育形态或抽取、分析尿囊液等物质,探索家禽早期雌雄鉴别,甚至控制家禽性别的可行性。

4. 开展蛋内注射技术的深入研究　国内的蛋内注射技术的研究和应用远远落后于国外,设备的研制更是空白,因此存在广阔的发展空间。

唐连伟等(2000)用美国 Embrex 公司生产的蛋内注射系统,给孵化 18 胚龄的胚蛋,尿囊腔内注射庆大霉素 200 单位/枚(0.05毫升/枚)。结果:①提高健雏率,从平均为 96% 左右提高至98.5%以上;②显著提高育成率、料肉比和平均增重;③雏鸡白痢和大肠杆菌病可以得到有效的控制,使饲养用药成本大大降低。

卢永华报道,种蛋孵化到 16 胚龄,用针头在蛋的小头附近挑一个针眼大小的洞,将稀释 1 000 倍的新城Ⅱ系弱毒疫苗注射 0.1毫升(约 2 滴),然后用胶布封口,继续孵化。出雏后不打疫苗,鸡终生不患鸡新城疫病。

国内研究、应用滞后可能与大型孵化场很少以及孵化环境较差不无关系。建议在今后孵化厅设计上要考虑使用蛋内注射系统的相应场所与设施并加强孵化厅环境的监控,创造适合蛋内注射技术的条件。笔者建议今后孵化场设计时,可在孵化厅的孵化室和出雏室之间设"移盘室"兼作"蛋内注射室"(见本章第一节图 1-2-1)。

五、鸡活胚蛋的应用

(一)不同胚龄鸡胚的成分含量　见表1-14-1。

表1-14-1　不同胚龄鸡胚的成分含量

营养成分	0 胚龄	7 胚龄	12 胚龄	19 胚龄	19 胚龄与 0 胚龄比较
牛磺酸(毫克/克)	0.06	0.51	1.18	1.19	增加 19.83 倍
蛋白质(%)	13.46	13.87	14.71	13.66	增加 0.20%
总氨基酸(%)	13.22	13.42	14.32	13.87	增加 0.65%
游离氨基酸(%)	1.74	1.78	2.05	1.96	增加 0.22%
溶菌酶活性(单位/毫克)	250	300	440	440	增加 1.76 倍
维生素 A(克/克)	7.2	10.2	15.5	15.6	增加 2.17 倍
维生素 B_1(克/克)	1.5	2.25	4.2	4.2	增加 2.8 倍
维生素 E(毫克/克)	9.8	13.5	970	960	增加 97.9 倍
钙(毫克/克)	0.6	0.68	0.75	3.84	增加 6.4 倍
磷(毫克/克)	2.06	2.08	2.57	3.69	增加 1.79 倍
铁(毫克/克)	0.03	0.031	0.035	0.042	增加 1.4 倍
脂肪(%)	14.5	13.7	9.0	8.2	减少 6.3%
亚油酸(%)	1.7	2.4	2.9	3.0	增加 1.3 倍
胆固醇(毫克/克)	7.25	5.6	1.98	1.3	减少 5.6 倍

资料来源:李利东等(2004)

(二)鸡胚罐头的研制

1. 鸡胚罐头的营养效价及疗效　高彦祥(1986)对鸡胚蛋营养效价的研究表明,鸡胚蛋中不仅含有鸡蛋所含有的全部营养物质,而且必需脂肪酸、必需氨基酸、游离氨基酸、维生素 E 和牛磺酸的含量均超过鸡蛋中的含量。如孵化 21 胚龄胚蛋的维生素 E 比鸡蛋中高 115 倍,而 19 胚龄胚蛋的游离牛磺酸是鸡蛋中的 25 倍。这些变化使鸡胚蛋具有特殊功效。如维生素 E 和牛磺酸都能增加人体的免疫能力,牛磺酸还是抗心律失常药。总之,鸡胚蛋能提高贫血婴幼儿的血红蛋白量,对中老年人脾虚有明显疗效,且较明显地改善衰老症状。为此,他们研制了20胚龄的鸡胚罐头。鸡胚是流传于民间的高级滋补、食疗食品,目前在我国及东南亚仍有许多人食用。

2. 鸡胚罐头食品生产的关键技术和工艺流程

(1)关键技术 据高彦祥、高德灵等报道,鸡胚罐头食品生产的关键是:①选胚体完整、卫生的20胚龄的健康鸡胚;②根据不同产品,采用不同的工艺流程;③严格操作规程,防止污染和弄碎胚体。

(2)生产工艺流程

①不炸灌汁鸡胚罐头的生产工艺流程:选胚→预煮(50℃温水,15分钟)→剥离蛋壳→冲洗整形→装罐(10只/罐)→灌汁(80℃,多种佐料煮沸液)→真空封口(抽气73.33~77.33千帕)→灭菌(15′~70′~30′/118℃,加压98~225.4千帕,反压117.6~147千帕)→检验→保温→成品(佐料煮沸液:白芷0.7‰,肉豆蔻0.3‰,煮沸2小时过滤,加入3%;同时琼脂5‰、味精0.9‰)。

②油炸无汁鸡胚罐头的生产工艺流程:选胚→预煮(50℃温水,15分钟)→剥离蛋壳→冲洗整形→油炸(先在1‰五香料和10%的五香液浸泡25~30分钟,捞出脱水后,在160℃植物油中炸25~30秒,至浅黄色或金黄色)→脱油→装罐(12只/罐)→真空封口(抽气73.33~77.33千帕)→灭菌(15′~70′~30′/118℃,加压98~225.4千帕,反压117.6~147千帕)→检验→保温→成品。

(3)产品质量 经测定分析,鸡胚罐头食品比鲜蛋的维生素含量高100倍以上,鸡蛋、油炸鸡胚罐头、灌汁鸡胚罐头分别为4.44,451.10和462.33(毫克百分干基);牛磺酸则比鸡蛋高近20倍,分别为3.9,77.3和79.1(毫克百分干基);游离胆固醇含量仅为鸡蛋的约1/3,分别为251,75.52和87.95(毫克百分干基)。产品经卫生防疫站检验表明，各项指标均达国家标准，铅、铜未检出，锡小于 2 毫克/千克，未检出致病菌。产品经山东省卫生防疫站进行毒理学试验，结果表明，鸡胚罐头系属无毒物质，无蓄积作用，无致癌、致畸作用。经食品卫生监督检验所认定，鸡胚罐头是可以生产销售的安全无害食品。

（三）新型食品"活珠子"　杜光辉等（2001）报道，用孵化 12～13 胚龄的活胚蛋（俗称"活珠子"）经蒸（或煮、煎、炸）制成新型食品。食用时，去壳后，再分开蛋清、蛋黄、鸡胚分别制作。据说，药用可活血化淤、行气调经，适用于血淤性月经过少。据称，我国和美国的医学专家将"活珠子"给 60 岁以上的高血压、动脉硬化、冠心病患者食用，每天 2 枚，经 3 个月的观察，患者的血清胆固醇和血脂不仅没有升高，反而有所下降。

六、未来的孵化生产管理模式设想

（一）未来孵化器

1. 应用"专家系统"　①根据胚胎发育温度，自动控制孵化器内的温度。②采用二氧化碳控制器，根据胚胎发育自动调节孵化器内的二氧化碳水平。③应用动态失重系统，自动根据蛋重减轻（失水率），调整孵化器内的相对湿度水平。④采用纳米材料，尽量减少消毒药物的使用频率和药量。⑤安全保护系统，若发生故障，既警示又能显示故障原因并指导排除。

2. 节能环保　孵化器内没有供温、供湿设备，仅有均温风扇（入孵器再配备转蛋装置），经"专家系统"自动设置最佳组合的孵化参数的湿热空气，由管道输入孵化器内。这些湿热空气可由类似"二次加热系统"提供，也可由地热温泉的热水供应，尽量降低孵化成本。可采用北京"云峰"研制的水冷（暖）系统，将传统的中央空调系统（或暖气、湿帘降温）的对整个孵化厅进行加温（或降温），改为局部对进入孵化器的新鲜空气预降温（加温），大幅度降低能量的消耗。既节能又环保(见插页 14 彩图)。

3. 新型孵化器　房间式孵化器(见第二章第一节的"房间式孵化器")在国内曾经昙花一现,可能是砖砌内壁吸热且消毒难以彻底,尤其是霉菌容易孳生的缘故。笔者认为:如果箱体外壳在孵化厅现场用水泥钢筋砌成,内壁衬以纳米材料制成的板材,可望较好解决上述弊端。再由"专家系统"控制的湿热的温风供胚胎发育的温、湿度。孵化器生产厂家仅提供控制系统("专家系统")及纳米板材,这样可大大减少运输量和降低孵化器价格。

(二)种禽场提供详尽的信息及优质种蛋

1. 提供详尽的种蛋信息　种蛋提供者(育种公司、种禽场)向购买者出售种蛋的同时,提供该批种蛋的品种(品系)、种禽周龄、平均蛋重、种蛋质量、保存期、母源抗体水平和孵化过程胚胎不同胚龄的最佳发育温度(以"蛋壳表面蛋温"代之)等资料的 U 盘(通用外部存储器)。

2. 提供"可出雏"和"有用"种蛋　在入孵前应用新技术的基础上,由种蛋提供者提供。

(1)提供可出雏种蛋　应用机器视觉检测禽蛋质量技术,剔除无精蛋、死胚蛋、不能成活出雏的弱胚蛋、破裂纹蛋和大血斑蛋,仅提供可出雏种蛋。

(2)提供有用种蛋　应用家禽胚胎性别鉴别技术,将肉鸡种蛋分为公雏蛋和母雏蛋,以便出雏后分开饲养;剔除蛋鸡商品代种蛋的公雏蛋,仅留母雏蛋。甚至应用家禽胚胎性别控制技术,使父母代蛋鸡仅产母雏蛋,父母代肉鸡仅产公雏蛋。

(三)个性化孵化生产操作程序　采用整批入孵变温孵化的个性化孵化模式。

1. 按性别(或蛋重、蛋壳质量)入孵　肉用家禽种蛋按公雏蛋、母雏蛋分别做标志入孵。蛋鸡仅入孵母雏蛋,并根据不同蛋重或蛋壳质量入孵。

2. 自动设置孵化参数　将种蛋提供者提供的有关种蛋各种信息的 U 盘插入孵化器控制器的接口,输入相关参数,孵化器的专家系统根据输入的参数和当地环境的温、湿度,自动设置最佳组合的孵化参数(温度、湿度、通风、转蛋)。

3. 自动调整孵化参数　孵化过程中,专家系统根据种蛋特性、不同胚龄和胚蛋表面温度(代表无法测定的胚胎温度)、二氧化碳含量和蛋重减轻状况,自动修改、调整孵化参数,以保障胚胎最佳发育状态。

4. 提示操作管理　根据孵化器控制系统提供的信息(如照蛋、移盘),进行相应操作。

5. 故障警示与指导　一旦出现故障,孵化器的专家系统除声、光警示和同时启动应急系统之外,还能引导使用者排除故障,一时无法排除时,可上网寻求帮助。

6. 胚蛋早期鉴别雌雄(或性反转)　应用"家禽胚胎性别鉴定"和"人工诱导家禽胚蛋性别反转"技术,做胚蛋早期性别鉴别(或改变性别)。

7. 蛋内注射　孵化至第十七胚龄时,在移盘室内依据不同需要进行蛋内免疫注射或注入其他物质,然后将胚蛋移入出雏器内继续孵化至出雏。

8. 自动设置出雏期的孵化参数　根据移盘时胚胎发育状况及胚胎温度,由专家系统自动设置最佳组合的孵化参数(温度、湿度、通风)供胚胎发育之需,并根据需要控制出雏时间。

9. 简化出雏后的操作程序　由于应用"家禽胚胎性别鉴定"和"蛋内注射技术",出雏时不必鉴别雌雄和注射疫苗。

10. 自动统计分析　最后由孵化器的控制系统(专家系统)对孵化效果进行统计、分析、评估,并将结果打印,形成本批次的报表,并向饲养者提出该批鸡的免疫建议。

(四)群控系统与远程现代管理　多机联网、存储打印和远程监控是当今孵化场现代化管理的重要标志。一是孵化场管理人员可以通过群控主机监视和控制整个孵化厅内孵化器的正常运行，亦可修改孵化参数。二是公司的管理者在办公室内即可监视和控制各个孵化场的运转情况及传递信息。三是可以通过因特网监视和控制异地孵化场孵化器的运转情况。

目前群控相关产品有：台式 PC 群控系统、笔记本群控系统、远程图像实时监控系统。其功能特点：①实施监控，监控每台孵化器的温度、湿度、风门和转蛋；②数据分析，随时查询孵化温度、湿度变化曲线和范围等详细信息，并长期保存；③故障报警，孵化器出现故障时，系统自动记录故障时间、类型等信息，并通过电话线将信息传送至 BP 机上；④兼容，群控系统可与孵化器联网；⑤集成因特网，通过该系统直接登陆孵化设备生产厂家的网站，获得全面、及时信息。

（五）应用节能技术和利用新能源

1. 水加热二次控温系统　依爱公司、北京云峰、北京海江等孵化器生产厂家均开发出"水加热控温系统"。

（1）水冷暖一体化组件的组成　系统依爱公司的水加热控温系统：由锅炉、热水箱、水温控制器、水温探头、热水泵、过滤器、安全阀、液用电磁阀、孵化器水暖铜管等组成（图 1-14-8）

（2）系统的原理　①锅炉向水箱提供热水，当锅炉的水温低于设定温度时，鼓风机启动，使锅炉的水温升高，当水温升高到温度设定的上限时，鼓风机停止。②水箱的水温由控制柜控制，当水箱的水温低于设定温度时，"热水泵1"启动，向水箱注入热水，当水箱水温达到温度设定上限时，"热水泵1"停止，以保证水箱的水温始终在要求的范围内。③"热水泵2"始终在运转，不断为每台孵化器提供热水循环，当某台孵化器需要加热时，该台孵化器的电磁阀打开，热水进入该孵化器的铜管，给孵化器提供热源。

（3）系统的特点　①利用模糊控制系统控制水温加热，保证箱

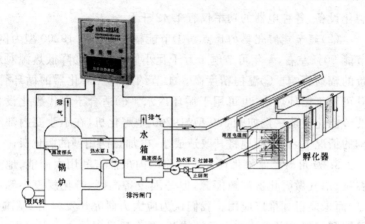

图 1-14-8　水加热二次控温系统示意图

内温度稳定。控制系统自动测水温变化。水温过低时,电加热启动,水温上升后,电加热退出。②环境温度较高时,通过屏幕上的功能选项,可将该组件设置成降温装置。当箱内温度较高时,先是风门开大,加大换气量,如果温度继续上升,则水冷启动。

2. 采用节能技术　杨善斌等(2000)报道,降低孵化生产成本,可从降低孵化器的耗能水平,研制节能孵化入手。

(1)不同孵化器的耗能比较　以 19200 型为例,超节能型、节能型与普通型各种电器的功率如表 1-14-2。

表 1-14-2　超节能型、节能型与普通型各种电器的功率比较　(千瓦)

型　　号	加热管	搅拌风扇	加　湿	转　蛋	冷　却	其　他	总　量
普通型	4	1.5	0.06	0.18	0.1	0.06	5.90
节能型	4	1.1	0.04	0.18	0.1	0.06	5.50
超节能型	0	1.1	0.06	0.12	0.1	0.06	1.42

对于现在广泛使用的箱体式孵化机,采用热水循环加热和节能扇叶将高度自动化和大幅度节能完美结合在一起,这种超节能

孵化设备,各种电器的功率仅有 1.42 千瓦。

(2)超节能孵化器的优点　①节能幅度大。以 19200 型为例,节能 50%左右,一年可节电 1 万千瓦小时左右。②降低热源对鸡蛋的辐射影响。③温控精度高。④节约用材。孵化器的循环管,既可用于循环热水,也可用于循环冷水。⑤适合于现代孵化设备的节能化改造。例如 16800 型、19200 型孵化机,在不改变内部结构的情况下,可方便地将其改造成水、电加热两用型的孵化机。

3. 应用新能源孵化设备　目前国内虽然有利用太阳能、地热温泉、沼气做孵化器加热能源,但是因设备简陋、孵化规模小等不足,而未能得到推广应用。我们认为应大力研究开发利用太阳能、风能和沼气发电等清洁无污染能源,是今后发展的主要方向之一。另外,地热温泉可开发成类似"二次加热系统"或甚至开发研究"湿热空气孵化"的孵化设备。

第二章 孵 化 器

第一节 孵化器的类型和构造

一、孵化器的类型

孵化器可分为平面孵化器和立体孵化器两大类型。立体孵化器又分为箱式孵化器和巷道式孵化器。

（一）**平面孵化器** 有单层和多层之分。一般孵化出雏在同一地方，也有上部孵化，下部出雏的。热源有热水式、煤油灯式，目前多数是电力式的。并用自动启闭盖，棒状双金属片调节器或胀缩饼等进行自动控温。现在此类型都设有均温和自动转蛋设备。孵化量少，适用于教学、科研和珍禽（如丹顶鹤）、特禽（如鸵鸟）的孵化（图 2-1-1 及插页 9 彩图）。

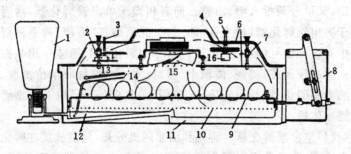

图 2-1-1 小型平面孵化器内部构造剖面

1. 贮水罐　2. 环形加热器　3. 棒状双金属片调节器　4. 通风孔　5. 乙醚胀缩饼
6. 透明塑料圆盖　7. 环形加热器　8. 自动转蛋装置　9. 转蛋格栅　10 圆眼筛
11. 塑料外壳　12. 增湿水池　13. 温度计　14. 湿度计　15. 均温风扇　16. 微动开关

（二）立体孵化器

1. **箱式孵化器** 箱式立体孵化器按出雏方式分为：下出雏、旁出雏、孵化出雏两用以及单出雏孵化器等类型。

（1）下出雏孵化器 上部孵化部分占容量的 3/4，下部出雏部分占 1/4，孵化和出雏都在同一台孵化器内，只能分批入孵。这种类型的孵化器热能利用较合理，可以充分利用"老蛋"及出雏时的余热。但因出雏时雏禽绒毛污染整个孵化器和上部胚蛋，不利于卫生防疫。北京海江"海孵"牌系列孵化器中有各种型号的"超节能噪声小的孵化、出雏一体机"和专为生化厂生产的钢化玻璃门孵化器（可观察孵化全过程），均属下出雏孵化器（插页 13 彩图）。

（2）旁出雏孵化器 出雏部分在一侧，由隔板将孵化与出雏分为两室，各有一套控温、控湿和通风系统。卫生防疫条件有了较大改善，但仍不彻底。只能分批入孵（插页 10 彩图）。

（3）孵化、出雏两用孵化器 该机是专为小孵化场设计的（大、中型孵化场配备 3 台以上再配上出雏器，也适用）。对仅配备 1～2 台孵化器的孵化单位，不需购买出雏器就可完成整个孵化过程。因为这种类型的孵化器具有一机兼孵化和出雏的功能，既可整入整出，又可分两批入孵、出雏。前者相当于单出雏孵化器，后者相当于旁出雏孵化器（插页 12 彩图）。北京海江"海孵"牌系列孵化器中有各种型号的小型"试验科研专用孵化器"，箱体采用数控机床一次冲压而成，美观、体积小、密封。是大学、科研单位试验、科研的专用孵化器（插页 12～13 彩图）。北京"云峰"也有小型孵化出雏一体机。

（4）单出雏孵化器 孵化和出雏两机分开，分别放置在孵化室和出雏室，防疫彻底。孵化器（特称入孵器）、出雏器配套使用，均采用整批入孵、整批出雏。目前，大、中型孵化场均采用这种形式（插页 11 彩图）。

2. **巷道式孵化器** 该机专为大孵化量设计，尤其适于孵化商品肉鸡雏。入孵器容量达 8 万～16 万枚,出雏器容量 1.3 万～2.7 万枚。采用分批入孵、分批出雏。入孵器和出雏器两机分开,分别置于孵化室和出雏室。入孵器用跷板蛋车式,出雏器用平底车(底座)及层叠式出雏盘或出雏车及出雏盘。使用不同结构的孵化盘、出雏盘,可孵化鸡、珍珠鸡、火鸡、鹌鹑、鸭和鹅等。国内一些孵化器生产厂也设计了此种孵化器,如"依爱"的 EIFXDZ-90720型巷道式孵化器(插页 12 彩图),北京"云峰"、北京海江的"海孵"也生产巷道式孵化器(详见本书最后的"部分孵化器生产厂产品介绍")。由于孵化量大,可在大型肉鸡(蛋鸡、肉鸭)公司使用。

目前,国内外孵化器大多采用电力做能源。但是,我国有些地区没有电或无全日电,很有必要探讨利用新能源(如太阳能和地热能)孵化家禽。福建省农业科学院地热农业利用研究所于 1980 年开展地热孵化研究,并研制出容蛋量 1 000～1 600 枚的 D-801 型和D-802 型地热孵化器,孵化效果良好,为发展地热孵化提供了宝贵经验。另外,湖南省武冈市电孵鸡场设计生产了多种型号的"科发"牌电、煤油(炭火)两用孵化器。有电时,电和煤油(或炭火)同时并用,停电时用煤油灯或炭火供应热源。该系列孵化器适用于电力不足或用电不可靠地区。

二、孵化器的构造

电孵化器是利用电能做热源孵化禽蛋的机器,根据禽蛋胚胎发育所需条件不同,分孵化和出雏两部分,统称孵化器。孵化部分是从种蛋入孵至出雏前 3～7 天胚胎生长发育的场所,称入孵器;出雏部分是胚蛋从出雏前的 3～7 天至出雏结束期间发育的场所,称出雏器。两者最大的区别是入孵器有转蛋装置,出雏器无转蛋装置,温度也低些,但通风换气比入孵器要求更严格。

总的来说,孵化器质量优劣的首要指标是孵化器内的左右、前后、上下、边心各点的温差。如果温差在 ±0.28℃ 范围内(或最高与最低温之差小于 0.6 ℃),说明孵化器质量较好,现在一些厂家的孵化器温差在±0.2℃范围内。温差受孵化器外壳的保温性能、风扇的匀温性能,热源功率大小和布局、进出气孔的位置及大小等因素的影响。

(一)主体结构

1. 孵化器外壳　绝大部分孵化设备都装在外壳里面。为了使胚胎正常发育和操作方便,总的要求是:隔热(保温)性能好,防潮能力强,坚固美观。箱壁一般厚约 50 毫米,夹层中填满玻璃纤维或聚苯乙烯泡沫塑料或硬质聚氨酯泡沫塑料直接发泡等隔热材料。箱壁要防止受潮变形。孵化器门的密封性是影响保温性能的关键,用材要求严格,绝不能变形,而且门的框边要贴密封条(如毡布条等),以确保其密封性。"依爱"系列的巷道式孵化器门周围的密封条,采用三元异丙橡胶(与汽车门的密封条一样)密封严实。门下的挡门条新设计的导引槽,使门的密封更严。两巷道之间的小门,采用专门拉制的铝型材小门,不会变形,避免漏气。外壳的里层为0.75 毫米厚铝合金板,外层为 ABS 工程塑料板或彩涂钢板或玻璃钢。

目前,国内孵化机箱板的材料有彩涂钢板箱板与玻璃钢箱板。它是由彩涂钢板或玻璃钢与保温材料黏接而成。彩涂钢板箱板是在镀锌板表面涂漆而成,防锈性能良好,表面光洁度高。

玻璃钢箱板是以合成树脂和玻璃纤维复合而成。它具有与钢相近的强度,有耐水、耐腐蚀的优越性能,表面光洁美观,可整体成型。但它的钢度较小、耐磨性较差。

"依爱"系列孵化器的箱体(外壳),以工程塑料为面料,夹层采用整体模型发泡工艺一次发泡成型。它重量轻、热阻大、传热系数小、耐酸碱腐蚀、耐高压冲洗消毒,板面洁白光滑、美观。以 19200型为例,整机加热功率从钢木结构的 4 千瓦降为 3 千瓦,节能 25%。

孵化器底部内外接触水的机会很多,容易腐烂,既影响保温又容易损坏。孵化器底部有用胶合板涂以油漆的,效果不理想;也有用厚 0.5～0.7 毫米的镀锌铁皮铺底的,但要注意接缝及钉眼要焊接好,螺丝孔垫橡胶皮垫,以防水分进入保温层。有的采用玻璃钢衬里,较好地解决了烂底问题。为了提高工作效率,解决烂底问题和便于清洗消毒,可制成无底孵化器。"依爱"系列孵化器的防腐设计:①采用玻璃钢底包板,既提高保温性能又便于清洗消毒;②箱体底部采用"U"字形型材包板,防止箱板底部锈蚀。这样很好地解决了烂底、烂板问题。

孵化控制器位置安排要合理,以便于操作、观察和维修。以前孵化器的外壳多做成一个整体,但容量大时,运输不便,移入孵化室往往要拆墙。现在容量在 1 万枚蛋以上的孵化器,均设计为可拆卸式板块结构。无底、前开门箱式孵化器分两侧壁、后壁、顶壁和两扇门,共六大件。运抵孵化厅后,现场组装。

2. 种蛋盘 种蛋盘分孵化盘和出雏盘两种。为使胚胎充分、均匀受热和获得氧气,要求通气性能好,不变形,安全可靠,不掉盘,不跑雏。

(1)孵化盘 有木质铁丝栅式、木质栅式及塑料栅式或孔式等几种孵化盘。现多采用塑料制品。

①栅式塑料孵化盘。用厚 1.2 厘米、宽 5 厘米塑料板黏合成框。框条用厚 1 毫米塑料片折成等腰三角形(高 1.5 厘米、底宽 1 厘米)插入框内侧壁的三角形凹槽中。相邻两根栅条的上端距离 4.4 厘米,下端相距 3.4 厘米,形成上宽下窄的凹槽(图 2-1-2A)。

②孔式塑料孵化盘。孔眼为圆形(图 2-1-2C)或正六角形,排列成蜂巢状,以增加单位面积装种蛋数量,也有孔眼为正方形的孵化盘(图 2-1-2B),与出雏盘配套使用,可用于抽盘移盘法。

③木质(或木框铁丝)栅式孵化盘。框架用 5 厘米宽、1.2 厘米厚松木。蛋托隔条形状像双坡式房屋截断面,宽 1 厘米、高 2.5 厘米,上端间距 4.4 厘米,下端间距 3.4 厘米,蛋托隔条底面固定

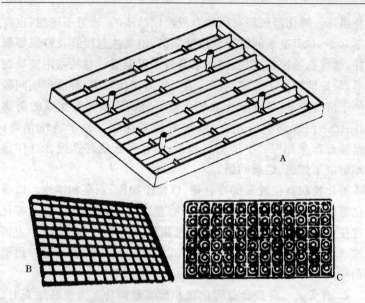

图 2-1-2　塑料孵化盘

A. 栅式塑料孵化盘　B. 方孔式塑料孵化盘　C. 圆孔式塑料孵化盘

一根厚 0.5 厘米、宽 2 厘米横木,以防蛋托条变形(图 2-1-3)。

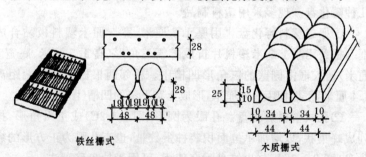

铁丝栅式

木质栅式

图 2-1-3　木质(或木框铁丝)栅式孵化盘 （单位:毫米）

(2)出雏盘　目前有木质、钢网及塑料制品。

①木质出雏盘。透气性差,不易清洗消毒,现已少用。

②钢网出雏盘。用0.5～0.7毫米的钢板做框架,框高9.5厘米,侧边点焊上用钢板冲压拉成的菱形网(孔眼对角线长1.2厘米),底网用6毫米×6毫米网眼的编织网点焊在框架上,并用两根宽3厘米、厚1.2毫米的薄钢板十字交叉点焊托住底网,最后镀锌或喷塑处理(图2-1-4)。这种出雏盘重量轻、透气性极好,便于清洗消毒,但使用2～3年后须用清漆刷一遍,以延长使用寿命。

③塑料出雏盘。无毒、无味,框壁厚8毫米、高10厘米,侧边及底部开有若干宽7毫米的条形透气孔,底网孔眼5毫米×40毫米。优点是透气性好,结实、不锈蚀,便于清洗消毒(图2-1-5)。

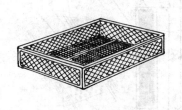

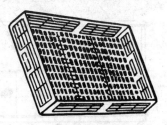

图2-1-4 钢网出雏盘　　　图2-1-5 塑料出雏盘

④系谱孵化专用出雏盘。专为品系育种设计的出雏盘。入孵至移盘之前所用的孵化盘与一般孵化盘通用,而移盘至出雏器(鸡雏出雏的前3～7天)胚蛋需按母系或父系单独隔开,以免混群。以前多采用尼龙网袋,效果不理想。笔者设计一种可调节间隔的系谱孵化专用出雏盘。结构是:4根活动隔板滑道,其直径约为5毫米的镀镍(镀铬或不锈钢)管,比出雏盘的长度约长出1厘米,两头套丝;3～4片活动隔板,用厚0.5～0.7厘米,长与宽分别比出雏盘的宽与高小0.5厘米的镀锌铁皮(或不锈钢板)制成,上钻若干通气孔(直径1厘米左右),四角各钻一个直径约6毫米的滑道圆孔。然后将隔板套上4根滑道,并将滑道用螺母固定在出雏盘前后侧板上。如果出雏盘较宽,可在其纵向中间处隔一块有通气

孔的固定板,将出雏盘纵向一分为二,此时活动隔板宽度为原来的一半,数量为 6~8 块,滑道也增至 8 根。在出雏盘上加盖一个盖网(图 2-1-6)。这样就可以根据种蛋的多少随意调节容蛋面积。笔者曾使用一个 46.4 厘米×73 厘米的出雏盘,装 8~12 个家系,没有出现跑雏现象。也可用孔眼 1.25 厘米×1.25 厘米的点焊网和 12[#] 铁丝制成带盖的出雏筐。规格为长 24 厘米×宽 16.5厘米×高 9 厘米。可装 12 枚胚蛋(规格可以根据出雏盘大小设定)。

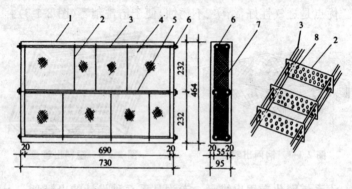

图 2-1-6　系谱孵化出雏盘　(毫米)

1. 出雏盘　2. 活动隔板　3. 隔板滑道　4. 出雏盘底网
5. 中间隔板　6. 滑道固定螺丝　7. 钢板拉网　8. 透气孔

(3)孵化盘与出雏盘配套工艺　入孵前码盘、移盘和出雏等操作,费工费时,为了提高工作效率,便于清洗消毒,国内外孵化器制造厂家采取了各种措施。

①码盘落盘机械化。如北京"云峰"制造的"云峰"DF-801 型孵化器。孵化盘容蛋量为 5×6 型种蛋托装蛋量的 2 倍(60 枚),若配上真空吸蛋器,可将胚蛋从孵化盘中吸起,移至出雏盘。"依爱"的码盘落盘机械化,详见第一章第四节的"码盘和移盘设备"。

②直接整盘移盘出雏。江苏 JS75-1 型出雏器,设有距离为 6

厘米的上下滑道,上滑道放孵化盘,下滑道置出雏盘。移盘(落盘)时,不需人工将胚蛋逐个捡至出雏盘,而是将孵化盘原封不动地整盘直接移至出雏器的上滑道上,下滑道放入出雏盘。

出壳的雏鸡从孵化盘的上隔条和下托隔条的缝隙掉入下面的出雏盘中,而大部分蛋壳及未出雏的胚蛋仍留在孵化盘中。这样既提高了移盘的速度,又可防止出壳的雏鸡踩踏未出雏的胚蛋,有利于后者出雏。由于将出雏盘高度从原来的 10 厘米改为 4 厘米,离上面孵化盘为 2 厘米,加上孵化盘高 4 厘米,共 10 厘米,即与旧式出雏盘高度一致,故出雏器总容量没有改变(图 2-1-7)。

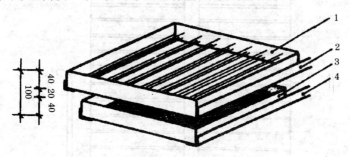

图 2-1-7　直接整盘移盘至出雏器
1. 孵化盘　2. 孵化盘滑道　3. 出雏盘　4. 出雏盘滑道

　　③扣盘移盘法。孵化至一定胚龄,需将胚蛋从孵化盘移入出雏盘出雏(详见第一章第四节的"移盘设备")。有的家禽孵化器厂设计容量 80 枚的塑料孵化盘,盘上有 4 个高 7 厘米、直径 1.5 厘米的支柱(目的是使胚蛋与出雏盘底间隔为 5 厘米,防止挤破胚蛋)。移盘时将配套的塑料出雏盘翻扣在孵化盘上,一人左右手掌分别固定住孵化盘和出雏盘。然后迅速翻转 180°,孵化盘上的胚蛋全部落入出雏盘中,大大提高了移盘工作效率。容蛋量 150 枚以上的孵化盘,可采用左右两人配合进行人工扣盘移盘或机械扣盘移盘(见第一章第四节的"码盘和移盘设备")。

④出雏盘叠层出雏法。国内外无底出雏器,采用平底车、层叠式出雏方式。移盘时每车 24 个聚丙烯塑料出雏盘,分两排 12 层叠放在四轮平底车上,然后推入出雏器中出雏。当出雏约 70％时,将车拉出捡雏,未出雏胚蛋集中送回出雏器继续孵化出雏,最后再捡 1 次雏并扫盘。层与层之间由上盘底部四角露出的塑料柱插入下盘顶部相应位置的 4 个孔中或出雏盘底的长边上,既固定了出雏盘,又使盘与盘之间保持 1.5～2.0 厘米通风缝。它改变了一贯使用的抽屉式出雏方式,有利于出雏器清洗消毒(图 2-1-8)。

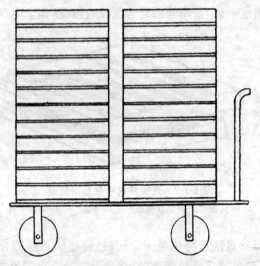

图 2-1-8　出雏盘叠层出雏法

⑤抽盘移盘法。正方形孔式孵化盘置于出雏盘中的长边上(使孵化盘离出雏盘底网约 2 厘米高)。入孵时,种蛋小头被出雏盘底网托住,移盘时,只需将孵化盘向上抽出,胚蛋即落入出雏盘中,然后将出雏盘移至出雏器中出雏。

3. 孵化活动转蛋架和出雏架

(1)孵化活动转蛋架　按蛋架形式,可分滚筒式、八角架式和翘板式。

①滚筒式活动转蛋架。外形像一个横放的圆筒。由两端露出的圆铁管固定在孵化器侧壁。因孵化蛋盘规格很不一致,不能互相调换位置等原因和透气性差,现已不生产。

②八角架式活动转蛋架。除上下各两层孵化盘较小外,其他规格一样,可以通用。它用四根角铁焊成八角形框架,其上除中轴外,等距离焊上 2 厘米×2 厘米角铁成为孵化盘滑道(蛋盘托),并用角铁和螺丝连接成两个距离相等的间隙,再固定在中轴上,由两侧用角铁制成的支架将整个活动转蛋架悬空在孵化器内。其特点是整体性能好,稳固牢靠。要求蛋盘托间隙尺寸一致,以防掉盘或卡盘。

③翘板式转蛋架。整个蛋架由很多层翘板式蛋盘托组成,靠连接杆连接,转蛋时以蛋盘托中心为支点,分别左右或前后倾斜45°～50°角。其中活动架车式是将多层蛋盘托连接在一个框架上,底配四个轮(两前轮为活络轮,以便转动灵活)做成蛋盘车,整个孵化器可装 2～4 个蛋盘车(或更多),可同时整入整出,也可入孵器与出雏器配套或将出雏器改为"平底车层叠式"出雏。主要优点是便于管理,以利于孵化器清洗消毒。北京海江"海孵"牌孵化器系列产品中有采用多层翘板式,用支架固定于孵化器中,提高了容蛋量。加工工艺简单,使用效果良好。

(2)出雏架 由于不需转蛋,所以结构比活动转蛋架简单得多,仅用角钢做支架,在支架上等距焊以 2 厘米×2 厘米角铁的出雏盘滑道,使放上出雏盘后留有约 1.5 厘米的通风缝。目前多用平底车、层叠式出雏法(见前述),因此不需要出雏架。

(二)控温、控湿、报警和降温系统 孵化控制器是孵化器的大脑,通过它能提供胚胎发育的适宜温度、湿度和保障孵化器正常运转,一经调整,能在一定范围内准确可靠地工作。控制器总的要求是:灵敏度高、控制精确、稳定可靠、经久耐用及便于维修。

"依爱"牌巷道式孵化器采用大屏幕液晶智能汉显控制系统，易学易用，显示直观明了：①能方便地更改和查询孵化设备的工作状态，可以设定密码保护功能；②控制系统对电源进行缺相、相序错位检测，并配置停电报警功能，提高了孵化生产的保险系数，避免意外损失；③能自动记忆、查询以往的孵化参数。设置智能调温系统，无须人工干预；④能自动诊断孵化设备的故障并及时显示在液晶面板上（插页 12 彩图）。

1. 控温系统

（1）电热管的功率与布局 控温系统由电热管或远红外棒以及控制器中的控温电路和感温元器件等组成。热源应安放在风扇叶的侧面或下方。电热管功率以每立方米配备 200～250 瓦为宜，不超过 300 瓦，并分多组放置。但中、小型入孵器，开启机门机内温度下降较大，电热功率可增加 20％～30％。出雏器中胚蛋自温很高，密度也大，且定温较低，电热功率以每立方米 150～200 瓦，不超过 250 瓦为宜。其敷设方法与入孵器要求相同。另外，可附设 2 组预热电源（600～800 瓦），在开始入孵或外界温度低时，开启闸刀通电，待孵化器内温度达到预设温度后，马上关闭预热电源。现在比较先进的入孵化器、出雏器设置两组加热元件，主加热和副加热。当孵化器内温度升至离设定温度差 0.03℃～0.1℃时，副加热停止工作，只有主加热工作。副加热的设定值可以根据环境温度加以调节。加热管连接法兰采用尼龙件，有效提高了设备寿命和使用安全。以前有些厂家采用船形瓷盒或七孔瓷片穿入电热丝做电热盘，电热丝裸露在外，既不安全，又不便于清洗消毒，也易碰坏，最好改为封闭式远红外电热管。

（2）温度调节器的控温原理及选择 温度控制器种类很多，有乙醚胀缩饼、双金属片、电子管继电器、晶体管继电器、热敏电阻、可控硅与水银导电温度计配套，还有采用集成电路进行程控的。

①乙醚胀缩饼的控温原理及线路图。乙醚胀缩饼是由薄磷铜

片压模焊接成中空的圆形饼状,其中灌入乙醚和酒精(2∶1)混合液,它们能随着温度升降而使胀缩饼膨胀或收缩,从而接通或断开饼端的微动开关而达到控温目的。胀缩饼另一端焊一螺母并旋入一根套丝长螺杆,将螺杆旋入固定架的螺母中(图 2-1-9),这样旋转螺杆可调节胀缩饼与微动开关距离(顺时针旋转,距离缩小,控温低;逆时针旋转,距离增大,控温高)。乙醚胀缩饼漏气维修较麻烦,温度显示不直观。但它结构简单、价格低廉、不受电压波动影响,自制孵化器可选用。

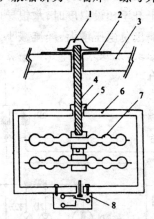

图 2-1-9　乙醚胀缩饼安装示意图
1. 旋钮　2. 刻度板　3. 孵化器壁截面
4. 调节螺杆　5. 螺母　6. 框架
7. 乙醚胀缩饼　8. 微动开关

下面介绍采用乙醚胀缩饼控温,容量 5 000 枚蛋的孵化器电路图,供参考(图 2-1-10)。

控温原理是合上电源开关 K_1、电热开关 K_2,电路通电,电热加热。当温度低于预设温度时,电热丝通过微动开关的常闭触点接通电源开始加热,加热指示灯(ZD_4)亮,温度随之上升;当温度达到预设温度时,胀缩饼顶开微动开关的常闭触点,切断热源停止加热,恒温指示灯(ZD_3)亮;当温度下降胀缩饼回缩,微动开关的常闭触点闭合,又接通电热电源,给温指示灯(ZD_4)亮。如此反复通断,使温度保持在一定范围。

每批种蛋出雏完毕,应对胀缩饼进行认真检查。检查方法是将胀缩饼放入温水中,若出现冒气泡现象(乙醚遇热气化),应及时更换。损坏的胀缩饼,可重新灌入乙醚和酒精,并浸入冷水中(露出焊接部分)用低功率的电烙铁迅速焊好。

②电子管温度调节器的控温原理。电子管温度调节器主要由电子管、水银导电表和继电器等部分组成。其控温原理:孵化器内温度上升至预设温度时,水银导电表中的水银柱与钨丝接触,使电子管栅极负电压增大、屏流减小,则继电器磁场强度减弱而释放触

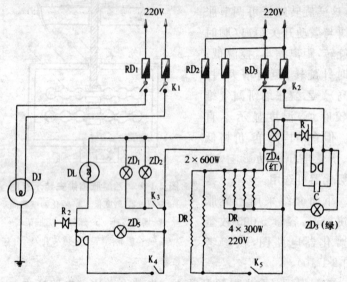

图 2-1-10   容量 5000 枚蛋的孵化器电路图

RD$_{1\sim3}$:保险丝(5A,250V)   ZD$_{1\sim5}$:指示灯(220V)

K$_1$:电机开关(10A,250V)   R$_1$:温度调节器

K$_2$:电热总开关(20A,250V)   R$_2$:警铃调节器

K$_3$:机内照明开关(3A,250V)   DL:警铃(220V)

K$_4$:警铃开关(3A,250V)   DJ:(220V,0.4~0.6kW)

K5:辅助电热开关(10A,250V)   DJ:电机(220V,0.4~0.6KW)

C:电容(0.05 F,400~600V)

点,切断电热管电流(停止加热);当孵化器温度下降,水银导电表

断路,电子管栅极负压减少、屏流增大,继电器吸住触点,使电热电路接通加热。这样"通电加热—断电停温"周而复始,达到控温目的。其电路图及工作原理,详见第二章第二节图 2-2-1 及相关内容。

③晶体管温度调节器的控温原理及线路图。晶体管温度调节器主要由晶体管、继电器和水银电接点温度计(或热敏电阻)等部分组成(图 2-1-11)。

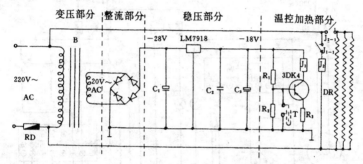

图 2-1-11　晶体管温度调节器控温原理图

当孵化器中的温度低于设定值时,水银电接点温度计(T)触点断开,三极管 BG(如 $3DK_4$ 硅开关管)导通,小继电器 J_1 吸合,常开触点 J_{1-1} 接通,中间继电器 J_2 得电,J_2 的常开触点 J_{2-1} 接通,加热管加热;当温度达到设定值时,水银电接点温度计触点导通,三极管的基极接地变为截止,J_1 释放,常开触点 J_{1-1} 断开,J_2 失电,J_2 的常开触点 J_{2-1} 断开,使电热管失电而停止加热,孵化处于恒温状态。这样周而复始达到控温目的。

由于晶体管工作电流需要 $20\sim24V$ 直流电,所以还必须将220V 交流电通过变压器先变为 $20\sim24V$ 交流电,再由晶体二极管整流,变交流电为直流电。此外,因电网电压经常变化,为使晶体管能正常工作和不被烧毁,还应在控制线路中加稳压电路。目前多采用集成三端稳压块(如 LM7918)来稳定供给晶体管的工作电源,既节省元器件,又提高控制器的可靠性。

晶体管温度调节器,体积小、安全可靠和省电,所以广泛用于孵化器的控温电路。目前市面上有多种型号的晶体管继电器出售,其背面有 8 个接线柱,可相应接在孵化器电器线路上,使用方便。下面介绍接线方法及电路图,以供参考(图 2-1-12)。

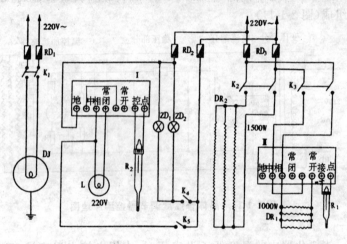

图 2-1-12　晶体管继电器电路的接线方法及电路图

④集成电路温度控制器。该系统选用精密铂电阻作为感温元件与四块运算放大器构成温度控制电路。当孵化器升温、铂电阻所感受到的温度低于设定温度时,LM324 输出高电平,触发驱动三极管 3DK6B 导通,集电极输出低电平,驱动可控硅触发极,使可控硅导通,主、副加热管工作;当铂电阻感受到的温度低于设定值 0.03℃～0.10℃ 时,副控 LM324 输出低电平,驱动三极管 3DK6B 截止,三极管集电极输出高电平,使可控硅截止切断副加热管电源。副加热停止后,主加热供温至设定温度时,主加热也停

止供热,使孵化器处于恒温状态。

⑤电脑温度控制器的控温原理。电脑温度控制器是利用现代微处理器(CPU)对孵化器的温度进行控制的。包括以下几部分:CPU,E^2PROM(电擦除程序存储器),RAM(动态存储器),A/D(模数转换器),感温元器件,固态继电器和加热管等。

感温元器件测得的温度信号,经 A/D 转换器转换成数字信号,CPU 把此信号与 RAM 中存贮的设定温度数据相比较,如果测得的温度数字信号低于设定温度数据,则输出一个高电平使固态继电器吸合,电热管加热;如果测得的温度数字信号等于或高于设定温度数据,则输出低电平,使固态继电器释放,电热管停止加热,孵化器处于恒温状态。孵化器容量超过 25 200 枚的机型,设有副加热,孵化器内温度低于设定值 0.5℃左右时,主、副加热同时工作,否则只有主加热工作。

⑥温度调节器的选择。条件较差或小型孵化器,可选用不受电压波动影响、价格低廉、管理方便的乙醚胀缩饼或双金属片控温系统。但要注意因其触点通过电流大,经常开闭会引起触点氧化而接触不良,可以在两触点之间并联一个 0.05 F/400～600V 的电容,予以改善。对中、大型孵化器或电压波动较大地区,最好使用电子管继电器或晶体管继电器。可控硅控温系统的最大优点是无触点开关,由于线路复杂、造价高,多用于大型孵化器。有条件的大型孵化场还可建立中心控制室,对孵化器进行遥控监视、调试,这时可选用能进行遥控监测的热敏电阻作为感温元件。

"依爱"系列孵化器,采用低热惯性加热器技术和脉宽调制控温技术。低热惯性加热器技术:该加热器结构热阻小,热传导能力强,具有通电升温快,断电降温也快的特点,改善温度场均性和稳定性,有效提高控温精度。脉宽调制控温技术:根据机内热量需要自动调节加热电流大小。脉宽调制控温能在临近预设温度值时,只提供孵化器因散热损失的少量热量,使孵化器内温度始终保持稳定。它与低热惯性加热器配套使用,控温更精确。

2. 控湿系统

(1)水盘自然蒸发供湿 普及型孵化器采用底部放置4~8个高4~5厘米的镀锌铁盘,盘中注入清水令其自然蒸发供湿。靠置盘多寡、水位高低和水温高低来调节孵化器内的相对湿度。此法存在操作管理不便和控湿度精度差的缺点。

(2)自动供湿装置

①设备。大型孵化器均采用叶片式供湿轮或卧式圆盘片滚筒自动供湿装置。叶片式供湿轮供湿装置,位于均温风扇下部,由水槽、叶片轮、驱动电机及感湿元器件如水银电接点湿度计或湿敏电容(电阻)等组成(图 2-1-13)。卧式圆盘片滚筒自动供湿装置,由数百片刻有波纹槽的塑料圆片、水槽、浮球阀装置及传动系统(加湿电机、减速器及控湿元器件)组成。"依爱"牌孵化器的加湿支架采用尼龙件,不生锈,而且支架上的支撑点可以调节,这样可以延长加湿皮带的使用寿命。当孵化器内湿度不足时,加湿控制系统的加湿电机转动带

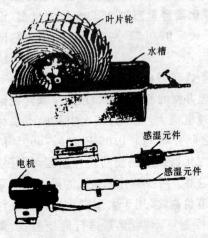

图 2-1-13 叶片轮式自动供湿装置

动塑料圆片转动,经均温风扇将塑料片上的水分带到孵化器内各处,以升高湿度。该加湿器根据湿度要求,可连续滚动或间歇滚动。

②控湿原理。一种形式是当孵化器内湿度不足时,水银电接点湿度计触点导通使电磁阀打开,水经过喷嘴喷到转动的叶片轮

上(叶片轮由均温风扇经皮带带动),加速水分蒸发提高湿度。当湿度达到设定值时,触点断开,电磁阀关闭,停止加湿。但要注意水质,水需经过沉淀过滤,以防沙粒及其他杂质进入电磁阀。在北方最好对水进行软化,以减少喷嘴堵塞。另一种形式是孵化器底部设一浅水槽,水槽中有一横卧的圆柱供湿轮(或叶片轮)。当湿度不足时,湿度计触点导通驱动电机运转带动供湿轮转动,以增加水分蒸发;当湿度达到设定值时,湿度计触点断开、电机停转而停止供湿。

另外,孵化器内的湿度值也可以从控制器面板上显示出来。

(3)巷道式孵化设备的加湿设计 周历群(2003)指出,选择加湿方法与加湿装置的设计,是巷道式孵化器加湿设计的关键。

①加湿方法及其效果。Ⅰ.表面蒸发加湿,无法精确加湿,且不利于防疫消毒;Ⅱ.水蒸气加湿,热蒸汽会影响温度的均匀性;Ⅲ.超声波加湿,对水质要求高,成本高;Ⅳ.高压喷射雾化,由泵和特制喷嘴组成,水在高压下喷出雾化,加湿效果明显。其喷头的结构复杂,是设计的关键。

通过对以上各种液态水汽化方法综合、对比分析,根据现代养禽集约化大规模生产的防疫要求,巷道式孵化设备加湿采用高压喷射雾化,分液压喷雾与空气喷雾。

②液压喷雾加湿。在500~700千帕的水压下,雾化颗粒为0.1毫米。满足孵化设备的加湿要求。但因喷嘴孔易堵塞,喷头的磨损、腐蚀、阻塞及结垢均影响雾化效果。需要经常清洗喷头与过滤系统,并应加软化水(图2-1-14)。

③空气雾化加湿。通过压力,液体(100~200千帕)与气体(70~100千帕)在喷嘴内混合,产生一个完全雾化的喷雾,其微粒能达到0.01毫米,其雾化更精细,并能实现雾化量的控制。过去采用过虹吸传送液体会出现只有气体喷出的空喷现象,改用压力供给的液体系统,解决了空喷的问题。从巷道机中的气路系统引

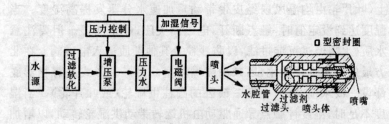

图 2-1-14　液压喷雾加湿系统构成及喷头结构

出一支路,加阀控制即可,还可在液体中加药进行杀菌消毒(图 2-1-15)。

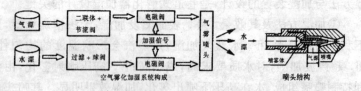

图 2-1-15　空气雾化加湿系统构成及喷头结构

④设计和加工的关键。喷头是上述两种加湿装置的关键设计与加工,材料选用耐腐蚀、耐磨的不锈钢。加工采用数控车床、数控线切割精密加工等先进设备。装配上采用超声波清洗等先进工艺,并要求所有的喷头出厂前装入设备检测。

总之,在巷道孵化设备中,上述两种加湿方法均被采用,都能满足孵化设备的加湿要求。可根据气源的条件、水质要求及防疫的措施分别采用。液压喷雾加湿的方法因其节能方便被广泛采用。

3. 报警系统　是监督控温系统和电机正常工作的安全保护装置,分超温报警系统,低温、高湿和低湿报警系统,电机缺相、过载和停转报警系统。

（1）超温报警及降温冷却系统　孵化器一般都设有超温报警装置。包括超温报警感温元件，如水银电接点温度计或热敏电容（温度调到比设定的孵化温度高 0.5℃左右）、电铃和指示灯。当超温时能声光报警，同时切断电热电源。有冷却系统装置的可同时打开电磁阀通冷水降温。

"依爱"系列孵化器，具有超温自动处理、超高温报警和应急控制等功能。当温度超过设定值 0.2℃时，能自动启动进风电机进行"风冷"，并打开电磁阀接通冷水，经"冷排"（安装在均温风扇旁边的弯曲铜管）进行"水冷"降温。同时，风门控制电机动作，使风门处于最大位置。当温度超过设定值 0.5℃时，超温报警指示灯亮，蜂鸣器发出声音报警。一旦温度恢复正常，该系统将自动关闭风冷电机，风门恢复到超温前的位置，同时水冷电磁阀也关闭，降温冷却系统停止工作；若温度超过设定值 0.5℃后未及时处理，孵化器内温度上升至 38.5℃左右，超高温水银电接点温度计触点导通，实现超高温声（电铃）光报警，同时切断加热电源。此外，如果传感器控温出现故障一时难以排除时，可按下"应急按键"，该系统可自动切换为水银电接点温度计（一般设定在 37.8℃）控温工作状态。

"依爱"系列孵化器采用重力自动冷却风门技术，结构简单，工作安全可靠。该风门用两片半圆形风门叶片，构成不对称回转结构，在冷却风机启动后，因作用在回转轴两侧叶片的风力大小不同而形成一个压力差，在压力差作用下叶片能自动绕回转轴转动而打开风门；风机停转，叶片在一侧配重块重力作用下又自动回到水平位置而关闭风道。

有的孵化器在进风孔设一窗口，遇超温可打开窗口，加大通风量降温。

为了解决孵化中、后期停电超温报警问题，应增设用干电池做电源的超温报警装置，但要注意经常检查干电池是否有效。

（2）低温、高湿和低湿报警系统

①低温报警。当温度低于设定值 1℃左右时，实现低温声、光报警，并自动关闭风门，主、副加热器同时工作。

②高湿报警。孵化器内相对湿度超过设定值 10％左右时，实现高湿声、光报警。

③低湿报警。孵化器内相对湿度低于设定值 10％时，实现低湿声、光报警（4 秒钟显示 1 次"LO"），并在控制器面板上显示孵化器内实际的相对湿度。

（3）电机缺相、过载及停转报警系统　孵化中由于电机缺相，不能及时发现，造成电机烧毁现象，时有发生。电机缺相、过载报警装置可确保安全。电机停转如果不能及时发现（尤其是孵化中、后期），对孵化效果的影响也是很大的。为此，也设计了电机停转报警装置（见本章第二节的"电机缺相、过载及停转保护"）。

（三）机械传动系统

1. 转蛋系统

（1）滚筒式孵化器的转蛋系统　它由设在孵化器外侧壁的联接滚筒的扳手及扇形厚铁板支架组成。采用人工扳动扳手，使"圆筒"作前俯或后仰转动 45°角。

（2）八角式活动转蛋系统　它安装在中轴一端的 90°角的扇形蜗轮与蜗杆装置组成，可采用人工转蛋。将可卸式摇把插入蜗轮轴套，摇动把手，当固定在中轴上的八角蛋盘架向后或向前倾斜 45°～50°角时，蜗轮上的限位杆碰到限止架而停止转动。自动转蛋系统，需增加 1 台 0.4 千瓦微型电机、1 台减速箱及定时自动转蛋仪。蜗轮蜗杆自动转蛋系统，结构合理，体积小。手动转蛋时，将手摇柄插入转蛋孔，即顶开电机与转蛋轴的弹簧轴套，这样手摇转蛋时不会出现自动转蛋。手摇转蛋完毕拔出转蛋柄后，弹簧轴套复位，又可控制自动转蛋。转蛋角度靠限位开关（即微动开关）控制，当蛋架倾斜 45°～50°角时，蜗轮上的限位杆顶碰限位开关,使转蛋电机断电。为增加保险系数,每侧各有两个限位开关,当第一个限位开关失灵时,继续转蛋的结果,蛋架顶碰第二限位开关。

(3)翘板式活动蛋车的转蛋系统 均为自动转蛋,设在孵化器后壁上部的转蛋凹槽与蛋架车上部的长方形转蛋板相配套,由设在孵化器顶部的电机转动带动连接转蛋的凹槽移位,进行自动转蛋。现多采用空气压缩机产生的压缩空气实现转蛋。

(4)固定架翘板式的转蛋系统 可采用蜗轮蜗杆式。其自动转蛋系统电路原理图,见本章第二节的"自动转蛋电路"的图2-2-4。有的蛋架车翘板式转蛋系统位于孵化器里侧底部,由于不易对准转蛋凹槽及不便清洗,管理不方便,而且有时损坏不易发现,所以应改变位置。

2. 均温装置

(1)滚筒式孵化器的均温设备 它由电动机带两个长方形木框围绕蛋盘架外周旋转(又称风摆式),均温效果差,尤其是蛋架中心部位温度偏高,孵化效果不理想。

(2)八角蛋盘架式等类型的孵化器的均温装置 多设在孵化器两侧(侧吹式)、顶部(顶吹式)或后部(后吹式)。一般电机转速为 160~240 转/分,转速不宜过高,否则孵化效果极差。如所用电机转速为 1 410 转/分,则需减速,其方法是加一个风扇皮带轮,风扇皮带轮与电机轴轮的直径比例为 5.8~8.8:1。风扇电机的动力和运行可靠是孵化最重要的环节之一,最好采用 SMC 电机并经过动平衡检测的扇叶。某孵化器生产厂家曾采用吊式电风扇改装为孵化器均温风扇,虽有美观、噪声小及造价低等优点,但风力不足,均温效果不太理想。孵化器里温度是否均匀,除备有均温风扇外,还与电热和进出气孔的布局、孵化器门的密封性能等有很大关系,需统一考虑。

3. 通风换气系统 孵化器的通风换气系统由进气孔、出气孔和均温电机、风扇叶等组成。顶吹式风扇叶设在机顶中央部内侧，进气孔设在机顶近中央位置左右各 1 个，出气孔设在机顶四角；侧吹式风扇叶设在侧壁，进气孔设在近风扇轴处，由风扇叶转动产生负压吸入新鲜空气，效果好，出气孔设在机顶中央位置。有的孵化器进气孔设在侧壁下部，这样不利于空气进入。进气口设有通风孔调节板（里外两片，一片固定，一片可抽动或转动），以便调节进气量。出气孔装有抽板或转板，可调节出气量。侧吹式因进气孔设在侧壁，所以孵化器两侧需留有通道，以利于进气，但因无法多机侧壁紧贴排列所以降低孵化室的利用率。不过早期"云峰牌"孵化器虽属侧吹式，但是进气孔设在前壁左右下方，可连体排列；后吹式进气孔设在孵化器后壁风扇轴处，出气孔在机顶中央。这两种孵化器均可多机紧贴排列（连体排列），提高孵化室的利用率。巷道式孵化器进气孔设在孵化器入口处机顶，出气孔在孵化器尾部机顶。这种设计很合理，因为它采用前进式分批入孵方式，胚龄小的种蛋靠近入口，而胚龄大的种蛋处于孵化器尾部（出口处），新鲜空气从进气孔进入，先经过孵化器内部孵化蛋盘架车的顶部至孵化器后部的需氧多、胚龄大的种蛋，再通过胚龄小的种蛋。形成"O"形气流，做到"老蛋孵新蛋"。

　　出雏器是孵化最后 3～4 天胚蛋发育成雏的场所。由于胚胎自温高且需氧量多，所以其通风换气要求更严格，要保证出雏器空气中氧气含量不低于 20%，二氧化碳含量不高于 0.6%。

　　此外，为使孵化器通风换气良好，需与孵化室（出雏室）的通风换气设计密切配合。实践证明，采用每台入孵器（或出雏器）用管道直接排气于室外的做法，由于抽气过分，孵化效果不理想，不应采用。若采用排气管道，一般安装在孵化器的上方，由总横管道与竖分支管道、风罩、排气风扇等组成。而且风罩下缘应离孵化器排气口 10 厘米的距离（详见第一章第三节的图 1-3-3 巷道式孵化器的通风排气方式和图 1-3-4 出雏器的排气系统）。关于孵化室、出雏室的通风换气要求,请参阅第一章第三节的"通风换气的调控"和"主要功能房间的通风换气配置"。

(四)机内照明和安全系统 为了观察方便和操作安全,机内设有照明设备及启闭电机装置。一般采用手动控制,有的将开关设在机门框上,当开机门时,机内照明灯亮,电机停止转动。关门时,机内照明灯熄灭,电机转动。但应注意开门时间不应过长,以免电机停转,处于电热附近的胚蛋温度过高。如需较长时间开门(如照蛋、移盘等),则应关闭电热开关或关上一扇门让电机转动。

第二节 孵化出雏两用机的使用

一、主要特点、规格、型号及性能

(一)主要特点 在同一台孵化器中,既能孵化也能出雏,可整入整出,也可分批入孵分批出雏。孵化蛋盘架采用翘板式结构、蜗轮蜗杆转蛋结构,可自动转蛋亦可手动转蛋;聚丙烯塑料孵化盘、出雏盘,可采用人工扣盘法移盘;有较完善的超温报警(两套)、电机过载、停转或缺相报警装置;有电子管控温系统(Ⅰ型机有两套);进气孔设窗,当超温时可打开侧窗降温;孵化器底板采用玻璃钢衬里,能防水防腐,延长使用寿命。

(二)规格、型号及性能 见表2-2-1。

表 2-2-1 孵化器的规格、型号及性能

型 号	Ⅰ 型	Ⅱ 型	Ⅲ 型	Ⅳ 型
规 格	9DF·C-16640	9DF·C-8320	9DF·C-4160	9DF·C-1440
容蛋量(枚)	16640	8320	4160	1440
外宽(毫米)	2560	2500	1200	1000
外深(毫米)	1800	1100	1100	950

续表 2-2-1

型 号	Ⅰ 型	Ⅱ 型	Ⅲ 型	Ⅳ 型
外高(毫米)	2100	2100	2100	1800
电热管(伏)	220	220	220	220
加热器(瓦)	1200×2	1400	1000	800
电机(伏,瓦)	380	380/220	380/220	380/220
	550×2	550	370	250
机内温差(℃)	＜0.5	＜0.5	＜0.5	＜0.5

1. Ⅰ型(9DF·C-16640型)　容蛋量 16 640 枚,适用于大中型孵化场。如按入孵蛋健雏孵化率 81％、鉴别率 95％计,则可得健康母雏 6 400 只;若按 1～140 日龄育成率 87％计,则可获 140 日龄母鸡 5 570 只。该机可与大型蛋鸡场每栋鸡舍"整入整出"配套:整机入孵一台,可供开放式蛋鸡场每栋饲养 5 000～6 000 只;封闭式蛋鸡场每栋饲养 16 000～17 000 只,3 台整机同时入孵也可满足需要。为了使孵化器内温度均匀、控温安全可靠,该机设有两套控温系统及两套超温报警系统。

2. Ⅱ型(9DF·C-8320型)　容蛋量 8 320 枚,适用于中小型孵化场。按上述孵化及育雏水平,整机入孵,可获得 140 日龄母鸡 2 700～3 000 只,能满足每栋鸡舍 2 700～3 000 只蛋鸡的鸡场"整入整出"的需要。该机为前开门,背面离墙 30～40 厘米,电源可选用 220V。

3. Ⅲ型、Ⅳ型(9DF·C-4160型、9DF·C-1440型)　容蛋量分别为 4 160 枚和 1 440 枚。适用于农村孵化专业户。按上述孵化、育成水平,可分别获 140 日龄母鸡约 1 400 只和 482 只。适于农村蛋鸡饲养专业户需要。

该机采用 220V 电源;转蛋结构为蜗轮蜗杆,同一方向手摇转蛋;机底敷设玻璃钢层,可防水防腐,延长使用寿命。

这些孵化器要求在温度 20℃、35℃,空气湿度不大于 85% 的环境中使用。电压 Ⅰ～Ⅳ型为交流 380V(Ⅱ～Ⅳ型也可用 220V,但只要在 187～264V 范围内也可正常运转)。

二、安装调试

(一)摆　放

1. 孵化器在孵化室中的位置　为了既充分利用孵化室面积,又便于操作管理,孵化器在孵化室中的布局要合理。

(1)单列式布局　前后开门的孵化器(如Ⅰ型),背面离墙 1.5 米左右,前面离墙(操作通道)约 2 米。如果仅 1 台孵化器,则一侧离墙 60～80 厘米,另一侧离墙 1.2～1.5 米。若多机单列式布局,则孵化器之间距离约 60 厘米,并留有 1.5～2.0 米的横向通道。对仅前开门的Ⅱ型、Ⅲ型、Ⅳ型孵化器,则后背离墙 30～40 厘米,前面离墙约 2 米。

(2)双列式布局　孵化量较大的孵化场,孵化器布局宜采用双列式。以Ⅰ型为例,两列孵化器的背面离墙约 1.5 米,中央操作通道宽约 2 米,孵化器之间的距约为 60 厘米(但应留一个 2 米左右的横向通道)。这样孵化室净宽=1.5 米×2+1.8 米×2+2 米=8.6 米。

2. 孵化器对地面的要求　放置孵化器的水泥地面要求平整,孵化器底四角和蛋盘架支架承重处用 60～80 厘米厚的木块垫高,绝不能悬空。然后用薄木板垫平孵化器,保持水平,不可倾斜、摇动。其标准是孵化器两扇门上面边缘成水平线,门的开关自如,无卡碰现象。

(二)接线方法

1. 三相电源接法(380V)　见图 2-2-1 及图 2-2-2。

(1)电源　外线 A,B,C 三相电源,通过三相刀闸分别与控温仪插头 Cz1,Cz2,Cz6 联接。刀闸保险丝为 15～20A。Cz9 接零线。

(2)电机 插头 Cz3,Cz4,Cz5,通过三相保险丝(5A)接三相电机(550W 左右)。

(3)控温和超温报警导电表 双路控温时,左侧控温导电表接 Cz7,右侧控温导电表接 Cz8,超温报警导电表接 Cz10,三支导电表的另一端联在一起接 Cz11,电源零线接 Cz9。使用单路控温时,Cz8 应空着不用。

(4)照明和加热器 照明灯(15～25W)接 Cz12,左、右侧加热器(2 000W 以下)分别通过保险丝(10～15A)接 Cz13,Cz14,照明灯及加热器的一端联在一起接电源零线(Cz9)。使用单路控温时,Cz14 应空着不用。切不可把 Cz8 和 $C_2 14$ 联在一起！控温仪外壳应接地。

2. 单相电源接法(220V) 见图 2-2-1 及图 2-2-2。

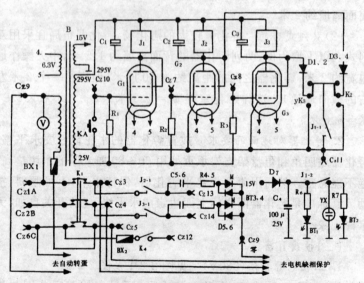

图 2-2-1 孵化控制器原理图

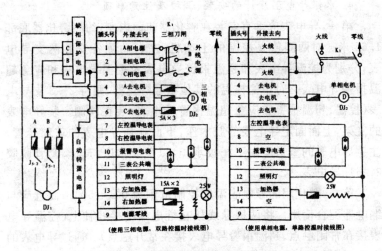

（使用三相电源，双路控温时接线图）　（使用单相电源，单路控温时接线图）

图 2-2-2　孵化控制器插头接线示意图

（1）电源　将控温仪插头 Cz1，Cz2，Cz6 联在一起，通过单相刀闸（保险丝 15～20A）与电源的火线联通，Cz9 接零线。

（2）电机　Cz3，Cz4，Cz5 并联在一起通过保险丝（5A）接电机。

（3）控温和超温报警　Cz7 接控温导电表 Cz10。报警导电表、控温及超温报警导电表的另一端并联接 Cz11。

（4）照明及加热器　Cz12 接照明灯（15～25W），Cz13 通过保险丝（10A）接加热器（800～2 000W），照明灯及加热器的另一端并联接电源零线 Cz9。Cz8 及 Cz14 空着不用。控温仪外壳应接地线。

3. 第二套应急超温报警系统　首先打开"应急超温报警器"的后盖，装上 4 节 5 号电池（注意电池正负极不要接反），然后将两条引线分别与应急水银导电表两条引线连接（引线不分正负极）。

4. 水银导电温度计的安装、调校及注意事项

第一,导电表应垂直安装在孵化器前面内侧,约离孵化器底部 1.65 米。对两侧独立控温的Ⅰ型机,左右两侧各安装两支导电表,分别为控温导电表和超温报警导电表及控温导电表和应急超温报警导电表。对单侧控温的其他型号孵化器,则将 2~3 支导电表(控温、超温报警和应急超温报警导电表)装在同侧。装导电表的支架,上面固定导电表的胶木座,下面托住导电表的玻璃套管。注意导电表的重量应由下托板承担,以免胶木座与玻璃套管脱胶时损坏导电表。

第二,孵化用的导电表温度控制范围为 0℃~50℃,而且应与继电器配合使用。将两根导线接在继电器的接线柱上(控温导电表接在常闭触点、超温报警导电表接在常开触点)。通过导电表的电流不应超过 20 毫安,以延长使用寿命。

第三,使用前应松开调节帽上的螺丝,转动磁性调节帽调节温度。顺时针转动时,指示铁上升,控温值升高;逆时针转动时温度下降。观察温度值时,眼睛应与指示铁上缘平行或与钨丝末端平行,看刻度板上所示温度。一般说两者所示温度是一致的,如果出现不一致现象,则以下面钨丝末端所示温度为准。调节完毕应将调节帽上的螺丝旋紧,以免发生自转而改变定温,为了保险起见,最好取下调节帽。

第四,如需提高温度,可直接随意调节。而需降低温度时,则须先关闭加热器,使水银柱降至要调的温度以下后再调节,以免钨丝末端进入水银柱中而引起水银柱断离。

第五,每次孵化完毕,应让导电表控温值高于室温,以免水银柱升过钨丝而使水银柱断离。

第六,注意防止导电表剧烈震动(一般出现在孵化完毕清扫时)。

所有接线完毕后,细心检查一遍有无接错或接触不良的情况。

要求电源的火线、零线及加热器引线的截面直径都应该在 2 毫米以上。

(三)通电前检查及通电试验

1. **通电前检查**　首先将电源开关扳至"断"位,将加热开关、照明开关均扳至"关"位。再用手转动电机风扇叶,观察转动是否自如、有无卡碰现象。接着用手摇转蛋,观察转蛋角度是否前后各 45°角及翘板式蛋盘架是否有碰擦现象。然后把控温的水银导电表调至 37.8℃(或确定的孵化给温),超温报警的水银导电表调至 38.5℃,应急超温水银导电表调至 38.6℃～38.7℃(或比你确定的孵化给温高 0.5℃～0.7℃),并取下水银导电表的磁性调节帽,最后将进出气孔全关闭。

2. **通电试验**　首先合上电源开关的三相(或单相)刀闸,此时孵化控制器上电压表应显示电压值。正常值应在 176～264 伏,如超过上述范围过多,请不要开机,以免烧坏孵化控制器或电机。其次,把孵化控制器的电源开关扳至"通"位,电机应立即转动,电源指示灯亮。再把加热开关扳至"开"位,加热指示灯亮,同时加热器开始加热,孵化器内温度逐渐上升。接着按下报警试验按钮,报警指示灯亮,同时讯响器发出报警声音、加热指示灯灭,即说明切断了加热器电源。然后手松开按钮,报警停止(声音停响、报警指示灯灭)、加热器指示灯亮、加热器加热。按上述步骤检查 2～3 次,一切正常,则说明超温报警系统正常,并在超温报警的同时能自动切断加热器电源。然后,打开照明灯开关,孵化器内的照明灯应亮。当孵化器内温度上升至 37.8℃(或你设定的孵化给温)时,加热指示灯应自动熄灭、恒温指示灯亮,即加热器停止加热。而后孵化器内温度逐渐下降,当降至 37.8℃ 以下(或你设定的孵化给温以下)时,加热指示灯亮、恒温指示灯灭,又自动加热,这说明控温系统工作正常。最后拔下电机一相的保险,人为造成电机缺相,当通电后应出现报警,插上保险,报警应停止,说明电机缺相及报警系统工作正常。再拔下电机所有保险,人为造成电机停转,此时应报警,插上保险后,停止报警,说明电机停转报警系统工作正常。

(四)确定孵化给温及调节校正

1. 确定孵化给温 打开机门,在孵化器内各点悬挂 15 支体温计,关机门使温度上升至 37.8℃(看控温导电表旁边的标准温度计)并恒温约半小时后,取出体温计,记录各点温度。若各点温差较大(超 0.6℃~0.8℃)时,应检查门是否关严、控温导电表温度值是否正确。如果温差较小(小于 0.6℃~0.8℃)时,则求其各点平均温度,确定孵化给温。最好采用多探头测温仪测温(详见第一章有关内容)。

2. 调节校对孵化给温及超温报警温度 经上述通电试验,确认控温和超温报警系统均正常后,又测定了孵化器内各点的温差情况并确定孵化给温的温度值,就可以用标准温度计来调节校对超温报警及控温(孵化给温)的温度值。方法及步骤如下。

(1)先调超温报警 将控温导电表调至 40℃以上,使加热器长时间加热。当孵化器内温度上升到 38.5℃时(看挂在超温报警的水银导电表旁边的标准温度计的温度值),仔细调整报警导电表,使其报警、加热器停止加热。然后断开 Cz10 接头,当温度达 38.6℃~38.7℃时,仔细调整应急超温报警的水银导电表,让其报警,最后将断开的 Cz10 接好,并取下两支超温报警导电表上的磁性调节螺帽。

(2)调节孵化给温(控温) 开机门,将右侧控温水银导电表调至 37.8℃(或确定的孵化给温),当温度降至 37.5℃左右时关机门,孵化器内温度继续上升,当温度达 37.8℃(标准温度计的温度值)时,调整控温导电表,使其加热(或停止加热)。这样反复细心调节,看能否在温度达 37.8℃时停止加热,而降至 37.8℃以下又能加热。左右侧两支控温导电表应分别调节,调好后,取下导电表上的调节螺帽。

通过上述的仔细安装、调试,一切均正常后,试机运转 2～3 天,进一步观察运转是否正常,如没有异常,再行入孵。

三、孵化控制器

本控制器的工作原理详见图 2-2-1、图 2-2-3、图 2-2-4。8601 型控制器,为两路控温(J_2,J_3)和一路超温报警(J_1);8602 型控制器为一路控温(J_2)和一路超温报警(J_1)。电原理图除没有 J_3,G_3 部分外,其余与 8601 型相同。另外,均设有第二套应急超温报警装置。

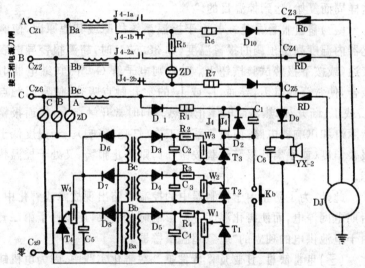

图 2-2-3 电机缺相、过载及停转保护原理图

(一)控温系统 孵化控制器中的控温系统,主要是由控温水银导电表、电子管(G_2,G_3)和继电器(J_2,J_3)组成。超温报警系统,主要由超温报警水银导电表、电子管(G_1)和继电器(J_1)组成。其工作原理是利用电子管屏流随栅极负压的升降而增减的特点控制

温度。

由图 2-2-1 可见,当接通电源开关 K_1,孵化控制器通电。此时孵化器内温度若低于控温(孵化给温)温度(如 37.8℃)时,继电器 J_1,J_2 和 J_3 的常开触点不吸合,加热器通过常闭触点 J_{2-1} 和 J_{3-1} 加热,孵化器内温度逐渐上升。温度升至 37.8℃ 时,控温导电表接通,电子管 G_2 或 G_3 导通,J_2 或 J_3 常开触点吸合,而 J_{2-1} 或 J_{3-1} 断开,这时左或右加热器分别停止加热。当温度降至 37.8℃ 以下时,导电表触点又断开,电子管 G_2 或 G_3 截止,J_2 或 J_3 的常开触点释放,加热器又通过常闭触点 J_{2-1},J_{3-1} 左右加热,温度又逐渐上升。这样周而复始,达到控温目的。

(二)超温报警系统 若由于控温系统故障或其他原因,使孵化器内温度高于预调的报警温度(如 38.5℃)时,超温报警导电表接通(或按下报警试验按钮 K_A 时),则电子管 G_1 导通、继电器 J_1 吸合,使常开触点 J_{1-1} 导通、J_2 或 J_3 的常开触点吸合,使常闭触点 J_{2-1} 或 J_{3-1} 断开,加热器断电停止加热。同时常开触点 J_{2-1} 接通报警指示灯和讯响器电路,使报警系统工作(灯亮、声响)。当温度低于报警温度(或手离开报警试验按钮)时,则停止报警,又处于控温状态。

此外,为了防止由于控制器中的控温电路出现故障或孵化中、后期电网停电,而使孵化温度过高影响孵化效果,还设计了第二套由干电池供电的独立的"应急超温报警器"。

(三)电机缺相、过载及停转保护 在孵化实践中,因为电机缺相或过载烧毁电机的现象时有发生,所以要对电机进行特别保护。图 2-2-3 是 9DFQB 型电机缺相保护的电路原理图。它对 5 千瓦以下孵化器的三相电机起保护作用。当三相电机在运转过程中,出现外线缺相、电机过载、引线端接触不实或开路及短路时,均能起到断电保护作用,并发出报警声音及亮灯示警。此外,如果电源外线的零线开路,就会使控温和自动转蛋等无法工作,故本仪器还设计了外线电源缺零保护线路。当电机因缺零线而停转时,也会发出缺零示警(仅使缺零指示灯亮,而不发出报警声),并使电机断电,以提示值班人员拉闸断电、检查外线,从而起到保护电机和正常孵化的作用。

1. **工作原理** 三相电源 A,B,C 分别通过检流器 B_a,B_b,B_C 和 $J_{4-1}a$,$J_{4-2}a$ 至三相电机。

第一,$J_{4-1}a$,$J_{4-2}a$ 是靠继电器 J_4 控制的。J_4 吸合时,J_{4-1a},J_{4-2a} 接通三相电;J_4 释放时 J_{4-1b},J_{4-2b} 接通,电机断电,同时缺零(缺相)指示灯 ZD 亮和报警器 YX-2 响。

J_4 的吸合或释放,取决于 T_1,T_2,T_3 是否导通。若 T_1,T_2,T_3 同时导通,则 J_4 吸合,只要有一个不导通,J_4 不吸合。而 T_1,T_2,T_3 导的条件,要求每个可控硅的控制极都能获得一定的直流电流(电压),此电流是由三相电通过 B_a,B_b,B_c 的交流电,经二极管 $D_3 \sim D_8$ 整流、$C_2 \sim C_5$ 滤波后,分别加在电位器 $W_1 \sim W_4$ 两端,$W_1 \sim W_4$ 分别调整加在 $T_1 \sim T_4$ 控制相上的直流电流(电压)。当三相电机工作时,分别调整 W_1,W_2,W_3,使 T_1,T_2,T_3 导通,调整 W_4 使 T_4 达到截止临界线,此时电路正常工作。当三相电中任意一相缺相或开路时,如缺 A 相,则 B_a 就不能检出电流供 T_1 导通,所以 T_1 截止,J_4 释放,使电机断电停转,并使缺相指示灯 ZD 亮和报警器 YX-2 响,从而保护了电机。

第二,当电路正常工作、电机运转时,如果电机过载或短路,则通过 B_a,B_b,B_c 的电流增大,它们检出的电流(电位)也随之增大,使 T_4 导通,将 W_1 短路,T_1 也就截止,J_4 释放,使电机断电,同时亮灯、报警器响示警。

第三,当电源缺零线时,J_4 释放、报警器不能工作(不响铃),但缺零指示灯亮。

总之,出现以上缺相、过载、缺零时,都应拉闸断电,检查故障原因。排除后,让电机运转,并按下"启动按钮"K_b,电机电路就会处于正常工作状态。

2. 使用方法 首先按图 2-2-1 及图 2-2-2 联接电源及电机或按说明书接好。然后合上电源刀闸,缺相(缺零)报警器 YX-2 响和指示灯 ZD 亮,电机不转。此时按下"启动按钮"K_b,若电源正常,则报警器和指示灯不工作,而电机进入正常运转。若三相电源或零线不正常,则电机不能启动,此时应查相电压和线电压是否正常。

3. 故障的判别与检查

第一,若发现只有报警声而指示灯 ZD 不亮,则可能是缺 A 或 B 相,应检查电压是否正常及接头是否焊牢。

第二,若发现指示灯亮,有报警声,为缺 C 相、电机过载或开路等,应检查 C 相电压是否正常,电机运转时是否阻力过大,电机接线有无松动或开路。

第三,若发生指示灯亮但无报警声时,应考虑为缺零,应检查相电压及零线接头是否接牢。

第四,如果电源外线和电机线路均正常,按下"启动按钮"出现电机运转不正常时,应检查继电器 J_1 触点是否接触不良。可用砂纸磨触点,使其接触良好。

第五,若电机运转正常但松开 K_b 时,出现电机停转,说明 $W_1 \sim W_4$ 未调整好或 $T_1 \sim T_4$ 等主要元器件有损坏。应重新调整或更换元件(仪器出厂前 $W_1 \sim W_4$ 已调好,一般不要乱调)。

(四)自动转蛋电路 自动转蛋系统包括机械传动和电子控制两大部分。机械传动的主要零配件(如蜗轮蜗杆等),采用标准通用件。电子电路采用集成电路设计(图 2-2-4)。该系统 80～100 分钟转蛋 1 次(有的设 60 分钟、90 分钟和 120 分钟 3 种转蛋周期供选择),转蛋角度 45°角,并设有计数器显示转蛋次数。

1. 电路工作原理 电源、电压采用交流三相四线制 380V(范围 350～420V)或交流单相 220V(范围 180～235V)。转蛋周期

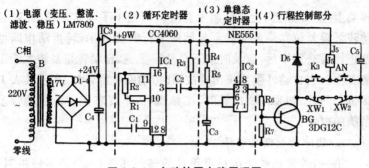

图 2-2-4 自动转蛋电路原理图

80～100 分钟。

交流 220V 电压经变压器变为交流 17V 电压,又经桥式整流变为脉动直流电压,再经滤波电容(C_4)变为 24V 锯齿直流电压,经集成三端稳压块(IC_3,LM7809)变为 9V 直流稳定的电压。

IC_1 与周围电路(主要是 R_1,R_2,C_1)组成循环定时器。定时的时间 80～100 分钟 1 次。定时器的输出端(CC 4060 的 3)进电容 C_2,触发单稳定时器翻转。

TC_2 的输出端(NE 555 的 3)经 R_6,R_7 分压,使三极管 BG 导通,继电器 J_5 吸合,接通电机电源,使电机转动。当蛋架接触到行程开关 XW_1 或 XW_2 后,使电机断电,从而完成 1 次转蛋。

此外也可手动转蛋。按下手动开关 AN(此时自动转蛋键复位),继电器 J_5 接通电源而吸合,电机转动。当手离开时,转蛋停止。

2. 使用方法 先将自动转蛋电源开关扳至"开",电路通电。按下自动转蛋按键 K_3,电机转动,使蛋架转动至前(或后)45°角时电机停止运行。再将选择开关扳至试验位,转蛋系统约每 2 分钟前后转蛋 1 次,经过 2～3 次往返转动,说明转蛋系统可正常工作后,将选择开关扳至工作位,即可定时转蛋。如果在转蛋周期内需转动蛋架(如照蛋、检查胚胎发育等),可按下手动定位键(此时自动转蛋键复位),待蛋架转至与地面平行时松开手,转蛋动作即可停止。检查完毕后,应及时按下自动转蛋键,自动转蛋系统才能正常工作。当自动转蛋系统出现故障时,切断电源,可以用手摇人工转蛋。另外,如果同机出雏时,在移盘后,不要忘记切断自动转蛋系统的电源!

3. 故障的判断及维修

第一,若发现蛋架运行至设计的转蛋角度(45°)仍不停机时,应检查行程开关是否移位。调整好位置后,让蛋架顶着行程开关(也称限位开关)。

第二,如果出现来回频繁转动,可能是选择开关没有扳至工作位,或在试验位上。将开关扳至工作位。

第三,若蛋架运行不到设计角度停机,应检查限位开关联接线是否断开,恢复后可正常工作。

第四,如发现在开机后,计数器、手动、自动均不工作时,应检查电源保险管是否损坏。损坏时更换同型号的保险管(0.2安培)后即可正常工作。

四、常见故障的排除及维修保养

(一)常见故障排除方法　　排除故障时,在拔下插头、联接接头之前,应先拉开电源刀闸,安装时,插紧插头,再合电闸!

1. 合上电源刀闸,电压表无显示或电机转声不正常　　刀闸保险丝熔断,要更换新的保险丝。电压表连接开路或电压表损坏,需接好连线或更换同型号电压表。电机损坏,需更换电机。

2. 电源的开关扳至"通",但电源指示灯不亮　　若此时加热指示灯亮,再按超温报警按钮不报警,说明孵化控制器没通电,电源保险管熔断。要更换同型号保险管。

3. 加热指示灯常亮,加热器长时间加热　　首先关断该路加热器开关,若加热指示灯熄灭,则说明该路的电子管损坏,要更换同型号电子管(6P1)。

其次,如果关断该路加热器开关,加热指示灯不灭,则说明继电器损坏或触点粘连,要更换新的继电器(522继电器)或修复(用零号砂纸擦磨继电器触点)。

4. 超温不报警 按下报警试验按钮,如果能正常报警,说明报警导电表联线开路或导电表损坏,要接好连线或更换导电表。按下报警试验按钮而未能正常报警,则说明电子管 G_1(6P1)或继电器 J_1 损坏,要修复或更换电子管、继电器。加热器接线开路,要检查并重新接好。

5. 加热指示灯亮,加热器不加热 加热器保险丝熔断,需更换新保险丝。加热器损坏,要更换新的加热器。

6. 电机转动声音不正常或不转 电机缺相。检查保险丝及接线,换新的保险丝,接好连线。电动机负载过重,电机损坏,换电机。

7. 水银导电表的水银柱断离 原因是导电表受到剧烈震动或水银柱超过铂丝。其修理方法:①顺时针方向转动调节帽,使指示铁旋至刻度标尺的上端;②将导电表下端的水银球浸入热水中,慢慢加热使断离的水银柱升至毛细小泡里,稍加振动,使断开的水银柱连接上;③将水银球从热水中取出,让其自然冷却,如果1次不能修复,可按上述步骤多次重复。

8. 孵化器两侧温差大 ①若两侧皮带松紧度不一致,造成均温不匀时,要调节皮带,使松紧度较一致(打开侧窗门,调节皮带轮螺丝。②若为一侧门没关严,进入冷风,要关好机门。③若为两侧控温导电表调节不合理,要检查两侧导电表的定温,并用体温计实测两边的温差,以便决定两侧导电表的定温;若是由于加热器或风扇等故障引起的两侧温差过大,要按上述方法排除故障。

9. 风扇叶折断 固定风扇叶的螺丝松脱,使风扇叶移位碰撞蛋盘架或孵化器内壁,是造成风扇叶折断的主要原因。要更换风扇叶并紧固螺丝。

10. 转蛋系统故障　若发现蛋架运行至设计的转蛋角度(如45°)仍不停机时,应检查行程开关是否移位,调整好位置后,让蛋架顶着行程开关(也称限位开关);如果出现来回频繁转动,可能是选择开关没有扳至工作位,或在试验位上;若蛋架位移不到设计角度停机,应检查限位开关连接线是否断开,恢复后可正常工作;如发现在开机后,计数器、手动、自动均不工作时,应检查电源保险管是否损坏,损坏时更换同型号的保险管(0.2安)后即可正常工作。

(二)维修与保养

1. 孵化控制器的维修、保养　①要定期检查继电器触点,如氧化较重,可用零号砂纸轻轻打磨触点。②每隔半年或1年,应打开孵化控制器外壳用毛刷清除绒毛。③如果孵化控制器长期不用,应从孵化器上取下,放置通风干燥地方,以防锈蚀。

2. 孵化器的维修、保养　①要每年用清漆刷翘板式蛋盘架、出雏盘等铁质部件。②电机每3个月清尘1次,清洁后在轴承部加黄油。③检查并紧固各转动部位的螺母,尤其是风扇皮带轮的螺母。④在转蛋的蜗轮蜗杆部位加黄油,在各转动部位滴机油。⑤孵化器如果较长时间空闲不用,应通电,风扇开机几小时,以保持孵化器干燥。⑥定期检查孵化器外壳内外及底部,遇有裂缝或油灰脱落应及时修补,必要时1～2年需重新修理,刷上油漆。⑦孵化器门容易出现不易拉开或关不严的现象,应及时修复,如果出现缝隙,应重新贴上毡布条。

第三节 孵化器常见故障的排除及维修保养

一、常见故障的原因及排除方法

（一）控温系统常见故障的原因及排除方法

1. 开机后无加热电流

（1）保险丝损坏 电源或加热保险丝熔断。更换新保险丝。

（2）交流接触器衔铁吸不上 ①线圈接线柱螺丝松脱或线圈烧坏。修理或更换线圈。②衔铁或机械可动部分被卡。清除卡阻物。

（3）加热触头烧断 多发生在仅有一相加热触头的机型上。只需将加热接头换向另一侧常开触点上即可,而不必更换整个接触器。

（4）电流表损坏 热敏电阻或温控板或串接在加热线路的电流表损坏。更换电流表。

（5）风扇电机基座未压住行程开关 这常常引起风扇时停时转,使皮带在拌动中被扯断。只需调整基座使其压住开关,此时可听到"叭"的一声。

2. 加热电流指示不足

（1）缺相 加热交流接触器的三相加热触头中一相烧断。可用尖嘴钳取下断裂的动触头。更换触头。

（2）螺丝松动 电热丝板因螺丝松动而移位,使附近扇叶打断电热丝。让电热丝板复位后拧紧螺丝,更换新电热丝。

（3）一只可控硅断路 开机一会再关机,用手背贴散热片,更换坏了（发凉的）的可控硅。

3. 加热电流持续加热,引起超温

（1）温度导电表损坏 导电表水银相断裂或水银感温球破裂。换新导电表。

(2)门表温度计移位 移盘或照蛋时不慎碰撞了门表温度计,使温度计玻璃管与刻度尺发生错位,被误为低温,而人为调高温度设定定值,引起超温。重新校正温度计与刻度尺的位置,然后用胶布粘贴玻璃管与刻度尺,固定以防再错位。

(3)加热的交流接触器线圈断电后,衔铁吸住不离开 ①接触器未采用密封防尘装置,衔铁表面粘有绒毛及油污。可拆下用酒精洗去脏物。②触头间弹簧压力过小。可调整触头压力。③触头熔粘一起。找出原因并更换触头。④衔铁或机械可动部分被卡。清除卡阻物。

(4)可控硅一个或全部被击穿 可控硅损坏,使电流表在加热指示灯灭后仍有指示。开机升温一会后关机,用手背贴散热片。更换坏了的(发热的)可控硅。

(5)设定键被卡 设定键被卡而未能跳出,控温系统因此长时间处于设定状态,引起温度失控。需重新按下测定键并检查设定键,使其跳出。

4. 孵化风扇电机故障的原因及排除

(1)开机后启动开关,风扇电机不转的原因及其故障排除

①检测风扇电机是否烧毁。启动风扇开关,电机不转。Ⅰ.拆下风扇电机,直接引入三相交流电,检查电机是否已坏;Ⅱ.用万用表的电阻值检查,其电阻值应是8.3欧姆左右;Ⅲ.通过目测观察电机好坏。

②电机正常,但风扇不转。可能是风扇热继电器失灵或烧坏。原因有总电源缺相、电网电压严重不平衡、风扇接触器触点烧坏、总电源开关有一组或两组触点不通或接线端子接触不良等。风扇电机绕阻本身短路或进水,也会引起热继电器保护性动作或烧毁。可用试电笔测试法和万用表测量法检查。

③排除故障。更换同样型号的零配件。

(2)转速很慢稍后停转的原因及其故障排除

①原因。为了保护风扇电动机,其热继电器设置为自动复位方式,当接触器长时间超载工作过热时,热继电器断开接触器电源,风扇停转;片刻热继电器冷却通电,风扇又转动,这样周而复始,风扇时转时停。若不及时处理,很容易烧毁电机。

②排除故障。关机,从风扇电机一直查到电源闸刀保险丝,将可能引起缺相或接触不良的控制器件拧紧或更换。

(二)控湿系统常见故障的原因及排除方法

1. 加湿指示灯亮,而湿度始终上不去

(1)控湿控制系统问题　控湿导电表温度调得太高,或水银相断裂,或水银感湿球破裂,或水银球下蓄水盒水分蒸干,使包湿球的纱布未能吸到水。调低导电表温度值,或更换损坏的导电表,或定期给水盒加蒸馏水。

(2)加湿电机皮带松弛　加湿电机通过皮带减速以带动圆形塑料加湿盘,在刚起动加湿时,负载大,如皮带松弛就不易带动加湿盘在水槽转动,引起停止增湿。可换皮带或缩短其尺寸("依爱"孵化器的加湿支撑点可调节,以调节松弛的皮带,调整后拧紧螺丝)。

(3)加湿电机不转　①加湿继电器损坏或保险丝熔断。用换上好的继电器判断继电器是否损坏。若保险丝熔断,可换新保险丝。②起动电容损坏。用三用表电阻挡检测,若被击穿换新电容。③圆形加湿盘冲洗后,没有在水槽中放好,被水槽卡住,负载增大造成加湿电机停转继而烧毁电机。重新放好加湿盘并更换新电机。④加湿支架锈蚀影响圆盘状加湿轮转动。建议加湿支架采用尼龙件,永不生锈。

2. 加湿水槽溢水或加湿管口不出水

(1)阀球调节不当　由于阀球调节不当,导致关不住进水口,造成加湿水槽溢水。可调节阀球位置,以增加阀杆长度,并向下弯曲,以调整蓄水槽水位。

(2)加湿管口不出水

①出水孔被水垢堵塞。可旋下阀球,向下用力压阀杆,以增加进水口径,使强水流将水垢冲走。如果因长期没有清洗,出水孔水垢无法冲走,则更换或拆下,用盐酸浸泡除垢。

②阀球调节不当。可调节阀球位置,以缩短阀球杆长度,并向上弯曲,以调整蓄水槽水位(水位一般离水槽上沿约2厘米)。

(三)转蛋系统常见故障的原因及排除方法

1. 扳动开关,转蛋系统不运行

(1)保险丝熔断 转蛋电机一相保险丝熔断。更换保险丝。

(2)转蛋热保护继电器的保护作用 认真检查,排除缺相、过载、负载卡壳的可能。之后按复位钮。

(3)转蛋电机烧坏 通电后电机不转动。更换新电机。

2. 转蛋时各蛋车孵化盘转动速度不一致

(1)孵化盘没卡在卡牙内 孵化盘码蛋后未卡在蛋车的卡牙内或上机时盲目推车,车与转蛋横梁发生碰撞,孵化盘因惯性又突出于蛋车卡牙外。一些机型因蛋盘易变形,卡牙小,经常发生此类情况。出现这种情况,要立即停机检查,将孵化盘卡入卡牙内。

(2)自锁机构插销未自动退出 蛋车推进入孵器后,自锁机构插销未脱离蛋架车前下横梁。要重新调整蛋车,使销轴完全插入动杆圆孔内,插销即可自行退出。为安全起见,要再检查一遍。

3. 转蛋角度左右不一致 连接曲柄与摇杆的连杆上左右旋的螺母松动,使连杆长度不一致。可通过旋转左右旋的螺母调节连杆长度,达到角度一致。

4. 转蛋时孵化盘抖动 转蛋减速箱内蜗杆或蜗轮的轮齿断裂。更换断裂的蜗轮或蜗杆。

5. 转蛋时八角式蛋架上下晃动 中轴管上8只紧固螺丝中有的螺丝松动或中轴管与蜗轮间的2只粗紧固螺丝松动。要定期检查并紧固。为防止转蛋时因螺丝松动而进一步向下转动而引起"翻筋斗",可用两根尼龙绳分别从顶风门拉下,并在蛋架的前后框上各打一结。

6. 孵化架不停转动 转蛋行程开关接触不好。可用手按几次或调小行程杆与蜗轮间距离。

7. 蛋车销轴不易插入动杆圆孔内 孵化厅地面不平或蛋车轮长期受压变形,可用纤维板垫在蛋架车前轮槽道内,以增加销轴高度,即可插入。

(四)风扇系统常见故障的原因及排除方法

1. 风扇时停时转 热继电器过热,手动复位按钮并调大整流值。

2. 风扇不转 常见原因有:风扇保险丝熔断;热保护继电器跳闸;皮带折断;风扇基座未压住行程开关;电动机烧坏。造成电动机烧坏原因:①电动机某相接头连接不紧或一相保险丝熔断引起一相运转;②电线老化龟裂,使相线与中线接触引起短路,电动机机身过热,并伴有焦煳味,可能为电机烧坏。

要查明原因,更换损坏零件,排除故障。

3. 风扇换向时不延时 橡皮老化或损坏,使延时继电器空气室密封不严。这仅发生在能使风扇换向的机型上。

(五)孵化器的噪声形成原因及控制方法

1. 噪声形成原因 孵化设备的电机、风扇、各种传动和转动部件产生噪声,以及相关结构件振动也产生噪声。其中最主要的是电机和风扇噪声。

电机噪声一般随着电机功率和转速的增大而增大,在大风扇(均温风扇)、转蛋、加湿、风门、风冷等电机中,以均温风扇电机噪声最大。另外,风扇的设计与制造(如风扇叶片的角度、宽度、各叶片的重量差乃至叶片表面的光洁度等都影响大风扇运行时的动平衡,从而产生不同的噪声量)也决定噪声的大小;电机的固定件厚度(强度)以及相关结构件(如风斗、风罩)的强度均影响其振动、晃动和共振,发出噪声。

2.噪声的控制方法 ①应注重大风扇电机的选型;②精心设计与制造风扇;③选择适当的零配件[如电机的固定件厚度(强度)以及相关结构件(如风斗、风罩)的强度的选材]以减少振动、晃动和共振,发出噪声;④提高装配工艺水平,减少装配误差造成噪声。如皮带装配要松紧适合(用双指捏紧二轮中间处的皮带、压缩位移量 16~24 毫米为宜)。另外,两皮带轮槽中心面处于同一平面内。两皮带轮轴要互相平行。加湿减速器输出轴和双组加湿器主传动轴同轴。转蛋和加湿的皮带轮平面与垂直,皮带传动的两皮带轮的要在同一平面内。各连接件和紧固件要紧固牢靠。

总之,孵化器的噪声控制涉及箱体和设备、配件的设计、制造、安装、使用和维护等诸多因素,只有做好上述各环节,才能使噪声问题得到有效控制。

另,当环境的噪声超过 70 分贝(dB)时,会使人心烦、意倦,工作效率下降,严重影响了工作人员的健康。对胚胎亦造成伤害。

二、孵化器的维护和保养

孵化器长期在高温、高湿、废气(CO_2,SO_2,NH_3)、废弃物(尿酸、尿素、绒毛和粪便)、霉菌等环境的使用过程中均很容易发生金属材料腐蚀,非金属材料老化、裂解、开裂。金属表面划伤、保护层脱落也会发生腐蚀。因此,除日常注意维护保养外,要定期停机检测、检修。

(一)孵化器设计、制造和孵化厅设计、建筑以及整机使用的一般要求

1.孵化器设计和制造

(1)选材 应选择耐腐蚀材料,选择防腐等级电气元件和机电产品。

（2）保护 不同的零件采用不同金属表面保护层,如喷漆、静电喷涂、镀锌(铬、镍)。

（3）加工 尽量减少缝隙、提高零件表面的光洁度。

（4）装配与运输 在运输和装配过程中,要防止表面撞伤。

2.孵化厅设计和建筑 有良好的通风换气系统和废水、废气的排放设施。孵化器要保持水平状态,以利于机件的正常工作。详见第一章第三节的"通风换气的调控"和第九节的"孵化厅的建筑结构"。

3.整机的保养和维护 根据孵化器说明书规定的操作规程进行使用。

（1）制订日常维护和保养规程 结合本场的具体情况,制订孵化设备的详尽的日常维护和保养程序并作为承包责任制的重要内容。

（2）保证供电正常 供电电压为 380V/220AC 50Hz±10％,电压过高或过低都会对孵化器造成不良影响。并且确保孵化器良好接地(每年做一次有效接地检查)和安装漏电保护器,以便保障人身安全及孵化器的安全使用。

（3）定期停机保养维修 孵化器使用一段时间后,停机一段时间,进行孵化器的保养和维修:①要清洗消毒烘干;②维修箱板(见后述),经常检查孵化器门的开关状况及密封状态并及时维修;③检修控温、控湿、报警、降温等控制系统和重新校正温度、湿度设定;④检修并检测机械传动系统(转蛋系统、均温系统和通风换气系统);⑤各转动部位(如轴承、减速器等)每月加机油或涂抹黄油,以防锈蚀,每半年清洗 1 次。通过上述定期停机保养维修,以保证孵化器的运转正常和延长使用寿命。

（二）孵化器外壳的维护和保养

1.清除污垢 每天用棉布或软质泡沫塑料块擦除孵化器外壳的水渍和脏物。若表面沾上油污,可用普通清洁剂清洗(切勿用腐蚀性较强的溶剂、去污粉或金属丝擦洗）。对难除去的污渍，可用酒精、丙酮等擦洗后，立即用清水冲洗。箱体清洗后，要开机升温烘干。

2. 修复裂纹　孵化操作中避免碰撞、划伤孵化器表面。如出现涂层脱落或划伤、裂纹，应及时进行修补。

(1)彩涂钢板涂层脱落的修补　铲除脱落层→擦去水分、尘土和脏物→用细砂纸磨光并擦干净→喷上聚氨酯漆。

(2)玻璃钢箱板裂纹的修补　可涂上树脂修补受损处。

3. 箱板开胶的修复和箱板的翻新　对孵化器进行修复、翻新，以延长孵化器的使用寿命。

(1)箱板开胶的修复　孵化器的箱板出现钢板与保温层黏接脱离时的修复：①若小面积脱胶，可灌入 717 胶；②大面积脱胶，应揭开箱板，重新涂上 717 胶，合上箱板，重物加压 48 小时左右，一般以胶干透为宜。

(2)箱板的翻新　箱板经过长时间使用后表面色泽陈旧、划痕较多时，可进行修复翻新：①清洗箱板→②用水磨砂纸打磨→③用环氧树脂嵌划痕→④喷聚氨酯漆予以翻新。

(三)孵化器日常的维护和保养　据笔者了解，国内一些孵化场，或因孵化效果尚可，麻痹大意，或因工作繁忙、人手不够，无从顾及，或因知识缺乏等因素，孵化器日常的维护和保养被不同程度地忽视了，过分依赖定期停机保养维修。这是孵化器故障率高的主要原因之一。

1. 各类电机的维护和保养　要定期检查电机的运行状态，发现其转速减慢或噪声异常，要及时查明原因进行检修，若损坏要及时更换。清洗消毒孵化器时，要防止水或消毒液进入电机引起短路烧毁电机。

2. 转蛋(或加湿)减速器的维护和保养　每 3～6 个月给减速器更换机油。发现减速器声音异常或运转阻力大，甚至卡死，要及时更换减速器齿轮或蜗杆,以免烧毁电机。

3. 均温风扇的维护和保养 ①若发现风扇转速减慢,一般可通过调整风扇电机的位置来调节皮带的松紧度解决。②若发现风扇皮带损坏(磨损造成分层、开叉)应立即更换。③固定均温风扇两端的万向轴承要定期加黄油,以降低磨损。④如发现风扇运转不平稳且噪声大,很可能是万向轴承与轴之间因磨损造成间隙大的缘故。应立即停机检查,更换万向轴承,以免造成风扇轴、皮带及电机损坏。

4. 加湿装置的维护和保养

(1)清洗、消毒 每次移盘或出雏后,要对加湿装置的叶片轮、水槽进行清洗、消毒,以免影响正常运转或成为污染源。

(2)安装调试 按要求正确安装调节(详见"控湿系统常见故障的原因及排除法")并经常在滚轴套内加黄油,以便转动自如。

(3)保持干燥 孵化器停止使用时,要排干水槽中的积水,保持干燥。

5. 转蛋结构的维护和保养 蜗轮、蜗杆、曲柄及滑动杆转动部分要定期检查并加注黄油。蛋车上的锁定销、活络轮也要定期加注黄油以防锈死。如发现因转蛋位置不正确而引起转蛋报警,要调整机器后板转蛋行程开关的位置,使其转蛋正常运行。

6. 风门的维护和保养 经常检查风门位置是否正常,风门传动机构是否灵活,发现问题应及时调整。各转动及滑动机构要定期加黄油。如出现风门故障报警,一般是风门电容或风门电机的损坏。

7. 温、湿度探头的维护和保养 在冲洗消毒时一定注意不要将消毒液或高压水杜冲到探头上,以免损坏。长期使用后的温、湿度探头表面污染较严重,要定期用软毛刷进行清理,湿度探头保护罩可以拧下后用酒精清洗晾干后再用。

8. 其 他

(1)使用软水 加湿、冷却的用水必须使用清洁干净的软水，禁用铁、钙含量较高的硬水。

(2)孵化器的维护 ①避免日光直晒。②尽量避免划伤。③及时维修和更换损坏的零部件。④每天用软质布料或泡沫塑料块擦拭孵化器。每批出雏后及时清扫冲洗消毒孵化器(尤其是孵化器顶)并开机烘干备用。

另外，孵化厅地面无积水，通风良好，以避免孵化器锈蚀、电器短路。要备足必要的易损易耗零配件，以便及时更换。

第三章　初生雏禽的雌雄鉴别

　　初生雏禽不像刚出生的哺乳动物那样,根据外生殖器官立即辨认出雌雄,而是必须等到第二性征出现以后才能辨认。蛋用型来航鸡到 4 周龄时才能准确辨认雌雄,肉用型和兼用型鸡到 10 周龄时还难以准确辨认。其他家禽也有同样现象,这与生产需要矛盾很大。对初生雏禽进行雌雄鉴别有很重要的经济意义。

　　一是节约饲料。商品蛋鸡场只养母雏,公雏淘汰作蛋白质饲料利用,这样可以节约每只公雏到 4 周龄时消耗的 0.6 千克配合饲料。大型鸡场的饲养数量很大,仅此一项,节约的饲料就是非常可观的。即使公雏不马上淘汰,也应经过鉴别单独肥育上市。

　　二是节约禽舍、劳动力和各种饲养费用。

　　三是可以提高母雏的成活率、整齐度。公、母混群饲养,常由于公雏发育快、抢食而影响母雏发育。有人试验,10 周龄混合群中的雌雏体重为 100,而纯雌雏群中雌雏体重则为 105.3。可见,雌雏单独饲养优于混群饲养。

　　人们对初生雏禽的雌雄鉴别,最早是采用外形鉴别法。主要是根据初生雏禽的外貌特征及人的感官来区分雌雄。雄雏一般头大、体躯粗壮,腰宽、趾粗长,眼大有神,叫声洪亮,活泼好动,团握在手心,可以感到腹部柔软有弹性,骨架较硬、挣扎有力。雌雏一般头小、体窄、稍轻、趾较细短、迟钝温顺,团握在手心,可以感到腹部较充实、弹性小、骨架较软、挣扎较无力,有软绵绵的感觉。外形鉴别必须在种蛋大小一致、孵化正常、出雏时间接近、同一品种的前提下,鉴定者有丰富的经验,才有一定效果。有经验的人鉴别准确率可达 80%。但因为鉴别标志不能科学地度量,准确率低,所以现代化养鸡生产上不能应用。后来有了雏鸡雌雄器械鉴别法、翻肛鉴别法以及伴性遗传鉴别法。现分别介绍如下。

第一节　雏鸡器械鉴别法

　　日本木泽武夫于 1950 年发明了雏鸡雌雄鉴别器（图 3-1-1A），它是根据光学原理制成的仪器。它由鉴别器（包括接目部、柄部、反射镜部、曲管部、聚光部）、配电盘和控制电路（图 3-1-2）等组成。把鉴别器的玻璃曲管插入雏鸡直肠，直接观察睾丸或卵巢而鉴别雌雄。熟练者准确率可达 98％～100％。每小时可鉴别 500～800 只。

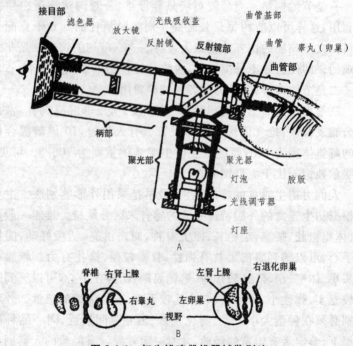

图 3-1-1　初生雏鸡雌雄器械鉴别法

A. 初生雏鸡雌雄鉴别器　B. 雌雄鉴别器视野中的睾丸或卵巢

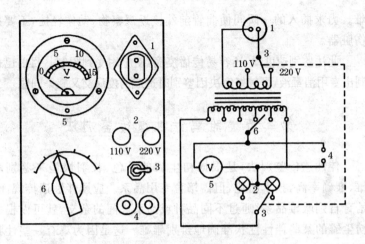

图 3-1-2　鉴别器配电盘及其电路图
1. 电源插座　2. 电压指示灯　3. 电压转换开关
4. 鉴别器插座　5. 电压计　6. 光量调节器（分线器）

一、鉴别方法

（一）**抓雏、握雏**　左手朝雏鸡运动的方向，掌心贴雏背将雏鸡抓起，将雏鸡团握手中。

（二）**排粪**　用左拇指压雏鸡的腹壁将胎粪排至广口器皿中。

（三）**鉴别**　雏鸡背部朝上，泄殖腔朝人体。右手握鉴别器柄部将曲管稍向上斜插入直肠稍向上贴，插入深度以曲管的根部靠近泄殖腔为准。通过鉴别器的接目部，可见到雄雏在视野中左右各有一个圆棒状淡黄色睾丸，雌雏只在左侧有一扁平淡灰色卵巢（图 3-1-1B）。

二、鉴别注意事项

电源电压须与鉴别器的电压一致。玻璃曲管质脆，要轻装、轻拆、轻拿、轻放。最好出雏后 24 小时鉴别完，以免肠壁增厚鉴别困难。力求插入的一瞬间使曲管前端接近观察物，动作轻捷，不要损伤脏器。

此法鉴别速度慢，还容易传播疫病，使应用受到限制。目前已研制出专用消毒液，可较好解决因鉴别时造成的疫病交叉感染问题。

第二节　雏鸡伴性遗传鉴别法

伴性遗传鉴别法，是根据初生雏的毛色、长羽快慢来鉴别雌雄，准确率高，技术简化，但需培育专用品系。应用伴性遗传规律，培育自别雌雄品系，通过不同品种或品系之间的杂交，就可以根据初生雏的某些伴性性状准确地辨别雌雄。这是因为鸡有一些性状基因，存在于性染色体上，如果母鸡具有的性状对公鸡的性状为显性，则它们所有子一代的公雏都具有母鸡的性状，而母雏均呈公鸡的性状。目前在生产中应用的伴性遗传性状有：慢羽对快羽、银色羽对金色羽、横斑（芦花）对非横斑（非芦花）。另外，鹌鹑的栗色羽对白羽等。表 3-2-1 列出常用的伴性遗传亲代与子一代（F_1）的基因型和表型。

表 3-2-1　鸡和鹌鹑的伴性遗传亲代与子一代杂种的基因型和表型

伴性遗传性状	基因型				表型			
	父	母	子	女	父	母	子	女
金色羽公×银色羽母	ss	S-	Ss	s-	金色羽（红）	银色羽（白）①	银色羽②	金色羽②
快羽公×慢羽母	kk	K-	Kk	k-	快羽	慢羽	慢羽③	快羽③
非横斑羽公×横斑羽母	bb	B-	Bb	b-	非横斑①	横斑	横斑④	非横斑④
白羽公×栗色羽母（鹌鹑）	cc	C-	Cc	c-	白羽	栗色羽	栗色羽	白羽

注：①不能用具有显性白羽基因的白来航或白考尼什鸡；②公雏为白色，母雏为红色，但因其他基因的影响，使部分公、母雏绒毛存在其他颜色（见封三彩图）；③主翼羽

长于覆主翼羽为快羽,否则为慢羽;④母雏全身为黑色绒毛或背有条纹,公雏黑绒毛,头顶有不规则白斑,长大为横斑羽色(芦花羽色)

S-银色羽;s-金色羽;K-慢羽;k-快羽;B-横斑;b-非横斑;C-栗色羽;c-白羽

一、长羽缓慢对长羽迅速

根据遗传学原理,决定初生雏鸡翼羽生长快慢的慢羽基因(K)和快羽基因(k)都位于性染色体上,而且慢羽基因(K)对快羽基因(k)为显性,具有伴性遗传现象,利用此遗传原理可对初生雏进行雌雄鉴别。

慢羽母鸡与快羽公鸡杂交,所产生的子一代公雏全部是慢羽,而母雏全部是快羽(图 3-2-1)。为了鉴别方便,国内外培育了在初

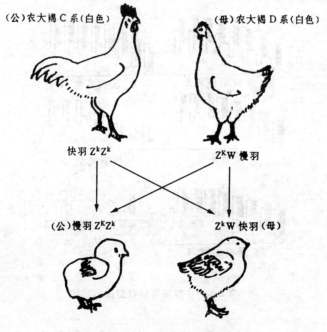

图 3-2-1　快、慢羽自别雌雄法

生雏即可根据快慢羽来区分雌雄的配套系。如中国农业科学院北京畜牧兽医研究所选育的自别雌雄新型 B-4 蛋鸡配套系，河北张家口农业专科学校在同一品种北京白鸡中分离出快慢羽品系，杂交后也产生有伴性遗传现象。中国农业大学也培育出"农大褐 3号"的羽速羽色双自别品系（父母代羽速自别、商品代羽色自别）。

$$Z^K W \quad \times \quad Z^k Z^k \quad \rightarrow \quad F_1 \quad Z^K Z^k \quad Z^k W$$

京白慢羽(母)　京白快羽(公)　公雏皆慢羽　母雏皆快羽

区别快慢羽主要由初生雏翅膀上的主翼羽与覆主翼羽的长短来决定。子一代羽速类型有：

（一）**快羽类型**　母雏为快羽，它的主翼羽长于覆主翼羽（图3-2-2A）。

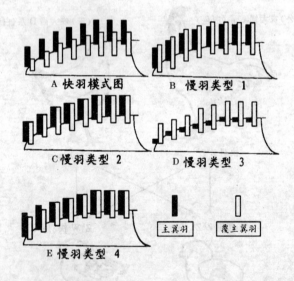

图 3-2-2　初生雏鸡羽速自别法示意图

（二）**慢羽类型**　公雏为慢羽，有 4 种类型。

1. **慢羽类型1** 主翼羽短于覆主翼羽(图 3-2-2B)。

2. **慢羽类型2** 主翼羽与覆主翼羽等长(图 3-2-2C)。

3. **慢羽类型3** 主翼羽未长出,仅有覆主翼羽(图 3-2-2D)。

4. **慢羽类型4** 除有1~2根主翼羽的翼尖处稍长于覆主翼羽之外,其他的主翼羽与覆主翼羽等长(图 3-2-2E)。

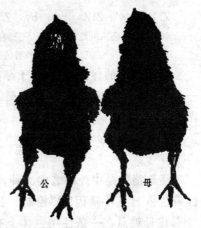

公　　　　　　母

图 3-2-3　芦花母×洛岛红公的
F₁ 雏鸡羽色

二、芦花羽对非芦花羽

芦花母鸡与非芦花公鸡(除具有显性白羽基因的白色来航鸡、白考尼什鸡外)交配,其子一代呈现伴性遗传,即公雏全部是芦花羽色,母雏全部是非芦花羽色。

$$Z^BW \quad \times \quad Z^bZ^b \quad \rightarrow \quad F_1 \quad Z^BZ^b \quad Z^bW$$

母芦花　　　公非芦花　　　公雏皆芦花　　　母雏皆非芦花

例如,芦花母鸡与洛岛红公鸡交配,则子一代公雏皆为芦花羽色(黑色绒毛,头顶上有不规则的白色斑点),母雏全身黑色绒毛或背部有条斑(图 3-2-3)。

三、银色羽对金色羽

由于银色羽和金色羽基因都位于性染色体上,且银色(S)对金色(s)为显性,所以银色羽母鸡与金色羽公鸡交配时,其子一代的公雏均为银色,母雏均为金色(封三彩图)。

$$Z^S W \quad \times \quad Z^s Z^s \quad \rightarrow \quad F_1 \quad Z^S Z^s \qquad Z^s W$$

母 CD(白)　公 AB(红)　　　　公雏白色　母雏红色

羽(银色)　羽(金色)

金银色羽的伴性遗传,由于存在其他羽色基因的作用,故其子一代雏鸡绒毛颜色出现中间类型,这给鉴别增加了难度(封三彩图)。

四、横斑洛克(芦花鸡)羽色

横斑洛克是中外闻名的品种,产蛋量较高。横斑洛克羽色由性染色体上显性基因"B"控制。公鸡两条性染色体上各有一个"B",比母鸡只在一条性染色体上有一个"B"影响大,所以纯合型芦花公鸡中白横斑比母鸡宽。"B"基因对初生雏鸡的影响是:芦花鸡的初生羽为黑色,头顶部有一白色小块(呈卵圆形),公雏大而不规则,母雏比公雏要小得多;腹部有不同程度的灰白色,体上黑色母雏比公雏深;初生母雏脚色也比公雏深,脚趾部的黑色在脚的末端突然为黄色显著区分开,而公雏跖部色淡,黄黑无明显分界线。经过选种的纯芦花鸡,根据以上 3 项特征区别初生雏雌雄的准确率可达 96% 以上(图 3-2-4)。此例也属伴性遗传,同一品种有这种现象是少见的。由于现代养鸡生产广泛应用杂交生产商品鸡,所以商品化生产中不能广泛应用。

五、肉鸡父母代自别雌雄体系(四系配套)

如果考虑在父母代肉鸡中能够自别雌雄,则要求母本父系(C系)带有快羽基因($Z^k Z^k$),母本母系(D 系)带有慢羽基因($Z^K W$),这样父母代的公雏是慢羽($Z^K Z^k$),母雏是快羽($Z^k W$),就可以从初生雏的羽毛生长速度进行雌雄鉴别。而与其配套的父本父系(A系)和父本母系(B系)也都应该是快羽($Z^k Z^k$ 与 $Z^k W$),这样使产生的商品代雏鸡全部是快羽,有利于羽毛生长及早期增重(图 3-2-5)。

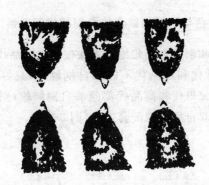

图 3-2-4　横斑洛克(芦花)鸡初生雏头部羽色
（上公下母）

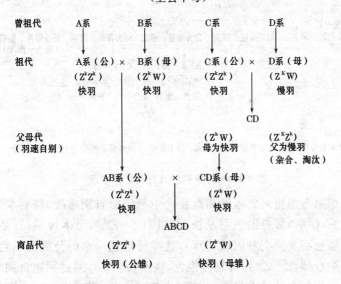

图 3-2-5　肉鸡父母代自别雌雄体系

六、羽色与羽速相结合的自别雌雄配套系(蛋鸡)

上述羽色和羽速自别雌雄的方法仅可在商品代(或父母代)雏鸡应用,而父母代和商品代不能双自别雌雄,只好采用翻肛鉴别法。如果要想父母代和商品代都能够自别雌雄,则可采用羽色与羽速相结合的双自别雌雄配套方法(图3-2-6)。

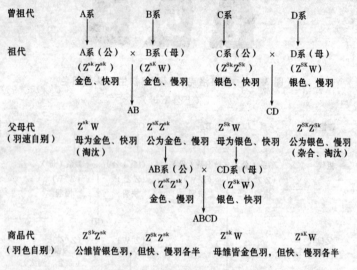

图 3-2-6 羽速羽色双自别雌雄体系

如果考虑蛋鸡父母代和商品代中都能够自别雌雄,则要求母本父系(C系)带有银色羽及快羽基因($Z^{Sk}\,Z^{Sk}$),母本母系(D系)带有银色羽及慢羽基因($Z^{SK}\,W$),这样父母代母本的公雏为银色、慢羽杂合型($Z^{SK}\,Z^{SK}$),母雏为银色、快羽($Z^{Sk}\,W$),通过羽速自别雌雄。与其配套的父本父系(A)系,应该是金色、快羽($Z^{sk}\,Z^{sk}$),而父本母系(B系)应是金色、慢羽($Z^{sK}\,W$)。这样,父母代父本的公雏为金色、慢羽杂合型($Z^{sk}\,Z^{sK}$),母雏为金色、快羽($Z^{sk}\,W$),也通过羽速自别雌雄。它们的商品代,可以通过羽色自别雌雄:公雏为银色、快慢羽各半($Z^{sk}\,Z^{sk}$,$Z^{SK}\,Z^{sk}$),母雏为金色、快慢羽各半($Z^{sk}\,W$,$Z^{sk}\,W$)。如法国伊莎蛋鸡、"农大褐 3 号"蛋鸡。

第三节　初生雏鸡肛门雌雄鉴别

一、初生雏鸡生殖器官形态

（一）鸡的泄殖腔及退化的交尾器官　鸡的直肠末端与泌尿生殖道共同开口于泄殖腔,泄殖腔向外界的开口有括约肌,称为肛门。

将泄殖腔背壁纵向切开,由内向外可以看到 3 个主要皱襞:第一皱襞作为直肠末端和泄殖腔的交界线而存在,它是黏膜的皱襞,与直肠的绒毛状皱襞完全不同。第二皱襞约位于泄殖腔的中央,由斜行的小皱襞集合而成,在泄殖腔背壁幅度较广,至腹壁逐渐变细而终止于第三皱襞,第三皱襞是形成泄殖腔开口的皱襞。

雄性泄殖腔共有 5 个开口:两个输尿管开口于泄殖腔上壁第一皱襞的外侧;两个输精管开口于泄殖腔下壁第一及第二皱襞的凹处,成年鸡有小乳头突起;再一个就是直肠开口。在近肛门开口泄殖腔下壁中央第二、第三皱襞相合处,有一芝麻粒大的白色球状突起(初生雏比小米粒还小),两侧围以规则的皱襞,因呈"八"字状,故称"八字状襞",白色球状突起称为"生殖突起"。生殖突起和八字状襞构成显著的隆起,称为"生殖隆起"。在交尾时生殖隆起因充血勃起围成管道状,精液通过该管射至母鸡的阴道口。生殖隆起因有这样的功能而又不发达,所以叫退化的交尾器官。生殖突起及"八"字状襞呈白色而稍有光泽,有弹性,在加压和摩擦时不易变形,有韧性感(图 3-3-1A)。

雌鸡泄殖腔的 3 个皱襞及输尿管的开口部位与雄鸡完全相同,但没有交尾器官和输精管开口,而在泄殖腔左侧稍上方、第一、第二皱襞间有一输卵管开口（或称阴道开口），雄鸡存在退化交尾器官的地方，在雌鸡不但没有隆起，反而呈凹陷状。雌鸡泄殖腔内有 2 个输尿管开口、1 个输卵管开口和 1 个直肠开口共 4 个开口（图 1-3-1B）。

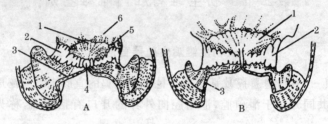

图 3-3-1　初生雏鸡泄殖腔形态

A. 雄雏　B. 雌雏

1. 第一皱襞　2. 第二皱襞　3. 第三皱襞　4. 退化交尾器

5. 输精管突起　6. 直肠末端

　　孵化至第十一胚龄的鸡胚，生殖隆起即能分辨，到第十二胚龄差异较显著，雌胚的隆起变得比雄胚低而扁平。这个时期生殖隆起中央的突起称为头部，底部称为基部。随着胚龄增加，雌胚的生殖隆起逐渐缩小，在孵出时头部只作为不正形的皱襞而残存，基部也逐渐退化缩小而不明显。反之，雄胚生殖隆起的头部发育显著，成为圆形的生殖突起，基部构成生殖突起两侧的"八"字状襞。雌雏生殖隆起残存情况因品种而异，肉用种和兼用种比蛋用种为多，增加了鉴别难度。

　　初生雏泄殖腔的构造与成年鸡没有显著差异，3 个主要皱襞已经与成年鸡同样的发达。雄雏有的可以看到输精管开口的小乳突，但因个体不同而差异很大，有的几乎难以辨认。雌雏的输卵管这时还很细，仅末端膨大，而其开口尚未发达。

　　退化交尾器官雄雏较发达，但形态及发育程度因个体有很大的差异，雌雏的生殖隆起的退化情况也并不一致，因个体不同，有的留痕迹,有的隆起相当发达。肛门鉴别法主要是根据生殖突起及"八"字状襞的形态、质地来分辨雌雄,因此增加了鉴别的难度。要想掌握好这门技术,就要在这方面下功夫。

(二)初生雏鸡生殖器官的解剖构造　雌雄鉴别准确程度的判断,只有依靠解剖以后观察睾丸和卵巢。对可疑的生殖隆起先进行判别,然后进行解剖。两相对照,必有提高。

1. 雄雏　睾丸成对存在,接近肾脏的头端,在它的腹面,为两端略尖之圆棒状,通常后端比前端大,左右对称,右侧稍斜。睾丸以其表面光滑、色白带黄、饱满有弹性感的特点而区别于其他脏器。其颜色因含黑色素而呈黑色或局部黑色,很少一侧为黑色而另一侧为正常色的。其大小因个体而异,通常左侧比右侧稍大。长约 5 毫米,宽约 2 毫米,也有细如线的(图 3-3-2A)。

2. 雌雏　成年母鸡只有左侧卵巢,由于卵泡发育增大,卵巢的体积很大。右侧已退化无痕迹。在胚胎早期,两侧卵巢与输卵管均同样发育。其后左侧卵巢继续发育,右侧发育中止并萎缩。孵出后仅残留痕迹于右侧肾脏的头端,然而退化的程度依个体而异,极少数右侧卵巢仍存在。正常情况下,初生雏只有左侧卵巢,位于身体的左边肾脏的头端,长约 5 毫米,宽约 3 毫米。通常为椭圆形,扁平而稍向外方弯曲,颜色灰黄,表面无光泽,呈颗粒状,与睾丸的色泽形状显著不同(图 3-3-2B)。

二、初生雏鸡肛门雌雄鉴别法

肛门雌雄鉴别法是根据初生雏有无生殖突起以及生殖隆起在组织形态上的差异,以肉眼分辨雌雄的一种鉴别方法。

(一)初生雏鸡生殖隆起的形态和分类

1. 雄雏生殖隆起类型　雄雏生殖隆起分为正常型、小突起型、扁平型、肥厚型、纵型和分裂型等 6 种类型。

(1)正常型　生殖突起最发达,长 0.5 毫米以上,形状规则,充

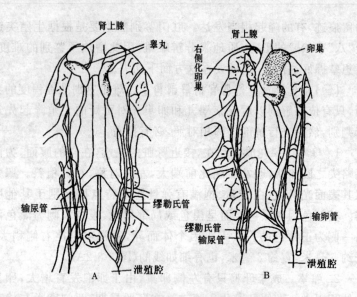

图 3-3-2　初生雏鸡生殖器官解剖
A. 雄雏　B. 雌雏

实似球状,富有弹性,外表有光泽,轮廓鲜明,位置端正,在肛门浅处。八字状襞发达,但少有对称者(图 3-3-3,图 3-3-4)。

图 3-3-3 之 1 生殖突起呈正椭圆形,八字状襞对称而发达;之 2 生殖突起似球形,八字状襞对称而发达;之 3 生殖突起纵长,八字状襞对称而发达;之 4 右八字状襞分裂为二,此为常见现象;之 5 生殖突起与右端八字状襞相连;之 6 生殖突起与左端八字状襞相连;之 7 生殖突起与左右两端八字状襞相连;之 8 生殖突起呈纺锤形,八字状襞不规则;之 9 生殖突起端正而大,八字状襞也发达;之 10 生殖突起呈纺锤形,八字状襞不发达。

图 3-3-4 之 1 与 2 两生殖突起为纺锤形中的稍小者,之 1 生殖突起为小型,突起充实、轮廓鲜明,右襞不明显;之 2 八字状襞发达,处于生殖突起的上方;之 3、之 4 为雄雏常见的形状,生殖突起

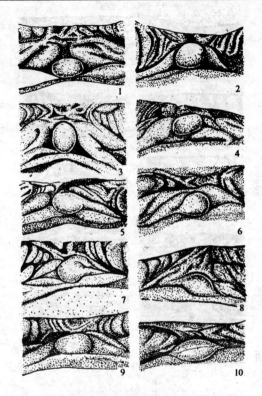

图 3-3-3　白来航鸡初生雄雏正常型
生殖隆起形态的差异

稍小,且深埋于襞间,此型中的纵长者,生殖突起的前端稍尖,八字
状襞发达;之 5 生殖突起小而充实,八字状襞也发达;之 6～10 为
正常型中最小者,八字状襞极发达。

　　(2)小突起型　生殖突起特别小,长径在 0.5 毫米以下;八字
状襞不明显,且稍不规则(图 3-3-5)。

　　图 3-3-5 之 1 生殖突起小,八字状襞不规则;之 2 生殖突起小,
八字状襞不明显;之 3 生殖突起发达,八字状襞明显;之 4 生殖突

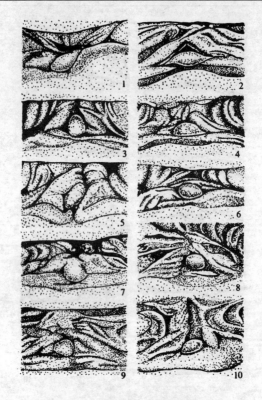

**图 3-3-4 白来航鸡初生雄雏正常型
生殖隆起形态的差异**

起不发达,八字状襞不规则。

(3)扁平型 生殖突起扁平横生,如舌状,八字状襞不规则,但很发达。此型又分 3 种:一是生殖突起的舌状尖端向外,二是生殖突起的尖端向内,三是生殖突起直立于襞,即舌状尖端向上。

图 3-3-6 之 1、之 2 为生殖突起的舌状尖端向外方;之 3 生殖突起的尖端向内方;之 4 生殖突起的尖端向上方。

(4)肥厚型 生殖突起与八字状襞相连,界限不明显,八字状

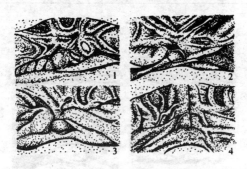

图 3-3-5　初生雄雏小突起型生殖隆起形态的差异

襞特别发达,将生殖突起和八字状襞一起观看即为肥厚型。

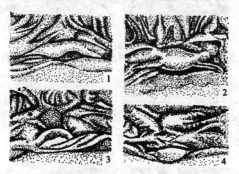

图 3-3-6　初生雄雏扁平型生殖隆起形态的差异

　　图 3-3-7 之 1 右八字状襞特别发达,它与生殖突起的界限稍可辨认;之 2 右八字状襞与生殖突起相连,左八字状襞却全与生殖突起分离,生殖突起发达可辨认;之 3、之 4、之 6 生殖突起与八字状襞纷杂相混,不能分辨;之 5 生殖突起与八字状襞均发达,且尚可分辨。

　　(5)纵型　生殖突起位置纵长,多呈纺锤形;八字状襞既不发达,又不规则。此型又分为 2 种:图 3-3-8 之 1,生殖突起似正常

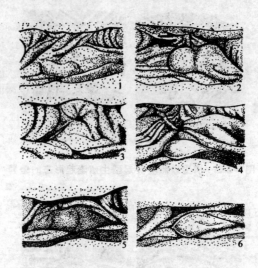

图 3-3-7　初生雄雏肥厚型生殖隆起形态的差异

型,前端伸入深部,八字状襞发达;图 3-3-8 之 2~4,生殖突起中央大、两头尖,为正纺锤形,位置纵长伸入深部,前端达第一皱襞,后端至泄殖腔开口处,八字状襞既不发达,又不规则。

图 3-3-8　初生雄雏纵型生殖隆起形态的差异

　　(6)分裂型　此型罕见,在生殖突起中央有一纵沟,将生殖突起分离。图 3-3-9 之 1 生殖突起完全分离为两个；之 2 生殖突起大部分分离，只有小部分相连。

图 3-3-9　初生雄雏分裂型生殖隆起形态的差异

2. **雌雏生殖隆起类型**　在正常情况下，初生雌雏的生殖隆起几乎完全退化，此类型称为正常型。但也有 20%～40% 的雌雏生殖隆起未完全退化，根据其形态又可分为小突起型和大突起型。

（1）**正常型**　生殖突起几乎完全退化，其原来位置仅残存皱襞，且多为凹陷。

图 3-3-10 之 1 生殖突起完全消失，其位置无残迹，八字皱襞也无残迹；之 2、之 7 生殖突起完全退化，其位置以皱襞状残存；之 3、之 4、之 8 生殖突起和八字状襞均有残留；之 5、之 6 生殖突起完全消失，八字状襞明显存在；之 9 生殖突起稍有存在，八字状襞复杂；之 10 生殖突起稍有存在，八字状襞消失。

（2）**小突起型**　生殖突起长 0.5 毫米以下，其形态为球形或近如球形；八字状襞明显退化。图 3-3-11 之 1 生殖突起为极小型，八字状襞消失，生殖突起孤立，其轮廓不明显；之 2 生殖突起稍大，八字状襞也稍发达，生殖突起的轮廓不如雄雏的明显，形状也不充实饱满，有柔软之感，此为雌雏生殖突起的特征；之 3 生殖突起为球形，被八字状襞包着，但很薄，有退化的倾向；之 4 生殖突起的形状不规则，八字状襞退化成不规则的残迹；之 5 生殖突起稍大，球形，较充实，似雄雏的生殖突起，但八字状襞消失，生殖突起孤立；之 6、之 7 生殖突起小，轮廓不明显，八字状襞呈不规则的残迹。

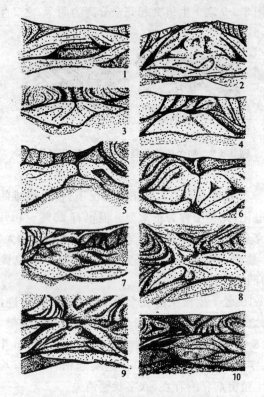

**图 3-3-10　初生雌雏正常型生殖隆起
形态的差异**

　　(3)大突起型　生殖突起的长径在 0.5 毫米以上,八字状襞也发达。与雄雏的生殖突起正常型相似。图 3-3-12 之 1 生殖突起发达,似雄雏生殖突起正常型,八字状襞发达且复杂;之 2 生殖突起更发达,八字状襞发达且规则;之 3 生殖突起大,但不如前两者充实。

　　3.雌雄雏各种生殖隆起类型比例　见表 3-3-1,表 3-3-2。

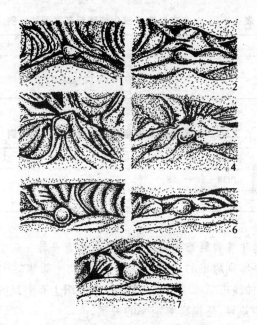

图 3-3-11 初生雌雏小突起型生殖
隆起形态的差异

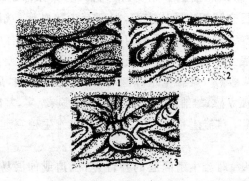

图 3-3-12 初生雌雏大突起型生殖隆起形态的差异

表 3-3-1　白色来航鸡雌雏生殖隆起各类型的比例

类　型	正常型	小突起型	大突起型
数量(只)	562	345	33
比例(%)	59.8	36.7	3.5

表 3-3-2　白色来航鸡雄雏生殖隆起各类型的比例

类　型	正常型	小突起型	扁平型	肥厚型	纵　型	分裂型
数量(只)	1039	58	72	82	72	3
比例(%)	78.4	4.4	5.4	6.2	5.4	0.2

(二)初生雏鸡雌雄生殖隆起的组织形态差异　初生雏鸡有无生殖隆起是鉴别雌雄的主要依据,但部分初生雌雏的生殖隆起仍有残迹,这种残迹与雄雏的生殖隆起,在组织上有明显的差异。正确掌握这些差异,是提高鉴别率的关键。

初生雏鸡生殖隆起从组织特征来看,其黏膜的上皮组织雌雄雏虽没有明显差异,但黏膜下结缔组织却有显著不同。雌雏生殖隆起黏膜下组织的细胞不充实,排列稀疏,其深部组织已退化萎缩,并与淋巴空隙相连而成空洞,深部有少数血管。相反,雄雏此部的细胞充实,排列致密,深部有很多血管,表层亦有血管。由里及表,在外表上雌、雄雏鸡生殖隆起有以下几点显著差异。

1. **外观感觉**　雌雏生殖隆起轮廓不明显,萎缩,周围组织衬托无力,有孤立感;雄雏的生殖隆起轮廓明显、充实,基础极稳固。

2. **光泽**　雌雏生殖突起柔软透明;雄雏生殖突起表面紧张,有光泽。

3. **弹性**　雌雏生殖隆起的弹性差,压迫或伸展易变形;雄雏生殖隆起富有弹性,压迫、伸展不易变形。

4. **充血程度**　雌雏生殖隆起血管不发达,且不及表层,刺激不易充血;雄雏生殖隆起血管发达,表层亦有细血管,刺激易充血。

5. **突起前端的形态**　雌雏生殖隆起前端尖,雄雏生殖隆起前端圆。

(三)肛门鉴别的手法　肛门鉴别的操作可分为:①抓雏、握雏;②排粪、翻肛;③鉴别、放雏等3个步骤。

1. **抓雏、握雏**　雏鸡的抓握法一般有夹握法和团握法两种。

(1)夹握法　右手抓握法。右手朝着雏鸡运动的方向,掌心贴雏背将雏抓起,然后将雏鸡头部向左侧迅速移至放在排粪缸附近的左手,雏背贴掌心,肛门向上,雏颈轻夹在中指与无名指之间,双翅夹在食指与中指之间,无名指与小指弯曲,将两脚夹在掌面(夹握法,图 3-3-13)。

　技术熟练的鉴别员,往往右手一次抓两只雏鸡,当一只移至左手鉴别时,将另一只夹在右手的无名指与小指之间。

(2)团握法　左手直接抓握法。左手朝雏运动的方向,掌心贴雏背将雏抓起,雏背向

图 3-3-13　握雏法之一　(夹握法)

掌心,肛门朝上,将雏鸡团握在手中,雏的颈部和两脚任其自然(图3-3-14)。

(3)两种方法的比较　两种抓握法没有明显差异,虽然右手抓雏移至左手握雏需要时间,但因右手较左手敏捷而得以弥补。团握法多为熟练鉴别员采用。

2. **排粪、翻肛**

(1)排粪　在鉴别观察前,必须将粪便排出,其手法是左手拇指轻压雏鸡腹部左侧髋骨下缘,借助雏鸡呼吸将粪便挤入排粪缸中。有人认为这样做既费时又伤雏,最好采用紧压雏鸡肛门下缘直肠末端处(第一、第三种翻肛法用右拇指,第二种翻肛法用右食

指),以隔断直肠与肛门的通路,粪便即不排出。但是笔者认为,由于紧压的程度难以掌握,压轻不排粪,压重又伤雏,效果并不理想。

(2)翻肛 翻肛手法较多,下面仅介绍常用的3种方法。

①翻肛手法之一。左手握雏,左拇指从前述排粪的位置移至肛门左侧,左食指弯曲贴

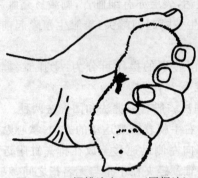

图 3-3-14 握雏法之二 (团握法)

于雏鸡背侧,与此同时右食指放在肛门右侧,右拇指侧放在雏鸡脐带处(图 3-3-15A)。右拇指沿直线往上顶推,右食指往下拉并往肛门处收拢,左拇指也往里收拢,3 指在肛门处形成一个小三角区,3 指凑拢一挤,肛门即翻开(图 3-3-15B)。

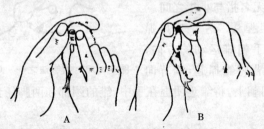

A   B

图 3-3-15 翻肛手法之一

②翻肛手法之二。左手握雏,左拇指置于肛门左侧,左食指自然伸开,与此同时,右中指置于肛门右侧,右食指置于肛门下端(图 3-3-16A)。然后右食指往上顶推,右中指往下拉并向肛门收拢,左拇指向肛门处收拢,3 指在肛门形成一个小三角区,由于 3 指凑拢,肛门即翻开(图 3-3-16B)。

③翻肛手法之三。此法要求鉴别员右手的大拇指留有指甲。

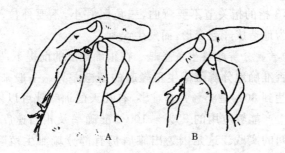

图 3-3-16　翻肛手法之二

翻肛手法基本与翻肛手法之一相同(图 3-3-17)。

3. 鉴别、放雏　根据生殖突
起的有无和生殖隆起形态差别,便
可判断雌雄。如果有粪便或渗出
物排出,可用左拇指或右食指抹
去,再行观察。遇生殖隆起一时难
以分辨时,也可用左拇指或右食指
触摸,观察其充血和弹性程度。

(四)鉴别的适宜时间与鉴别
要领

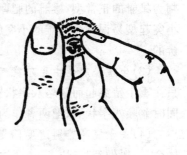

图 3-3-17　翻肛手法之三

1. 鉴别的适宜时间　最适宜鉴别时间是出雏后 2～12 小时。
在此时间内,雌、雄雏鸡生殖隆起的性状最显著,雏也好抓握、翻
肛。而刚孵出的雏鸡,身体软绵,呼吸弱,蛋黄吸收差,腹部充实,
不易翻肛。技术不熟练者甚至造成雏鸡死亡。

孵出后 1 天以上,肛门发紧,难以翻开,而且生殖隆起萎缩,甚
至陷入泄殖腔深处,不便观察。因此,鉴别时间以不超过 24 小时
为宜。

2. 鉴别要领　提高鉴别的准确性和速度,关键在于正确掌握
翻肛手法和熟练而准确地分辨雌、雄雏的生殖隆起。

(1)正确掌握翻肛手法　既要能翻开肛门,又要使位置正确。

翻肛时,3指的指关节不要弯曲,三角区宜小,不要外拉、里顶,才不致人为地造成隆起变形,而发生误判。

(2)准确分辨雌雄生殖隆起　在正确翻肛的前提下,鉴别的关键是能否准确地分辨雌雄生殖隆起的细微差异。一般来说,鉴别准确率达到80%～85%并非难事,有几天的训练就可以做到。但要达到生产能够应用的95%～100%准确率及相当速度,却需要较长时间的实践。这是因为出雏后仍有部分雌雏生殖隆起有残留。容易与雄雏生殖隆起某些类型相混淆。一般容易发生误判的是:雌雏的小突起型误判为雄雏的小突起型;雌雏的大突起型易误判为雄雏的正常型;雄雏的肥厚型易误判为雌雏的正常型;雄雏的小突起型易误判为雌雏的小突起型。这些只要不断实践是不难分辨的。

(3)生殖隆起是由生殖突起与八字状襞所构成　初学者往往只注重生殖突起而忽略八字状襞。正确的做法是注意生殖突起的同时兼顾八字状襞,把两者作为一个整体来观察分辨。

(4)关于提高鉴别速度问题　北京市种鸡场孵化厅鉴别师的体会是,要做到"三快、三个一次"。"三快"是:握雏翻肛手要快,辨雌雄脑反应要快,辨别后放雏要快。"三个一次"是:胎粪一次要排净,翻肛一次要翻好,辨认一次要看准。

(五)鉴别注意事项

1. 动作要轻捷　鉴别时动作粗鲁容易损伤肛门或使卵黄囊破裂,影响以后发育,甚至引起雏鸡的死亡。鉴别时间过长,肛门容易被粪便或渗出液掩盖或过分充血,无法辨认。

2. 姿势要自然　鉴别员坐的姿势要自然,持续工作才不易疲劳。

3. 光线要适中　肛门雌雄鉴别法是一种细微结构的观察,故光线要充足而集中,从一个方向射来,光线过强过弱都容易使眼睛疲劳。自然光线一般不具备上述要求,常采用有反光罩的40～60

瓦乳白灯泡的光线。光线过强（以前多用 200 瓦灯泡），不仅刺激眼睛，而且炽热烤人。

4. 盒位要固定　鉴别桌上的鉴别盒分 3 格，中间一格放未鉴别的混合雏，左边一格放雌雏，右边一格放雄雏。要求位置固定，不要更换，以免发生差错。不仅要求每个鉴别员个人放雏位置固定，而且要求同一孵化场的所有鉴别人员放雏位置一致。

5. 鉴别前要消毒　为了做好防疫工作，鉴别前，要求每个鉴别员穿工作服、鞋、戴帽、口罩，并用新洁尔灭消毒液洗手。

6. 眼睛要保健　肛门鉴别法是用肉眼观察分辨雌雄的一种方法。鉴别员长年累月用眼睛观察，是技术性很强的劳动，所以必须注意保健，尤其是眼睛的保健。除做广播操、眼保健操之外，应争取多做一些室外运动，并定期进行体检。

（六）肛门鉴别法的练习和雏鸡的解剖

1. 肛门鉴别法的练习　练习时应坚持："严肃认真，循序渐进，抓住重点，反复实践"的原则。

练习时要循序渐进。首先练习抓雏握雏技术，虽然它并不影响鉴别的准确性，但却影响鉴别速度。其次练习排粪翻肛技术，这是提高准确率和速度的基础。然后再练习分辨雌雄和放雏技术。不要只重视练习观察生殖隆起的形态差异，而忽视其他方面的练习。初学者最好先用雄雏练习，因雄雏价值低，生殖隆起类型多，而且有大量雄雏供观察。在较熟练掌握雄雏生殖隆起的形态之后，再练习鉴别雌雄混合雏，应避免初学者立即鉴别雌雄混合雏。仅掌握雄雏生殖隆起的形态不能算掌握了雌雄鉴别技术，因为部分初生雌雏仍有生殖隆起的残迹存在。有对比才有鉴别，只有正确分辨雌雄雏生殖隆起的差异，才能正确区分雌雄，此时才可以说基本掌握了雌雄鉴别技术。

鉴别法练习的重点是翻肛技术和辨别雌雄技术。肛门能否翻开，能否不产生人为变形或造成人为的生殖突起和八字状襞，这是初学者应当注意的问题。在正确翻肛的基础上,苦练辨别雌雄的硬功夫。

掌握雌雄鉴别技术不是一朝一夕能够学会的,应当强调反复实践、反复体会。要做到手脑并用,边实践边体会,遇到不能准确判断时,首先看清牢记生殖隆起的形状及特性,然后再进行解剖观察,这样多次反复,以后遇到同样情况,就可准确辨认雌雄了。

2. 雏鸡的解剖 解剖雏鸡的目的,在于通过直接观察生殖器官,来验证肛门鉴别的判断是否正确。这是初学者提高准确率的重要手段。其解剖步骤如下:①以右手拇指和食指将雏鸡两翼握于雏鸡胸前(图3-3-18A);②右手向外翻转,以左手拇指平行贴于鸡背,其余4指握住雏鸡头部和颈部下端(图3-3-18B);③左手固定不动,右手用力一撕(用力不宜过大),从胸前纵向将雏鸡背部与腹部撕开(图3-3-18C);④在撕开的同时,用左手食指(或右手食指)贴雏背向上顶(图3-3-18D),一般即可观察到生殖器官(睾丸或左侧卵巢),如若生殖器官被脏器所掩盖,可用拇指拨开脏器,即露出生殖器官。

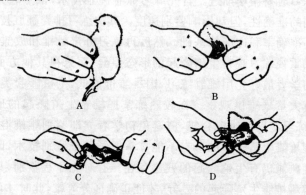

图3-3-18 初生雏鸡解剖法

孵化场出雏量很大。要在很短时间内把雌雄鉴别工作做完,

鉴别速度必须很快。误判 1 只雏鸡相当于浪费 500 克粮食或
0.5～0.6 元,鉴别的准确率必须很高。一般技术熟练的鉴别员每
小时鉴别 1 000～1 200 只雏鸡,准确率在 98%～100%。1984 年
北京举办了鉴别竞赛,47 名选手的平均成绩为 100 只雏鸡用时 5
分 7 秒,准确率 96.6%。获第一名的高亚莉仅用 3 分 33 秒,准确
率达 100%。这与鉴别员的身体条件和技术熟练程度关系很大。
鉴别员两眼视力必须在 1.2 以上,反应快,色盲和色弱都不行。学
习过程中要熟记各型生殖隆起,通过大量实践,掌握基本鉴别方
法;还要经常从事鉴别工作,注意练习。

三、雌雄鉴别室的设计和设备

(一)雌雄鉴别室的设计

1. 鉴别室的位置及布局　雌雄鉴别室位于孵化厅工艺流程
后端的雏禽处置室近出雏室一端,前与出雏室相邻,后与雏鸡免疫
和雏禽待运室相通,以便于将初生雏及时送到鉴别室,鉴别后的雏
鸡经过免疫及时存放在雏禽待运室[见第一章第二节的图 1-2-1
孵化厅布局和工艺流程之 8 即"雏禽处置室(兼雏禽待运室)"]。

鉴别室内的布局,可根据具体情况而定。原则上要注意:
①因为室内既有未鉴别的混合雏,又有鉴别后的雌、雄雏,所以要
考虑到各种雏鸡的存放位置及面积,以防止出现错乱;②雏鸡尽
量离鉴别员近些,以节省搬运雏鸡的时间。

2. 鉴别室的设计要求　鉴别室设计总的要求是:面积足,利
消毒,通风好,保温强,低照度,遮光好。

(1)面积　鉴别室的总面积,应根据鉴别任务的大小而定(最
大出雏量和每位鉴别员 6 000 只混合雏计算),每个鉴别员占地面
积一般不少于 12 平方米(包括存放鉴别雏的地方)。

(2)地面　水泥地面,平坦无积水,有上下水道,以便每次鉴别
完毕后冲洗消毒。

（3）墙壁　为了便于清扫冲洗,在离地 1 米高的墙壁上,用水泥抹平并刷上油漆或防水涂料。

（4）窗户　为了保温和遮光,在离地 1.7 米以上开一宽 90～100 厘米的条形窗。

（5）门　鉴别室只有一个出入口,也就是孵化厅的人员出入口,鉴别员出入鉴别室都要消毒更衣。室内还有接通出雏室、洗涤室和雏鸡待运室的门,这些门平时均上锁。

3. 鉴别室的温度、照度和通风　虽然初生雏鸡绒毛短稀,御寒能力很差,需要较高的环境温度,但在雏盒里的雏鸡密度大（每只雏仅占约 27 平方厘米,即每平方米高达 370 只,为育雏室雏鸡密度的 15 倍）,当环境温度为 26℃时,由于雏鸡产热,盒中温度可达 39.2℃。故鉴别室的室温保持在 22℃～26℃即可,这样鉴别人员也不致感到不适。室内光线要暗些,这样雏鸡较安静,也不影响鉴别光线的集中,照度一般为 10 勒（3 瓦/平方米）。窗户最好有黑红布遮光,设空气调节器,以便排出室内污浊空气和余热（见第一章第三节的"雏鸡处置室"）。

（二）鉴别设备

1. 鉴别桌　鉴别桌采用无屉桌。其规格为:长 130 厘米×宽 68 厘米×高 66 厘米。桌面四边中部钉直径 0.8 厘米的圆柱形小木橛,以固定鉴别盒的位置不致移动（图 3-3-19）。

2. 鉴别盒　鉴别盒是一个前低后高与鉴别桌面大小相同的无底长方形盒。其规格是:长 130 厘米×宽 68 厘米×前高 14 厘米、后高 20 厘米。盒内由两块厚 1.5 厘米的隔板分成 3 格。中格较大,宽 46 厘米,放未鉴别的混合雏;左右两格大小一样（均宽 38.5 厘米）,分别存放雌雏和雄雏。该盒无底较易清洗消毒。盒底四边侧壁与鉴别桌的小木橛相应位置,各钻一深约 1 厘米的小孔,以固定鉴别盒。笔者观察发现,当中格混合雏少时,鉴别员经常将雏鸡从远端拨向前边以便抓雏鉴别,这样既影响鉴别速度,又

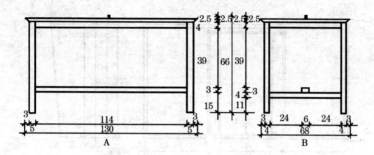

图 3-3-19 鉴别桌 （单位:厘米）

A. 正立面图 B. 侧立面图

影响节奏。为此,笔者设计了中格的"雏鸡调节板",它由 1 块带有若干直径 1 厘米透气孔的活动板和 3 根直径 5 毫米的活动板滑道组成。鉴别员根据雏鸡数量及位置,拨动"雏鸡调节板",将雏鸡向前端靠拢,以便鉴别员抓雏鉴别(图 3-3-20)。

　3. 配有雏鸡自动计数器的鉴别桌　为了便于管理,对于出雏量较大的孵化场,最好采用雏鸡自动计数器。这样既可以准确无误地统计公、母雏数量,又可以考核鉴别员的工作量。鉴别桌规格为长 125 厘米×宽 60 厘米×高 80 厘米,并设有"雏鸡调节板"。其中无底雏鸡鉴别盒(放混合雏)的规格为长 51 厘米×宽 60 厘米×高 14~20 厘米(即前高 14 厘米,后高 20 厘米),雏鸡箱(左放母雏、右放公雏)的规格均为长 37 厘米×宽 37 厘米×高 80 厘米,顶盖制成斜坡状,中间留有 9 厘米×9 厘米的雏鸡进口方孔,并通过斜管开口于外侧壁底边的口径为 6 厘米×6 厘米的雏鸡出口(图 3-3-21)。经过鉴别的公、母雏,分别滑入左边或右边的雏鸡进口并通过斜管从雏鸡出口,掉入下面的雏鸡盒中。每只雏鸡通过斜管中的光电接收器时,即被计数 1 次,并在雏鸡计数器中显示。当计数达到 100 只(或 80 只)时,计数器响铃示警,以便更换雏鸡盒。雏鸡计数器最后显示该鉴别员的鉴别雏鸡总数。

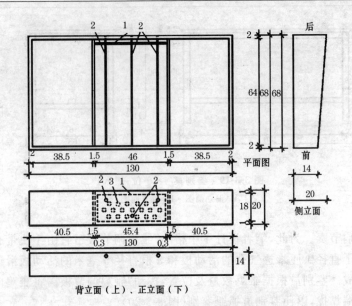

平面图

侧立面

背立面（上）、正立面（下）

图 3-3-20　鉴别盒　（单位：厘米）

1. 雏鸡调节板　2. 滑道　3. 透气孔

4. **鉴别椅**　要求椅面离地高 45 厘米左右，最好用转椅，以便根据鉴别员的身材及习惯具体调节高度。

5. **鉴别灯**　可用高脚座式反光手术灯，灯杆高不超过 80 厘米，蛇皮管长 30 厘米左右。一般用 40 瓦的乳白灯泡，如果鉴别员背靠墙坐，也可采用有伸缩架带反光罩的壁灯，鉴别时将灯拉出，鉴别完毕将灯推靠墙壁。或采用夹式带蛇皮管的有罩灯，将灯夹在鉴别盒的背立面上，调节适当角度。

6. **排粪缸**　以医用油膏缸代替。缸高约 12 厘米，直径约 13 厘米。

7. **雏鸡盒**　详见第一章第四节的图 1-4-8。

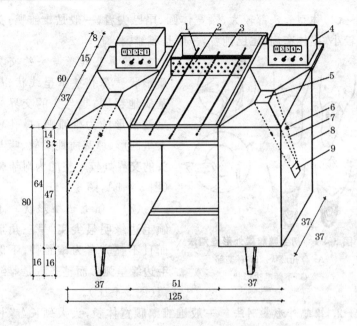

图 3-3-21　配有雏鸡自动计数器的鉴别桌轴测图　（单位：厘米）

1. 调节板滑道　2. 雏鸡调节板　3. 鉴别盒(无底)

4. 雏鸡计数器　5. 雏鸡进口　6. 光电接收器

7. 斜管　8. 箱体　9. 雏鸡出口

第四节　其他初生雏禽的雌雄鉴别

一、初生鸭、鹅雌雄鉴别法

(一)外形鉴别法

1. 雏鸭外形鉴别法　从体型、鼻孔和喙与头的交界处形状和下颌毛边缘形状鉴别。

（1）体型　头部较大、腰宽体圆、尾巴尖者，一般是雄雏鸭；头部较小、躯体窄扁、尾巴钝者，一般是雌雏鸭。

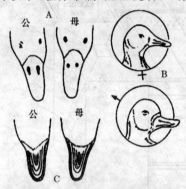

图 3-4-1　初生鸭雌雄外形鉴别法
A. 鼻孔形状　B. 鼻基部
C. 下颌毛边形状

（2）鼻孔和喙与头的交界处形状　鼻孔狭窄呈线状、鼻基质地粗硬、喙与头的交界处呈波浪形的为雄雏鸭；鼻孔较大呈圆形、鼻基质地柔软、喙与头的交界处较平整的为雌雏鸭（图 3-4-1A，图 3-4-1B）。

（3）下颌毛边缘形状　下颌毛边缘明显尖实，呈三角形而且不整齐者为雄雏鸭；下颌毛边缘呈弧形而整齐者是雌雏鸭（图 3-4-1C）。

2. 雏鹅外形鉴别法　一般雄雏鹅腰宽体长，头大颈长，喙长而宽，站立姿势较直立；雌雏鹅腰窄体短，头小颈短，喙短而窄，站立姿势较前倾。

（二）雏鸭鸣管鉴别法

1. 雏鸭的鸣管　雏鸭在气管下部、胸腔入口处的三角区（即颈的基部、两锁骨内侧、支气管的分叉处），有变大的鼓室，是鸭的发声器官，称鸣管。雌、雄鸭的鸣管在形态结构上有较大差别：雄雏鸭鸣管膨大呈球形，直径 3～4 毫米；而雌雏鸭仅支气管的分叉处稍为粗大。据此可以从外部触摸鉴别雌雄（图 3-4-2A）。

2. 鉴别方法　右手托住雏鸭，右手食指置于相当鸡的嗉囊位置。左手拇指放于颈后部，食指置于雏鸭下颌处。如果是雄雏鸭，当左手食指使雏鸭头部上下活动时，右手食指可触摸到 4 个稍微活动的类似绿豆粒大小的硬物；而雌雏鸭却无此感觉（图 3-4-2B）。

（三）初生鸭、鹅肛门鉴别法　受精鸭蛋孵化至第八胚龄，开始

出现生殖隆起原基。孵化第十
四胚龄,雄雏的生殖隆起开始
向右捻转,而雌雏无此变化。
孵化第十八胚龄,雄雏的生殖
皱襞很发达,捻转更明显,隆起
内面的纵沟已达中央头部的前
端,成为后来的输精沟。而雌
雏的生殖隆起发育极缓慢。孵
化第二十五胚龄,雄雏的生殖
隆起捻转 1.5 周,出雏时达 2
周,长度达 4～5 毫米,呈螺旋
形。故可以通过翻肛、捏肛(摸
肛)和顶肛等方法鉴别雌雄。

图 3-4-2　初生雏鸭鸣管鉴别法
1. 气管　2. 鸣管　3. 胸骨气管肌
　　4. 支气管　5. 肺

1. 翻肛鉴别法

(1)抓雏、握雏　左手抓雏。让头朝外、腹部朝上、背向下,呈
仰卧姿势,肛门朝上斜向鉴别者。左手中指与无名指夹住雏鸭
(鹅)两脚的基部,食指贴靠在雏鸭(鹅)的背部,拇指置于泄殖腔右
侧,头及颈部任其自然(图 3-4-3A)。

(2)翻肛、鉴别　然后将右手的拇指和食指,置于泄殖腔左侧
(图 3-4-3B),左拇指、右拇指和食指等 3 指轻轻翻开泄殖腔(图 3-
4-3C)。如果在泄殖腔下方见到螺旋形皱襞(雏鸭、鹅的阴茎雏形)
即为雄雏;若看不到螺旋形阴茎雏形,仅有呈八字状的皱襞,则为
雌雏(图 3-4-3D)。

初生雏鸭(鹅)的翻肛手法(抓握雏、翻肛),也可采用初生雏鸡
肛门鉴别法,但用力要轻而且三角区应大。

2. 捏肛(摸肛)鉴别法　左手抓握雏,左手拇指紧贴雏鸭(鹅)
背部,其余 4 指托住腹部,让其背向上腹朝下,肛门朝向鉴别者,然
后右手的拇指与食指在泄殖腔外部两侧轻轻揉捏(熟练者仅需轻

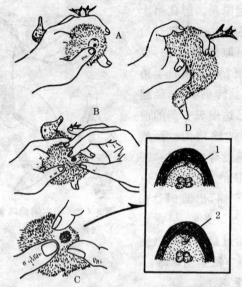

图 3-4-3　初生雏鸭(鹅)翻肛鉴别法
1. 八字状皱襞　2. 阴茎雏形

轻一捏)。如果手指间感到有油菜籽大小的较硬物,即为雄雏,无此感觉为雌雏。

　　捏肛(摸肛)鉴别法比翻肛法速度快,熟练者每 2 秒钟可鉴别 1 只雏鸭(每 3 秒钟可鉴别 1 只雏鹅),而且对雏鸭(鹅)不会造成损伤。初学者要注意:捏肛手法要轻,不要来回揉搓,以免损伤泄殖腔组织。可先行翻肛鉴别,确定雌雄后,再体会捏肛法,以提高手指的敏感性,使鉴别更准确。

　　3.顶肛鉴别法　顶肛法主要用于鉴别雏鸭。它比捏肛法更难掌握,但熟练后鉴别速度比捏肛法快。抓握雏鸭方法与捏肛法相似。左手抓握雏鸭,右手中指在泄殖腔外部轻轻往上一顶。若手指感有油菜籽大小的硬物即为雄鸭,否则为雌鸭。

二、初生鹌鹑、火鸡雌雄鉴别法

（一）初生鹌鹑雌雄鉴别法

1. **翻肛鉴别法**　左手团握或夹握鹌鹑（可按初生雏鸡肛门鉴别手法），然后用左拇指、右拇指和食指轻轻翻开泄殖腔。在灯光下观察泄殖腔内黏膜颜色及是否有生殖突起。黏膜黄赤色又有生殖突起者为雄雏鹑；黏膜浅黑色而无生殖突起者，则为雌雏鹑（图3-4-4）。

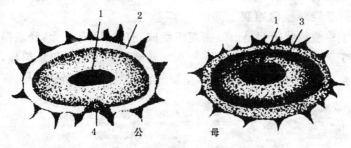

图 3-4-4　初生鹌鹑肛门鉴别法

1. 直肠开口　2. 黄赤色　3. 浅黑色　4. 生殖突起

2. **栗色羽对白色羽自别雌雄**　北京市种禽公司鹌鹑场从朝鲜鹌鹑中发现伴性隐性白化羽突变母鹑个体，并以此培育出自别雌雄品系。用白羽公鹑与栗色羽母鹑交配，其子一代公鹑皆为栗色，母鹑皆为白色。

$$Z^cZ^c \times Z^cW \longrightarrow F_1 \quad Z^cZ^c \qquad Z^cW$$

白羽公　　栗色羽母　　　　　公雏皆为栗色　母雏皆为白色

（二）初生火鸡雌雄鉴别法　一般采用翻肛法鉴别雌雄。鉴别手法：左手掌心紧贴雏火鸡将雏抓握，泄殖腔朝上斜向鉴别者，右手将雏火鸡尾巴轻轻拉向背部，即可使泄殖腔外露。泄殖腔下部

见到两个浅红色椭圆形球状突起,即为雄雏;泄殖腔下部未见两个
突起,而是底边变粗向两边延伸,逐渐变细的浅粉红色八字状皱
襞,即为雌雏(图 3-4-5)。
但有极少数雄雏的球状突
起为浅粉红色,而少数雌雏
的八字状皱襞较粗近圆形,
容易引起误判。

图 3-4-5　初生火鸡泄殖腔示意
1. 生殖突起　2. 八字状皱襞

　　遇到难以辨认时,可用
手指轻轻触摸泄殖腔下部,
由于雄雏球状突起是由致密组织组成,有弹性、有光泽,经触摸不
易变形,仍保持球形;而雌雏的八字状皱襞系由疏松组织组成,弹
性差,无光泽,触摸时易变形,呈扁平状。据此差异辨认雌雄。

第四章　孵化场的经营管理

经营管理的目的是使企业利润最大化。孵化场分为独立孵化场和隶属于种禽场的孵化场。独立孵化场一般需要从外面购进种蛋,隶属种禽场的孵化场的种蛋由种禽场提供。无论哪种类型的孵化场都需要把雏禽的成本降低、质量提高。雏禽的销售价格虽然受制于市场等一些因素,但是降低生产成本可以提高孵化场的经济效益。孵化场的管理工作包括很多内容,孵化场的经营者必须知晓这些内容,并及时对生产过程中的问题做出评价。

第一节　人员的管理

工作人员的技术水平和工作态度决定了孵化场工作效率和产品质量。必须加强人员的管理和技术培训,提高工作人员的责任心和遇到突发事件的处理能力。

一、孵化场的人员配置

孵化场的人员数量根据孵化场的规模来确定。由于孵化场是24小时运转的车间,而且消毒要求比较严格,因此人员要做到优化配置。

(一)孵化场的规模　小型孵化场一般指年孵化种蛋300万枚以下的孵化场,年平均出母雏在120万只或肉鸡250万只左右。小型孵化场一般有19200型入孵器和出雏器16台或巷道式孵化器3台套以下。中型孵化场一般年孵化种蛋300万~1500万枚,年平均出母雏在120万~600万只或肉鸡250万~1250万只,一般拥有巷道式孵化器15台套。大型孵化场一般指年孵化种蛋

1 500 万枚以上,但孵化量最好不要超过 5 000 万枚,可以建设独立的几个孵化场来扩大孵化量。

(二)人员数量的确定 大型孵化场一般都隶属于大型种禽场,在人员上可以减少一些后勤人员,年孵化能力 1 500 万枚种蛋的孵化场需要配备孵化人员 30 名,孵化量每增加 100 万枚只增加 1 人。

(三)人员类型和分工

1. 正、副场长 负责整个孵化场的生产工作,同时负责人员分工和管理,场长不在时副场长负责全面工作。

2. 正、副电工 负责孵化器、发电机、电路的维护和维修。

3. 蛋库保管员 负责种蛋的出库入库。

4. 孵化室人员 负责种蛋的码盘、照蛋、孵化室的卫生消毒、入孵器的监视巡查。

5. 出雏室人员 一般不和孵化室的人员混用,负责移盘(与孵化室人协作完成)、出雏、雏鸡处理、出雏室卫生等。

6. 雏鸡保管员 负责雏鸡在运输前的保管和发雏数量的核对。

7. 鉴别员 负责雏鸡的雌雄鉴别。

8. 统计员 负责孵化场的种蛋、雏鸡以及副产品的进出,并对每批的孵化效果进行统计,结果上报场长。

9. 司机 负责运输人员、货物和运送雏鸡工作。

10. 其他 包括门卫、食堂炊事员、值班人员等。相关人员应当经过必要的技术培训,持证上岗。

二、岗位责任制

(一)制定责任制的目的 制定目标责任制的目的是提高工作人员的责任心和工作效率,降低成本增加效益。根据不同的岗位制定岗位目标责任制和相应的奖惩办法,并严格执行。

（二）岗位责任制的内容　不同的孵化场条件不同，工作的内容也不完全相同，孵化蛋鸡和孵化肉鸡也不相同，所以责任制的制定要因场制宜，但以下内容应包括进去。

1. 种蛋的保管　种蛋交接手续齐全，数量准确，消毒按要求进行，入库种蛋分类清楚，标注日期和品种等，数据及时录入电脑。

2. 值班记录　值班人员定时巡查，检查温度、湿度、风扇的转动、风门大小是否符合要求，转蛋间隔时间、角度是否正常。主要技术环节的记录、交接班记录和注意事项，保证生产的连续性。

3. 安全用电制度　规定不准乱拉乱接电线、电器，运转不正常的设备不能使用，由专业人员维修，一般工作人员只能报告不能自行处理，人员进入孵化器前或停电后要关闭电源。清洗孵化器要避免水流射到电源或机器敏感部件。

4. 防疫要求　制定卫生防疫制度，要求人员严格遵守。严格消毒程序，室内保持清洁，蛋托、孵化盘、出雏盘要及时彻底消毒，出雏废弃物要及时做无害化处理。

5. 出库销售制度　雏鸡质量要求可靠、数量准确，按提货单如实发货。

6. 投诉处理　客户反映质量、数量等问题要有处理方案和处理途径。

7. 报表要求　规定表格的记录内容，对每一批次的孵化记录和出雏结果要认真填写，字迹工整，及时上报。

8. 处罚　按照岗位责任制规定的内容对生产环节进行监督，发现问题及时处理，相关责任人要进行经济处罚或行政处分。

9. 奖励　制定相应的经济指标，超过部分对孵化人员进行奖励。确定孵化指标时不要太高也不要太低，太低无约束力，太高不容易超过，也影响积极性和收入的提高。由于孵化场无法控制种蛋的受精率，所以受精率不作为孵化场的考核指标。种蛋的保存时间和保存条件影响种蛋的死胚率，孵化场可以按活胚出雏率来制定责任指标,由于孵化人员操作失误造成的高温致胚胎死亡要追究责任。

第二节 孵化的计划管理

一、制定孵化计划的依据

优质种蛋的稳定供应是孵化场经营有效益的必要条件。专业孵化场要从专门的种禽场购买种蛋,在雏鸡供应的旺季要确保雏鸡的数量,必须有计划地提前预购种蛋。种蛋供应数量必须充足,以保证孵出的雏鸡能够满足销售需要。孵化场要制定一个 3 个月以上甚至半年以上的销售规划。对有固定用户的孵化场尽可能制定长期的供应计划,制定销售计划主要依据以下内容。

(一)历年月销售 往年各月的销售情况。

(二)对雏鸡的周期性需求 春季和秋季是买雏的高峰,夏季和冬季是淡季,本年养鸡利润的高低都影响翌年的定货量,这些都必须在制定销售计划时考虑进去。

(三)市场潜力 孵化场往年产品在市场上反馈的口碑可能影响销量。种鸡场雏鸡销售量是否与养鸡业需要量的增长同步前进?如果同步前进则市场信誉好,反之则存在问题,须提高服务质量。

(四)新增顾客 新的顾客来自新建养鸡企业,还是来自竞争对手?列出在你场经销范围内所有可能成为顾客的名单。有哪几家顾客现在已由你场供应雏鸡,有哪几家也许可能由你场供应。

(五)隶属于种禽场的孵化场 附属于种禽企业集团的孵化场雏鸡销售计划的依据就有所不同,在这种情况下,每周雏鸡需求量取决于自己加工数量,或取决于生产一定数量食用蛋所需的商品蛋鸡母雏数。

二、确定种鸡数量

确定每月孵化的雏鸡数量后，接下来要确定生产这种蛋所需的种鸡数。最好列表进行计算，饲养手册都提供每周每只鸡产种蛋数，从而可确定种鸡群所产种蛋的总数。每月种蛋生产量要与每月雏鸡需要数相适应。

（一）**种蛋自筹**　如果种蛋来源于孵化场自办的种鸡场，则饲养种鸡数量能够生产足够数量的种蛋即可。如果鸡场有好几个，要协调好各场之间的供应情况，种鸡场要做到全进全出。

（二）**种蛋外购**　如孵化场没有自办的种鸡场或鸡场数不够，则必须与别家鸡场就种蛋供应达成协议，也可以由别的鸡场代养种鸡。代养种鸡的鸡场通常提供场舍、设备和劳力，饲料可以由饲养场提供也可以由孵化场确定饲料厂商。孵化场通常提供 1 日龄种雏，回收所有种蛋。孵化场和鸡场签订的合同中要明确各方的责任和义务，以及违约责任。为了促使种鸡饲养方提高种鸡质量和种蛋质量，合同中规定对高孵化率种蛋进行奖励（详阅附录二）。

三、种蛋与雏鸡数间的关系

确定孵化一定数量雏鸡所需的种蛋数是成本管理工作的一部分。不同鸡群所产种蛋孵化率的不同，一年中不同季节、种鸡年龄的不同等都会影响孵化率。因此，必须考虑到所有影响孵化效果的因素来计算确定入孵种蛋数。例如入孵肉鸡种蛋 100 000 个，而孵化率为 80％，则共可出雏 80 000 只，但若有 2％残次不合格品和 2％损耗，剩"可售雏数"为 76 800 只。另外，在孵化蛋鸡时还要考虑只有一半的雏鸡是母鸡。

第三节　雏鸡生产成本

一、雏鸡成本的构成

　　会计工作必须做到使孵化场负责人能够了解该孵化场的生产成本。负责人仅仅知道孵化率、发运和销售雏鸡的总成本是不够的，还必须知道经营各个业务环节的单位成本，即必须知道每只雏鸡的成本。经营过程中的成本发生主要包括种蛋采购费、种蛋费、孵化费、雏鸡处理费、包装费、运送费和管理费。

　　表 4-3-1 列举了几个重要业务环节的单项成本。只有经常了解这些数据，才能管理好孵化场。有一些数据，如杂项开支、总务费和销售费，每周进行核算时可以估算一下，但在月终结算时则必须准确计算。

　　（一）种蛋采购成本　种蛋采购成本包括人工费、运费等其他费用。

　　（二）种蛋成本　种蛋成本是随市场供求而波动的，而且种蛋的孵化率也不同。这两个因素共同影响雏鸡的成本，所以必须算出"孵出一只雏鸡的种蛋成本"。生产一只雏鸡的种蛋成本变动很大。因此，在分析这些成本时，种蛋成本和孵化率必须分开考虑。

　　如果种蛋是购入的，成本就是支付的款额。如果是来自联营的鸡场，则种蛋通常按其生产成本计入孵化场经营成本总目，不计鸡场利润。因为一个联营企业只有当最终产品出售后才计利润。

　　不同孵化率对肉用仔鸡每只可售混合雏种蛋成本有显著影响。会计记财务账时不可能按孵化率每批计算成本。与此相反，财务账册只记种蛋成本，然后将一定时期内的种蛋总成本除以由这些种蛋孵出的可售雏鸡数，即得出每只可售雏鸡的种蛋成本。孵出的可售雏鸡百分率越高，则每只雏鸡的种蛋成本愈低。

表 4-3-1　雏鸡成本构成

项　目	蛋鸡母雏		肉鸡混合雏	
	单价（元）	比例（%）	单价（元）	比例（%）
种蛋费	2.00	66.67	2.00	74.07
种蛋采购费	0.125	4.17	0.06	2.22
孵化费	0.375	12.50	0.31	11.48
运　费	0.20	6.67	0.20	7.41
销售费	0.20	6.67	0.03	1.11
管理费	0.10	3.33	0.10	3.70
合　计	3.00	100	2.70	100

注：蛋鸡种蛋价格 0.8 元/枚，健雏孵化率 80%，50% 母雏；肉鸡种蛋价格 1.6 元/枚，健雏孵化率 80%

即使种蛋成本相同而孵化率不同时，每生产一只雏鸡的成本也不同。

（三）孵化成本　除种蛋成本外，在孵化场实际生产环节中还有许多其他成本。这些成本通常由会计分成各个不同的种类。虽然各孵化场种类划分有不同，但都包括以下几项主要的会计科目。

孵化费会计科目有：①人工费；②取暖、照明和电力费；③折旧费；④雏鸡盒；⑤维修保养；⑥易耗品；⑦杂项开支；⑧服务费（断喙、雌雄鉴别、剪冠等）；⑨管理（办公费、电话费、管理费、税款和保险费等）。

（四）运输成本　雏鸡的运送一般都由孵化场来承担，因为孵化场有运输经验和专用的车辆。运费与运输距离远近有关，运输必须与别的孵化费用分开，独立的按"每只雏鸡"进行核算。运输鸡的工具可以是卡车、火车或飞机。

运输费的会计科目有：①人工，包括一切津贴在内；②车辆行驶费；③车辆折旧费；④飞机或火车费用；⑤杂项开支（通行费、停车费、司机费、制服费等）；⑥管理费。

（五）**销售成本**　孵化场经营环节中最后 1 项费用是销售费，销售成本按 1 只雏鸡为单位进行计算，这项费用数额变化很大。孵化场销售蛋用型雏鸡时销售费通常很高，而肉鸡"一条龙"企业的孵化场实际上不需要销售费。

销售费的会计分类科目可分：①人工和佣金；②车辆行驶费；③车辆折旧费；④销售人员差旅费；⑤广告费；⑥杂项开支；⑦管理费。

蛋鸡孵化场的成本核算不同于商品肉鸡，蛋鸡孵化场只售母雏，公雏是副产物，通常都销毁掉，即使出售价格也很低。蛋鸡母雏的生产成本两倍于不分雌雄的肉鸡。

二、影响每只雏鸡孵化成本的因素

（一）**劳动效率**　自动化和提高劳动效率是降低人工费用的手段。度量劳动效率的指标是"孵化场平均每一职工孵出的雏鸡数"。一个孵化场可根据这项数据测定其在一段时期内各周或各月的劳动效率变化。

（二）**工资比率**　孵化场每小时的人工费用是孵化场成本的一个重要判断尺度。在多数情况下须改进工作效率以抵消工资费用的增长。

（三）**经营管理效率**　负责人要有工作能力，能领导职工很好地完成本职工作，并且有清醒的成本观念。

（四）**孵化器生产能力的利用率**　市场对雏鸡的需要量有周期性的变化，在"淡季"成本会受到影响，要提高孵化器的使用效率，利用地区和气候差异签订合同。

（五）**种蛋孵化率**　在决定雏鸡成本的诸多因素中，孵化率是重要的。孵化率低下就难以保持竞争力。

（六）**经营规模**　一般来说，孵化场规模较大则每只雏鸡的孵化成本就较低。对生产商品蛋鸡母雏的孵化场来说尤为明显。商品蛋鸡母雏需要量的季节性变动比肉用雏鸡要大得多。

（七）孵化场的新旧和条件　此两者都能影响经营效果或孵化率。老孵化场因为孵化厅设计及孵化设施落后，不易落实卫生防疫措施，雏鸡质量会受到损害。

（八）折旧费　孵化场应装备良好，清洁卫生，并且生产效率高。但建筑不宜豪华昂贵，否则只会增加折旧费用。

（九）购货折扣　要善于在市场上选择物美价廉的供应商。

（十）公用事业费价格　孵化场要耗用大量电力。电费价格是很重要的。孵化场接电线时要考察是农用电、工业用电还是商业用电，商业用电一般较贵，农业用电比较便宜。孵化场要有独立的变压器和备用发电机。

第四节　孵化场管理记录

记录的目的是能有效地发现孵化效率差的原因并及时予以纠正。要管理好一个孵化场，把成本维持在最低水平，负责人应在每次出雏后、每周和每月末，都得到有关记录。

出雏报表须于每次出雏后立即填报。除每只出壳雏鸡的种蛋成本以外，其他所有成本数据，最好根据上月的实际成本进行估计及时得出。

到月底应将准确的经营成本报表以及包括孵化率成本在内的其他有关报表交给负责人。报表保存期不低于 3 年。

月报表一般应包括孵化率数据、成本分析、其他数据三大部分。

孵化率数据包括：①本月孵化场入孵种蛋容量；②本月内入孵种蛋数量；③本月总出雏数；④本月总出雏数孵化率；⑤本月标准孵化率；⑥残次雏（等外品）百分率；⑦备耗雏百分率；⑧可

售雏总数；⑨可售雏孵化率；⑩可售雏销毁数。

成本分析包括：①每箱种蛋采购费；②每只可售雏的种蛋费；③孵出1只可售雏的总成本；④发运1只可售雏的总费用；⑤销售1只雏鸡总费用；⑥孵化、发运和销售1只雏鸡总成本。

其他数据包括：①采购人员总数；②孵化场职工总数；③销售人员总数；④孵化场每一职工平均生产雏鸡数；⑤每一运输职工平均发运雏鸡数；⑥本月出雏次数。

附　录

附录一　蛋雏鸡购销合同

合同编号：BAUZQ-_____

甲方：_____

乙方：_____

经友好协商，甲、乙双方就某品种蛋雏鸡购销事项达成如下条款：

（一）品种、数量、金额及交货时间

品　种	单位	数　量	单价	金　额							约定供货时间
				十	万	千	百	十	元	角	

（二）质量标准

1. 合格健雏，体重及外形符合品种标准，并于 1 日龄雏鸡全部注射进口 CVI988 马立克氏病疫苗。

2. 甲方保证父母代种鸡雏鸡鉴别准确率不低于 95％，商品代雏鸡鉴别准确率不低于 98％。

（三）合同生效

1. 乙方须在合同签订后 7 个自然日内将定金（父母代种雏 5 元/只，商品代雏鸡 1 元/只）汇至甲方指定的账户，甲方收到款项后与乙方电话确认,本合同正式生效。

2. 如果第七个自然日甲方仍未收到相应款项,本合同自动失效。甲方有权处置本合同涉及数量的雏鸡。乙方如欲继续合作,需另签新的合同。

(四)交货地点＿＿＿＿＿＿＿运输方式＿＿＿＿＿＿＿运费＿＿＿＿＿＿＿

(五)货款结算方式:接雏前1周应付清货款余款。否则甲方有权拒绝发货并处理该批雏鸡,定金不退。

(六)其他约定

1. 甲方免费提供蛋鸡养殖手册,乙方按手册上的饲养管理标准饲养,在正常的饲养管理条件下,甲方保证7日龄内死亡率不超过2%,超约部分甲方负责赔偿相应数量的鸡苗(款)。

2. 因重大疫情、不可抗力或生产事故造成雏鸡供应时间推迟或无法供应时,不视为违约。应在约定供货时间10天前通报相关信息,相互谅解,通过友好协商妥善解决相关事宜。

3. 本合同未尽事宜协商解决,协商不成提交××市(县)人民法院裁决。

甲方:(盖章)　　　　　　　　　　乙方(盖章):

代理人(签字):　　　　　　　　　　代理人(签字):

开户行:××信用社　　　　　　　　联系电话:

户名:××种禽有限责任公司　　　　手机:

账号:　　　　　　　　　　　　　　地址:

联系电话:

地址:

附录二　蛋种鸡合作协议

协议编号：_____

甲方：_____　　　　　乙方：_____
_____

联系人：_____　　　　联系人：_____
_____

联系电话：_____　　　联系电话：_____
_____

　　经友好协商,甲、乙双方就合作饲养××父母代蛋种鸡事项达成如下协议。

　　(一)甲方的权利和义务

　　1. 根据双方商定的年度生产计划,以优惠价格提供父母代雏鸡苗。

　　2. 种鸡雏鸡周内非管理性原因死亡率超过 2%时,甲方承担超过部分鸡苗损失。

　　3. 提供给乙方成套的××父母代种鸡饲养技术资料。

　　4. 派遣 1 名技术人员负责现场生产的技术指导,参与日常生产管理工作及双方合作事宜的联络工作,甲方负责支付该技术人员的基本工资。

　　5. 负责回收全部合格种蛋(具体标准见第三款)。

　　6. 甲方有权参与乙方年度生产计划(引种计划)的制定工作。

　　(二)乙方的权利和义务

　　1. 乙方保证饲养"某品种"父母代种鸡的数量不少于 1 万套,且每批次的规模不少于 5 000 套。

　　2. 乙方必须保证将全部合格种蛋出售给甲方,保证种蛋合格率≥98%,承担低于 98%部分的损失(不合格种蛋的价值以同期市场普通鸡蛋的批发价计算)。

3. 鸡群出现疫病或重大生产事故而不能按计划供应种蛋时，必须在第一时间通知甲方，以便甲方及时调整销售计划。

4. 免费提供甲方派遣的 1 名现场技术人员的食、宿。

5. 乙方生产计划的制定应参照甲方的总体计划，不得随意要求增减饲养规模。

（三）合格种蛋挑选标准

1. 蛋重。50～65 克，同批次均匀度不低于 80％（种蛋均匀度：平均蛋重±12％范围内的种蛋数量占总数的百分比，种鸡开产时的均匀度大于 85％，种蛋的均匀度就会基本合格）。

2. 外观。干净、无明显的蛋液及其他污物污染。

3. 蛋壳质量。完整、无砂皮蛋、软皮蛋。

4. 蛋形。正常卵形，蛋形指数 1.3～1.4，无畸形蛋。

（四）种蛋定价方法

1. 以有效受精率确定价格系数，基础价格以 0.50 元/枚计算。

受精率	86％	87％	88％	89％	90％	91％	92％	93％	94％
系　数	0.900	0.925	0.950	0.975	1.00	1.025	1.050	1.075	1.100

2. 有效受精率低于 85％时，双方及时协商成立调查小组，及时查找原因、提出解决方案。该批种蛋以当期市场普通食用蛋价格结算。

3. 种蛋均匀度低于 80％时，价格按上述条款核定值的 95％计算。

（五）结算方式

1. 每批种蛋出雏后 10 日内付款。

2. 结算时需提交的资料。甲方指定人员签发的入库单、孵化结果、质量评价单和价格确认单。出现受精率低、均匀度低等问题时，须通知乙方人员到现场，并在质量评价单上签字确认。

（六）违约责任

1. 甲方不回收种蛋或无故降低收购价格,视为违约。应按差价弥补对方损失。

2. 乙方擅自将种蛋出售给第三方,视为违约。发现一次罚款5 000元,发现第二次甲方有权终止合作,并要求乙方至少赔偿10万元的经济损失。

3. 国家权威部门认定重大疫情或不可抗力造成协议终止,不视为违约。国家对种鸡的赔偿部分,甲方有权享受20％作为保种及恢复生产基金。

（七）其他约定

1. 合作之日起,双方指定日常工作联络人,必须确保信息畅通。根据需要经双方商议可考虑定期(建议半年)轮岗。

2. 明确日常工作联系机制。异常情况出现时,必须及时以书面形式通知双方的直接主管,按程序上报。因信息传递不及时而延误处理时机造成经济损失,追究直接责任人的经济甚至法律责任。

3. 市场出现严重异常情况时,双方及时召开紧急会议研究,本着"将损失减至最低限度及风险共担"的原则处理相关事宜。

4. 在项目运行过程中,出现本协议不能解决的新问题,双方本着平等互利、利益共享、风险共担的原则,商议签订补充协议。

5. 本协议未尽事项按有关法律、法规及行业惯例执行。

6. 协议执行过程中出现异议,双方协商解决,解决不成可提交××市(县)人民法院裁决。

7. 本协议一式二份,双方各执一份,具同等法律效力。

8. 本协议签字盖章生效。

甲方:××种禽有限责任公司(盖章)

委托代理人(签字):

签约日期:　　年　　月　　日

乙方：

委托代理人(签字)：

签约日期： 年 月 日

附录三　哈氏单位速查表

见附表1。

附表 1　哈氏单位速查表

蛋白高度	蛋重(克)																				
（毫米）	50	51	52	53	54	55	56	57	58	59	60	61	62	63	64	65	66	67	68	69	70
3.0	52	51	51	50	49	43	48	47	46	45	44										
3.1	53	53	52	51	50	50	49	48	48	47	46										
3.2	54	54	53	52	52	51	50	50	49	48	48										
3.3	56	55	54	54	53	52	52	51	50	50	49										
3.4	57	56	56	55	54	54	53	52	52	52	51										
3.5	58	58	57	56	56	55	54	54	53	53	52										
3.6	59	59	58	58	57	56	56	55	54	54	53										
3.7	60	60	59	59	58	58	57	56	56	55	54										
3.8	62	61	60	60	59	59	58	57	57	56	56										
3.9	63	62	61	61	60	60	59	59	58	57	57										
4.0	64	63	63	62	61	61	60	60	59	58	58										
4.1	65	64	64	63	62	62	61	61	60	60	59										
4.2	66	65	65	64	64	63	62	62	61	61	60										
4.3	67	66	66	65	65	64	64	63	63	62	60										
4.4	68	67	67	66	66	65	65	64	64	63	63										
4.5	69	68	68	67	67	66	66	65	65	64	64										
4.6	69	69	68	68	68	67	66	66	65	65											
4.7	70	70	69	69	68	68	68	67	67	66	66										
4.8	71	71	70	70	69	69	69	68	68	67	67										
4.9	72	72	71	71	70	70	70	69	69	68	68										
5.0	73	72	72	72	71	71	70	70	69	69	69	69	68	68	67	67	66	66	65	65	64

续附表 1

蛋白高度	蛋重（克）																				
5.1	74	73	73	72	72	71	71	71	70	70	69	69	69	68	68	67	67	67	66	66	65
5.2	74	74	74	73	73	72	72	71	71	71	70	70	69	69	68	68	68	67	67	66	
5.3	75	75	74	74	73	73	73	72	72	71	71	71	70	70	70	69	69	68	68	68	67
5.4	76	76	75	75	74	74	73	73	73	72	72	71	71	71	70	70	70	69	69	69	68
5.5	77	76	76	76	75	75	74	74	74	73	73	72	72	72	71	71	71	70	70	69	69
5.6	77	77	77	76	76	75	75	75	74	74	74	73	73	72	72	72	71	71	71	70	70
5.7	78	78	77	77	76	76	76	75	75	75	74	74	74	73	73	73	72	72	71	71	71
5.8	78	78	78	78	77	77	77	76	76	75	75	75	74	74	74	73	73	73	72	72	72
5.9	79	79	79	78	78	78	77	77	77	76	76	75	75	75	75	74	74		73	73	72
6.0	80	80	80	79	79	78	78	78	77	77	77	76	76	76	75	75	75	74	74	75	73
6.1	81	81	80	80	79	79	79	79	78	78	77	77	77	76	76	76	75	75	75	74	74
6.2	81	81	81	80	80	80	79	79	78	78	78	78	77	77	77	76	76	76	75	75	75
6.3	83	82	81	81	81	80	80	80	79	79	79	78	78	78	77	77	77	76	76	76	76
6.4	83	83	82	82	81	81	81	80	80	80	80	79	79	79	78	78	78	77	77	76	76
6.5	83	83	82	82	82	82	81	81	81	80	80	80	79	79	79	78	78	78	77	77	
6.6	84	84	83	83	83	82	82	82	81	81	81	81	80	80	80	79	79	79	78	78	78
6.7	85	84	84	84	83	83	83	82	82	82	81	81	81	80	80	80	80	79	79	79	78
6.8	85	85	85	84	84	84	83	83	83	82	82	82	82	81	81	81	80	80	80	79	70
6.9	86	86	85	85	85	84	84	84	84	83	83	82	82	82	82	81	81	81	80	80	80
7.0	86	86	86	86	85	85	85	84	84	84	83	83	83	83	82	82	82	81	81	81	80
7.1	87	86	86	86	86	86	85	85	85	84	84	84	84	83	83	83	82	82	82	81	81
7.2	88	87	87	87	86	86	86	85	85	85	85	84	84	84	84	83	83	83	82	82	82
7.3	88	88	88	87	87	87	86	86	86	85	85	85	84	84	84	84	83	83	83	83	
7.4	89	89	88	88	88	87	87	87	86	86	86	86	85	85	85	85	84	84	84	83	83
7.5	89	89	89	89	88	88	88	88	87	87	87	86	86	86	85	85	85	85	84	84	84

续附表 1

蛋白高度	蛋重（克）																					
7.6	90	90	89	89	89	89	88	88	88	87	87	87	87	86	86	86	86	85	85	85	84	
7.7	91	91	91	90	90	90	90	89	89	89	88	88	88	88	87	87	87	86	86	86	85	
7.8	91	91	91	90	90	90	90	89	89	89	88	88	88	88	87	87	87	86	86	86	85	
7.9	92	91	91	91	90	90	90	89	89	89	89	89	88	88	88	88	87	87	87	87	86	
8.0	92	92	92	91	91	91	90	90	90	90	89	89	89	89	88	88	88	88	87	87	87	
8.1	93	92	92	92	92	91	91	91	90	90	90	90	89	89	89	89	88	88	88	88	87	
8.2	93	93	93	92	92	92	92	91	91	91	91	90	90	90	89	89	89	89	88	88	89	
8.3	94	93	93	93	93	92	92	92	92	91	91	91	91	90	90	90	90	89	89	89	89	
8.4	94	94	94	93	93	93	92	92	92	92	91	91	91	90	90	90	90	89	89		
8.5	95	95	94	94	94	94	93	93	93	92	92	92	92	91	91	91	91	90	90	90	90	
8.6	96	96	95	95	94	94	94	93	93	93	93	93	92	92	92	92	91	91	91	91	90	
8.7	96	96	95	95	95	94	94	94	94	93	93	93	93	93	92	92	92	92	92	91	92	
8.9	97	96	96	96	96	95	95	95	95	94	94	94	94	94	93	93	93	93	92	92	92	
9.0	97	97	97	96	96	96	96	95	95	95	95	94	94	94	94	94	93	93	93	92	92	

附录四 气室直径与蛋横径比值的相应常数

见附表2。

附表2 气室直径与蛋横径比值(ACD÷W)的相应常数

气室直径÷蛋横径	常 数	气室直径÷蛋横径	常 数	气室直径÷蛋横径	常 数
0.40	0.00514	0.60	0.02730	0.80	0.09932
0.41	0.00568	0.61	0.02929	0.81	0.10555
0.42	0.00626	0.62	0.03141	0.82	0.11216
0.43	0.00688	0.63	0.03365	0.83	0.11920
0.44	0.00756	0.64	0.03601	0.84	0.12669
0.45	0.00828	0.65	0.03852	0.85	0.13468
0.46	0.00905	0.66	0.04118	0.86	0.14321
0.47	0.00988	0.67	0.04398	0.87	0.15235
0.48	0.01077	0.68	0.04695	0.88	0.16215
0.49	0.01172	0.69	0.05009	0.89	0.17271
0.50	0.01274	0.70	0.05342	0.90	0.18411
0.51	0.01382	0.71	0.05693	0.91	0.19647
0.52	0.01498	0.72	0.06064	0.92	0.20996
0.53	0.01621	0.73	0.06457	0.93	0.22478
0.54	0.01752	0.74	0.06873	0.94	0.24119
0.55	0.01892	0.75	0.07313	0.95	0.25960
0.56	0.02040	0.76	0.07778	0.96	0.28059
0.57	0.02197	0.77	0.08271	0.97	0.30517
0.58	0.02364	0.78	0.08793	0.98	0.33525
0.59	0.02542	0.79	0.09932	0.99	0.37574

注:孵化中测胚蛋的失水率(%)=常数÷0.55495×100%

附录五　孵化场常用消毒药物

见附表3。

附表3　孵化场常用消毒药物

药　名	消毒对象	用法及注意事项
甲　醛	种蛋、雏鸡、孵化厅、孵化器	36％～40％水溶液称福尔马林,用于熏蒸消毒;3％～5％用于喷洒。常与高锰酸钾合用(2∶1)。注意保存,防止挥发失效
高锰酸钾	与福尔马林合用	常与福尔马林合用。利用其氧化性能加速福尔马林蒸发
过氧乙酸	种蛋、用具、孵化厅、孵化器	用16％水溶液40～60毫升＋4～6克高锰酸钾,熏蒸15～30分钟。低温保存,现配现用,注意安全,防止腐蚀、伤人
新洁尔灭	种蛋、器械	用5％原液配成0.1％浓度在水温43℃～45℃下浸泡3分钟或喷洒5分钟
次氯酸钠	孵化厅、孵化器	一般配成0.1％～0.2％浓度喷洒冲洗。可采用"依爱"的 EIMX-J25 型灭菌消毒系统
臭氧(O_3)	蛋库、孵化厅、孵化器	可采用"依爱"臭氧消毒器,其工作时间＝消毒空间(立方米)×0.8。消毒体积大于100立方米时,可多台同时使用
百毒杀	用具	为双链季胺盐消毒剂。一般用1∶1000～3000浓度
农　福	用具、车辆	即烷基酚。用1∶60浓度洗涤消毒用具、车辆
杀特灵	环境、器械、地面、墙壁	为复合酚类。一般采用500倍稀释液。器械用250～500倍浸泡。注意稀释液当天用完,易受碱性有机质影响

续附表3

药　名	消毒对象	用法及注意事项
烧碱（氢氧化钠）	器具、地面、墙壁、运输车辆	常用含氢氧化钠94％左右的粗碱，常配成2％～3％浓度。注意该液腐蚀性强，消毒后需清水冲洗后再用。热碱水消毒效果更佳
漂白粉（含氯石灰）	用具、地面、墙壁、运输车辆	3％～5％澄清液消毒用具；10％～20％乳剂消毒地面、墙壁、运输车辆
碘　酊	外用	初生雏鸡切爪、剪冠后用2％或5％碘酊消毒伤口；也可涂抹脐带部
生石灰（氧化钙）	墙壁、地面、污水沟、消毒池	配成10％～20％石灰乳喷洒或涂刷或直接撒用。以新鲜石灰为好，在外久放后吸收二氧化碳变成碳酸钙而失效，所以要现用现配
二氧化碳	残、弱雏及活胚蛋	对淘汰的残、弱雏及无法出雏的活胚蛋实施"安乐死"

附录六　部分孵化器生产厂产品介绍

　　（一）青岛兴仪电子设备有限责任公司、青岛保税区依爱电子有限责任公司　邮政编码:266555,通讯地址:山东省青岛市经济技术开发区香江路98号。青岛生产线电话:(0532)86894022,E-mail:ei@163169.net;蚌埠生产线邮政编码:233006;通讯地址:安徽省蚌埠市长征路726号;电话:(0552)4910760,E-mail:ei @mail.ahbbptt.net.cn。Http:WWW.ei-electro.com。该公司生产的"依爱"牌孵化器有下列各种型号:①巷道式孵化器:EIFX-DZ-90720(或77760,102060)型入孵器及其配套的 EICXDZ-15120型出雏器;②箱体式孵化器(鸡):EIFDM(DZ)-57600(或8400,33600)型;EIFDM(DZ、DMS)-19200(或16800,9600,8400,4200)型和 EIF(C)DZ-900型入孵器及其配套的 EICDM(DZ、DMS)-19220(或16800,9600,8400,4200)型出雏器;③箱体式孵化器(鸭):EIFDM(DZ、DMS)-(Y)12096(或10080,6048,5040)型入孵器及其配套的出雏器;④箱体式孵化器(山鸡、土鸡、三黄鸡、鹧鸪):EIFDM(DZ、DMS)-(S)22528(或19712,11264,9856,4928,1056)型入孵器及其配套的出雏器;⑤箱体式孵化器(鹅):EIFDM(DZ、DMS)-(E)8640(或6656,4480,7488,5632,3584,4320,3328,2240,3744,2816,1792)型入孵器及其配套的出雏器;⑥箱体式孵化器(鹌鹑):EIFDM(DZ、DMS)-(A)63648(或56576,31824,28288,14144,3536)型入孵器及其配套的出雏器;⑦箱体式孵化器(鸵鸟):EIFDM(DZ、DMS)-(T)480(或400,240,200,100)型入孵器及其配套的EIFDM(DZ、DMS)-(T)288(或240,144,120,60)型出雏器;⑧另外,该公司还生产了一系列孵化配套设备,例如:巷道水处理加湿系统、水加热二次控温系统、立式自动洗蛋机、EI-150型固定

式真空吸蛋器、EI-30/42 型移动式真空吸蛋器、蛋雏盘自动清洗机、MX-J25 型灭菌消毒系统(以上配套设备请见相关的插页彩图)以及孵化器群控系统、臭氧消毒器、巷道式照蛋车、照蛋器等。

(二)北京市海江孵化设备制造有限公司　邮政编码:100095,通讯地址:北京市海淀区苏家坨镇西小营村东,电话:(010)62464606;13901109149(手机),Http://WWW. fuhuashebei. net,E-mail:wangmin@ fuhuashebei. net,该公司生产的"海孵"牌系列孵化设备有:①巷道式孵化器:9TQDF-90720(或 75600)型入孵器和配套的 9TQDC-15120 出雏器;②箱体式孵化器:9TQDF-19200(或 16800,9600,8400,4800,4200)型(推车式)和 9TQDF-12600(或 9600,8400,6000,1950)型(翘板式)入孵器及其配套的出雏器以及容蛋量 42～2 000 枚的孵化出雏一体机(下出雏孵化器),以上孵化器可供鸡、鸭、鹅、火鸡、特禽和龟等孵化之用;③鸵鸟孵化器有:9TQDF-600(或 480,360,300,240)型(推车式)和9TQDF-120(或 96,72,60,40)型(翘板式)入孵器及其配套的出雏器。

(三)北京云峰(北京天利海化工有限公司电子机械厂)　邮政编码:101200,通讯地址:北京市平谷区新平南路 126 号,电话:010-69961387, Http:// WWW. bjyunfeng. com, E-mail: yf @ bjyunfeng. com。该厂主要生产大型的"云峰"牌孵化设备,其型号主要有:① 巷道式孵化器:YFXF-90720(或 75600,60480,45360)型入孵器及其配套的 YFXC-15120 型出雏器;②箱体式孵化器(鸡):YFDF-19200(或 16800,9600,8400)型入孵器及其配套的出雏器。另有 YFDFC-3000(或 900,420)型孵化出雏一体机;③箱体式孵化器(鸭):YFDF-12096(或 10080)型入孵器及其配套的出雏器;④箱体式孵化器(鹅):YFDF-8640(或 6656)型入孵器及其配套的出雏器;⑤箱体式孵化器(三黄鸡、山鸡、土鸡、鹧鸪):YFDF-22528 型入孵器及其配套的出雏器;⑥另有 YFDFC-

420 型孵化出雏一体机(下出雏孵化器),以及各种孵化场配套设备、自动化设备等。

(四)**蚌埠市三诚电子有限责任公司** 邮政编码:233000。通讯地址:安徽省蚌埠市淮上区果园西路二号。电话:(0552)2828928。Http://WWW.bbscgs.com,E-mail:scgs@bbscgs.com。该厂主要生产的"三诚"牌孵化器有下列产品:大液晶巷道式孵化器、汉显智能孵化器、模糊控制孵化器、水电自动补偿孵化器、孵化器群控系统及配套设备。

(五)**北京西山腾云孵化设备厂** 邮政编码:100095。通讯地址:北京市海淀区苏家坨镇西埠头村。电话:(010)62456338。该厂生产的"丑小鸭"牌孵化器有下列产品:94FD-16800,94FD-12600,94FD-8400,94FD-4200,94FD-2100,94FD-1050,94FD-600,94FD-96。

(六)**南京宏焜实验仪器制造厂** 邮政编码:210011。通讯地址:江苏省南京市雨花区板桥大方工业园1号。电话:(025)52806482。Http://WWW.hongkun.com。该厂生产的"吉母"牌孵化器有下列各种号:9JF(P)-21600,9JF(P)43200,9JF(P)10800,9JF(P)12600,9JF(P)16800,9JF(P)19200,9JF(P)-58320,9JC(P)-9720入孵器、出雏器;9JF-1200,9JF—1800。9JF-4032孵化出雏两用机。

(七)**安徽省蚌埠市依爱联农孵化机配件服务部** 邮政编码:233000。电话:(0552)5528978;013909629499。提供下列服务:①各种型号孵化器(双屏或汉显模糊电脑)、电器控制柜改造(新一代双屏模糊电脑)、电器控制系统改造(新一代双屏模糊电脑)、水暖控制系统改造(采用专用水暖控制仪)、温度探头(美国AD590)、湿度探头(湿敏电容)、各种温控仪、电脑板、电器配件和机械配件(均通用);②孵化与维修技术书籍;③转让与购旧孵化器信息(免费登记)。

（八）蚌埠青禾电子有限责任公司　青禾孵化设备技术和产品维修服务中心邮政编码：233000。电话：(0552)3015851；13335522822。Http://WWW.bbqh.com.cn。提供下列服务：①改模糊电脑控制柜（双屏幕模糊电脑）、改模糊电脑控制系统（双屏幕模糊电脑）、改电脑控制水暖系统（水电控制电脑板）；②各种型号孵化器（双屏幕模糊电脑）、温度探头（日本 AD590）、湿度探头（法国军品耐腐蚀湿敏电容）、各厂家电脑主板、电器控制柜配件、机械箱体配件；③二手孵化器转让；④孵化器维修搬迁服务。